测土配方施肥土壤基础养分数据集

（2015—2020）

全国农业技术推广服务中心　编著

中国农业出版社

北　京

图书在版编目（CIP）数据

测土配方施肥土壤基础养分数据集. 2015-2020 / 全国农业技术推广服务中心编著. -- 北京 :中国农业出版社，2024. 1. -- ISBN 978-7-109-32353-7

Ⅰ. S158.2；S147.2

中国国家版本馆 CIP 数据核字第 2024VQ6209 号

测土配方施肥土壤基础养分数据集
CETU PEIFANG SHIFEI TURANG JICHU YANGFEN SHUJUJI

中国农业出版社出版

地址：北京市朝阳区麦子店街 18 号楼

邮编：100125

责任编辑：魏兆猛

版式设计：王　晨　责任校对：吴丽婷

印刷：北京通州皇家印刷厂

版次：2024 年 1 月第 1 版

印次：2024 年 1 月第 1 版北京第 1 次印刷

发行：新华书店北京发行所

开本：880mm×1230mm　1/16

印张：32

字数：1013 千字

定价：350.00 元

编　委　会

名誉主编　张　晔　李增裕

主　　编　杜　森　薛彦东　傅国海　徐　洋　钟永红

副 主 编　周　璇　胡江鹏　潘晓丽　江荣风　王朝辉

　　　　　郭世伟　陈新平　马文奇　鲁剑巍　高　强

　　　　　张卫峰　郑文刚　于景鑫　毛　伟

编写人员（按姓名笔画排序）

于子旋　于双成　于立宏　于孟生　于景鑫

广　敏　马云桥　马文奇　马庆旭　马荣辉

王小琳　王云龙　王　平　王　帅　王　生

王汀忠　王永刚　王永欢　王明国　王树志

王　健　王海彤　王　敏　王朝辉　王　颖

毛　伟　仇美华　卞红正　尹学红　石孝均

石　磊　石颜通　叶优良　史凯丽　丘兰英

代　旭　白由路　白惠义　兰晓庆　冯佳丽

冯雪莹　邢　硕　巩细民　达瓦扎西　吐尔逊那依·米吉提

曲明山　吕烈武　朱伟锋　朱安繁　朱　恩

危常州　刘小华　刘国辉　刘忠学　刘　星

刘振刚　刘敏强　刘景莉　刘　蕊　刘　鑫

闫翠侠　江荣风　汤明尧　许泽宇　许　春

阮云泽　阮建云　孙佳泽　孙　涛　孙蕊卿

严　瑾　杜　森　杨　洪　杨　勇　李文西

李卉芳　李亚周　李红梅　李　昆　李　维

李　超　李　晶　李　婷　李慧昱　李增裕

吴良欢　吴凌云　吴海华　何立波　余　忠

余秋华　　闵　炬　　汪　咏　　汪　洋　　宋立新
宋　莉　　宋鹏飞　　张卫峰　　张凤彬　　张世昌
张　亚　　张　玮　　张　林　　张忠义　　张定红
张姗姗　　张钟莉莉　张　晔　　张喆慧　　张新疆
陆若辉　　陈松柏　　陈钰佩　　陈新平　　陈燕丽
武艳荣　　苟　曦　　范诗萍　　林海波　　罗恒兰
金海洋　　金　萌　　周　璇　　郑文刚　　郑　杰
单英杰　　孟旭升　　赵亚南　　赵　兴　　赵秉强
赵敬坤　　赵嘉祺　　郝立岩　　胡江鹏　　胡　俊
钟永红　　钟建中　　郜翻身　　侯文峰　　施卫明
姜远茂　　姜圆圆　　姜　娟　　骆佳钰　　耿　荣
聂　青　　夏艳涛　　钱建民　　倪　康　　徐守俊
徐　洋　　高　飞　　高世杰　　高　强　　郭世伟
郭世乾　　郭军成　　郭乾坤　　唐娟娟　　黄文敏
黄玉芳　　黄功标　　黄星瑜　　黄顺坚　　黄璐璐
黄耀蓉　　曹卫东　　戚昕元　　龚鑫鑫　　梁永红
葛顺峰　　董星晨　　董艳红　　蒋　涛　　韩晓日
韩　峰　　景　慧　　傅国海　　傅晓杰　　鲁剑巍
谢先进　　谢　朝　　雷　昊　　蔡德利　　熊　艳
潘晓丽　　薛彦东　　戴志刚

数据处理　于景鑫　　龚鑫鑫　　孙佳泽

前　言

　　肥料是作物的"粮食"，科学施肥是促进增产提质、节本增效和生态环保的重要手段。2005年国家启动实施测土配方施肥项目，至今已有20个年头。在各级土壤肥料管理和技术推广部门、科研教学单位和相关社会力量的共同努力下，测土配方施肥工作全面推进，技术不断创新发展，成果丰硕、贡献巨大。截至目前，全国测土配方施肥技术推广面积超过20亿亩*次，技术覆盖率达到90％以上，2022年三大粮食作物化肥利用率达到41.3％。测土配方施肥有力支撑了国家粮食安全和农业绿色发展，带动了肥料产业发展壮大和土肥推广体系建设，促进了我国科学施肥技术进步和事业发展。

　　20年来，测土配方施肥基础性工作扎实推进。截至2020年，各级土肥技术推广部门累计分析土壤样品1 833.9万个，基本摸清了我国县域土壤理化性状，建立了测土配方施肥数据库系统。2015年，全国农业技术推广服务中心出版了《测土配方施肥土壤基础养分数据集（2005—2014）》，对促进科学施肥服务发挥了重要作用。为进一步加强数据成果转化应用，2022—2023年，全国农业技术推广服务中心会同农业农村部科学施肥专家指导组，对2015—2020年土壤基础五项数据进行了审核。该工作历时2年，共审核数据1 000多万项，形成了区域、省级、市级、县级四级数据成果（部分地区沿用了2015—2020年行政区划），汇总形成《测土配方施肥土壤基础养分数据集（2015—2020）》。该数据集凝聚了全国各级土肥工作者的辛勤劳动，反映了我国土壤养分变化情况，对于肥料配方优化更新、科学施肥技术推广具有重要参考价值。

　　该数据集的出版得到了各省（自治区、直辖市）土肥技术推广部门以及相关农业科研教学单位的大力支持，在此一并表示感谢！

　　由于数据量庞大，加之编者水平有限，书中错漏之处在所难免，敬请广大读者批评指正。

编著者

2024年1月

---

　　* 亩为非法定计量单位，1亩＝$1/15hm^2$。——编者注

目　　录

一、有机质

区域土壤有机质

地区	样本数 （个）	平均值 （g/kg）	标准差	变异系数 （%）	5%～95%范围 （g/kg）
全国	2 158 435	29.12	14.96	51.37	10.20～57.50
华北区	383 999	18.81	10.59	56.30	8.10～36.10
东北区	942 487	36.68	15.57	42.44	14.10～66.00
华东区	311 293	26.31	10.22	38.90	11.10～44.50
华南区	179 599	26.58	11.19	42.01	10.70～47.10
西南区	206 279	25.63	12.66	49.38	9.50～50.10
西北区	134 778	16.39	7.24	44.19	6.80～29.80

注：为便于数据比较，本书区域划分与《测土配方施肥土壤基础养分数据集（2005—2014）》保持一致。华北区包括北京市、天津市、河北省、山西省、内蒙古自治区、山东省、河南省；东北区包括辽宁省、吉林省、黑龙江省；华东区包括上海市、江苏省、浙江省、安徽省、福建省、江西省；华南区包括湖北省、湖南省、广东省、广西壮族自治区、海南省；西南区包括重庆市、四川省、贵州省、云南省、西藏自治区；西北区包括陕西省、甘肃省、青海省、宁夏回族自治区、新疆维吾尔自治区。

省级土壤有机质

省份	样本数（个）	平均值（g/kg）	标准差	变异系数（%）	5%～95%范围（g/kg）
北京市	11 996	21.14	9.79	46.29	8.20～40.50
天津市	8 192	19.53	5.84	29.89	11.60～29.60
河北省	81 912	17.45	6.02	34.49	8.70～28.10
山西省	41 381	16.07	7.66	47.65	6.30～31.80
内蒙古自治区	78 901	25.09	18.31	72.97	6.80～65.20
辽宁省	46 845	21.90	9.05	41.32	12.60～39.60
吉林省	107 549	26.84	8.66	32.27	13.80～43.20
黑龙江省	788 093	39.93	14.64	36.65	19.20～68.00
上海市	3 255	28.20	12.30	43.75	11.70～50.90
江苏省	65 112	24.90	9.30	37.35	11.10～41.80
浙江省	70 694	29.90	11.00	36.86	11.80～48.80
安徽省	83 507	22.10	7.20	32.75	11.10～35.40
福建省	35 868	26.40	10.40	39.59	9.30～44.80
江西省	52 857	29.70	11.10	37.18	12.00～48.80
山东省	100 945	16.24	5.65	34.78	8.30～26.30
河南省	60 672	18.04	6.01	33.34	9.10～28.50
湖北省	60 931	23.30	9.20	39.30	10.40～40.00
湖南省	56 363	32.70	11.50	35.08	15.20～53.20
广东省	33 042	23.60	8.40	35.68	9.50～37.10
广西壮族自治区	15 389	30.30	11.80	38.96	13.80～52.70
海南省	13 874	19.10	9.90	51.60	6.00～36.10
重庆市	31 070	20.70	8.80	42.44	8.80～37.90
四川省	81 068	22.50	10.30	45.63	8.90～42.30
贵州省	29 097	33.80	13.60	40.16	15.50～60.80
云南省	55 820	31.50	14.20	45.02	11.40～58.70
西藏自治区	9 224	27.90	14.20	50.95	10.40～57.30
陕西省	28 136	15.89	5.81	36.57	7.60～27.10
甘肃省	53 343	15.70	6.31	40.16	7.50～27.90
青海省	10 707	22.88	10.33	45.16	9.00～44.00
宁夏回族自治区	8 912	13.07	5.21	39.87	5.20～22.10
新疆维吾尔自治区	33 680	16.60	7.72	46.50	5.90～30.40

地市级土壤有机质

省份 （垦区）	下辖区域 （单位）	样本数 （个）	平均值 （g/kg）	标准差	变异系数 （％）	5%～95%范围 （g/kg）
北京市	市辖区	11 996	21.14	9.79	46.29	8.20～40.50
天津市	市辖区	8 192	19.53	5.84	29.89	11.60～29.60
河北省	石家庄市	10 431	20.30	5.90	29.07	9.90～29.30
	唐山市	6 679	16.06	5.55	34.57	7.50～25.60
	秦皇岛市	2 329	18.14	7.40	40.70	8.40～32.10
	邯郸市	9 065	17.61	5.56	31.53	9.20～27.80
	邢台市	8 872	16.59	6.29	37.93	7.60～27.60
	保定市	10 636	17.64	5.52	31.30	9.30～27.20
	张家口市	7 676	18.70	6.82	36.49	9.20～31.30
	承德市	5 568	18.52	6.95	37.55	8.70～31.80
	沧州市	8 617	15.45	4.16	26.94	9.60～22.70
	廊坊市	6 040	15.78	5.49	34.77	8.30～25.30
	衡水市	5 999	16.64	5.60	33.67	8.40～26.20
山西省	太原市	4 166	17.43	9.55	54.80	6.00～37.80
	阳泉市	1 342	19.79	9.03	45.60	7.80～38.30
	长治市	5 446	19.64	7.10	36.15	9.80～33.60
	晋城市	1 762	27.20	8.15	29.98	13.60～40.40
	朔州市	2 617	11.40	4.08	35.82	6.30～17.30
	晋中市	1 317	18.71	7.96	42.53	7.00～34.10
	运城市	9 859	15.66	6.03	38.52	7.50～26.50
	忻州市	8 132	12.47	5.29	42.45	5.20～22.10
	临汾市	3 156	15.08	6.51	43.17	6.60～27.40
	吕梁市	3 584	15.28	8.11	53.07	5.20～31.90
内蒙古自治区	呼和浩特市	3 472	17.64	11.43	64.76	5.60～42.90
	包头市	5 551	17.32	8.49	49.05	7.50～33.20
	赤峰市	13 077	15.30	7.22	47.16	6.20～28.20
	通辽市	9 995	13.90	6.25	44.94	5.60～25.50
	鄂尔多斯市	2 488	9.79	4.77	48.74	3.90～18.20
	呼伦贝尔市	14 729	52.92	16.60	31.37	25.50～80.90
	巴彦淖尔市	7 326	13.88	5.29	38.13	7.10～21.60
	乌兰察布市	8 218	18.87	7.86	41.65	8.80～32.90
	兴安盟	10 533	33.88	14.64	43.20	12.10～60.90

省份 （垦区）	下辖区域 （单位）	样本数 （个）	平均值 （g/kg）	标准差	变异系数 （%）	5%～95%范围 （g/kg）
内蒙古自治区	锡林郭勒盟	2 630	26.32	13.14	49.91	9.90～52.40
	阿拉善盟	882	8.61	3.20	37.12	5.00～16.00
辽宁省	沈阳市	3 558	23.45	7.75	33.06	13.40～37.60
	大连市	4 554	19.46	8.34	42.89	12.70～38.00
	鞍山市	1 464	18.21	4.43	24.31	11.50～25.70
	抚顺市	2 493	28.98	10.50	36.24	15.30～49.20
	本溪市	2 460	31.65	10.81	34.14	16.90～53.20
	丹东市	3 329	28.29	10.14	35.85	16.60～46.60
	锦州市	3 908	17.00	7.41	43.58	1.80～30.30
	营口市	1 657	21.00	7.88	37.50	12.80～36.00
	阜新市	2 749	15.56	4.89	31.44	7.20～24.40
	辽阳市	3 768	23.11	8.35	36.14	13.30～39.80
	盘锦市	1 960	22.38	7.21	32.20	13.20～35.10
	铁岭市	5 499	21.45	6.99	32.57	13.40～35.20
	朝阳市	6 204	16.90	4.86	28.74	11.70～26.20
	葫芦岛市	3 242	20.27	7.85	38.74	12.40～35.50
吉林省	长春市	22 503	26.41	4.55	17.23	19.40～34.50
	吉林市	12 470	29.32	8.37	28.53	17.50～45.00
	四平市	14 034	20.80	5.80	27.90	12.40～30.50
	辽源市	12 425	28.28	9.11	32.22	14.30～45.30
	通化市	10 642	31.77	9.41	29.60	20.20～49.50
	白山市	3 230	40.03	6.79	16.97	26.90～51.40
	松原市	7 855	20.82	5.71	27.44	12.70～33.00
	白城市	16 322	25.27	8.54	33.81	12.30～39.60
	延边朝鲜族自治州	8 068	32.02	9.77	30.50	16.90～47.60
黑龙江省	哈尔滨市	72 721	33.39	10.10	30.24	18.90～51.70
	齐齐哈尔市	78 044	34.64	11.92	34.42	15.70～55.00
	鸡西市	26 212	42.58	14.15	33.23	21.20～70.00
	鹤岗市	17 842	32.86	12.54	38.16	16.30～57.60
	双鸭山市	17 719	40.75	12.78	31.37	21.30～63.10
	大庆市	27 942	25.21	8.80	34.90	12.70～40.20
	伊春市	9 928	53.35	15.36	28.79	28.80～78.60
	佳木斯市	60 943	41.02	13.81	33.67	19.90～67.00

省份 （垦区）	下辖区域 （单位）	样本数 （个）	平均值 （g/kg）	标准差	变异系数 （%）	5%～95%范围 （g/kg）
黑龙江省	七台河市	7 706	35.54	10.67	30.01	21.50～57.00
	牡丹江市	25 430	36.59	13.38	36.56	18.90～62.50
	黑河市	43 332	47.08	13.92	29.58	25.40～72.60
	绥化市	84 717	36.42	10.38	28.51	20.60～54.60
	大兴安岭地区	8 539	47.09	16.55	35.15	20.30～75.30
北大荒农垦集团 有限公司	宝泉岭分公司	38 490	33.12	13.54	40.87	16.00～59.00
	北安分公司	44 964	60.48	15.90	26.29	32.00～84.40
	哈尔滨有限公司	2 149	43.84	15.02	34.26	22.10～68.70
	红兴隆分公司	49 286	42.45	12.79	30.12	23.40～64.70
	建三江分公司	69 552	39.22	10.66	27.18	24.30～56.80
	九三分公司	37 964	48.10	13.02	27.06	29.60～70.40
	牡丹江分公司	48 755	42.82	14.88	34.75	22.20～69.00
	齐齐哈尔分公司	9 887	40.17	7.40	18.43	29.50～53.60
	绥化分公司	5 971	51.19	17.46	34.12	29.70～82.80
上海市	市辖区	3 255	28.20	12.30	43.75	11.70～50.90
江苏省	南京市	4 799	24.00	8.50	35.53	9.70～38.30
	无锡市	2 507	28.40	9.80	34.47	13.40～45.90
	徐州市	6 735	22.10	8.50	38.66	9.20～37.00
	常州市	3 117	26.80	8.20	30.71	13.10～40.70
	苏州市	3 878	29.80	9.80	32.86	13.20～46.00
	南通市	6 366	21.20	7.50	35.55	11.00～34.70
	连云港市	4 202	24.40	10.20	41.71	9.10～42.30
	淮安市	6 023	26.70	8.90	33.41	12.80～42.80
	盐城市	9 898	22.00	8.10	36.90	10.90～37.40
	扬州市	4 681	28.60	10.00	34.90	12.00～45.00
	镇江市	3 261	29.10	9.00	30.91	14.60～45.00
	泰州市	4 661	27.50	8.60	31.37	13.70～42.10
	宿迁市	4 984	23.50	9.40	39.84	9.50～40.90
浙江省	杭州市	6 749	25.50	12.70	49.71	3.20～47.00
	宁波市	6 154	30.10	14.40	48.00	8.90～55.30
	温州市	4 034	30.40	12.90	42.33	3.10～51.50
	嘉兴市	6 662	33.90	11.80	34.85	14.20～53.20
	湖州市	7 384	31.00	11.40	36.78	12.80～50.50

省份 （垦区）	下辖区域 （单位）	样本数 （个）	平均值 （g/kg）	标准差	变异系数 （%）	5%～95%范围 （g/kg）
浙江省	绍兴市	6 670	34.70	9.80	28.32	16.80～49.80
	金华市	14 974	29.60	6.60	22.44	17.20～40.50
	衢州市	5 135	24.70	9.60	38.94	9.10～41.20
	舟山市	474	28.60	10.60	36.93	12.50～47.50
	台州市	5 675	27.90	9.90	35.55	13.00～45.70
	丽水市	6 783	30.00	10.10	33.78	15.50～49.10
安徽省	合肥市	5 703	20.10	7.00	34.70	9.30～32.30
	芜湖市	2 704	25.80	6.90	26.67	14.90～37.30
	蚌埠市	6 500	21.80	6.80	31.11	12.40～35.60
	淮南市	3 912	22.20	7.90	35.48	6.70～35.40
	马鞍山市	2 584	24.50	7.40	30.09	13.00～37.50
	淮北市	1 707	17.10	4.10	24.03	10.90～24.10
	铜陵市	1 833	28.20	7.80	27.68	14.30～40.70
	安庆市	7 107	24.00	7.20	29.77	11.80～35.30
	黄山市	4 545	26.50	9.50	35.78	10.20～41.00
	滁州市	8 699	21.10	6.20	29.46	11.40～32.20
	阜阳市	5 962	21.00	5.00	23.76	13.40～29.20
	宿州市	9 671	18.30	6.50	35.20	8.80～29.50
	六安市	9 505	21.10	4.70	22.39	14.10～30.10
	亳州市	4 705	22.30	6.10	27.29	12.80～32.90
	池州市	2 641	26.50	8.00	30.19	13.90～40.50
	宣城市	5 729	23.30	8.30	35.61	11.70～39.00
福建省	福州市	4 100	26.50	10.70	40.21	8.10～44.60
	莆田市	3 665	20.00	9.70	48.23	6.20～37.40
	三明市	4 919	28.40	8.20	28.88	15.90～42.80
	泉州市	4 002	21.60	9.60	44.24	7.50～38.80
	漳州市	3 878	23.20	10.10	43.52	7.40～41.00
	南平市	5 583	29.70	9.80	32.88	14.00～46.90
	龙岩市	5 217	30.60	9.90	32.33	15.20～47.50
	宁德市	4 504	27.20	10.70	39.22	9.40～46.80
江西省	南昌市	5 007	30.30	9.80	32.39	14.10～46.80
	景德镇市	1 150	28.60	10.10	35.15	11.90～44.70
	萍乡市	2 732	42.70	10.90	25.56	22.70～58.50

省份 （垦区）	下辖区域 （单位）	样本数 （个）	平均值 （g/kg）	标准差	变异系数 （%）	5%～95%范围 （g/kg）
江西省	九江市	5 245	23.60	10.00	42.31	9.10～41.40
	新余市	1 786	35.20	10.90	30.94	16.90～53.10
	鹰潭市	1 828	29.30	7.70	26.35	16.40～42.40
	赣州市	5 486	26.90	8.70	32.18	13.70～42.10
	吉安市	8 872	30.90	9.80	31.63	15.60～47.40
	宜春市	7 475	28.40	12.60	44.39	4.70～49.30
	抚州市	5 210	28.60	10.00	35.08	12.90～45.70
	上饶市	8 066	30.50	10.70	35.18	12.70～49.00
山东省	济南市	5 586	17.73	6.39	36.07	8.80～29.50
	青岛市	6 288	14.99	5.34	35.66	8.00～24.70
	淄博市	6 337	20.20	6.12	30.29	10.60～31.40
	枣庄市	615	20.20	4.06	20.08	12.50～24.60
	东营市	1 276	14.82	5.12	34.54	7.30～23.10
	烟台市	6 215	12.84	4.55	35.41	6.90～21.40
	潍坊市	6 732	15.86	5.43	34.24	8.90～25.40
	济宁市	7 253	18.15	6.12	33.66	9.30～29.60
	泰安市	5 134	17.03	5.61	32.95	9.00～27.50
	威海市	2 823	12.75	4.75	37.23	6.10～22.20
	日照市	1 109	12.27	5.11	41.67	5.80～21.30
	莱芜市	1 675	15.97	4.53	28.34	9.20～23.60
	临沂市	12 610	16.31	6.54	40.06	7.70～29.50
	德州市	12 282	16.25	4.94	30.43	8.80～25.00
	聊城市	10 779	16.11	4.23	26.26	9.90～23.10
	滨州市	4 217	16.50	6.07	36.77	8.20～26.40
	菏泽市	11 014	15.57	4.20	26.97	9.00～22.70
河南省	郑州市	2 419	17.20	5.93	34.49	7.70～27.10
	开封市	2 772	15.92	5.17	32.48	7.90～24.70
	洛阳市	1 940	17.76	5.73	32.30	8.70～27.80
	平顶山市	3 675	22.03	8.64	39.22	7.60～37.40
	安阳市	3 187	16.92	6.08	35.93	8.20～28.00
	鹤壁市	1 597	19.85	6.27	31.58	10.40～30.30
	新乡市	3 982	17.76	6.19	34.86	9.00～28.50
	焦作市	3 618	20.10	7.26	36.09	8.80～32.80

省份 （垦区）	下辖区域 （单位）	样本数 （个）	平均值 （g/kg）	标准差	变异系数 （%）	5%～95%范围 （g/kg）
河南省	濮阳市	4 146	15.08	3.75	24.89	9.50～21.70
	许昌市	3 757	19.09	4.67	24.47	12.10～27.50
	漯河市	1 260	18.56	5.59	30.11	11.60～29.00
	三门峡市	2 705	15.07	5.36	35.55	7.00～24.10
	南阳市	4 777	16.85	5.43	32.24	8.30～25.80
	商丘市	6 096	19.41	5.05	26.03	11.40～28.00
	信阳市	4 498	19.16	5.73	29.89	11.20～29.60
	周口市	4 853	17.69	5.26	29.72	9.70～26.40
	驻马店市	4 701	17.17	4.78	27.85	10.40～25.50
	济源示范区	689	21.16	7.32	34.59	9.80～34.00
湖北省	武汉市	3 125	23.30	8.20	35.39	11.60～38.80
	黄石市	1 179	26.50	10.60	39.80	11.20～47.50
	十堰市	5 860	20.40	8.80	42.94	8.90～36.80
	宜昌市	4 623	23.90	8.60	36.03	11.40～39.30
	襄阳市	4 654	23.30	9.00	38.62	10.20～39.10
	鄂州市	418	21.50	7.60	35.33	9.10～34.20
	荆门市	3 843	27.30	8.50	31.18	15.10～42.60
	孝感市	7 501	22.50	8.10	36.22	10.10～36.30
	荆州市	13 523	22.50	9.60	42.51	9.70～40.50
	黄冈市	1 522	19.50	5.60	28.90	10.30～28.80
	咸宁市	2 944	24.40	7.70	31.71	13.50～38.80
	随州市	2 089	23.00	7.80	33.95	10.60～36.10
	恩施土家族苗族自治州	2 025	28.90	10.80	37.39	13.00～48.20
	省直管行政单位	7 625	24.10	9.90	41.05	10.70～41.80
湖南省	长沙市	1 213	36.30	8.90	24.40	21.60～50.90
	株洲市	1 644	37.20	10.40	28.10	19.30～54.80
	湘潭市	1 034	39.20	8.70	22.19	24.60～53.00
	衡阳市	4 051	30.80	10.90	35.37	12.90～49.10
	邵阳市	6 422	37.70	12.40	32.96	17.90～59.60
	岳阳市	5 892	32.20	9.00	28.07	16.90～47.20
	常德市	7 381	29.80	9.90	33.14	14.00～46.80
	张家界市	2 525	27.30	8.30	30.56	15.60～43.00
	益阳市	4 917	33.10	10.20	30.89	16.80～49.60
	郴州市	3 376	35.70	12.70	35.53	16.30～58.20

省份 （垦区）	下辖区域 （单位）	样本数 （个）	平均值 （g/kg）	标准差	变异系数 （%）	5%～95%范围 （g/kg）
湖南省	永州市	5 681	34.30	13.00	37.97	14.70～57.70
	怀化市	5 080	30.40	10.40	34.09	14.50～48.60
	娄底市	2 505	39.70	11.80	29.65	20.50～60.60
	湘西土家族苗族自治州	4 642	26.00	10.30	39.81	11.70～46.50
广东省	广州市	2 271	22.30	6.50	29.34	11.50～34.30
	韶关市	2 867	23.80	7.80	32.58	11.70～36.70
	深圳市	10	19.90	5.20	26.30	13.30～29.20
	珠海市	203	24.90	5.90	23.55	16.50～36.30
	汕尾市	536	20.50	8.90	43.34	7.80～36.90
	佛山市	793	22.80	7.40	32.51	11.30～35.40
	江门市	2 739	25.20	7.90	31.48	12.20～37.80
	湛江市	2 404	22.20	8.80	39.59	7.00～36.20
	茂名市	4 100	22.00	8.40	38.08	8.30～36.00
	肇庆市	1 887	27.80	7.60	27.38	13.80～38.60
	惠州市	3 324	18.50	8.70	47.26	2.40～33.20
	梅州市	2 810	28.20	7.20	25.42	15.40～38.60
	汕头市	195	23.10	8.80	38.04	7.20～37.60
	河源市	1 336	26.60	7.50	28.30	13.20～38.30
	阳江市	1 778	23.20	7.80	33.78	10.40～36.30
	清远市	1 923	25.60	8.30	32.44	11.40～38.30
	东莞市	384	19.10	7.10	37.48	8.50～30.80
	中山市	195	25.30	5.70	22.56	16.70～36.00
	潮州市	290	21.70	7.30	33.67	11.50～35.10
	揭阳市	1 111	21.50	8.20	38.28	8.10～34.80
	云浮市	1 886	25.10	8.10	32.47	10.80～37.50
广西壮族自治区	南宁市	1 796	28.30	11.60	41.19	12.40～50.10
	柳州市	2 335	29.40	12.60	42.93	12.90～53.90
	桂林市	970	35.50	12.40	34.83	17.10～57.80
	梧州市	348	34.80	12.00	34.46	18.30～57.80
	北海市	306	24.00	11.30	46.95	11.90～46.50
	防城港市	162	28.40	9.70	34.28	13.30～45.70
	钦州市	373	34.20	11.80	34.47	14.90～53.90
	贵港市	1 275	30.20	11.10	36.76	13.60～49.70

省份 （垦区）	下辖区域 （单位）	样本数 （个）	平均值 （g/kg）	标准差	变异系数 （%）	5%～95%范围 （g/kg）
广西壮族自治区	玉林市	466	32.90	11.80	35.89	16.00～54.30
	百色市	817	31.70	11.40	35.98	15.50～53.20
	贺州市	1 776	31.40	10.60	33.73	16.00～51.00
	河池市	2 321	31.40	12.10	38.40	14.90～54.40
	来宾市	1 712	27.20	10.60	39.13	13.50～47.90
	崇左市	732	27.40	9.70	35.57	13.50～44.50
海南省	海口市	4 988	20.90	9.70	46.20	6.40～37.40
	三亚市	702	17.50	6.90	39.34	7.50～28.20
	儋州市	496	14.60	8.30	56.70	5.10～30.50
	省直管行政单位	7 688	18.40	10.10	54.97	5.60～35.60
重庆市	市辖区	20 722	20.10	8.50	42.44	8.60～36.80
	县	10 348	21.80	9.10	41.92	9.30～39.60
四川省	成都市	6 840	25.00	9.70	38.89	10.70～42.90
	自贡市	3 164	19.30	9.40	48.73	7.90～38.00
	攀枝花市	1 298	20.90	9.60	46.14	8.50～40.40
	泸州市	5 902	23.60	10.30	43.45	9.80～43.30
	德阳市	4 005	25.30	11.10	43.71	9.60～43.50
	绵阳市	3 282	25.10	8.90	35.32	11.50～40.50
	广元市	2 402	21.60	7.70	35.56	10.70～35.50
	遂宁市	3 861	17.10	7.50	44.08	8.10～33.00
	内江市	3 713	16.50	8.90	54.29	3.00～33.90
	乐山市	3 044	25.90	10.90	42.15	10.30～46.60
	南充市	6 445	17.90	7.90	44.38	7.50～33.20
	眉山市	2 613	25.80	9.80	37.97	11.50～44.60
	宜宾市	4 224	22.90	9.80	42.99	9.30～41.30
	广安市	4 041	17.70	6.90	38.92	8.50～30.10
	达州市	6 939	20.10	8.50	42.18	8.30～35.30
	雅安市	2 230	28.80	10.80	37.61	9.60～47.80
	巴中市	4 839	19.20	7.70	39.98	8.80～33.60
	资阳市	2 018	20.40	10.50	51.52	8.50～41.20
	阿坝藏族羌族自治州	1 162	31.90	11.20	35.01	14.00～50.40
	甘孜藏族自治州	1 206	30.20	10.30	34.14	13.60～49.30
	凉山彝族自治州	7 840	28.20	11.30	39.95	11.00～48.20

省份 （垦区）	下辖区域 （单位）	样本数 （个）	平均值 （g/kg）	标准差	变异系数 （%）	5%～95%范围 （g/kg）
贵州省	贵阳市	3 543	36.40	13.90	38.10	17.20～64.10
	六盘水市	1 095	44.00	16.30	36.96	18.50～71.80
	遵义市	2 328	28.30	12.10	42.70	11.80～50.70
	安顺市	1 035	42.10	14.30	33.93	19.90～68.00
	毕节市	1 249	33.20	13.90	41.80	14.80～62.00
	铜仁市	4 855	28.00	9.40	33.47	14.70～43.30
	黔西南布依族苗族自治州	3 718	37.40	14.80	39.46	17.10～65.80
	黔东南苗族侗族自治州	7 942	33.20	13.00	39.13	15.40～58.60
	黔南布依族苗族自治州	3 332	35.10	12.60	35.85	17.70～59.10
云南省	昆明市	4 575	34.50	13.40	38.96	13.40～58.60
	曲靖市	4 517	36.30	13.90	38.13	15.60～62.60
	玉溪市	4 203	28.40	13.00	45.85	10.20～53.20
	保山市	2 772	32.60	15.00	46.18	11.70～62.10
	昭通市	5 731	31.80	14.20	44.58	12.20～59.00
	丽江市	2 152	35.50	16.80	47.27	9.00～65.50
	普洱市	6 527	26.70	12.70	47.59	10.20～52.10
	临沧市	5 014	30.50	13.50	44.20	11.20～56.10
	楚雄彝族自治州	4 288	29.20	13.50	46.11	8.50～53.60
	红河哈尼族彝族自治州	5 581	29.20	13.30	45.53	10.50～54.30
	文山壮族苗族自治州	4 156	30.50	11.50	37.75	13.90～51.70
	西双版纳傣族自治州	921	29.30	12.30	42.06	13.00～53.50
	大理白族自治州	3 092	39.40	15.60	39.64	16.00～67.70
	德宏傣族景颇族自治州	818	24.20	11.00	45.29	11.50～49.10
	怒江傈僳族自治州	754	32.40	14.90	45.94	11.10～58.90
	迪庆藏族自治州	719	44.60	16.30	36.55	16.10～69.70
西藏自治区	拉萨市	3 798	22.80	8.20	36.08	10.60～36.70
	日喀则市	1 856	19.00	8.00	42.01	8.30～34.80
	昌都市	3 477	38.20	15.70	41.19	13.40～65.40
	林芝市	11	34.00	10.60	31.26	18.90～45.50
	山南市	82	21.20	8.50	39.92	11.20～41.00
陕西省	西安市	1 527	19.25	4.57	23.73	12.50～27.50
	铜川市	590	15.79	4.84	30.67	9.10～24.80
	宝鸡市	2 078	16.41	4.84	29.51	9.10～24.50

省份 （垦区）	下辖区域 （单位）	样本数 （个）	平均值 （g/kg）	标准差	变异系数 （%）	5%～95%范围 （g/kg）
陕西省	咸阳市	6 693	14.32	3.94	27.51	9.20～22.10
	渭南市	6 462	15.78	4.82	30.51	8.90～24.60
	延安市	3 791	10.47	4.00	38.21	4.70～16.90
	汉中市	3 431	21.54	6.39	29.68	11.00～31.70
	榆林市	566	10.15	5.19	51.13	3.10～20.00
	安康市	1 432	18.42	6.84	37.13	8.40～30.50
	商洛市	1 566	17.99	5.87	32.63	8.40～28.20
甘肃省	兰州市	3 200	16.69	5.73	34.31	7.90～26.20
	嘉峪关市	230	15.01	4.64	30.95	9.30～22.50
	金昌市	1 587	19.30	6.54	33.88	9.30～30.70
	白银市	2 981	13.86	4.59	33.13	7.50～22.60
	天水市	7 145	14.80	4.88	32.93	7.90～23.40
	武威市	2 626	16.19	6.75	41.70	7.30～28.30
	张掖市	5 761	17.76	6.54	36.82	9.00～30.20
	平凉市	4 557	15.73	5.47	34.76	8.90～26.70
	酒泉市	3 262	12.38	4.61	37.27	6.50～21.50
	庆阳市	6 242	12.12	3.91	32.29	6.20～18.30
	定西市	7 214	16.99	7.22	42.52	8.40～32.40
	陇南市	4 251	16.67	5.82	34.93	8.50～27.60
	临夏回族自治州	2 920	16.43	7.69	46.80	5.70～30.40
	甘南藏族自治州	920	26.84	7.19	26.78	14.40～37.60
	农场	447	34.88	4.31	12.36	25.80～38.60
青海省	西宁市	3 179	25.37	9.00	35.48	12.80～43.00
	海东市	3 851	19.61	7.70	39.28	9.40～33.90
	海北藏族自治州	669	35.65	11.14	31.24	15.60～51.00
	黄南藏族自治州	250	18.85	7.74	41.05	7.50～30.30
	海南藏族自治州	1 700	26.19	13.14	50.18	8.10～50.00
	海西蒙古族藏族自治州	1 058	16.74	7.74	46.22	5.70～30.30
宁夏回族自治区	银川市	1 237	14.17	5.35	37.77	5.20～23.10
	石嘴山市	402	15.94	3.94	24.74	9.30～22.40
	吴忠市	3 478	11.54	5.17	44.76	4.60～20.70
	固原市	2 159	15.20	4.59	30.22	8.30～23.60
	中卫市	1 636	13.04	4.86	37.25	5.70～21.90

省份 （垦区）	下辖区域 （单位）	样本数 （个）	平均值 （g/kg）	标准差	变异系数 （%）	5%～95%范围 （g/kg）
新疆维吾尔自治区	乌鲁木齐市	1 018	26.07	6.93	26.58	13.70～36.20
	克拉玛依市	44	10.53	4.51	42.87	4.60～18.80
	吐鲁番市	929	14.74	8.42	57.14	3.80～31.10
	哈密市	2 996	18.97	6.71	35.41	8.80～31.60
	昌吉回族自治州	5 931	17.10	6.79	39.72	7.80～29.90
	博尔塔拉蒙古自治州	1 648	20.33	5.91	29.08	11.80～30.60
	巴音郭楞蒙古自治州	4 754	14.46	6.69	46.23	5.20～26.20
	阿克苏地区	1 181	13.25	5.51	41.54	5.80～23.00
	喀什地区	4 135	12.44	4.58	36.82	5.60～20.00
	和田地区	44	10.46	4.56	43.63	4.90～18.30
	伊犁哈萨克自治州	6 830	19.40	9.78	50.42	3.20～39.30
	塔城地区	2 285	16.92	6.51	38.47	7.50～29.50
	阿勒泰地区	1 885	12.08	5.17	42.80	5.40～22.00

县级土壤有机质

省份 （垦区）	属地	下辖区域 （单位）	样本数 （个）	平均值 （g/kg）	标准差	变异系数 （%）	5%～95%范围 （g/kg）
北京市	市辖区	房山区	1 575	21.55	9.60	44.56	8.70～40.30
		通州区	1 445	17.67	5.31	30.03	9.70～27.20
		昌平区	2 452	28.70	11.36	39.57	12.90～50.60
		大兴区	713	18.42	7.55	40.96	7.50～32.40
		顺义区	487	18.67	8.32	44.57	8.50～34.30
		怀柔区	2 066	16.59	7.93	47.80	5.60～31.20
		平谷区	1 243	19.88	6.18	31.10	11.50～31.80
		密云区	1191	17.37	8.12	46.76	7.90～34.50
		延庆区	824	25.55	10.73	42.02	11.60～48.00

县级土壤有机质

省份 (垦区)	属地	下辖区域 (单位)	样本数 (个)	平均值 (g/kg)	标准差	变异系数 (%)	5%～95%范围 (g/kg)
天津市	市辖区	东丽区	140	24.46	10.78	44.05	12.70～48.70
		西青区	306	17.17	8.53	49.64	4.60～31.80
		津南区	362	18.42	6.95	37.74	10.90～31.50
		北辰区	163	18.30	7.48	40.87	6.60～32.20
		武清区	2 188	19.82	5.22	26.33	12.40～28.80
		宝坻区	783	20.63	5.94	28.81	11.70～31.00
		滨海新区大港	353	18.66	6.44	34.49	8.60～28.90
		滨海新区汉沽	148	23.24	6.09	26.32	15.30～34.10
		滨海新区塘沽	38	24.31	9.09	36.95	13.10～39.60
		宁河区	1 067	17.52	3.98	22.70	12.00～24.30
		静海区	1 961	19.43	5.34	27.47	11.90～29.60
		蓟州区	683	20.06	5.83	29.07	11.80～29.70

县级土壤有机质

省份 (垦区)	属地	下辖区域 (单位)	样本数 (个)	平均值 (g/kg)	标准差	变异系数 (%)	5%~95%范围 (g/kg)
河北省	石家庄市	井陉县	480	20.30	5.28	26.03	12.60~29.90
		元氏县	730	19.30	6.02	31.19	8.90~29.50
		平山县	341	16.90	5.12	30.27	10.20~27.10
		新乐市	623	21.27	5.74	27.00	11.60~30.20
		新华区	179	22.60	4.80	21.25	13.60~29.70
		无极县	522	20.99	3.67	17.48	14.00~26.10
		晋州市	492	17.28	5.96	34.48	7.50~27.10
		栾城区	480	20.73	5.26	25.39	12.90~28.80
		正定县	1 258	22.02	5.02	22.80	12.50~29.20
		深泽县	480	19.47	6.29	32.29	7.90~28.90
		灵寿县	425	19.20	5.93	30.91	9.60~29.20
		藁城区	1 146	23.13	4.98	21.54	12.80~29.90
		行唐县	510	19.51	7.28	37.34	8.70~31.50
		赞皇县	360	17.58	5.61	31.89	9.50~28.20
		赵县	487	22.25	4.88	21.95	14.10~30.20
		辛集市（省直管）	816	15.81	5.35	33.87	8.10~24.80
		长安区	107	22.35	4.97	22.24	14.10~29.00
		高邑县	459	20.64	3.64	17.65	15.00~26.70
		鹿泉市	536	21.92	7.40	33.77	8.60~33.30
	唐山市	丰南区	786	16.81	5.59	33.25	9.30~26.70
		丰润区	380	16.78	5.81	34.64	9.20~27.60
		乐亭县	482	19.96	4.73	23.68	13.10~27.70
		古冶区	65	19.86	7.19	36.18	9.00~32.10
		曹妃甸区	480	19.22	6.26	32.57	9.80~30.40
		开平区	65	21.02	5.37	25.53	14.20~30.60
		滦南县	955	15.91	4.86	30.55	7.80~23.80
		滦州市	640	12.16	4.86	39.96	5.60~20.70
		玉田县	518	18.79	4.67	24.86	11.00~26.60
		路北区	35	23.20	1.80	7.78	20.00~25.80
		路南区	35	19.87	2.06	10.37	16.70~22.80
		迁安市	490	12.33	4.00	32.47	6.60~19.20
		迁西县	540	12.89	3.87	30.01	6.30~19.30
		遵化市	1 158	15.49	4.59	29.61	8.40~23.30
		芦台开发区	50	18.29	2.75	15.04	14.80~22.30

省份 （垦区）	属地	下辖区域 （单位）	样本数 （个）	平均值 （g/kg）	标准差	变异系数 （%）	5%～95%范围 （g/kg）
河北省	秦皇岛市	卢龙县	140	12.66	3.13	24.72	6.90～17.20
		抚宁县	481	17.33	7.78	44.91	8.00～35.00
		昌黎县	191	12.66	3.68	29.03	7.10～19.10
		青龙满族自治县	1 100	19.90	7.87	39.22	8.70～34.20
		合并区	417	19.75	5.71	28.92	11.90～28.90
	邯郸市	临漳县	880	17.45	2.13	12.20	12.40～19.80
		大名县	840	16.25	3.55	21.83	10.40～22.30
		广平县	441	14.74	3.68	24.97	8.50～20.00
		成安县	480	16.83	4.41	26.18	10.60～24.20
		曲周县	500	16.62	5.16	31.06	8.20～25.90
		武安市	480	19.85	5.24	26.41	10.60～28.10
		永年县	517	16.96	4.34	25.61	8.90～23.80
		涉县	741	22.47	6.18	27.51	12.90～31.50
		磁县	444	19.37	7.01	36.22	9.30～33.70
		肥乡区	401	15.98	2.89	18.04	11.80～20.50
		邯山区	241	22.55	7.56	33.51	12.00～36.60
		邯郸县	402	17.78	6.38	35.86	8.10～29.40
		邱县	656	12.89	4.21	32.65	6.60～19.90
		馆陶县	955	18.15	6.08	33.49	7.10～26.80
		魏县	568	17.99	3.96	22.01	12.70～25.10
		鸡泽县	400	15.18	4.63	30.50	8.60～23.00
		冀南新区	119	28.97	7.83	27.02	15.70～39.50
	邢台市	临城县	440	21.30	5.11	23.99	13.60～29.90
		临西县	480	13.88	4.24	30.55	7.70～20.80
		任泽区	484	22.20	5.80	26.12	12.80～32.90
		内丘县	391	16.66	4.95	29.71	9.00～24.20
		南和区	540	21.85	7.15	32.74	10.90～34.00
		南宫市	574	11.22	2.70	24.06	7.20～16.00
		威县	560	10.74	3.33	31.04	5.60～16.40
		宁晋县	519	14.28	7.07	49.47	5.50～25.40
		巨鹿县	364	14.40	3.14	21.80	8.90～18.80
		平乡县	928	17.03	5.21	30.60	9.20～26.30
		广宗县	390	12.13	2.30	18.96	8.10～15.80

省份（垦区）	属地	下辖区域（单位）	样本数（个）	平均值（g/kg）	标准差	变异系数（%）	5%～95%范围（g/kg）
河北省	邢台市	新河县	40	12.59	3.40	27.03	8.00～19.90
		柏乡县	791	17.00	4.30	25.28	10.80～25.30
		桥东区	20	26.31	4.61	17.51	21.40～35.20
		桥西区	20	21.08	6.71	31.81	13.60～30.70
		沙河市	510	19.64	6.74	34.33	7.30～29.30
		清河县	420	15.15	5.76	38.03	6.40～24.70
		邢台县	740	17.11	6.65	38.86	8.50～29.80
		隆尧县	446	17.26	5.57	32.28	9.30～27.10
		大曹庄管理区	30	22.98	3.08	13.40	18.50～27.40
		经开区	130	22.18	5.55	25.01	11.90～30.00
		襄都区	25	21.01	3.35	15.92	15.30～26.20
		高新区	30	23.67	4.83	20.42	15.90～30.10
	保定市	博野县	440	15.18	5.34	35.16	7.10～24.80
		唐县	481	17.36	5.47	31.53	8.90～26.60
		安国市	414	16.62	5.14	30.92	9.20～25.90
		安新县	120	19.64	4.80	24.46	12.30～27.10
		定兴县	474	17.72	4.62	26.07	10.10～25.20
		定州市（省直管）	635	16.71	5.79	34.65	7.70～25.30
		容城县	479	16.92	4.10	24.26	10.20～23.50
		徐水县	479	20.24	5.14	25.39	12.20～29.40
		易县	507	17.05	4.52	26.53	10.70～24.80
		曲阳县	440	17.92	5.56	31.04	10.50～28.30
		望都县	500	21.81	5.10	23.40	13.80～30.40
		涞水县	781	17.39	4.97	28.57	10.00～25.40
		涞源县	493	17.60	6.05	34.36	9.60～29.20
		涿州市	684	19.97	5.24	26.27	12.20～29.50
		清苑区	540	17.31	5.40	31.22	8.40～26.50
		满城区	486	17.42	4.95	28.40	11.00～26.90
		蠡县	480	15.76	4.65	29.52	8.70～24.50
		阜平县	480	19.82	7.08	35.72	10.40～32.70
		雄县	403	15.29	5.06	33.10	8.00～24.10
		顺平县	380	14.96	5.03	33.63	7.60～23.60
		高碑店市	500	18.50	4.93	26.65	11.00～26.90

省份（垦区）	属地	下辖区域（单位）	样本数（个）	平均值（g/kg）	标准差	变异系数（%）	5%～95%范围（g/kg）
河北省	保定市	高阳县	440	16.36	5.65	34.57	8.30～26.50
	张家口市	万全区	940	18.14	6.59	36.32	9.30～30.00
		宣化区	800	18.29	6.14	33.99	9.80～29.90
		尚义县	679	18.60	6.27	33.69	9.60～31.00
		崇礼区	546	23.26	8.58	36.90	11.10～39.70
		康保县	722	20.73	5.81	28.01	11.80～30.80
		张北县	480	19.56	6.55	33.50	10.50～31.90
		怀安县	460	17.52	5.40	30.83	9.90～27.20
		怀来县	742	16.71	6.42	38.40	7.60～28.00
		沽源县	460	22.45	8.11	36.13	11.20～38.40
		涿鹿县	490	16.65	6.82	40.97	6.70～30.30
		蔚县	345	17.36	5.84	33.63	11.10～29.50
		赤城县	646	18.67	5.37	28.75	12.20～28.40
		阳原县	366	14.08	4.61	32.72	7.60～22.70
	承德市	丰宁满族自治县	473	15.45	9.33	60.39	5.80～35.60
		兴隆县	400	18.40	8.24	44.78	7.30～34.50
		双桥区	81	18.01	5.72	31.73	9.60～28.90
		双滦区	237	19.75	7.87	39.83	9.30～34.20
		围场满族蒙古族自治县	497	17.03	5.33	31.28	9.30～26.00
		宽城满族自治县	510	18.24	7.08	38.84	8.20～31.80
		平泉市	841	19.74	6.88	34.86	11.00～33.10
		承德县	580	16.13	4.67	28.94	9.80～24.20
		滦平县	1 120	21.46	6.12	28.54	11.60～31.90
		隆化县	639	15.71	4.50	28.62	9.60～24.20
		高新区	57	18.55	7.24	39.02	10.00～30.40
		鹰手营子矿区	105	26.16	8.28	31.66	13.00～39.10
		御道口牧场管理区	28	18.78	8.85	47.10	9.30～31.90
	沧州市	东光县	400	15.62	5.02	32.14	7.50～23.60
		任丘市	443	15.90	3.56	22.38	10.50～21.60
		南皮县	467	17.98	3.41	18.99	12.30～22.80
		吴桥县	1 041	15.09	3.23	21.41	10.40～20.70
		孟村回族自治县	430	12.39	3.50	28.27	8.20～19.40
		沧县	480	16.44	3.39	20.59	11.50～22.50

省份 （垦区）	属地	下辖区域 （单位）	样本数 （个）	平均值 （g/kg）	标准差	变异系数 （%）	5%～95%范围 （g/kg）
河北省	沧州市	河间市	448	13.83	3.04	21.97	9.00～19.40
		泊头市	950	17.32	3.92	22.62	11.50～24.30
		海兴县	300	11.94	1.28	10.74	10.30～14.20
		献县	938	15.73	4.74	30.11	8.50～23.60
		盐山县	462	14.77	4.57	30.96	8.90～23.50
		肃宁县	910	18.01	4.62	25.65	10.20～25.70
		青县	392	13.76	3.54	25.71	8.70～18.50
		黄骅市	756	13.55	2.60	19.22	10.30～18.90
		南大港产业园区	100	13.46	1.29	9.58	11.50～15.40
		中捷产业园区	100	13.44	1.47	10.94	11.40～16.30
	廊坊市	三河市	480	22.98	8.74	38.02	12.10～41.60
		固安县	491	15.62	3.67	23.47	9.30～21.40
		大厂回族自治县	482	16.88	3.89	23.01	10.30～22.70
		大城县	840	13.50	3.43	25.44	8.40～19.10
		安次区	545	17.07	6.16	36.08	8.40～29.60
		广阳区	440	13.79	2.93	21.24	8.90～18.10
		文安县	483	16.36	3.87	23.63	11.00～22.30
		永清县	1 359	13.17	3.48	26.43	7.10～18.40
		霸州市	440	14.92	5.09	34.09	7.50～23.20
		香河县	480	19.74	5.25	26.57	11.40～27.20
	衡水市	冀州区	480	15.92	4.20	26.40	8.80～22.90
		安平县	480	21.33	5.73	26.87	10.30～29.10
		故城县	481	12.98	2.88	22.23	8.50～17.70
		景县	692	17.86	4.13	23.12	11.40～24.90
		枣强县	808	14.86	4.20	28.29	9.30～23.20
		武强县	500	16.68	4.98	29.89	8.80～25.70
		武邑县	414	17.55	6.17	35.14	9.00～29.00
		深州市	503	18.78	4.90	26.09	11.40～26.50
		阜城县	180	18.49	5.44	29.44	9.70～26.60
		饶阳县	647	18.21	7.22	39.66	9.50～34.00
		桃城区	814	13.70	5.23	38.17	6.10～23.20

　　注：容城县、雄县、安新县合并为雄安新区；邯郸县已撤销，划归邯山区和丛台区；邢台县撤销，划归襄都区和信都区；邢台市桥西区和邢台县合并为信都区，桥东区并入襄都区，大曹庄管理区并入宁晋县。下同。

县级土壤有机质

省份 （垦区）	属地	下辖区域 （单位）	样本数 （个）	平均值 （g/kg）	标准差	变异系数 （%）	5%～95%范围 （g/kg）
山西省	太原市	万柏林区	50	29.89	7.60	25.42	18.90～43.60
		古交市	392	14.15	6.32	44.67	4.50～25.90
		娄烦县	967	10.63	4.29	40.35	5.20～19.00
		小店区	548	29.96	9.46	31.57	10.30～42.90
		尖草坪区	319	20.63	7.86	38.10	9.80～34.40
		晋源区	515	31.50	7.95	25.25	19.40～42.40
		杏花岭区	50	10.70	3.87	34.59	5.30～16.20
		清徐县	694	17.78	5.79	32.59	9.20～28.20
		阳曲县	631	12.49	3.75	30.00	7.30～18.70
	阳泉市	平定县	696	21.95	8.38	38.19	11.40～38.70
		盂县	646	17.27	9.06	52.47	5.90～38.10
	长治市	壶关县	57	30.08	7.86	26.14	16.60～40.60
		平顺县	22	16.60	6.25	37.67	8.80～30.60
		武乡县	1 260	19.77	8.00	40.49	9.00～35.70
		沁县	2 463	17.36	4.92	28.34	9.70～26.00
		沁源县	157	19.58	6.48	33.09	9.60～29.90
		潞城区	105	25.79	8.10	31.41	12.50～40.20
		襄垣县	36	18.92	7.76	41.01	9.30～34.50
		郊区	54	31.00	7.11	22.93	19.40～41.80
		长子县	367	24.77	7.69	31.03	11.90～37.70
		黎城县	601	19.97	6.81	34.08	10.10～33.70
		屯留区	324	25.34	6.60	26.03	14.20～35.90
	晋城市	沁水县	144	16.60	6.93	41.74	7.30～28.60
		泽州县	514	29.26	7.39	25.24	16.40～40.70
		阳城县	195	24.93	6.75	27.06	14.50～37.10
		陵川县	215	27.32	7.84	28.70	14.70～40.20
		高平市	694	28.70	7.45	25.95	17.10～41.40
	朔州市	右玉县	173	8.73	2.54	29.07	4.60～13.30
		山阴县	218	14.43	5.93	41.12	8.90～27.50
		平鲁区	279	9.65	3.62	37.45	4.60～15.70
		应县	229	11.48	3.53	30.77	6.60～17.30
		怀仁县	1 464	11.44	3.26	28.46	7.50～15.80
		朔城区	254	12.22	5.86	47.97	4.60～21.10
	晋中市	左权县	333	22.53	7.20	31.93	10.70～35.00

省份 （垦区）	属地	下辖区域 （单位）	样本数 （个）	平均值 （g/kg）	标准差	变异系数 （%）	5%～95%范围 （g/kg）
山西省	晋中市	平遥县	237	16.36	6.76	41.30	6.80～27.50
		昔阳县	207	17.03	9.20	54.00	5.50～37.10
		榆社县	212	15.22	6.40	42.06	6.70～28.30
		灵石县	124	23.79	9.90	41.62	12.00～41.30
		祁县	204	18.03	5.33	29.57	9.80～26.50
	运城市	万荣县	743	13.67	4.71	34.49	7.60～22.20
		临猗县	2 258	12.32	4.42	35.86	6.00～21.30
		垣曲县	475	17.89	6.16	34.45	8.70～28.30
		夏县	501	16.53	4.76	28.79	10.00～24.90
		平陆县	1 008	15.75	5.41	34.35	7.70～25.20
		新绛县	531	22.77	7.58	33.31	10.40～35.20
		永济市	851	15.71	6.29	40.06	7.90～26.80
		河津市	362	17.79	4.62	25.96	11.00～25.50
		盐湖区	797	15.22	5.25	34.48	8.20～25.30
		稷山县	1 012	17.97	6.06	33.71	8.80～27.70
		绛县	521	16.91	6.54	38.68	9.50～29.90
		芮城县	691	15.65	5.05	32.26	8.00～23.70
		闻喜县	109	18.92	5.18	27.36	10.90～27.50
	忻州市	五寨县	375	8.82	3.80	43.08	4.50～14.80
		代县	629	12.77	4.32	33.85	6.60～19.50
		保德县	41	7.10	2.08	29.21	3.90～11.00
		偏关县	1 469	7.88	3.02	38.31	4.00～13.40
		原平市	1 026	14.64	5.30	36.19	8.00～24.10
		宁武县	366	16.12	6.49	40.23	6.10～24.90
		定襄县	785	14.55	4.64	31.90	7.70～22.50
		忻府区	2 138	14.04	4.51	32.11	8.00～21.60
		神池县	718	10.49	3.75	35.70	5.40～17.60
		繁峙县	500	13.64	6.48	47.47	5.80～27.10
		静乐县	85	12.34	6.06	49.10	5.10～24.00
	临汾市	侯马市	544	18.04	7.09	39.31	6.70～29.50
		古县	129	16.59	5.82	35.09	10.50～28.00
		吉县	92	13.28	5.16	38.86	6.30～23.10
		尧都区	77	23.47	8.65	36.83	12.10～41.10

省份（垦区）	属地	下辖区域（单位）	样本数（个）	平均值（g/kg）	标准差	变异系数（%）	5%～95%范围（g/kg）
山西省	临汾市	曲沃县	182	19.52	5.47	28.01	10.50～28.80
		洪洞县	261	22.30	5.85	26.24	12.10～31.80
		浮山县	77	15.06	2.65	17.61	11.90～19.30
		翼城县	177	18.27	4.71	25.78	11.30～27.00
		蒲县	1 585	11.67	4.05	34.74	5.90～19.10
		隰县	32	10.25	3.51	34.23	7.00～15.80
	吕梁市	临县	421	10.58	5.72	54.10	4.40～21.20
		交口县	120	16.81	6.86	40.81	9.20～33.30
		兴县	634	10.76	5.32	49.42	4.40～21.80
		孝义市	571	19.78	9.26	46.80	8.20～39.30
		文水县	168	21.59	7.57	35.07	10.60～35.80
		柳林县	174	7.37	3.76	51.10	4.00～11.90
		汾阳市	1 496	16.60	7.44	44.81	7.30～31.60

注：长治市郊区与长治市城区合并为长治市潞州区。下同。

县级土壤有机质

省份（垦区）	属地	下辖区域（单位）	样本数（个）	平均值（g/kg）	标准差	变异系数（%）	5%～95%范围（g/kg）
内蒙古自治区	呼和浩特市	和林格尔县	844	11.40	5.24	45.95	4.30～22.10
		土默特左旗	646	25.54	13.86	54.25	5.80～49.50
		托克托县	507	12.85	5.49	42.69	6.50～24.20
		武川县	648	17.57	6.13	34.87	8.90～27.40
		清水河县	444	10.02	3.62	36.17	5.40～17.70
		赛罕区	383	33.30	12.17	36.55	14.20～49.80
	包头市	东河区	139	34.65	13.71	39.56	13.50～57.90
		九原区	155	18.73	9.76	52.11	8.20～39.80
		固阳县	1 670	16.62	6.63	39.85	7.20～28.70
		土默特右旗	2 221	16.23	8.81	54.30	7.00～33.60
		昆都仑区	74	18.70	9.02	48.23	7.80～35.80
		石拐区	138	19.73	7.57	38.36	8.40～31.00
		达尔罕茂明安联合旗	973	16.94	5.83	34.35	8.90～26.20
		青山区	42	20.91	8.52	40.73	9.60～33.40
		高新区	139	22.42	9.59	42.78	11.40～39.30
	赤峰市	元宝山区	212	12.27	5.49	44.74	5.20～21.40
		克什克腾旗	1 169	17.56	10.65	60.65	6.40～41.00
		喀喇沁旗	952	18.85	6.88	36.49	10.30～32.40
		宁城县	1 146	16.49	5.07	30.72	9.40～25.90
		巴林右旗	864	13.97	7.28	52.11	5.00～26.10
		巴林左旗	741	19.45	6.13	31.53	9.80～30.50
		市辖区	102	16.40	6.04	36.81	8.00～27.90
		敖汉旗	2 589	11.44	4.58	40.02	5.10～19.30
		松山区	1 532	12.42	5.72	46.03	6.30～22.20
		林西县	552	18.40	5.80	31.51	10.60～28.80
		红山区	133	12.97	5.05	38.93	6.80～22.20
		翁牛特旗	1 769	15.01	7.57	50.43	6.10～27.80
		阿鲁科尔沁旗	1 316	18.81	6.35	33.75	8.80～29.60
	通辽市	奈曼旗	1 666	10.49	4.50	42.93	4.90～20.00
		库伦旗	1 187	8.83	3.14	35.57	4.30～14.30
		开鲁县	1 317	13.61	5.00	36.76	6.40～22.50
		扎鲁特旗	685	23.31	9.43	40.46	8.50～38.70
		科尔沁区	1 246	15.56	4.18	26.84	8.70～22.70
		科尔沁左翼中旗	2 232	15.01	4.21	28.06	9.60～23.00

省份 （垦区）	属地	下辖区域 （单位）	样本数 （个）	平均值 （g/kg）	标准差	变异系数 （%）	5%～95%范围 （g/kg）
内蒙古 自治区	通辽市	科尔沁左翼后旗	1 662	14.46	6.57	45.46	5.10～26.80
	鄂尔多斯市	东胜区	55	11.88	4.28	36.06	5.00～21.50
		乌审旗	242	9.15	4.45	48.56	3.50～17.30
		伊金霍洛旗	163	10.78	6.67	61.80	4.30～21.20
		准格尔旗	434	9.87	3.76	38.08	4.20～16.60
		杭锦旗	423	10.46	4.94	47.21	4.30～19.10
		达拉特旗	668	10.32	4.98	48.29	4.10～19.70
		鄂托克前旗	341	7.50	4.30	57.36	3.70～17.60
		鄂托克旗	162	9.64	3.43	35.55	4.80～15.80
	呼伦贝尔市	扎兰屯市	2 039	45.29	14.74	32.54	22.10～71.00
		新巴尔虎右旗	40	25.58	9.51	37.17	14.00～43.00
		新巴尔虎左旗	365	57.52	13.56	23.58	34.10～79.10
		根河市	40	69.21	11.45	16.55	50.30～85.20
		海拉尔区	190	31.16	14.90	47.82	11.00～56.30
		满洲里市	40	30.89	13.48	43.64	12.30～57.30
		牙克石市	1 453	59.65	12.12	20.32	40.10～80.00
		莫力达瓦达斡尔族自治旗	3 906	52.47	16.89	32.19	25.00～80.90
		鄂伦春自治旗	2 149	59.62	17.34	29.09	28.20～85.20
		鄂温克族自治旗	80	53.34	15.97	29.95	29.80～78.70
		阿荣旗	2 466	46.07	14.43	31.33	25.00～73.50
		陈巴尔虎旗	500	56.30	12.70	22.57	37.10～80.00
		额尔古纳市	1 461	62.70	12.15	19.38	42.80～83.50
	巴彦淖尔市	临河区	1 662	14.08	4.05	28.75	8.10～20.80
		乌拉特中旗	567	12.92	4.85	37.53	5.70～21.50
		乌拉特前旗	1 529	13.09	4.39	33.57	7.10～20.20
		乌拉特后旗	605	14.38	5.87	40.80	6.00～24.20
		五原县	1 365	15.36	7.75	50.48	7.70～30.90
		杭锦后旗	1 231	13.98	3.87	27.67	8.30～20.50
		磴口县	367	11.11	4.20	37.84	5.10～18.30
	乌兰察布市	丰镇市	887	17.69	5.36	30.30	9.20～27.40
		兴和县	763	18.07	6.20	34.34	10.00～30.10
		凉城县	771	17.18	6.77	39.38	8.10～30.30
		化德县	881	16.29	6.42	39.40	7.80～28.30

省份（垦区）	属地	下辖区域（单位）	样本数（个）	平均值（g/kg）	标准差	变异系数（%）	5%～95%范围（g/kg）
内蒙古自治区	乌兰察布市	卓资县	348	25.34	9.21	36.36	11.80～43.50
		商都县	1 479	20.07	7.17	35.73	9.30～32.40
		四子王旗	1 232	17.75	7.73	43.56	8.50～32.40
		察哈尔右翼中旗	585	24.14	12.54	51.94	10.50～51.00
		察哈尔右翼前旗	459	19.28	6.20	32.16	9.80～29.90
		察哈尔右翼后旗	742	17.62	7.30	41.42	7.80～31.20
		集宁区	71	23.08	9.70	42.04	9.40～36.30
	兴安盟	乌兰浩特市	410	30.64	13.23	43.17	14.40～54.90
		兴安盟农牧场管理局	489	41.05	12.40	30.21	20.50～62.70
		扎赉特旗	2 802	34.91	13.56	38.85	15.10～59.20
		盟辖区	244	34.42	12.51	36.34	15.90～56.30
		科尔沁右翼中旗	2 524	27.65	13.96	50.51	8.30～52.30
		科尔沁右翼前旗	2 446	40.02	15.31	38.26	16.00～67.70
		突泉县	1 618	28.88	9.08	31.43	14.80～43.10
	锡林郭勒盟	东乌珠穆沁旗	94	24.03	12.00	49.94	8.10～41.70
		乌拉盖管理区	205	47.91	14.94	31.17	21.00～70.90
		多伦县	962	22.76	13.10	57.56	8.60～46.90
		太仆寺旗	897	27.63	9.25	33.48	14.80～43.00
		正蓝旗	152	22.85	9.73	42.57	12.30～44.60
		正镶白旗	102	20.41	6.85	33.53	9.70～30.90
		苏尼特右旗	34	16.51	6.85	41.50	9.00～29.20
		西乌珠穆沁旗	48	25.35	6.02	23.76	15.40～34.50
		锡林浩特市	123	25.08	9.29	37.05	10.60～38.50
		镶黄旗	13	23.72	9.44	39.77	10.80～36.30
	阿拉善盟	阿拉善右旗	24	7.17	1.91	26.62	4.50～9.80
		阿拉善左旗	810	8.67	3.24	37.35	5.10～16.10
		额济纳旗	48	8.37	2.86	34.13	4.90～13.70

县级土壤有机质

省份 （垦区）	属地	下辖区域 （单位）	样本数 （个）	平均值 （g/kg）	标准差	变异系数 （%）	5%～95%范围 （g/kg）
辽宁省	沈阳市	浑南区	296	32.92	5.82	17.67	24.40～43.00
		于洪区	91	24.68	6.66	26.97	11.80～34.10
		康平县	321	17.31	4.12	23.83	12.60～25.70
		新民市	510	18.90	5.22	27.65	12.90～28.70
		苏家屯区	711	24.23	8.41	34.71	14.30～42.10
		辽中区	1 629	23.19	6.79	29.26	13.60～35.30
	大连市	庄河市	1 279	16.15	3.26	20.16	12.70～22.50
		旅顺口区	112	24.68	9.62	38.98	13.70～45.60
		普兰店区	723	25.38	11.98	47.21	13.00～52.00
		瓦房店市	1 435	20.91	8.15	38.96	12.90～38.50
		金普新区	1 005	15.48	3.10	20.02	12.50～21.50
	鞍山市	台安县	286	17.98	6.78	37.73	7.60～30.00
		岫岩满族自治县	491	18.19	4.93	27.13	10.80～26.10
		海城市	687	18.31	2.72	14.88	13.50～22.40
	抚顺市	抚顺县	814	25.74	8.18	31.79	15.00～40.10
		新宾满族自治县	1 087	32.13	10.57	32.89	18.00～54.10
		清原满族自治县	429	25.80	8.92	34.58	13.90～43.70
		顺城区	86	28.72	15.45	53.79	12.10～56.70
		东洲区	77	33.26	14.95	44.94	18.00～56.50
	本溪市	本溪满族自治县	717	30.31	9.90	32.67	15.70～49.70
		桓仁满族自治县	1 603	32.99	10.52	31.89	20.10～54.30
		市辖区	140	28.24	14.82	52.50	9.70～58.30
	丹东市	东港市	1 845	24.81	6.83	27.54	16.10～38.20
		凤城市	579	28.79	12.64	43.92	16.60～46.60
		宽甸满族自治县	905	35.24	10.48	29.75	19.70～53.10
	锦州市	义县	1 791	17.38	4.73	27.24	12.60～27.00
		凌海市	967	17.37	5.58	32.13	10.40～29.70
		北镇市	681	21.57	8.25	38.26	12.90～39.30
		黑山县	279	18.33	5.05	27.58	10.40～26.60
	营口市	大石桥市	1 053	22.48	8.10	36.02	13.10～37.10
		鲅鱼圈区	604	16.64	5.13	30.81	12.60～25.80
	阜新市	彰武县	200	9.80	4.74	48.37	4.70～19.90
		阜新蒙古族自治县	2 408	15.91	4.43	27.84	9.30～24.40
		海州区	20	21.14	7.77	36.76	9.90～31.20

省份 （垦区）	属地	下辖区域 （单位）	样本数 （个）	平均值 （g/kg）	标准差	变异系数 （%）	5%～95%范围 （g/kg）
辽宁省	阜新市	新邱区	20	24.00	6.14	25.60	17.20～32.90
		清河门区	101	17.62	2.86	16.21	12.60～21.60
	辽阳市	太子河区	293	22.06	4.90	22.22	14.30～30.20
		灯塔市	1 163	26.34	9.27	35.20	14.90～43.90
		辽阳县	2 312	21.01	7.50	35.70	13.00～38.30
	盘锦市	大洼区	760	23.17	8.20	35.38	13.30～38.40
		盘山县	900	22.83	6.92	30.30	13.10～35.30
		双台子区	150	19.20	4.30	22.41	13.10～26.70
		兴隆台区	150	19.09	2.84	14.86	14.30～23.40
	铁岭市	开原市	1 601	20.04	4.91	24.51	13.90～29.00
		昌图县	1 140	17.89	3.84	21.46	12.80～24.60
		西丰县	987	28.84	8.96	31.06	16.50～45.00
		调兵山市	376	18.34	3.99	21.73	12.60～24.80
		铁岭县	1 320	22.15	5.74	25.92	13.80～31.50
		清河区	67	17.70	5.69	32.17	11.70～25.80
	朝阳市	凌源市	1 209	17.78	4.69	26.39	12.90～26.50
		北票市	1 346	16.64	5.78	34.75	8.00～27.30
		双塔区	297	19.21	4.34	22.57	13.00～27.40
		喀喇沁左翼蒙古族自治县	665	18.76	5.46	29.09	12.50～29.20
		建平县	1 477	15.85	3.94	24.85	11.50～24.00
		朝阳县	1 210	15.16	3.50	23.10	9.90～21.20
	葫芦岛市	兴城市	964	17.30	7.33	42.35	8.70～32.40
		建昌县	744	19.95	5.42	27.18	13.10～29.00
		绥中县	1 534	22.14	7.92	35.80	13.30～37.50

县级土壤有机质

省份 （垦区）	属地	下辖区域 （单位）	样本数 （个）	平均值 （g/kg）	标准差	变异系数 （%）	5%～95%范围 （g/kg）
吉林省	长春市	农安县	3 184	24.93	3.62	14.50	20.00～31.30
		双阳区	1 873	23.96	4.31	17.97	18.70～30.70
		德惠市	10 457	27.05	4.47	16.52	19.20～35.00
		榆树市	2 740	27.26	6.00	22.02	18.70～37.70
		长春市	700	24.87	5.68	22.85	16.40～34.70
		九台区	3 549	25.64	3.21	12.52	20.90～30.70
	吉林市	桦甸市	2 920	31.45	8.62	27.42	18.60～47.20
		永吉县	1 203	28.21	5.46	19.37	19.40～37.60
		磐石市	3 909	27.31	8.33	30.51	14.80～42.70
		舒兰市	1 880	30.01	7.27	24.22	17.20～40.20
		蛟河市	2 558	33.93	8.63	25.43	20.80～50.40
	四平市	伊通满族自治县	4 295	23.68	3.88	16.40	19.70～31.40
		公主岭市	1 731	23.98	3.91	16.31	18.80～30.80
		双辽市	3 048	13.74	1.50	10.94	11.00～16.60
		梨树县	4 960	21.41	5.86	27.36	12.00～31.30
	辽源市	东丰县	2 234	30.54	7.61	24.92	19.10～43.90
		东辽县	9 406	27.76	9.45	34.06	14.00～45.80
		辽源市	785	27.89	7.95	28.51	17.80～45.30
	通化市	柳河县	1 018	33.50	6.99	20.86	23.70～46.80
		梅河口市（省直管）	2 395	22.70	2.73	12.02	19.30～28.10
		辉南县	3 518	30.42	7.86	25.85	20.20～45.90
		通化县	2 966	43.08	6.65	15.43	32.40～53.30
		集安市	745	32.27	3.60	11.16	28.50～36.90
	白山市	临江市	1 452	40.03	2.75	6.86	35.50～45.20
		抚松县	1 032	41.89	9.12	21.76	24.20～53.70
		江源区	358	40.47	8.59	21.22	26.80～52.80
		浑江区	388	35.43	11.13	31.41	14.80～51.10
	松原市	乾安县	1 591	20.41	1.42	6.95	17.70～22.20
		前郭尔罗斯蒙古族自治县	1 479	17.43	3.52	20.21	11.40～22.60
		宁江区	2 641	23.62	6.40	27.09	14.00～35.10
		扶余市	701	16.24	3.36	20.69	10.80～21.40
		松原市	942	23.96	6.51	27.17	18.30～38.00
		长岭县	501	16.76	4.00	23.89	12.00～24.90
	白城市	洮北区	3 325	19.70	5.38	27.31	11.90～29.40

省份（垦区）	属地	下辖区域（单位）	样本数（个）	平均值（g/kg）	标准差	变异系数（%）	5%～95%范围（g/kg）
吉林省	白城市	洮南市	10 427	26.87	8.37	31.15	12.60～40.00
		白城市	2 570	26.09	9.64	36.95	11.40～43.30
	延边朝鲜族自治州	图们市	717	28.37	9.63	33.96	16.00～43.40
		延吉市	688	26.53	9.11	34.33	14.10～44.30
		敦化市	5 839	33.82	9.43	27.89	17.90～49.40
		珲春市	824	27.14	8.33	30.70	13.70～42.20

注：白城市下辖单位中的白城市代表由市本级对通榆同发牧场、四六七军马场、四方坨子农场、洮儿河农场、镇南种羊场、白城牧场等六个农场进行取样测试；辽源市下辖单位中的辽源市代表由市本级对西安区、龙山区进行取样测试；长春市下辖单位中的长春市代表由市本级对长春新区、绿园区、净月区、莲花山区、朝阳区、宽城区、二道区、汽开区进行取样测试；四平市公主岭市于2020年6月划归长春市管辖。下同。

县级土壤有机质

省份 （垦区）	属地	下辖区域 （单位）	样本数 （个）	平均值 （g/kg）	标准差	变异系数 （%）	5%～95%范围 （g/kg）
黑龙江省	哈尔滨市	依兰县	11 456	32.48	11.07	34.07	14.50～51.40
		双城区	4 027	32.53	8.37	25.73	21.70～47.90
		呼兰区	4 936	32.87	5.71	17.36	25.30～41.80
		宾县	13 646	32.79	8.39	25.60	20.40～45.60
		尚志市	7 830	41.40	11.69	28.23	23.10～62.40
		巴彦县	3 006	35.56	5.26	14.78	28.80～45.40
		延寿县	7 275	35.76	9.87	27.60	21.40～52.80
		方正县	6 756	25.83	6.65	25.75	17.60～39.40
		木兰县	1 900	33.81	11.33	33.52	18.30～55.70
		通河县	4 013	34.30	12.41	36.17	15.60～56.60
		道外区	195	29.18	6.49	22.25	20.60～38.40
		阿城区	5 513	32.51	8.71	26.80	20.00～48.50
		道里区	141	31.03	7.54	24.29	21.70～42.50
		南岗区	391	29.12	5.16	17.71	21.70～36.80
		平房区	10	28.14	7.97	28.32	15.90～37.20
		市辖区	800	27.52	8.45	30.71	16.40～41.80
		松北区	728	28.59	5.68	19.88	22.20～37.50
		香坊区	98	33.80	7.46	22.07	23.70～45.90
	齐齐哈尔市	依安县	8 286	40.51	8.68	21.43	28.10～55.80
		克东县	1 546	53.23	8.62	16.19	39.10～66.90
		克山县	2 007	46.53	9.19	19.75	33.60～61.50
		富裕县	6 147	29.03	10.42	35.89	14.60～47.20
		拜泉县	3 101	36.10	6.17	17.09	26.10～45.70
		梅里斯达斡尔族区	7 112	25.87	6.94	26.84	18.30～37.90
		泰来县	12 032	30.61	12.53	40.94	13.20～53.50
		甘南县	1 802	36.93	8.88	24.06	23.80～51.80
		讷河市	11 021	42.77	10.04	23.48	26.80～60.10
		龙江县	20 606	34.32	10.35	30.16	17.70～51.10
		昂昂溪区	768	23.89	10.88	45.54	11.80～45.10
		富拉尔基区	758	22.65	3.97	17.52	16.20～28.50
		建华区	743	22.85	9.72	42.53	11.10～40.30
		龙沙区	598	23.44	8.82	37.62	13.40～39.00

省份 （垦区）	属地	下辖区域 （单位）	样本数 （个）	平均值 （g/kg）	标准差	变异系数 （%）	5%～95%范围 （g/kg）
黑龙江省	齐齐哈尔市	碾子山区	758	31.26	8.21	26.25	16.30～43.80
		铁锋区	759	15.69	4.67	29.74	11.10～25.70
	鸡西市	密山市	13 242	49.36	11.89	24.08	30.80～71.10
		虎林市	4 503	40.79	11.62	28.50	21.50～59.70
		鸡东县	5 675	40.72	13.95	34.26	22.50～70.60
		城子河区	256	53.86	16.81	31.21	25.00～79.00
		滴道区	989	41.81	19.39	46.37	15.00～75.70
		恒山区	454	46.91	16.53	35.25	18.70～74.40
		鸡冠区	589	39.43	17.78	45.10	15.20～73.80
		梨树区	189	45.88	18.32	39.94	19.40～78.70
		麻山区	315	44.86	17.86	39.83	19.00～76.20
	鹤岗市	东山区	1 660	44.51	11.44	25.91	26.70～65.70
		绥滨县	5 901	25.43	8.93	35.13	14.10～42.00
		萝北县	10 199	35.36	11.90	33.66	19.00～59.00
		兴安区	82	44.09	10.26	21.99	30.00～60.80
	双鸭山市	宝清县	3 606	43.58	14.07	32.29	22.80～71.50
		集贤县	8 305	42.56	11.80	27.72	25.50～63.50
		饶河县	4 201	36.26	13.63	37.58	15.90～58.60
		宝山区	209	50.69	14.32	28.25	28.20～75.70
		尖山区	429	41.29	11.29	27.35	25.80～62.30
		岭东区	342	42.09	13.15	31.25	24.50～70.40
		四方台区	627	39.53	9.22	23.32	25.80～56.20
	大庆市	大同区	3 554	20.78	6.06	29.17	12.80～32.30
		杜尔伯特蒙古族自治县	6 940	20.35	7.53	36.98	11.40～34.70
		林甸县	3 099	32.48	7.16	22.06	18.10～43.40
		肇州县	1 800	30.71	3.94	12.83	24.40～36.80
		肇源县	10 754	25.16	8.50	33.77	13.70～39.20
		红岗区	448	30.80	8.98	29.14	14.10～43.40
		龙凤区	198	28.58	8.92	31.22	14.70～43.80
		让胡路区	1 077	31.65	9.76	30.83	14.40～44.60
		萨尔图区	72	28.18	10.03	35.57	13.50～45.30
	伊春市	嘉荫县	4 454	50.83	16.46	32.37	24.30～77.40
		铁力市	2 712	56.04	14.26	25.50	34.20～80.20

省份 （垦区）	属地	下辖区域 （单位）	样本数 （个）	平均值 （g/kg）	标准差	变异系数 （%）	5%～95%范围 （g/kg）
黑龙江省	伊春市	乌翠区	139	47.21	11.70	24.69	37.80～73.00
		大箐山县	168	51.50	11.30	21.89	33.90～68.70
		丰林县	405	55.16	13.40	25.39	39.00～76.70
		朗乡区	57	56.84	13.02	22.90	35.60～75.40
		南岔县	1 010	55.22	16.18	29.29	31.40～79.70
		汤旺县	271	54.40	12.55	23.06	37.90～76.50
		金林区	148	46.18	12.39	26.87	34.90～75.10
		伊美区	309	60.90	10.96	18.04	42.20～78.40
		友好区	312	53.72	11.75	21.88	34.30～75.40
	佳木斯市	同江市	6 250	41.76	16.93	40.55	17.10～73.80
		富锦市	24 408	42.72	12.75	29.84	22.90～66.20
		抚远市	4 871	48.24	16.21	33.59	19.60～75.00
		桦南县	11 300	38.16	10.92	28.62	21.70～57.60
		汤原县	7 518	39.56	13.54	34.23	18.70～65.10
		郊区	6 596	33.41	12.41	37.16	16.10～57.40
	七台河市	勃利县	5 300	32.91	7.65	23.23	21.80～46.20
		茄子河区	1 400	44.56	14.39	32.30	20.80～68.90
		新兴区	1 005	37.06	11.28	30.44	21.50～60.80
	牡丹江市	东宁县	4 657	42.80	15.02	35.10	20.40～71.70
		宁安市	5 303	30.44	11.37	37.34	18.10～57.00
		林口县	6 611	34.55	12.60	36.47	16.80～58.90
		海林市	4 944	38.86	13.19	33.94	21.10～61.30
		穆棱市	529	41.82	16.27	38.91	19.10～72.30
		爱民区	30	51.00	9.66	18.93	41.10～71.30
		东安区	113	44.99	10.74	23.88	33.80～69.80
		绥芬河市	602	36.58	6.37	17.42	24.40～44.10
		西安区	607	37.69	9.54	25.32	25.10～54.60
		阳明区	2 034	38.85	10.70	27.54	22.50～57.40
	黑河市	五大连池市	4 641	49.27	13.17	26.72	30.80～74.00
		北安市	8 074	52.62	8.38	15.92	39.60～67.20
		嫩江市	7 348	48.25	12.62	26.15	30.50～73.40
		孙吴县	3 119	40.28	15.79	39.21	18.00～69.80
		爱辉区	12 529	42.65	15.81	37.06	20.80～76.10

（续）

省份 （垦区）	属地	下辖区域 （单位）	样本数 （个）	平均值 （g/kg）	标准差	变异系数 （%）	5%~95%范围 （g/kg）
黑龙江省	黑河市	逊克县	7 621	47.37	13.93	29.41	29.00~73.60
	绥化市	兰西县	11 789	35.11	5.50	15.67	27.40~43.80
		北林区	9 160	35.63	8.96	25.14	23.20~52.00
		安达市	5 415	34.32	8.30	24.19	24.10~49.70
		庆安县	6 558	38.67	11.26	29.13	21.40~57.80
		明水县	5 997	34.76	5.21	14.98	26.10~42.50
		望奎县	4 924	41.09	7.88	19.17	28.60~53.10
		海伦市	13 701	44.97	8.36	18.59	32.10~59.10
		绥棱县	4 366	48.24	11.33	23.48	30.00~69.60
		肇东市	17 992	27.74	7.68	27.68	16.50~41.30
		青冈县	4 815	33.84	7.10	20.98	22.60~44.50
	大兴安岭地区	加格达奇区	1 937	55.60	14.94	26.87	28.50~77.80
		呼玛县	5 378	45.72	16.71	36.55	19.20~74.50
		漠河市	30	42.27	4.43	10.48	32.20~46.40
		松岭区	663	47.23	12.21	25.86	32.80~74.50
		塔河县	531	35.92	12.39	35.06	17.00~58.10
北大荒农垦集团有限公司	宝泉岭分公司	二九〇分公司	3 311	27.16	11.06	40.72	15.50~49.80
		共青农场	3 128	39.99	15.07	37.68	21.70~68.20
		军川农场	4 586	29.08	12.77	43.91	14.60~53.90
		名山农场	2 723	25.61	6.09	23.77	16.30~36.70
		宝泉岭农场	4 228	41.76	15.40	36.87	24.20~69.40
		延军农场	2 935	38.98	16.12	41.34	14.90~69.80
		新华农场	3 959	35.47	11.11	31.33	20.20~57.00
		普阳农场	4 089	36.42	11.05	30.33	19.90~54.60
		梧桐河农场	2 379	39.34	11.53	29.30	21.40~59.80
		江滨分公司	3 243	24.71	9.09	36.78	12.40~41.20
		绥滨农场	3 806	26.09	8.22	31.51	13.80~40.30
		汤原农场	63	30.21	8.51	28.16	22.10~48.20
		依兰农场	40	34.82	12.13	34.85	24.80~59.50
	北安分公司	二龙山农场	3 462	65.09	15.26	23.44	38.00~89.60
		建设农场	3 475	69.26	7.73	11.15	55.30~81.40
		引龙河农场	3 607	66.80	9.80	14.67	50.20~82.80
		格球山农场	2 926	59.44	11.23	18.90	41.80~76.10

省份（垦区）	属地	下辖区域（单位）	样本数（个）	平均值（g/kg）	标准差	变异系数（%）	5%～95%范围（g/kg）
北大荒农垦集团有限公司	北安分公司	红星农场	3 593	71.38	10.59	14.84	54.30～87.20
		红色边疆农场	4 720	43.96	16.98	38.62	20.50～76.40
		襄河农场	4 184	64.29	15.42	23.99	39.00～88.60
		赵光农场	3 589	57.18	11.92	20.85	39.30～77.80
		逊克农场	3 997	43.95	9.82	22.34	29.80～59.30
		锦河农场	960	45.23	14.51	32.08	22.50～71.10
		长水河农场	3 035	74.15	11.14	15.03	56.60～92.50
		龙镇农场	4 340	64.19	11.69	18.21	45.10～83.10
		龙门农场	543	66.40	13.76	20.72	42.00～86.30
		尾山农场	2 533	55.95	12.47	22.29	35.10～75.10
	哈尔滨有限公司	红旗农场	2 149	43.84	15.02	34.26	22.10～68.70
	红兴隆分公司	二九一农场	4 929	43.50	8.91	20.48	29.10～58.80
		五九七农场	3 766	48.55	9.90	20.39	31.90～63.60
		八五三农场	7 878	45.39	13.89	30.59	28.60～74.60
		八五二农场	4 235	45.85	12.28	26.78	31.20～68.10
		北兴农场	3 897	39.25	8.63	21.99	27.80～53.90
		友谊农场	11 555	40.72	11.27	27.68	22.40～59.20
		双鸭山农场	1 835	39.62	12.17	30.72	23.80～61.20
		宝山农场	788	45.82	9.90	21.60	29.80～61.80
		曙光农场	1 452	29.10	8.38	28.80	17.50～43.60
		江川农场	2 570	28.16	8.30	29.47	16.60～43.20
		红旗岭农场	2 503	45.67	15.41	33.75	23.00～72.20
		饶河农场	3 878	46.97	15.35	32.68	23.00～75.20
	建三江分公司	七星农场	6 211	43.97	15.69	35.68	26.80～75.10
		二道河农场	2 785	44.52	12.57	28.23	27.30～69.10
		八五九农场	5 457	37.39	11.14	29.80	18.10～54.60
		创业农场	3 792	35.49	7.17	20.21	23.60～47.10
		前哨农场	4 171	33.79	9.30	27.51	16.40～48.60
		前进农场	4 331	38.06	5.60	14.72	29.70～47.50
		前锋农场	6 546	39.32	13.23	33.65	20.20～64.60
		勤得利农场	6 720	39.67	8.81	22.20	27.30～56.30
		大兴农场	6 198	39.97	7.25	18.13	27.10～51.60

省份 （垦区）	属地	下辖区域 （单位）	样本数 （个）	平均值 （g/kg）	标准差	变异系数 （%）	5%～95%范围 （g/kg）
北大荒农垦集团有限公司	建三江分公司	洪河农场	3 645	38.33	9.04	23.59	23.70～52.70
		浓江农场	4 680	40.20	8.64	21.50	28.50～53.50
		红卫农场	3 311	37.93	9.09	23.96	24.90～54.60
		胜利农场	4 492	39.22	12.06	30.74	22.50～60.00
		青龙山农场	3 646	38.13	7.79	20.43	26.20～51.40
		鸭绿河农场	3 567	41.01	9.71	23.69	27.30～57.60
	九三分公司	七星泡农场	4 613	59.76	19.60	32.80	29.50～93.90
		大西江农场	1 588	50.72	8.89	17.54	39.70～65.10
		嫩北农场	3 722	52.85	9.46	17.89	38.10～69.00
		嫩江农场	5 757	42.05	8.61	20.47	29.50～56.40
		尖山农场	3 149	46.96	9.98	21.25	30.20～63.10
		山河农场	3 111	54.76	10.38	18.95	37.60～71.40
		建边农场	4 206	45.23	11.92	26.36	26.50～64.20
		红五月农场	3 249	39.92	9.54	23.89	23.90～55.20
		荣军农场	3 519	41.81	9.32	22.29	26.70～56.60
		鹤山农场	4 791	48.77	9.23	18.92	36.10～64.00
		哈拉海农场	259	46.30	14.15	30.57	24.90～66.30
	牡丹江分公司	云山农场	5 164	47.89	12.10	25.26	29.80～70.30
		八五〇农场	4 296	41.41	12.43	30.01	26.00～63.40
		八五一一农场	2 825	43.37	18.92	43.61	19.20～81.10
		八五七农场	5 294	41.83	9.96	23.80	27.60～59.90
		八五五农场	4 634	34.89	12.17	34.89	20.60～55.70
		八五八农场	3 608	40.28	12.46	30.93	21.30～61.80
		八五六分公司	4 916	44.26	14.49	32.75	23.50～69.30
		八五四农场	7 051	47.43	17.30	36.48	27.20～80.20
		兴凯湖分公司	4 744	47.59	15.56	32.69	24.00～76.00
		宁安农场	1 169	28.82	9.13	31.67	17.90～47.40
		庆丰分公司	3 165	44.89	13.90	30.96	23.60～67.60
		海林农场	821	25.40	8.59	33.82	15.80～42.20
		八五一〇农场	1 068	34.61	14.97	43.25	11.50～59.00
	齐齐哈尔分公司	克山农场	4 379	42.85	8.16	19.03	30.20～57.10
		查哈阳农场	5 508	38.04	5.94	15.61	29.10～48.00
	绥化分公司	嘉荫农场	2 845	38.00	6.13	16.12	28.70～47.70

省份 （垦区）	属地	下辖区域 （单位）	样本数 （个）	平均值 （g/kg）	标准差	变异系数 （%）	5%～95%范围 （g/kg）
北大荒 农垦 集团 有限 公司	绥化分公司	海伦农场	1 070	61.06	14.85	24.32	35.60～84.90
		红光农场	974	63.59	18.25	28.70	38.10～96.10
		绥棱农场	1 082	65.02	13.57	20.87	46.90～89.10

注：哈尔滨市道里区、道外区、香坊区、南岗区、松北区、平房区合并为市辖区；伊春市朗乡区合并到铁力市。下同。

省份 （垦区）	属地	下辖区域 （单位）	样本数 （个）	平均值	标准差	变异系数	5%～95%范围

县级土壤有机质

省份 （垦区）	属地	下辖区域 （单位）	样本数 （个）	平均值 （g/kg）	标准差	变异系数 （%）	5%～95%范围 （g/kg）
上海市	市辖区	闵行区	25	28.60	9.80	34.47	11.20～43.70
		宝山区	10	34.50	12.90	37.35	16.20～51.70
		嘉定区	320	32.30	12.10	37.43	14.90～51.60
		浦东新区	22	29.90	9.20	30.68	17.50～44.70
		金山区	380	37.30	10.80	28.95	21.30～57.10
		松江区	377	44.20	9.40	21.23	28.10～61.30
		青浦区	162	35.40	8.70	24.58	22.80～51.30
		奉贤区	124	24.30	7.90	32.57	11.80～36.70
		崇明区	1 835	21.90	8.40	38.22	10.60～37.10

县级土壤有机质

省份 （垦区）	属地	下辖区域 （单位）	样本数 （个）	平均值 （g/kg）	标准差	变异系数 （%）	5%～95%范围 （g/kg）
江苏省	南京市	浦口区	502	21.70	9.20	42.36	8.40～38.80
		江宁区	1 356	27.00	7.90	29.13	14.20～40.60
		六合区	790	22.20	7.70	34.64	8.80～35.30
		溧水区	705	23.80	8.40	35.27	9.40～37.20
		高淳区	1 446	23.10	8.70	37.47	9.00～37.70
	无锡市	锡山区	80	20.90	7.50	35.89	9.40～31.20
		惠山区	75	22.60	8.60	38.06	8.50～36.90
		江阴市	1 505	25.20	8.10	32.13	12.40～40.30
		宜兴市	847	35.20	9.10	25.71	19.60～49.40
	徐州市	贾汪区	376	22.40	7.40	32.95	11.50～34.70
		铜山区	1 290	24.00	6.60	27.32	12.50～33.20
		丰县	848	20.00	7.80	39.21	10.70～35.40
		沛县	1 040	23.10	8.00	34.75	11.20～38.10
		睢宁县	1 055	19.30	7.80	40.31	8.20～33.90
		新沂市	934	26.70	8.80	33.11	13.60～42.30
		邳州市	1 192	19.30	9.70	50.24	2.80～35.80
	常州市	新北区	310	26.50	7.30	27.49	14.70～39.20
		武进区	1 033	28.30	9.40	33.31	13.00～44.20
		金坛区	1 000	27.00	7.70	28.55	13.10～38.80
		溧阳市	774	24.50	6.90	28.08	12.60～36.40
	苏州市	相城区	79	27.60	11.10	40.14	8.70～44.20
		吴江区	611	33.40	8.60	25.80	18.20～46.60
		常熟市	1 002	31.00	10.30	33.36	12.90～47.60
		张家港市	752	24.80	8.90	36.03	10.50～39.90
		昆山市	651	32.10	9.30	28.89	17.20～47.60
		太仓市	783	28.40	8.80	30.82	13.70～43.00
	南通市	通州区	1 396	20.60	7.10	34.41	11.00～31.90
		海门区	459	14.90	4.60	31.07	7.10～21.80
		如东县	807	24.40	8.10	33.30	11.60～37.60
		启东市	1 085	15.30	3.10	20.16	10.70～20.60
		如皋市	1 329	21.50	5.60	26.26	12.20～30.80
		海安市	1 290	26.90	7.40	27.66	14.80～38.70

省份 （垦区）	属地	下辖区域 （单位）	样本数 （个）	平均值 （g/kg）	标准差	变异系数 （%）	5%～95%范围 （g/kg）
江苏省	连云港市	连云区	106	19.40	3.40	17.60	13.70～24.60
		海州区	638	25.40	12.10	47.65	3.40～42.70
		赣榆区	963	18.60	7.70	41.39	7.60～32.50
		东海县	979	23.50	10.20	43.31	11.20～42.60
		灌云县	987	28.60	8.60	29.96	14.30～44.20
		灌南县	529	28.30	9.40	33.04	15.60～44.10
	淮安市	淮安区	745	30.30	10.10	33.36	13.50～47.50
		淮阴区	655	22.90	8.60	37.44	9.40～37.90
		洪泽区	1 428	28.80	7.70	26.90	18.20～43.40
		涟水县	1 380	24.30	8.20	33.76	11.40～38.10
		盱眙县	1 116	23.10	7.20	31.24	12.10～35.90
		金湖县	699	33.00	7.90	23.98	18.60～44.90
	盐城市	亭湖区	730	20.90	7.70	36.74	10.70～35.00
		盐都区	906	28.60	8.10	28.32	17.20～43.40
		大丰区	1 708	17.90	6.00	33.41	10.10～29.90
		响水县	937	23.60	5.90	25.18	13.80～33.00
		滨海县	1 139	20.50	4.50	21.89	13.60～28.10
		阜宁县	1 365	24.20	7.60	31.50	11.50～38.00
		射阳县	1 251	16.80	5.50	33.05	8.60～26.80
		建湖县	591	34.40	8.60	25.09	18.70～47.80
		东台市	1 271	20.30	6.90	33.77	11.50～32.90
	扬州市	邗江区	160	30.20	8.90	29.53	17.60～44.80
		江都区	1 107	33.30	7.30	22.03	20.60～44.90
		宝应县	899	33.70	8.40	24.77	20.20～47.60
		仪征市	1 859	21.00	7.60	36.25	6.20～33.50
		高邮市	656	35.10	7.80	22.22	21.50～47.70
	镇江市	京口区	64	21.30	8.60	40.33	11.20～38.30
		丹徒区	537	29.40	8.60	29.42	15.40～45.00
		丹阳市	1 111	28.10	8.40	29.75	14.60～43.20
		扬中市	752	35.70	7.90	21.99	22.10～47.90
		句容市	797	24.80	7.40	29.65	13.10～36.80
	泰州市	海陵区	357	28.40	9.30	32.65	15.50～44.30
		高港区	368	23.50	9.60	40.99	9.70～41.50

省份 （垦区）	属地	下辖区域 （单位）	样本数 （个）	平均值 （g/kg）	标准差	变异系数 （%）	5%～95%范围 （g/kg）
江苏省	泰州市	姜堰区	612	28.60	9.40	32.93	14.10～43.70
		兴化市	1 546	29.60	7.40	24.98	17.60～41.50
		靖江市	773	27.00	6.70	24.91	16.80～38.30
		泰兴市	1 005	25.20	9.40	37.49	11.70～43.40
	宿迁市	宿城区	585	21.50	9.20	42.71	9.00～38.70
		宿豫区	1 326	25.20	8.90	35.47	10.70～41.00
		沭阳县	1 159	23.70	9.00	38.06	10.90～41.40
		泗阳县	877	23.20	8.90	38.27	10.40～39.90
		泗洪县	1 037	22.50	10.40	46.03	7.50～41.60

县级土壤有机质

省份 （垦区）	属地	下辖区域 （单位）	样本数 （个）	平均值 （g/kg）	标准差	变异系数 （%）	5%～95%范围 （g/kg）
浙江省	杭州市	上城区	361	16.20	8.20	50.75	2.20～28.10
		西湖区	36	19.80	10.80	54.21	8.20～38.80
		萧山区	696	22.00	12.30	55.67	5.30～44.80
		余杭区	565	32.80	11.40	34.93	12.00～50.20
		富阳区	2 162	29.30	10.80	36.70	10.80～47.90
		临安区	437	32.00	9.60	29.85	19.10～49.80
		桐庐县	794	28.10	10.60	37.84	12.10～48.30
		淳安县	874	9.90	9.60	96.72	2.10～27.60
		建德市	824	28.60	9.60	33.37	14.00～47.40
	宁波市	海曙区	240	40.80	12.80	31.36	17.80～59.10
		江北区	239	38.80	13.00	33.55	14.50～57.40
		北仑区	536	23.60	11.90	50.64	3.40～41.60
		镇海区	143	36.50	15.30	42.01	13.40～58.90
		鄞州区	1 046	40.30	11.70	29.10	20.80～58.10
		奉化区	878	36.90	10.80	29.11	19.90～55.90
		象山县	155	34.10	10.80	31.59	16.50～53.30
		宁海县	914	26.90	9.10	33.77	13.10～42.50
		余姚市	497	34.20	14.90	43.61	10.60～57.60
		慈溪市	1 506	17.70	10.50	59.38	6.80～40.80
	温州市	鹿城区	172	35.20	9.20	26.04	21.40～49.40
		龙湾区	142	30.80	11.50	37.44	14.20～53.20
		瓯海区	214	36.30	9.90	27.24	21.10～53.50
		永嘉县	152	32.30	10.40	32.08	18.60～50.20
		平阳县	424	30.20	10.50	34.94	14.60～49.80
		苍南县	849	33.60	9.70	28.95	18.70～50.60
		文成县	556	17.60	15.80	89.94	2.10～47.10
		泰顺县	668	28.20	10.80	38.34	12.40～47.90
		瑞安市	429	31.40	12.40	39.41	12.40～52.20
		乐清市	428	37.60	10.80	28.77	20.80～56.70
	嘉兴市	南湖区	1 310	37.10	10.90	29.34	19.00～54.90
		秀洲区	603	32.80	13.30	40.46	13.60～55.60
		嘉善县	858	40.40	9.90	24.52	24.10～56.40

省份 （垦区）	属地	下辖区域 （单位）	样本数 （个）	平均值 （g/kg）	标准差	变异系数 （%）	5%～95%范围 （g/kg）
浙江省	嘉兴市	海盐县	1 551	33.70	10.50	31.19	14.80～50.40
		海宁市	745	24.00	8.80	36.64	11.70～39.50
		平湖市	1 114	37.10	10.20	27.60	20.20～53.70
		桐乡市	481	22.90	9.40	41.10	9.90～42.10
	湖州市	吴兴区	2 150	31.80	11.60	36.66	12.90～51.60
		南浔区	635	29.20	12.80	43.77	11.40～51.70
		德清县	1 018	29.70	13.00	43.91	9.70～52.90
		长兴县	1 729	32.90	11.00	33.51	12.20～50.40
		安吉县	1 852	29.50	9.40	31.89	16.20～46.50
	绍兴市	越城区	325	29.40	7.90	26.88	20.20～44.70
		柯桥区	479	27.90	12.70	45.29	6.70～48.80
		上虞区	1 163	34.40	12.00	34.78	14.90～52.60
		新昌县	418	30.80	10.30	33.54	14.20～48.90
		诸暨市	4 253	36.30	8.20	22.60	21.80～49.10
		嵊州市	32	37.60	6.70	17.79	27.00～45.60
	金华市	婺城区	1 308	30.40	5.90	19.37	18.50～40.40
		金东区	2 340	29.60	5.40	18.26	20.00～39.10
		武义县	1 953	30.60	7.80	25.33	13.40～42.00
		浦江县	802	27.30	7.20	26.26	16.10～40.40
		磐安县	1 266	29.80	6.60	21.98	17.80～40.90
		兰溪市	3 504	31.30	5.50	17.54	20.00～40.10
		义乌市	1 146	24.80	6.90	27.99	15.00～37.60
		东阳市	1 355	25.70	6.60	25.61	16.00～37.70
		永康市	1 300	32.50	5.60	17.20	20.50～41.50
	衢州市	柯城区	560	22.20	9.30	42.02	6.80～37.70
		衢江区	186	27.70	9.50	34.53	11.90～43.10
		常山县	180	28.50	10.50	36.89	12.90～47.00
		开化县	347	27.00	10.30	38.09	11.10～45.60
		龙游县	3 062	25.20	8.90	35.45	10.20～40.30
		江山市	800	21.70	10.60	48.80	6.50～41.50
	舟山市	定海区	161	32.30	9.20	28.53	12.80～47.40
		普陀区	161	26.40	10.80	41.03	11.80～52.20
		岱山县	152	27.00	10.60	39.27	12.40～48.00

省份 （垦区）	属地	下辖区域 （单位）	样本数 （个）	平均值 （g/kg）	标准差	变异系数 （%）	5%～95%范围 （g/kg）
浙江省	台州市	椒江区	438	27.90	9.70	34.56	13.50～44.60
		黄岩区	366	35.60	12.70	35.65	15.70～55.90
		路桥区	306	30.80	11.20	36.37	13.50～51.80
		三门县	12	27.80	2.60	9.20	24.50～31.40
		天台县	1 042	27.10	9.60	35.40	11.60～43.40
		仙居县	1 330	28.40	7.70	27.23	15.60～40.20
		温岭市	1 375	26.50	10.30	38.92	12.00～45.80
		临海市	676	26.40	9.20	34.82	12.90～43.20
		玉环市	130	24.30	9.50	39.01	11.70～40.70
	丽水市	莲都区	761	26.30	9.00	34.09	13.50～44.10
		青田县	1 033	29.80	9.20	30.99	16.10～46.10
		缙云县	744	31.60	10.10	32.04	15.50～51.00
		遂昌县	1 250	23.20	5.20	22.34	14.60～31.60
		松阳县	576	31.30	10.90	34.85	13.30～49.00
		云和县	75	38.20	10.10	26.54	22.50～54.60
		庆元县	934	33.30	10.50	31.65	17.40～52.80
		景宁畲族自治县	510	34.10	11.10	32.66	17.10～52.90
		龙泉市	900	34.60	9.60	27.72	20.50～51.80

县级土壤有机质

省份 (垦区)	属地	下辖区域 (单位)	样本数 (个)	平均值 (g/kg)	标准差	变异系数 (%)	5%～95%范围 (g/kg)
安徽省	合肥市	包河区	565	18.80	6.90	36.90	5.70～29.50
		长丰县	1 177	17.80	6.10	34.14	9.00～28.80
		肥东县	1 152	19.90	5.40	27.25	11.40～29.50
		肥西县	1 173	18.30	6.70	36.47	8.20～30.30
		庐江县	817	24.70	6.90	27.82	12.30～34.80
		巢湖市	819	22.50	7.70	34.31	11.70～37.40
	芜湖市	湾沚区	1 119	26.90	6.30	23.28	16.90～37.40
		繁昌区	371	27.20	6.70	24.65	15.90～38.40
		南陵县	414	27.90	6.30	22.58	16.10～37.30
		无为市	800	22.50	6.90	30.74	12.30～35.10
	蚌埠市	淮上区	364	20.10	4.70	23.48	12.70～28.10
		怀远县	2 473	24.60	8.20	33.23	12.50～39.40
		五河县	2 132	21.40	4.80	22.18	14.40～30.10
		固镇县	1 531	18.10	4.80	26.71	11.20～27.50
	淮南市	潘集区	577	24.80	11.50	46.48	2.40～38.80
		凤台县	1 343	24.80	6.50	26.36	14.20～35.90
		寿县	1 992	19.60	6.40	32.64	9.10～30.30
	马鞍山市	当涂县	277	26.60	6.00	22.44	16.20～35.20
		含山县	845	24.90	6.50	26.24	15.20～36.40
		和县	1 462	24.00	8.00	33.34	11.20～38.50
	淮北市	濉溪县	1 707	17.10	4.10	24.03	10.90～24.10
	铜陵市	义安区	567	25.90	8.90	34.32	11.70～41.00
		枞阳县	1 266	29.20	7.00	24.05	16.90～40.60
	安庆市	怀宁县	784	26.20	7.30	27.85	12.00～36.20
		太湖县	1 506	25.40	6.30	24.68	13.80～33.70
		宿松县	1 301	22.30	7.30	32.54	11.40～34.30
		望江县	533	25.10	5.40	21.58	15.90～33.80
		岳西县	1 122	22.50	7.50	33.44	10.10～36.30
		桐城市	373	27.00	8.20	30.41	12.60～40.50
		潜山市	1 488	23.10	7.00	30.21	11.40～34.40
	黄山市	屯溪区	42	14.00	5.00	36.07	7.00～22.10
		黄山区	418	33.00	6.20	18.71	21.00～41.30

省份（垦区）	属地	下辖区域（单位）	样本数（个）	平均值（g/kg）	标准差	变异系数（%）	5%～95%范围（g/kg）
安徽省	黄山市	徽州区	40	25.10	6.50	26.09	17.90～35.60
		歙县	1 633	20.60	8.00	39.14	9.10～35.40
		休宁县	885	31.20	7.00	22.47	18.70～42.10
		黟县	474	25.10	10.90	43.28	2.50～39.80
		祁门县	1 053	30.50	8.00	26.19	15.90～42.10
	滁州市	南谯区	296	21.60	6.40	29.68	11.50～32.30
		来安县	476	21.40	6.50	30.52	11.20～32.60
		全椒县	803	21.20	6.00	28.24	11.40～31.30
		定远县	1 546	20.20	6.10	30.24	10.60～30.50
		凤阳县	1 548	20.20	5.20	25.71	12.80～30.80
		天长市	2 147	23.60	6.30	26.61	13.80～34.40
		明光市	1 883	19.50	6.10	31.26	9.60～29.50
	阜阳市	颍州区	408	21.00	3.70	17.73	15.30～27.70
		颍东区	168	21.80	5.10	23.59	13.50～32.00
		颍泉区	669	21.60	4.40	20.57	14.30～28.70
		临泉县	295	15.20	3.10	20.10	9.40～19.70
		太和县	1 763	21.00	4.40	21.08	14.20～28.10
		阜南县	523	19.40	3.90	20.29	13.50～26.50
		颍上县	254	22.20	5.30	24.10	13.50～30.70
		界首市	1 882	21.70	5.60	25.77	13.00～31.10
	宿州市	埇桥区	2 820	19.30	6.30	32.88	10.30～31.30
		砀山县	1 705	10.50	3.10	29.79	7.70～16.70
		萧县	1 293	20.40	5.20	25.55	12.40～28.90
		灵璧县	2 241	19.60	5.30	27.20	13.30～29.60
		泗县	1 612	21.60	5.00	23.33	13.60～29.90
	六安市	金安区	1 208	22.80	5.00	21.81	14.00～30.40
		裕安区	1 024	22.80	5.90	25.84	13.00～32.10
		叶集区	603	20.10	4.60	22.88	12.80～29.60
		霍邱县	3 813	19.50	2.60	13.12	15.20～23.20
		舒城县	1 370	22.20	3.50	15.96	18.90～29.60
		金寨县	300	23.20	7.80	33.42	12.40～36.30
		霍山县	1 187	21.30	6.70	31.47	10.50～32.80
	亳州市	谯城区	870	22.20	6.70	30.33	12.10～34.00

省份（垦区）	属地	下辖区域（单位）	样本数（个）	平均值（g/kg）	标准差	变异系数（%）	5%～95%范围（g/kg）
安徽省	亳州市	涡阳县	1 565	21.30	6.60	30.79	11.30～32.90
		蒙城县	1 215	23.50	5.30	22.64	15.00～32.10
		利辛县	1 055	22.70	5.40	23.76	15.20～32.70
	池州市	贵池区	960	27.50	8.30	30.08	13.50～41.20
		东至县	1 325	23.80	6.60	27.92	13.60～35.60
		石台县	50	30.60	4.90	15.98	21.20～38.30
		青阳县	306	34.20	6.70	19.60	21.70～43.40
	宣城市	宣州区	3 088	18.60	5.70	30.93	11.30～28.60
		郎溪县	657	24.50	5.30	21.53	15.20～32.70
		泾县	739	30.10	7.90	26.23	14.30～41.40
		绩溪县	432	31.50	6.60	20.86	20.20～42.30
		旌德县	226	34.00	6.50	19.13	20.80～42.40
		宁国市	403	28.90	7.10	24.45	18.10～40.50
		广德市	184	27.80	6.00	21.74	17.80～37.50

县级土壤有机质

省份 （垦区）	属地	下辖区域 （单位）	样本数 （个）	平均值 （g/kg）	标准差	变异系数 （%）	5%～95%范围 （g/kg）
福建省	福州市	马尾区	43	21.20	8.40	39.69	10.80～35.50
		晋安区	228	23.00	9.70	42.27	8.60～39.70
		长乐区	432	23.40	12.00	51.29	4.10～44.20
		闽侯县	496	29.20	8.60	29.64	14.30～43.30
		连江县	601	30.10	9.70	32.15	14.20～45.60
		罗源县	488	31.10	10.20	32.84	14.40～49.20
		闽清县	926	29.80	8.20	27.57	17.60～45.10
		永泰县	198	27.50	10.10	36.76	11.00～45.00
		平潭县	40	7.60	3.00	39.39	4.60～12.30
		福清市	648	17.50	8.40	48.19	5.90～32.50
	莆田市	城厢区	624	19.20	7.60	39.78	7.50～31.90
		涵江区	144	26.10	7.10	27.00	15.90～37.60
		荔城区	712	20.30	8.40	41.23	6.60～34.20
		秀屿区	760	12.20	6.90	56.66	4.20～25.60
		仙游县	1 425	23.90	9.90	41.45	9.20～43.10
	三明市	三元区	787	25.70	8.40	32.60	13.40～40.60
		沙县区	430	31.20	9.70	31.04	14.90～48.00
		明溪县	352	30.50	7.70	25.31	19.40～44.10
		清流县	399	26.70	6.70	25.05	17.10～37.90
		宁化县	770	26.60	5.30	19.73	18.60～35.70
		大田县	198	32.60	9.80	29.94	20.30～52.10
		尤溪县	541	28.80	8.70	30.23	14.60～43.60
		将乐县	397	27.90	7.60	27.40	15.60～39.80
		泰宁县	658	29.60	8.30	28.17	15.40～43.80
		建宁县	352	29.90	8.30	27.73	16.90～44.40
		永安市	35	29.70	9.20	30.93	15.70～42.40
	泉州市	鲤城区	70	23.60	9.20	38.93	12.50～39.10
		丰泽区	57	26.70	10.60	39.61	12.00～44.40
		洛江区	101	23.20	6.80	29.29	13.90～37.20
		泉港区	209	19.40	6.70	34.40	8.80～31.00
		惠安县	721	19.90	8.30	41.77	7.30～34.50
		安溪县	546	20.70	9.20	44.62	6.60～36.80
		永春县	441	27.20	10.50	38.62	10.50～47.00
		德化县	477	22.50	9.70	43.21	7.80～40.40

省份（垦区）	属地	下辖区域（单位）	样本数（个）	平均值（g/kg）	标准差	变异系数（%）	5%～95%范围（g/kg）
福建省	泉州市	石狮市	144	15.80	8.50	53.75	5.70～32.40
		晋江市	145	17.20	7.90	45.77	5.30～29.10
		南安市	1 091	21.70	9.70	44.65	8.00～38.10
	漳州市	芗城区	138	17.30	6.60	38.01	8.80～29.10
		龙文区	57	20.90	8.10	38.88	7.90～32.70
		龙海区	355	28.40	9.50	33.34	11.70～42.30
		长泰区	390	20.80	8.20	39.55	10.60～36.30
		云霄县	822	24.10	8.30	34.46	11.40～37.50
		漳浦县	430	20.60	8.40	40.92	8.00～36.80
		诏安县	392	30.00	14.60	48.69	5.70～52.20
		东山县	189	8.80	4.80	54.80	2.70～18.60
		南靖县	373	23.30	9.00	38.58	10.60～37.60
		平和县	241	23.50	9.50	40.44	9.80～41.20
		华安县	491	23.80	6.70	28.32	13.60～34.20
	南平市	延平区	738	28.60	9.40	32.80	14.70～46.60
		建阳区	415	30.20	11.10	36.68	12.40～49.00
		顺昌县	573	31.20	10.60	33.94	13.30～49.40
		浦城县	1 221	30.40	9.20	30.36	15.50～46.20
		光泽县	273	32.40	8.00	24.88	18.00～45.10
		松溪县	518	26.30	7.20	27.27	15.20～39.40
		政和县	298	33.30	9.20	27.78	17.90～47.70
		邵武市	422	29.70	7.10	23.77	19.30～42.60
		武夷山市	533	31.60	9.20	29.14	16.90～49.30
		建瓯市	592	26.20	12.30	46.99	8.10～48.70
	龙岩市	新罗区	485	32.20	8.20	25.35	19.90～46.60
		永定区	1 356	37.30	7.60	20.26	25.50～51.00
		长汀县	376	23.50	5.80	24.53	16.00～33.00
		上杭县	561	34.40	8.50	24.82	19.90～49.60
		武平县	1 129	26.50	8.10	30.59	15.10～40.50
		连城县	481	34.10	9.30	27.26	19.90～49.70
		漳平市	829	23.20	9.40	40.72	8.50～40.00
	宁德市	蕉城区	772	28.30	10.30	36.54	13.50～47.80
		霞浦县	359	29.20	10.20	34.95	13.40～46.70

省份 （垦区）	属地	下辖区域 （单位）	样本数 （个）	平均值 （g/kg）	标准差	变异系数 （％）	5％～95％范围 （g/kg）
福建省	宁德市	古田县	491	25.50	8.90	34.79	12.40～40.70
		屏南县	362	11.30	6.30	55.55	6.80～24.10
		寿宁县	480	29.30	9.10	31.26	17.20～45.50
		周宁县	559	34.80	11.00	31.65	15.60～51.70
		柘荣县	421	28.80	9.30	32.20	15.70～45.30
		福安市	794	26.70	8.50	31.71	15.10～43.50
		福鼎市	266	25.80	5.90	22.75	15.80～35.40

县级土壤有机质

省份 （垦区）	属地	下辖区域 （单位）	样本数 （个）	平均值 （g/kg）	标准差	变异系数 （%）	5%～95%范围 （g/kg）
江西省	南昌市	青山湖区	240	23.30	9.60	41.16	9.00～38.20
		新建区	1 625	31.00	10.00	32.21	14.10～47.30
		南昌县	1 551	32.10	10.40	32.54	15.00～49.20
		安义县	808	26.50	7.70	29.14	13.70～39.90
		进贤县	783	31.70	8.20	25.78	18.90～44.60
	景德镇市	昌江区	28	32.60	7.90	24.29	20.40～43.80
		浮梁县	1 072	28.80	9.70	33.85	12.80～44.50
		乐平市	50	23.70	15.30	64.78	4.90～49.70
	萍乡市	湘东区	286	41.90	9.00	21.46	27.20～57.00
		莲花县	352	38.10	10.70	28.08	18.50～54.80
		上栗县	899	46.80	9.90	21.27	29.40～59.70
		芦溪县	1 195	41.10	11.10	26.99	21.00～57.40
	九江市	濂溪区	29	26.50	7.30	27.36	17.50～38.00
		柴桑区	306	19.80	9.10	46.20	7.70～38.60
		武宁县	646	26.20	8.10	30.92	12.90～40.10
		修水县	450	30.70	10.50	34.13	11.70～47.50
		永修县	50	25.20	7.10	28.27	12.20～35.30
		德安县	428	23.70	7.50	31.52	12.40～38.60
		都昌县	533	17.60	9.50	54.25	6.40～36.90
		湖口县	1 155	21.60	9.70	44.76	9.20～39.80
		彭泽县	633	19.00	9.20	48.54	6.10～37.90
		瑞昌市	973	28.10	8.70	30.88	16.20～43.00
		共青城市	25	36.70	6.50	17.76	27.40～46.60
		庐山市	17	28.70	11.70	40.84	12.40～42.20
	新余市	渝水区	600	33.60	9.40	28.05	18.40～50.20
		分宜县	1 186	36.00	11.50	31.87	15.80～54.00
	鹰潭市	余江区	1 528	29.50	7.40	24.91	17.70～42.10
		贵溪市	300	28.20	9.30	33.01	13.60～45.40
	赣州市	赣县区	313	28.10	10.90	38.86	8.80～45.50
		信丰县	50	26.90	8.60	31.95	14.80～45.40
		大余县	364	23.10	6.90	29.99	12.90～33.90
		崇义县	134	31.80	6.50	20.58	20.20～41.10
		定南县	764	29.10	8.10	27.87	15.60～43.10
		全南县	321	31.50	8.10	25.66	18.30～43.20

省份（垦区）	属地	下辖区域（单位）	样本数（个）	平均值（g/kg）	标准差	变异系数（%）	5%～95%范围（g/kg）
江西省	赣州市	宁都县	313	34.40	8.50	24.60	20.70～49.10
		于都县	607	25.10	10.10	40.30	10.00～44.70
		兴国县	294	27.70	7.80	28.01	17.30～40.40
		会昌县	533	26.20	5.10	19.47	19.30～35.70
		寻乌县	726	22.40	8.50	37.76	11.40～39.50
		瑞金市	330	28.60	8.00	27.91	16.30～41.40
		龙南市	737	25.60	6.70	26.01	15.30～36.60
	吉安市	吉州区	1 113	31.00	8.90	28.84	17.30～46.10
		青原区	407	25.30	8.00	31.65	13.30～38.80
		吉安县	1 302	26.60	8.80	32.97	14.70～41.90
		吉水县	398	28.20	8.30	29.54	15.20～41.10
		峡江县	873	30.60	8.90	29.03	16.80～44.80
		新干县	321	33.00	8.40	25.53	18.20～46.50
		永丰县	925	34.90	8.40	24.21	19.80～48.00
		泰和县	363	29.50	9.00	30.57	17.80～47.00
		遂川县	455	35.90	11.30	31.44	16.90～54.30
		万安县	765	30.00	11.30	37.67	11.90～48.20
		安福县	903	35.70	9.50	26.68	19.80～51.50
		永新县	534	29.70	9.00	30.33	16.50～44.50
		井冈山市	513	30.40	9.50	31.22	15.70～45.90
	宜春市	袁州区	1 560	22.90	13.80	60.11	4.00～46.60
		奉新县	377	29.60	9.40	31.77	15.20～46.90
		万载县	242	31.90	13.00	40.59	11.40～51.20
		上高县	675	20.80	16.70	80.21	2.30～49.90
		宜丰县	372	27.70	5.80	20.93	19.20～36.40
		靖安县	631	33.80	10.20	30.28	16.30～50.60
		铜鼓县	310	33.40	8.60	25.74	19.30～49.20
		丰城市	1 516	32.60	11.30	34.69	14.40～51.30
		樟树市	605	30.40	9.50	31.10	12.90～45.40
		高安市	1 187	28.70	10.80	37.74	12.70～48.10
	抚州市	临川区	1 173	29.90	9.40	31.51	16.20～46.60
		东乡区	506	32.70	8.20	25.19	20.10～46.80
		南丰县	688	21.50	9.40	43.47	5.80～37.60

省份（垦区）	属地	下辖区域（单位）	样本数（个）	平均值（g/kg）	标准差	变异系数（%）	5%～95%范围（g/kg）
江西省	抚州市	崇仁县	737	31.30	9.40	29.87	16.10～46.50
		乐安县	353	27.50	8.40	30.68	14.60～40.80
		宜黄县	353	36.30	10.20	28.19	18.80～51.00
		资溪县	1 060	26.80	9.70	36.00	13.70～44.60
		广昌县	340	24.90	7.90	31.56	12.00～39.00
	上饶市	信州区	29	27.40	11.00	40.18	9.30～42.10
		广丰区	828	30.80	11.80	38.33	11.00～49.70
		广信区	471	25.10	12.00	47.78	7.60～44.90
		玉山县	1 189	25.70	9.80	37.99	9.60～42.30
		铅山县	497	31.00	9.50	30.68	16.30～49.20
		横峰县	260	33.90	8.60	25.42	18.60～47.60
		弋阳县	1 079	30.40	9.70	31.94	15.50～47.60
		余干县	1 115	32.20	12.70	39.58	13.50～55.40
		鄱阳县	29	37.10	8.10	21.75	23.60～46.60
		万年县	1 214	34.10	9.90	28.99	17.10～51.10
		婺源县	639	28.70	9.60	33.28	13.10～44.50
		德兴市	716	33.00	6.80	20.62	22.20～44.40

县级土壤有机质

省份 （垦区）	属地	下辖区域 （单位）	样本数 （个）	平均值 （g/kg）	标准差	变异系数 （%）	5%～95%范围 （g/kg）
山东省	济南市	历城区	120	22.58	7.69	34.06	10.30～36.60
		商河县	1 375	16.49	4.53	27.50	9.10～24.10
		平阴县	1 474	16.13	5.15	31.93	8.60～25.50
		济阳区	947	21.52	7.70	35.77	10.80～38.00
		章丘区	1 032	20.43	6.62	32.40	9.90～32.00
		长清区	638	13.86	4.87	35.15	6.40～22.70
	青岛市	崂山区	61	16.87	7.52	44.58	9.10～29.70
		平度市	1 761	15.97	4.89	30.65	9.20～24.70
		胶南市	361	13.83	5.92	42.78	6.60～24.40
		胶州市	1 351	14.66	5.95	40.58	6.80～25.80
		莱西市	1 081	14.98	5.33	35.60	7.80～24.50
		黄岛区	545	12.31	4.08	33.19	8.20～18.70
		即墨区	1 128	14.88	4.93	33.41	7.70～24.40
	淄博市	临淄区	1 044	22.38	6.31	28.20	13.60～35.40
		博山区	350	18.38	7.57	41.18	6.80～30.70
		周村区	481	22.83	4.50	19.73	13.50～29.90
		张店区	200	24.32	4.79	19.70	15.30～31.70
		桓台县	1 935	18.42	4.64	25.20	10.70～25.50
		沂源县	673	17.99	6.24	34.69	8.80～29.70
		淄川区	1 076	23.25	6.82	29.32	12.80～35.50
		高青县	578	16.99	3.49	20.53	10.30～22.10
	枣庄市	台儿庄区	150	22.80	2.43	10.67	17.90～24.60
		山亭区	80	16.44	3.97	24.14	10.70～24.20
		峄城区	78	22.84	2.47	10.80	18.40～27.50
		市中区	34	20.01	2.42	12.09	17.30～23.90
		滕州市	200	17.68	3.53	19.94	12.20～22.60
		薛城区	73	23.14	1.87	8.10	19.50～25.40
	东营市	东营区	70	12.40	7.05	56.85	4.30～25.10
		利津县	796	14.12	4.81	34.08	7.30～21.90
		垦利区	240	15.94	5.06	31.75	7.70～23.70
		广饶县	150	17.00	4.08	24.00	11.00～24.00
		河口区	20	10.61	2.09	19.69	8.50～14.50
	烟台市	招远市	1 391	10.78	2.85	26.48	6.40～15.60
		栖霞市	595	13.73	5.73	41.72	6.50～24.40

省份 （垦区）	属地	下辖区域 （单位）	样本数 （个）	平均值 （g/kg）	标准差	变异系数 （%）	5%～95%范围 （g/kg）
山东省	烟台市	牟平区	704	12.33	3.04	24.68	7.40～18.00
		福山区	439	14.49	4.76	32.86	8.50～23.20
		莱山区	15	19.65	10.90	55.46	6.70～37.20
		莱州市	835	15.52	5.68	36.62	8.20～26.80
		蓬莱区	589	12.38	3.21	25.89	8.50～18.00
		龙口市	590	15.42	4.58	29.68	8.50～23.80
		海阳市	1 057	11.37	3.67	32.32	6.10～18.50
	潍坊市	临朐县	800	15.63	6.78	43.36	6.80～29.40
		坊子区	597	14.75	4.34	29.39	8.80～22.80
		安丘市	1 165	14.28	4.32	30.23	8.40～22.10
		寒亭区	350	15.03	4.02	26.76	9.70～21.70
		寿光市	771	19.68	7.72	39.24	9.40～35.40
		昌乐县	339	14.75	4.29	29.08	8.40～22.10
		昌邑市	1 200	15.02	3.71	24.70	10.00～21.40
		潍城区	120	17.77	2.90	16.33	14.10～22.40
		诸城市	1 090	16.60	5.34	32.20	9.40～26.00
		青州市	100	18.00	4.24	23.54	11.20～23.80
		高密市	200	17.01	3.97	23.35	10.40～23.50
	济宁市	兖州区	296	16.45	3.62	22.03	10.20～22.40
		任城区	500	20.58	5.33	25.91	12.70～29.40
		嘉祥县	1 055	18.84	5.17	27.45	10.20～27.20
		微山县	560	20.44	6.20	30.32	12.30～31.60
		曲阜市	739	16.81	5.99	35.62	9.30～31.20
		梁山县	995	18.61	5.28	28.36	11.10～28.30
		汶上县	908	20.06	5.81	28.97	10.80～29.40
		泗水县	495	13.54	4.48	33.08	6.40～20.40
		邹城市	636	16.77	6.74	40.19	6.10～29.20
		金乡县	649	13.89	3.17	22.79	9.40～19.40
		鱼台县	420	23.55	8.76	37.17	12.90～39.80
	泰安市	东平县	864	16.10	5.24	32.54	8.50～25.70
		宁阳县	784	18.87	5.42	28.72	10.10～28.00
		岱岳区	760	18.46	5.88	31.85	10.20～28.60
		新泰市	956	15.32	5.34	34.83	7.50～26.50

省份 （垦区）	属地	下辖区域 （单位）	样本数 （个）	平均值 （g/kg）	标准差	变异系数 （%）	5%～95%范围 （g/kg）
山东省	泰安市	泰山区	419	18.26	5.49	30.07	10.40～28.20
		肥城市	1 351	16.46	5.42	32.91	8.90～24.90
	威海市	乳山市	1 310	12.25	5.39	43.95	5.00～23.30
		文登区	764	12.19	3.67	30.13	6.80～18.70
		环翠区	30	10.12	2.08	20.50	7.30～13.50
		荣成市	719	14.30	4.30	30.10	8.30～22.50
	日照市	东港区	930	12.10	4.91	40.58	5.60～21.30
		岚山区	179	13.18	6.04	45.80	6.60～22.50
	莱芜市	莱城区	1 149	16.81	4.55	27.05	9.40～24.20
		钢城区	469	14.18	4.03	28.29	8.10～22.30
		高新区	57	12.45	2.42	19.42	9.10～16.40
	临沂市	临沭县	1 146	14.84	6.01	40.50	6.90～26.10
		兰山区	756	17.17	5.72	33.34	10.10～28.20
		平邑县	1 488	13.85	5.94	42.89	5.30～24.80
		沂南县	777	16.45	4.67	28.41	9.80～25.20
		沂水县	1 525	13.69	3.82	27.86	7.70～19.90
		河东区	621	22.97	8.03	34.94	10.10～36.20
		罗庄区	487	26.58	7.99	30.08	13.90～38.90
		兰陵县	1 626	16.33	5.84	35.75	8.40～26.70
		莒南县	1 165	15.11	4.85	32.12	8.40～24.40
		蒙阴县	616	15.56	6.07	39.01	6.90～26.80
		费县	1 359	14.84	5.27	35.46	7.10～23.80
		郯城县	1 044	19.17	7.50	39.14	9.30～34.10
	德州市	临邑县	961	20.02	4.71	23.55	11.80～27.30
		乐陵市	1 406	14.94	5.32	35.60	6.40～24.00
		夏津县	1 011	12.64	4.17	33.00	8.10～20.90
		宁津县	1 131	15.66	4.20	26.81	9.80～23.50
		平原县	1 356	15.68	4.06	25.89	10.40～21.80
		庆云县	730	19.11	5.36	28.07	10.40～27.80
		德城区	584	16.87	4.44	26.33	10.00～25.20
		武城县	1 160	13.73	3.95	28.73	9.20～20.90
		禹城市	1 447	17.74	4.74	26.69	10.30～25.90
		陵城区	1 201	17.24	4.89	28.36	9.50～25.70

省份 （垦区）	属地	下辖区域 （单位）	样本数 （个）	平均值 （g/kg）	标准差	变异系数 （%）	5%～95%范围 （g/kg）
山东省	德州市	齐河县	1 295	16.57	3.89	23.46	10.10～22.90
	聊城市	东昌府区	1 388	17.73	3.82	21.52	10.70～23.50
		东阿县	1 097	16.35	3.13	19.12	12.20～22.00
		临清市	1 286	16.47	3.98	24.18	10.10～23.00
		冠县	1 335	14.76	3.78	25.63	8.40～20.70
		茌平区	691	18.15	3.71	20.45	11.70～23.90
		莘县	1 344	16.32	4.45	27.26	9.90～23.60
		阳谷县	1 930	15.07	4.38	29.04	10.30～23.20
		高唐县	1 708	15.77	4.72	29.92	8.20～23.90
	滨州市	博兴县	936	18.17	4.98	27.41	9.90～26.30
		无棣县	860	13.91	4.08	29.32	7.20～20.70
		沾化区	658	13.23	4.23	31.93	7.10～21.30
		滨城区	769	17.27	4.74	27.42	9.30～23.90
		邹平市	481	20.95	10.71	51.10	9.10～40.70
		阳信县	513	16.67	4.07	24.40	10.20～23.80
	菏泽市	东明县	1 354	16.73	4.14	24.75	10.00～23.40
		单县	1 406	13.67	3.23	23.63	8.40～18.60
		定陶区	368	16.18	2.95	18.25	10.60～20.60
		巨野县	1 148	13.94	3.39	24.33	8.50～19.30
		成武县	1 215	13.10	2.72	20.73	8.50～17.40
		曹县	1 507	15.97	4.12	25.78	9.10～22.80
		牡丹区	1 594	15.43	4.34	28.14	8.40～22.50
		郓城县	1 148	18.29	4.03	22.01	11.70～24.80
		鄄城县	1 274	17.38	4.57	26.28	9.80～25.00

注：莱芜市划归济南市，莱芜市莱城区和莱芜市高新区划归济南市莱芜区，莱芜市钢城区划归济南市钢城区；青岛市胶南市划归青岛市黄岛区。下同。

县级土壤有机质

省份 （垦区）	属地	下辖区域 （单位）	样本数 （个）	平均值 （g/kg）	标准差	变异系数 （%）	5%～95%范围 （g/kg）
河南省	郑州市	上街区	38	18.41	4.55	24.71	11.60～25.50
		中原区	79	17.84	4.06	22.73	12.20～24.20
		中牟县	670	13.18	4.63	35.11	5.40～20.70
		二七区	23	18.39	2.83	15.38	13.70～21.60
		惠济区	128	16.71	4.55	27.23	10.50～24.50
		新密市	316	19.34	4.99	25.83	10.80～27.40
		新郑市	267	18.47	4.90	26.51	11.20～25.80
		登封市	129	23.29	6.43	27.61	11.80～34.30
		管城回族区	58	12.93	2.55	19.70	7.80～16.30
		荥阳市	559	17.28	3.71	21.49	11.60～23.00
		金水区	25	16.93	6.09	35.98	8.80～24.90
		巩义市	127	24.11	10.16	42.14	8.00～43.30
	开封市	兰考县	812	16.40	4.56	27.81	8.40～23.30
		尉氏县	447	14.92	4.46	29.86	8.20～22.20
		祥符区	476	14.86	4.91	33.04	7.70～24.00
		杞县	389	17.76	4.45	25.07	10.40～25.00
		禹王台区	63	18.18	9.70	53.34	6.20～34.70
		通许县	325	14.98	4.25	28.37	8.30～22.40
		金明区	93	15.03	6.98	46.44	5.50～28.10
		鼓楼区	55	10.02	4.50	44.91	5.90～15.70
		龙亭区	101	19.36	7.35	37.95	7.80～30.80
		顺河回族区	11	21.89	7.46	34.06	12.00～32.70
	洛阳市	伊川县	158	20.18	7.00	34.69	9.20～31.40
		偃师区	722	17.24	5.53	32.05	7.40～26.70
		孟津区	440	16.36	3.74	22.85	10.60～22.60
		嵩县	10	16.63	5.85	35.19	8.40～24.00
		新安县	483	18.83	6.39	33.93	10.40～31.60
		合并区	127	18.80	6.67	35.48	9.70～30.30
	平顶山市	卫东区	68	19.29	4.72	24.48	12.10～28.20
		叶县	534	22.40	5.38	23.99	14.30～32.10
		宝丰县	929	24.64	5.59	22.69	17.00～34.50
		新华区	103	19.50	4.87	24.96	12.80～26.60
		汝州市	925	28.08	8.58	30.56	14.90～42.60
		湛河区	163	22.37	6.79	30.36	13.40～37.10

省份 （垦区）	属地	下辖区域 （单位）	样本数 （个）	平均值 （g/kg）	标准差	变异系数 （%）	5%～95%范围 （g/kg）
河南省	平顶山市	舞钢市	97	18.56	5.04	27.14	11.90～27.60
		郏县	856	13.45	7.29	54.18	5.70～30.00
	安阳市	内黄县	859	12.71	4.31	33.94	6.60～21.00
		北关区	17	22.97	5.20	22.65	11.90～29.80
		安阳县	119	23.11	6.62	28.64	15.00～35.40
		林州市	447	23.25	4.94	21.26	15.80～31.90
		殷都区	38	23.34	7.55	32.34	10.90～33.30
		汤阴县	525	17.21	6.36	36.92	8.90～28.30
		滑县	1 142	16.22	4.06	25.03	9.60～23.00
		龙安区	40	23.20	5.57	24.01	14.50～30.80
	鹤壁市	山城区	15	30.43	8.04	26.42	21.00～42.40
		浚县	1 010	17.82	5.30	29.76	9.40～26.70
		淇县	523	22.68	5.49	24.21	13.60～31.20
		淇滨区	26	26.76	8.02	29.97	15.60～35.20
		鹤山区	23	34.55	8.70	25.17	22.60～48.00
	新乡市	卫辉市	317	20.50	5.11	24.94	12.90～28.80
		原阳县	232	18.00	6.28	34.90	8.70～29.70
		封丘县	459	16.70	4.62	27.66	10.60～25.10
		延津县	574	11.96	3.16	26.41	7.00～16.80
		新乡县	434	17.08	4.54	26.58	10.00～24.90
		获嘉县	669	19.94	5.01	25.15	10.80～27.80
		辉县市	661	21.39	7.20	33.65	8.40～34.10
		长垣市	609	15.68	4.54	28.95	9.40～22.90
		牧野区	10	36.13	9.18	25.41	21.30～46.70
		平原示范区	17	24.18	8.90	36.82	6.20～36.50
	焦作市	修武县	457	25.26	5.78	22.89	16.10～34.70
		博爱县	117	22.90	7.50	32.76	13.00～37.30
		孟州市	905	16.05	5.02	31.26	7.50～23.60
		山阳区	25	26.41	10.31	39.05	16.20～44.40
		武陟县	388	14.97	6.27	41.89	5.70～25.70
		沁阳市	936	24.06	6.45	26.81	14.80～36.60
		温县	678	17.06	5.23	30.66	9.50～25.40
		马村区	21	24.46	6.00	24.54	18.80～34.60

省份（垦区）	属地	下辖区域（单位）	样本数（个）	平均值（g/kg）	标准差	变异系数（%）	5%～95%范围（g/kg）
河南省	焦作市	高新区	91	23.45	9.09	38.77	10.50～38.80
	濮阳市	南乐县	781	14.78	4.92	33.28	8.50～23.60
		台前县	300	19.86	3.79	19.08	13.40～25.00
		清丰县	745	13.46	2.39	17.79	10.30～17.90
		濮阳县	1 413	16.05	2.23	13.86	12.90～20.00
		范县	304	13.82	3.58	25.87	8.90～20.20
		合并区	603	13.42	3.60	26.83	7.70～19.20
	许昌市	禹州市	296	22.11	6.46	29.22	11.80～33.30
		襄城县	844	19.58	4.99	25.51	12.20～28.40
		建安区	672	17.97	3.01	16.75	13.70～23.20
		鄢陵县	586	18.77	4.94	26.29	10.90～27.80
		长葛市	780	19.47	4.61	23.69	11.90～27.30
		魏都区	26	16.84	1.82	10.82	13.90～19.00
		东城区	263	16.93	2.55	15.07	12.00～20.20
		经济开发区	216	18.15	4.06	22.36	11.20～25.50
		示范区	74	21.49	2.61	12.13	17.40～26.70
	漯河市	临颍县	251	20.56	3.86	18.80	15.20～26.60
		召陵区	140	23.70	5.98	25.22	15.30～34.40
		舞阳县	473	19.43	4.78	24.60	13.30～28.90
		郾城区	345	13.96	3.77	26.97	11.40～22.70
		合并区	51	17.81	7.27	40.79	8.60～27.80
	三门峡市	卢氏县	255	15.60	4.41	28.28	9.00～21.80
		渑池县	914	18.42	4.82	26.19	10.60～25.60
		湖滨区	278	14.36	3.68	25.61	9.40～22.10
		灵宝市	606	13.29	3.91	29.46	7.50～20.00
		陕州区	495	11.60	4.95	47.69	5.60～20.00
		义马市	157	12.65	6.81	53.84	4.90～26.50
	南阳市	内乡县	415	12.99	3.99	30.68	7.10～20.00
		南召县	310	18.25	5.92	32.45	8.70～28.30
		卧龙区	408	9.18	2.49	27.10	5.40～13.90
		宛城区	487	19.82	4.60	23.23	12.40～27.00
		新野县	512	15.11	3.91	25.87	9.70～20.90
		方城县	503	16.98	4.74	27.92	10.30～25.40

省份 （垦区）	属地	下辖区域 （单位）	样本数 （个）	平均值 （g/kg）	标准差	变异系数 （%）	5%～95%范围 （g/kg）
河南省	南阳市	桐柏县	457	17.81	3.99	22.38	10.80～24.70
		淅川县	385	17.07	5.63	32.99	7.80～26.10
		西峡县	33	14.79	4.02	27.20	10.10～21.80
		邓州市	637	19.24	4.78	24.86	11.70～27.40
		镇平县	630	18.51	4.35	23.51	12.10～26.70
	商丘市	夏邑县	785	20.71	4.92	23.76	13.40～29.40
		宁陵县	333	14.90	3.23	21.71	10.00～19.80
		柘城县	869	20.20	4.15	20.57	14.20～27.50
		梁园区	200	18.82	5.67	30.13	10.10～28.80
		民权县	694	18.01	5.16	28.65	9.00～27.00
		永城市	1 385	20.78	5.00	24.04	12.70～29.20
		睢阳区	552	18.62	4.01	21.54	12.60～25.00
		虞城县	571	20.77	4.92	23.69	12.60～28.50
		睢县	559	17.53	5.33	30.41	10.50～26.70
		合并区	148	17.20	4.51	26.11	10.50～23.30
	信阳市	光山县	329	20.54	5.69	27.69	10.60～29.20
		平桥区	546	20.11	5.81	28.89	10.90～31.20
		息县	853	15.56	2.37	15.21	11.60～19.90
		新县	422	23.45	9.03	38.51	9.60～39.60
		浉河区	115	21.72	5.60	25.78	12.60～30.70
		淮滨县	490	14.85	4.15	27.93	8.80～22.60
		潢川县	481	18.42	3.59	19.50	13.20～24.40
		罗山县	883	20.56	4.01	19.52	14.00～27.40
		合并区	379	22.59	5.49	24.29	15.40～31.90
	周口市	商水县	306	19.23	3.05	15.87	14.30～24.30
		太康县	200	17.85	3.74	20.92	13.10～23.90
		扶沟县	769	15.18	4.52	29.75	9.20～23.90
		淮阳区	757	18.54	4.45	24.00	11.50～26.70
		西华县	435	16.27	4.24	26.09	10.30～22.10
		郸城县	198	21.34	5.07	23.75	13.90～30.30
		项城市	225	19.35	4.47	23.08	12.70～27.40
		鹿邑县	264	22.42	2.70	12.04	17.70～26.40
		合并区	1 699	17.12	6.04	35.27	8.50～26.70

省份（垦区）	属地	下辖区域（单位）	样本数（个）	平均值（g/kg）	标准差	变异系数（%）	5%～95%范围（g/kg）
河南省	驻马店市	上蔡县	660	15.91	6.18	38.85	5.60～25.90
		平舆县	502	19.08	3.91	20.52	13.40～25.70
		新蔡县	183	18.58	3.24	17.43	13.70～24.30
		正阳县	475	16.95	2.73	16.09	13.10～21.90
		汝南县	197	20.27	7.35	36.27	12.90～35.50
		泌阳县	1 063	14.99	3.88	25.91	10.20～21.70
		确山县	322	22.17	2.83	12.77	17.30～27.10
		西平县	311	15.22	1.55	10.21	12.90～18.00
		遂平县	309	18.72	5.21	27.80	12.00～27.80
		合并区	679	16.64	3.16	19.00	11.90～22.10
	济源市	济源示范区（省辖市）	689	21.16	7.32	34.59	9.80～34.00

注：开封市金明区并入龙亭区；洛阳市合并区包括涧西区、西工区、瀍河回族区、老城区、洛龙区、伊滨区；漯河市合并区包括源汇区、经济技术开发区、西城区、城乡一体化示范区；濮阳市合并区包括华龙区、经济技术开发区、工业园区；信阳市合并区包括羊山新区、信阳工业城、震雷山茶厂、马鞍山茶厂；周口市合并区包括川汇区、城乡一体化示范区、临港经济区、黄泛区农场；驻马店合并区包括驿城区、经济技术开发区、城乡一体化示范区；商丘市合并区包括城乡一体化示范区、民权农场。下同。

县级土壤有机质

省份（垦区）	属地	下辖区域（单位）	样本数（个）	平均值（g/kg）	标准差	变异系数（%）	5%～95%范围（g/kg）
湖北省	武汉市	东西湖区	792	23.00	5.30	23.19	16.10～32.30
		汉南区	70	21.30	7.30	34.08	11.60～36.30
		蔡甸区	171	23.10	9.00	38.95	11.60～41.10
		江夏区	942	23.60	11.40	48.35	8.90～45.00
		黄陂区	841	23.90	6.10	25.44	15.00～34.60
		新洲区	309	21.90	7.50	34.09	10.30～33.60
	黄石市	阳新县	1 179	26.50	10.60	39.80	11.20～47.50
	十堰市	郧阳区	1 262	15.60	6.50	41.90	7.70～26.80
		郧西县	542	24.90	9.90	39.69	11.00～44.40
		竹山县	991	20.80	7.40	35.42	11.00～33.20
		竹溪县	442	23.20	8.70	37.29	11.20～38.00
		房县	2 251	21.80	9.10	41.62	9.60～38.50
		丹江口市	372	16.90	6.80	40.36	7.50～27.60
	宜昌市	远安县	287	27.70	10.40	37.56	12.80～46.50
		兴山县	167	28.20	8.70	30.80	15.10～41.80
		秭归县	1 078	22.50	8.70	38.49	10.70～38.40
		长阳土家族自治县	315	27.10	10.60	39.16	12.10～47.70
		宜都市	1 426	23.00	8.00	34.68	10.90～36.70
		当阳市	1 010	24.40	8.30	33.92	11.80～38.40
		枝江市	340	22.90	5.70	24.75	15.60～32.80
	襄阳市	襄城区	102	23.30	8.40	36.16	10.10～35.90
		樊城区	100	20.40	4.90	23.96	14.60～30.30
		襄州区	894	19.90	6.30	31.42	10.40～29.90
		南漳县	951	29.60	9.20	31.25	14.90～44.40
		谷城县	919	21.30	8.10	38.14	9.60～36.60
		保康县	358	24.60	8.90	36.28	10.20～40.40
		老河口市	205	27.90	9.60	34.31	15.80～43.90
		枣阳市	408	16.40	5.80	35.18	7.60～26.20
		宜城市	717	23.90	8.50	35.77	10.00～36.90
	鄂州市	华容区	418	21.50	7.60	35.33	9.10～34.20
	荆门市	掇刀区	12	17.00	3.00	17.42	12.80～21.70
		沙洋县	1 476	27.00	8.50	31.58	16.60～43.40
		钟祥市	1 742	26.70	8.50	31.63	13.80～41.60
		京山市	613	29.90	8.20	27.31	17.10～43.90

省份 （垦区）	属地	下辖区域 （单位）	样本数 （个）	平均值 （g/kg）	标准差	变异系数 （%）	5%～95%范围 （g/kg）
湖北省	孝感市	孝南区	486	21.00	6.90	33.04	10.20～32.20
		孝昌县	1 171	24.00	8.20	34.22	11.20～37.50
		大悟县	525	19.60	6.30	32.35	10.30～31.00
		云梦县	2 087	19.80	7.00	35.20	8.90～31.80
		应城市	270	28.30	9.50	33.69	9.80～42.10
		安陆市	1 707	23.20	6.60	28.36	11.50～33.40
		汉川市	1 255	25.20	10.30	40.77	11.30～43.90
	荆州市	沙市区	1 833	25.20	9.90	39.53	11.00～43.80
		荆州区	5 154	18.00	6.90	38.30	9.00～30.50
		公安县	1 088	25.50	11.30	44.20	10.20～45.10
		江陵县	353	21.50	9.50	44.18	8.80～37.80
		石首市	1 675	24.50	10.00	40.63	10.50～42.60
		洪湖市	758	26.00	10.60	40.83	11.20～45.70
		松滋市	1 654	27.70	8.60	30.93	13.20～41.70
		监利市	1 008	23.50	8.90	37.82	11.80～40.50
	黄冈市	麻城市	1 522	19.50	5.60	28.90	10.30～28.80
	咸宁市	咸安区	949	21.20	2.00	9.43	19.10～25.50
		嘉鱼县	213	21.40	7.90	36.83	10.60～36.30
		通城县	290	28.60	7.60	26.62	16.30～43.70
		崇阳县	376	28.50	8.00	27.99	15.30～42.30
		通山县	1 089	25.10	9.30	37.03	11.70～42.00
		赤壁市	27	24.30	5.60	23.14	16.10～31.80
	随州市	曾都区	640	25.00	7.70	30.78	10.90～37.20
		随县	592	25.00	7.90	31.70	12.60～39.00
		广水市	857	20.10	6.80	33.99	9.60～31.80
	恩施土家族 苗族自治州	巴东县	468	25.40	10.70	42.21	11.20～45.40
		宣恩县	593	29.10	9.90	34.18	14.00～46.90
		咸丰县	650	33.20	11.40	34.32	14.60～54.30
		来凤县	314	25.10	7.70	30.56	14.60～39.30
	省直管 行政 单位	仙桃市	1 853	24.40	8.90	36.45	11.10～38.80
		潜江市	3 608	22.20	8.10	36.53	10.40～36.90
		天门市	1 881	27.90	12.70	45.50	10.40～53.40
		神农架林区	283	21.40	8.00	37.50	11.00～37.90

县级土壤有机质

省份（垦区）	属地	下辖区域（单位）	样本数（个）	平均值（g/kg）	标准差	变异系数（%）	5%～95%范围（g/kg）
湖南省	长沙市	望城区	250	35.10	9.30	26.42	17.30～48.70
		长沙县	255	35.80	8.60	24.03	23.00～49.70
		宁乡市	708	37.00	8.80	23.71	22.30～51.60
	株洲市	茶陵县	398	30.70	9.70	31.62	16.40～47.20
		醴陵市	1 246	39.20	9.80	25.02	24.00～56.40
	湘潭市	湘乡市	763	39.70	8.70	21.85	25.20～53.00
		韶山市	271	38.00	8.70	22.90	21.20～51.40
	衡阳市	衡阳县	978	28.40	7.00	24.57	16.80～39.60
		衡山县	717	30.60	8.90	29.23	13.70～43.30
		衡东县	545	32.30	8.90	27.40	16.50～46.30
		祁东县	714	29.10	12.80	44.10	10.90～50.30
		耒阳市	1 097	33.20	13.40	40.48	13.00～58.00
	邵阳市	新邵县	962	39.60	13.00	32.88	18.60～62.70
		邵阳县	343	36.30	13.50	37.22	15.10～59.40
		隆回县	1 319	34.00	12.60	36.88	14.80～57.00
		洞口县	739	35.60	10.40	29.36	17.70～53.90
		绥宁县	450	44.20	10.40	23.57	26.70～59.90
		新宁县	95	42.00	14.50	34.63	21.20～63.40
		城步苗族自治县	502	38.60	11.90	30.79	18.50～57.10
		武冈市	1 089	39.50	12.20	30.98	21.30～60.50
		邵东市	923	37.20	11.80	31.67	19.10～58.90
	岳阳市	云溪区	261	26.60	8.50	32.07	12.10～40.90
		岳阳县	667	33.80	10.30	30.46	15.70～50.10
		华容县	997	26.80	8.20	30.55	14.30～41.10
		湘阴县	870	35.60	9.00	25.21	18.30～49.90
		平江县	926	33.20	7.20	21.77	19.90～43.40
		屈原管理区	448	29.90	7.00	23.52	17.40～40.70
		汨罗市	1 055	35.70	8.80	24.67	21.00～50.10
		临湘市	668	30.90	7.40	23.95	19.50～44.00
	常德市	鼎城区	38	32.20	12.00	37.09	16.30～53.60
		安乡县	706	29.90	11.10	37.09	15.00～50.40
		汉寿县	1 492	32.80	10.50	32.08	16.00～49.00
		澧县	964	26.00	8.10	31.17	12.70～39.00
		临澧县	764	29.40	7.50	25.41	16.70～41.80

省份（垦区）	属地	下辖区域（单位）	样本数（个）	平均值（g/kg）	标准差	变异系数（%）	5%～95%范围（g/kg）
湖南省	常德市	桃源县	2 565	31.10	9.60	30.98	13.60～46.10
		石门县	720	25.40	9.20	36.32	12.50～41.50
		津市市	132	23.90	7.40	31.12	12.80～36.80
	张家界市	永定区	630	26.70	8.60	32.37	15.30～43.10
		慈利县	1 177	27.40	8.20	29.88	15.20～42.90
		桑植县	718	27.60	8.30	30.04	16.40～43.00
	益阳市	资阳区	1 798	30.10	9.00	30.00	16.20～45.00
		赫山区	780	37.90	10.40	27.51	17.50～52.70
		南县	198	30.60	8.90	29.01	18.40～45.70
		桃江县	870	36.60	8.60	23.56	21.60～50.40
		安化县	906	33.50	11.30	33.79	16.80～54.80
		沅江市	365	29.70	10.00	33.64	15.50～49.30
	郴州市	北湖区	299	40.10	10.60	26.43	24.00～59.00
		桂阳县	834	38.80	12.10	31.27	19.30～60.00
		永兴县	720	32.90	12.70	38.63	12.00～54.80
		临武县	383	41.20	13.70	33.33	20.10～64.60
		汝城县	954	31.00	10.70	34.63	16.40～51.90
		安仁县	16	45.80	8.80	19.29	35.60～56.90
		资兴市	170	36.30	13.80	38.07	15.80～57.30
	永州市	零陵区	760	32.50	12.90	39.87	14.20～57.10
		冷水滩区	830	40.90	11.70	28.61	21.70～59.90
		东安县	1 169	37.00	12.30	33.25	19.00～60.40
		道县	180	23.90	10.30	42.92	10.70～44.90
		江永县	696	28.60	14.50	50.63	11.10～58.50
		宁远县	596	30.50	13.50	44.11	11.10～56.00
		蓝山县	14	39.90	7.00	17.58	31.90～50.90
		新田县	470	37.40	12.00	32.12	18.20～57.60
		祁阳市	966	33.60	10.30	30.68	20.20～54.20
	怀化市	沅陵县	976	25.10	8.80	35.22	12.60～42.40
		辰溪县	719	29.50	10.70	36.39	11.80～47.20
		溆浦县	1 039	29.20	10.10	34.52	14.00～47.10
		会同县	520	33.40	8.40	25.21	20.60～47.40
		麻阳苗族自治县	269	29.20	10.00	34.36	13.90～46.50

省份 （垦区）	属地	下辖区域 （单位）	样本数 （个）	平均值 （g/kg）	标准差	变异系数 （%）	5%～95%范围 （g/kg）
湖南省	怀化市	靖州苗族侗族自治县	150	34.70	6.90	19.94	24.30～49.40
		通道侗族自治县	399	40.90	9.80	23.85	23.30～55.20
		洪江市	1 008	31.40	9.50	30.06	16.80～47.00
	娄底市	娄星区	321	37.80	12.00	31.79	16.50～56.80
		双峰县	890	40.50	12.00	29.63	20.70～61.90
		新化县	476	38.40	12.40	32.38	18.30～59.80
		冷水江市	380	42.70	12.40	28.94	23.70～64.30
		涟源市	438	38.40	9.00	23.35	23.80～52.70
	湘西土家族 苗族自治州	吉首市	618	23.80	12.30	51.58	10.00～51.30
		泸溪县	639	24.60	8.40	33.97	12.60～39.50
		凤凰县	782	27.40	10.20	37.14	13.10～46.60
		花垣县	227	31.90	14.10	44.27	13.70～56.70
		保靖县	484	24.40	9.60	39.12	11.20～45.00
		永顺县	934	28.40	10.60	37.42	12.90～48.50
		龙山县	958	24.10	7.90	32.71	12.40～38.40

县级土壤有机质

省份 （垦区）	属地	下辖区域 （单位）	样本数 （个）	平均值 （g/kg）	标准差	变异系数 （%）	5%～95%范围 （g/kg）
广东省	广州市	白云区	706	23.60	7.20	30.29	12.80～36.70
		黄埔区	66	20.80	6.10	29.20	11.60～31.00
		番禺区	319	22.80	4.10	18.04	17.10～29.50
		花都区	391	20.50	7.20	35.04	8.90～32.50
		南沙区	443	22.70	4.10	18.21	17.10～29.40
		增城区	346	20.60	7.80	38.15	8.60～35.90
	韶关市	武江区	45	21.40	9.00	42.02	8.70～34.20
		浈江区	51	19.40	7.90	41.01	6.60～35.70
		曲江区	153	26.40	7.40	28.03	14.90～38.80
		始兴县	425	19.50	8.00	41.22	6.50～33.80
		仁化县	256	25.50	7.10	27.71	14.20～36.30
		翁源县	459	21.60	6.70	30.94	12.30～34.30
		乳源瑶族自治县	664	25.00	7.20	28.93	13.30～36.90
		新丰县	383	27.90	6.80	24.51	16.30～38.50
		乐昌市	160	26.30	7.70	29.39	14.00～38.80
		南雄市	271	22.80	7.10	31.15	11.30～35.30
	深圳市	坪山区	10	19.30	4.70	24.45	14.20～26.40
	珠海市	斗门区	101	26.30	7.00	26.64	16.60～38.30
		金湾区	102	23.50	4.10	17.25	16.60～29.60
	汕头市	龙湖区	12	18.70	7.20	38.61	10.50～30.20
		潮阳区	75	24.50	9.10	37.26	9.20～38.40
		潮南区	96	21.90	8.70	39.59	7.00～36.00
		澄海区	12	24.30	7.70	31.86	12.40～32.80
	佛山市	南海区	102	17.50	6.00	34.25	7.90～28.50
		三水区	52	16.00	5.10	31.68	8.10～25.40
		高明区	639	24.20	7.10	29.20	12.80～36.20
	江门市	蓬江区	166	17.40	3.80	21.81	11.30～23.50
		江海区	165	27.70	5.30	19.00	18.70～35.80
		新会区	220	29.40	7.20	24.48	17.20～39.20
		台山市	617	25.80	8.80	33.88	9.80～38.50
		开平市	964	25.90	7.30	28.29	13.40～37.30
		鹤山市	436	22.50	7.40	33.11	10.80～35.10
		恩平市	171	25.30	8.30	32.62	13.00～38.90
	湛江市	坡头区	30	14.90	8.20	54.83	5.30～30.50

（续）

省份 （垦区）	属地	下辖区域 （单位）	样本数 （个）	平均值 （g/kg）	标准差	变异系数 （%）	5%～95%范围 （g/kg）
广东省	湛江市	麻章区	131	20.10	8.30	41.18	7.60～34.80
		遂溪县	544	22.30	8.50	38.24	6.90～35.90
		徐闻县	269	23.50	8.20	34.82	6.80～36.60
		廉江市	357	21.90	8.50	39.06	8.10～36.50
		雷州市	858	23.00	8.90	38.60	7.90～36.50
		吴川市	215	19.80	9.50	47.83	6.30～35.40
	茂名市	电白区	626	21.80	7.80	35.59	9.70～34.80
		高州市	1 169	20.50	7.30	35.55	8.70～33.20
		化州市	1 412	19.30	8.10	41.86	7.10～33.90
		信宜市	893	28.40	7.20	25.32	15.50～38.10
	肇庆市	鼎湖区	29	17.50	8.80	50.26	6.60～33.40
		高要区	366	29.00	7.00	24.14	16.60～39.10
		广宁县	43	30.20	5.90	19.72	21.40～38.60
		怀集县	499	27.70	7.70	27.69	12.50～38.30
		封开县	198	26.20	7.20	27.41	15.80～37.30
		德庆县	669	28.00	7.70	27.33	14.00～38.60
		四会市	83	26.40	7.10	26.92	15.40～37.30
	惠州市	惠城区	274	19.50	7.10	36.59	9.00～32.50
		惠阳区	930	18.00	7.10	39.12	8.10～31.90
		博罗县	713	18.40	7.90	43.06	7.60～33.50
		惠东县	897	23.00	6.30	27.24	12.80～34.20
		龙门县	510	10.80	11.30	104.11	1.30～33.00
	梅州市	梅县区	108	28.70	8.30	29.04	13.90～39.00
		大埔县	103	29.20	6.30	21.45	18.10～38.90
		丰顺县	460	24.30	6.90	28.23	13.30～36.50
		五华县	564	26.80	7.20	26.97	12.60～38.00
		平远县	911	30.80	5.20	16.82	21.40～38.60
		蕉岭县	304	26.50	8.80	33.26	10.70～38.70
		兴宁市	360	30.00	6.70	22.26	18.70～39.10
	汕尾市	城区	16	26.00	8.20	31.60	13.80～36.60
		海丰县	289	18.30	7.90	43.05	8.10～33.00
		陆丰市	231	22.80	9.40	41.01	7.20～38.20
	河源市	源城区	10	14.50	5.50	38.16	7.70～20.20

省份（垦区）	属地	下辖区域（单位）	样本数（个）	平均值（g/kg）	标准差	变异系数（%）	5%～95%范围（g/kg）
广东省	河源市	紫金县	64	24.10	8.80	36.34	8.70～37.90
		龙川县	455	29.10	7.20	24.58	16.00～39.10
		连平县	411	24.70	7.00	28.50	13.00～36.00
		和平县	46	28.10	9.00	32.14	10.70～37.40
		东源县	350	26.20	7.00	26.68	14.40～36.60
	阳江市	江城区	280	22.30	8.90	39.82	6.80～36.80
		阳东区	841	24.20	7.50	30.83	12.10～36.60
		阳西县	271	22.20	7.80	35.09	8.40～34.20
		阳春市	386	22.50	7.70	34.13	10.00～35.20
	清远市	清城区	184	23.40	8.50	36.15	8.10～37.20
		清新区	134	23.50	8.00	34.07	9.70～38.00
		佛冈县	83	26.00	9.10	34.87	8.80～38.20
		阳山县	299	24.70	8.10	32.77	10.60～37.50
		连山壮族瑶族自治县	239	29.70	6.80	22.96	17.80～39.20
		连南瑶族自治县	112	29.10	7.30	25.19	15.50～38.50
		英德市	418	21.90	7.90	36.10	10.50～36.00
		连州市	454	28.10	7.60	27.11	13.90～38.50
	东莞市	市辖区	384	19.10	7.10	37.48	8.50～30.80
	中山市	市辖区	195	25.30	5.70	22.56	16.70～36.00
	潮州市	湘桥区	22	20.30	7.50	37.02	8.00～29.90
		潮安区	107	23.20	9.00	38.68	10.70～36.50
		饶平县	161	20.90	5.80	27.64	13.00～31.00
	揭阳市	榕城区	16	28.60	8.70	30.40	12.40～38.50
		揭东区	321	27.60	5.00	18.13	19.60～35.40
		揭西县	39	20.30	7.40	36.34	11.60～36.50
		惠来县	638	18.20	7.80	42.91	6.50～33.90
		普宁市	97	22.50	7.40	33.05	10.40～34.40
	云浮市	云城区	86	24.70	7.80	31.42	12.70～38.20
		云安区	103	26.70	7.80	29.04	14.00～38.50
		新兴县	456	26.60	6.70	25.22	15.80～37.00
		郁南县	457	26.60	7.10	26.55	13.50～37.20
		罗定市	784	23.10	9.10	39.43	8.60～37.50

县级土壤有机质

省份 （垦区）	属地	下辖区域 （单位）	样本数 （个）	平均值 （g/kg）	标准差	变异系数 （%）	5%～95%范围 （g/kg）
广西壮族 自治区	南宁市	兴宁区	134	22.50	8.10	35.77	11.70～35.40
		青秀区	146	27.20	11.50	42.48	13.50～44.70
		江南区	66	25.10	10.70	42.68	11.40～45.20
		西乡塘区	303	27.00	9.70	35.88	12.90～44.40
		良庆区	54	21.60	6.10	28.44	12.60～33.20
		邕宁区	63	20.30	6.50	32.25	10.70～29.80
		武鸣区	172	30.50	10.90	35.74	14.20～49.40
		隆安县	90	30.70	10.80	35.30	15.60～49.50
		马山县	185	27.60	12.00	43.58	12.10～50.40
		上林县	144	34.90	14.50	41.71	13.90～56.80
		宾阳县	127	32.00	14.50	45.18	12.30～53.50
		横州市	312	29.80	11.10	37.30	12.80～47.60
	柳州市	柳南区	183	23.10	8.90	38.73	12.40～42.00
		柳北区	295	23.20	7.30	31.39	14.70～39.10
		柳江区	246	33.50	14.20	42.34	14.80～58.50
		柳城县	671	23.70	9.70	40.93	11.30～43.00
		鹿寨县	171	31.10	11.30	36.28	13.00～51.00
		融安县	94	30.00	10.60	35.18	14.70～47.00
		融水苗族自治县	222	40.00	14.20	35.42	14.40～61.70
		三江侗族自治县	453	36.30	11.70	32.35	17.40～57.10
	桂林市	雁山区	14	37.00	12.50	33.86	16.90～54.50
		临桂区	151	33.80	12.30	36.55	18.20～58.90
		阳朔县	37	34.50	11.00	31.82	17.30～50.10
		灵川县	80	32.70	10.30	31.56	18.50～52.90
		全州县	200	37.20	13.60	36.63	15.50～60.50
		兴安县	79	36.60	11.20	30.65	21.70～56.10
		永福县	79	35.60	10.80	30.38	22.10～54.30
		灌阳县	55	38.90	14.10	36.24	18.80～62.80
		龙胜各族自治县	25	46.70	6.40	13.67	36.70～54.50
		资源县	69	39.50	9.90	25.18	20.00～52.80
		平乐县	52	38.70	12.20	31.56	22.60～61.70
		恭城瑶族自治县	18	23.70	7.80	33.05	16.00～38.00
		荔浦市	111	29.70	11.20	37.91	14.40～50.90
	梧州市	龙圩区	58	38.10	11.70	30.69	22.30～59.70

省份 （垦区）	属地	下辖区域 （单位）	样本数 （个）	平均值 （g/kg）	标准差	变异系数 （%）	5%～95%范围 （g/kg）
广西壮族 自治区	梧州市	苍梧县	31	33.00	6.40	19.36	24.40～43.60
		藤县	136	31.90	12.50	39.12	13.50～54.60
		蒙山县	19	25.30	7.30	28.70	16.30～38.60
		岑溪市	104	38.60	11.60	30.01	22.10～60.00
	北海市	海城区	16	21.10	11.70	55.24	12.10～39.10
		银海区	30	27.60	11.20	40.73	11.80～43.60
		铁山港区	27	21.80	7.70	35.45	12.00～36.00
		合浦县	233	24.00	11.50	48.04	11.90～49.10
	防城港市	防城区	75	28.40	10.00	35.15	14.20～48.10
		上思县	87	28.70	9.80	34.07	13.30～42.70
	钦州市	钦南区	70	32.80	12.10	36.96	14.50～53.90
		钦北区	68	32.90	12.30	37.32	13.70～54.80
		灵山县	119	33.90	12.20	36.07	15.40～54.30
		浦北县	116	36.20	10.70	29.56	19.40～53.30
	贵港市	港北区	55	30.00	12.80	42.63	12.40～51.20
		港南区	370	29.80	9.30	31.10	14.30～44.90
		覃塘区	90	29.70	10.00	33.58	15.70～46.70
		平南县	438	31.80	12.40	38.95	13.80～55.00
		桂平市	322	28.80	11.00	38.33	13.30～48.50
	玉林市	玉州区	36	33.10	12.40	37.27	16.40～54.60
		福绵区	30	35.70	12.00	33.69	19.20～54.50
		容县	83	38.40	12.00	31.22	16.30～55.00
		陆川县	50	28.70	7.40	25.58	16.20～40.90
		博白县	98	30.30	12.40	40.84	12.90～53.50
		兴业县	49	33.50	9.80	29.38	19.40～50.60
		北流市	120	31.90	11.90	37.37	16.40～56.10
	百色市	右江区	136	25.90	8.10	31.34	15.30～43.40
		田阳区	55	29.80	10.90	36.44	15.20～50.20
		田东县	94	32.00	11.80	36.82	16.40～52.90
		德保县	58	37.50	11.90	31.71	18.20～58.20
		那坡县	41	29.00	9.70	33.26	14.40～45.70
		凌云县	25	26.00	9.30	35.80	15.90～45.30
		乐业县	75	33.60	11.10	32.91	18.90～56.60

省份 （垦区）	属地	下辖区域 （单位）	样本数 （个）	平均值 （g/kg）	标准差	变异系数 （%）	5%~95%范围 （g/kg）
广西壮族 自治区	百色市	田林县	31	28.70	8.20	28.54	16.20~39.30
		西林县	74	32.50	8.50	26.21	20.90~46.50
		隆林各族自治县	67	30.30	12.40	40.77	15.10~53.90
		靖西市	95	41.30	11.00	26.62	24.40~59.60
		平果市	66	29.80	11.70	39.38	13.30~55.40
	贺州市	八步区	172	34.30	11.90	34.82	12.80~52.00
		平桂区	76	23.60	10.60	44.74	11.40~44.40
		昭平县	679	30.60	8.50	27.70	18.30~45.30
		钟山县	108	31.80	12.80	40.29	14.80~54.20
		富川瑶族自治县	741	32.20	11.20	34.84	15.80~52.60
	河池市	金城江区	69	29.70	9.90	33.32	17.00~43.50
		宜州区	751	29.40	12.70	43.06	13.60~53.80
		南丹县	79	36.70	9.50	25.88	21.20~54.40
		天峨县	38	26.20	6.60	25.16	17.90~35.60
		凤山县	61	24.20	6.00	24.70	14.90~33.90
		东兰县	66	32.50	12.30	37.85	16.20~56.70
		罗城仫佬族自治县	371	30.80	11.50	37.22	14.00~51.20
		环江毛南族自治县	560	35.90	11.70	32.56	18.30~56.30
		巴马瑶族自治县	144	29.40	9.40	32.09	17.10~47.20
		都安瑶族自治县	140	30.10	13.10	43.47	14.00~58.50
		大化瑶族自治县	42	29.10	11.90	40.72	13.70~50.20
	来宾市	兴宾区	797	24.80	9.60	38.86	12.30~43.00
		忻城县	176	24.70	8.70	35.43	14.50~39.70
		象州县	207	31.40	12.70	40.44	13.70~56.00
		武宣县	439	29.50	10.30	34.94	16.40~52.80
		金秀瑶族自治县	38	32.60	11.70	35.85	16.30~57.00
		合山市	55	32.00	11.90	37.19	16.20~55.50
	崇左市	江州区	234	27.20	9.00	33.20	13.80~42.80
		扶绥县	193	28.10	9.70	34.39	13.80~44.60
		宁明县	125	21.60	7.20	33.25	11.60~34.20
		龙州县	96	31.30	9.00	28.73	18.60~47.30
		天等县	69	30.10	12.00	39.76	16.00~55.80
		凭祥市	15	31.80	12.10	37.97	19.20~57.30

县级土壤有机质

省份 (垦区)	属地	下辖区域 (单位)	样本数 (个)	平均值 (g/kg)	标准差	变异系数 (%)	5%～95%范围 (g/kg)
海南省	海口市	秀英区	2 032	20.90	9.50	45.25	9.70～37.20
		龙华区	1 973	20.40	9.40	46.13	5.30～34.80
		琼山区	176	20.80	10.20	49.01	9.20～42.00
		美兰区	807	22.10	10.50	47.50	10.00～40.00
	三亚市	海棠区	129	19.80	8.20	41.33	8.90～31.40
		吉阳区	86	18.00	6.10	34.06	10.00～29.40
		天涯区	286	18.60	6.30	34.05	9.70～28.60
		崖州区	201	14.30	5.90	41.33	4.80～24.50
	儋州市	市辖区	496	14.60	8.30	56.70	5.10～30.50
	省直管 行政 单位	五指山市	196	20.90	7.00	33.53	9.00～31.40
		琼海市	787	20.30	9.50	46.80	6.90～38.30
		文昌市	948	15.50	8.50	54.68	5.20～31.70
		万宁市	661	18.00	7.50	41.59	5.50～30.30
		东方市	100	12.30	5.30	43.32	4.10～21.10
		定安县	706	23.40	16.20	69.26	8.20～50.50
		屯昌县	652	16.00	7.00	43.63	6.10～28.40
		澄迈县	568	17.50	6.80	38.72	7.70～29.90
		临高县	812	22.90	12.40	54.08	6.80～43.30
		白沙黎族自治县	550	17.60	7.20	40.76	7.80～29.60
		昌江黎族自治县	357	14.70	5.40	36.52	7.20～21.90
		乐东黎族自治县	359	15.50	5.30	34.32	6.30～22.60
		陵水黎族自治县	323	20.30	9.40	45.97	8.30～39.20
		保亭黎族苗族自治县	510	16.30	12.90	79.27	1.20～31.90
		琼中黎族苗族自治县	159	19.20	6.10	31.80	10.40～30.00

县级土壤有机质

省份 （垦区）	属地	下辖区域 （单位）	样本数 （个）	平均值 （g/kg）	标准差	变异系数 （%）	5%～95%范围 （g/kg）
重庆市	市辖区	万州区	850	17.50	7.30	41.66	7.70～31.40
		涪陵区	2 248	19.70	7.00	35.41	10.00～33.10
		大渡口区	178	13.80	4.90	35.14	8.00～22.60
		江北区	147	15.70	5.20	33.24	8.70～25.20
		沙坪坝区	412	19.80	7.60	38.53	8.80～32.70
		九龙坡区	251	21.00	6.90	33.05	10.60～32.30
		南岸区	175	17.20	7.10	41.04	7.70～30.80
		北碚区	745	25.40	10.60	41.51	11.00～44.00
		綦江区	737	20.50	7.70	37.40	11.00～36.70
		万盛区	353	24.00	9.70	40.34	10.30～41.20
		大足区	650	24.50	9.90	40.29	9.80～42.10
		渝北区	961	17.30	8.70	50.16	7.40～34.80
		巴南区	588	18.00	6.10	34.15	9.70～30.20
		黔江区	405	24.90	7.20	28.74	14.40～38.00
		长寿区	1 434	18.70	7.50	40.08	8.60～32.50
		江津区	773	18.90	6.80	35.66	9.60～30.30
		合川区	634	20.60	8.30	40.49	9.20～34.80
		永川区	345	22.40	9.00	40.29	10.20～39.10
		南川区	389	24.30	8.80	36.33	10.20～40.20
		璧山区	838	19.50	7.60	39.28	8.20～32.90
		铜梁区	1 357	23.10	9.80	42.37	9.40～42.00
		潼南区	1 567	18.80	8.70	46.03	8.40～35.90
		荣昌区	1 089	18.70	7.10	38.17	8.60～32.10
		开州区	1 247	19.90	9.60	48.45	6.50～38.50
		梁平区	1 754	19.10	8.50	44.77	7.30～33.90
		武隆区	595	23.40	8.40	35.95	11.40～39.70
	县	城口县	391	29.90	8.40	28.19	16.90～44.80
		丰都县	854	18.60	7.60	40.98	8.70～33.80
		垫江县	1 490	16.40	7.00	42.66	8.00～30.50
		忠县	1 731	17.90	8.20	45.91	8.40～35.30
		云阳县	777	18.50	7.40	40.14	8.30～32.30
		奉节县	1 193	23.70	8.50	35.80	10.90～39.60
		巫山县	550	20.50	7.70	37.53	9.50～34.40
		巫溪县	391	29.60	8.10	27.39	17.00～44.20

省份 （垦区）	属地	下辖区域 （单位）	样本数 （个）	平均值 （g/kg）	标准差	变异系数 （%）	5%～95%范围 （g/kg）
重庆市	县	石柱土家族自治县	493	20.90	8.20	39.42	10.30～38.30
		秀山土家族苗族自治县	1 133	28.60	8.40	29.30	17.30～43.80
		酉阳土家族苗族自治县	814	25.20	8.00	31.99	13.40～40.10
		彭水苗族土家族自治县	531	25.10	7.60	30.32	14.10～40.00

| 省份
（垦区） | 属地 | 下辖区域
（单位） | 样本数
（个） | 平均值
（g/kg） | 标准差 | 变异系数
（%） | 5%～95%范围
（g/kg） |

县级土壤有机质

省份 （垦区）	属地	下辖区域 （单位）	样本数 （个）	平均值 （g/kg）	标准差	变异系数 （％）	5％～95％范围 （g/kg）
四川省	成都市	龙泉驿区	394	25.40	9.70	38.06	10.60～41.80
		青白江区	448	19.40	7.40	38.18	11.80～36.10
		新都区	462	23.20	8.10	34.70	12.10～37.00
		温江区	372	25.60	4.80	18.94	18.20～31.50
		双流区	202	27.70	8.60	30.97	15.80～45.30
		郫都区	118	27.60	7.00	25.31	13.90～39.30
		新津区	93	29.90	11.60	38.93	11.00～50.00
		金堂县	728	20.00	9.90	49.63	7.30～39.00
		大邑县	432	25.80	8.50	32.86	16.00～43.00
		蒲江县	719	28.90	8.30	28.58	16.80～44.20
		都江堰市	38	29.90	8.80	29.47	18.60～46.70
		彭州市	941	30.60	8.20	26.87	17.90～44.80
		邛崃市	616	27.70	9.90	35.83	12.90～45.30
		崇州市	736	25.20	10.20	40.43	13.80～46.60
		简阳市	541	15.60	7.00	45.10	7.10～28.60
	自贡市	自流井区	115	26.40	12.60	47.69	11.30～49.60
		贡井区	478	18.90	8.20	43.37	8.20～33.70
		大安区	475	15.70	8.60	54.75	6.70～33.40
		沿滩区	907	16.80	7.40	44.16	7.60～31.30
		荣县	1 081	21.60	9.60	44.59	9.60～41.10
		富顺县	108	26.40	11.70	44.11	11.40～46.30
	攀枝花市	仁和区	29	25.20	11.00	43.49	11.00～41.10
		米易县	923	17.30	6.70	38.57	8.00～28.40
		盐边县	346	30.10	9.90	32.87	13.20～46.40
	泸州市	江阳区	250	21.30	8.70	40.84	9.40～36.70
		纳溪区	670	16.80	6.40	38.28	8.10～28.60
		龙马潭区	462	21.70	7.00	32.03	10.70～34.40
		泸县	1 091	18.90	7.30	38.45	9.20～33.40
		合江县	844	19.40	6.40	33.12	10.30～31.30
		叙永县	1 343	29.80	10.20	34.28	12.50～46.70
		古蔺县	1 242	28.80	11.40	39.43	9.60～48.40
	德阳市	旌阳区	519	21.80	13.50	61.82	5.00～47.10
		罗江区	388	22.40	8.00	35.89	11.90～37.60
		中江县	1 309	18.60	7.80	41.70	9.10～33.30

省份（垦区）	属地	下辖区域（单位）	样本数（个）	平均值（g/kg）	标准差	变异系数（%）	5%～95%范围（g/kg）
四川省	德阳市	广汉市	888	32.60	8.10	24.78	18.30～46.10
		什邡市	398	36.80	5.70	15.45	27.10～45.80
		绵竹市	503	26.80	10.20	38.19	13.80～45.70
	绵阳市	涪城区	367	25.40	7.20	28.46	12.90～37.20
		游仙区	350	24.60	6.60	26.77	14.40～35.40
		安州区	354	29.90	9.90	33.11	14.80～47.50
		三台县	659	23.70	7.90	33.23	11.60～36.60
		盐亭县	192	18.50	7.50	40.24	8.60～34.90
		梓潼县	471	22.30	9.90	44.22	7.90～39.50
		北川羌族自治县	104	31.10	10.90	35.22	12.30～47.60
		平武县	275	27.80	9.20	33.12	13.70～45.70
		江油市	510	26.10	7.50	28.72	14.00～39.40
	广元市	利州区	359	21.30	10.00	46.76	7.00～38.30
		昭化区	58	18.10	6.90	38.40	9.30～32.50
		朝天区	382	22.90	5.50	24.03	14.60～31.10
		旺苍县	564	23.80	8.50	35.79	12.60～39.10
		青川县	49	23.30	8.30	35.76	7.50～34.20
		剑阁县	228	23.40	8.10	34.68	11.40～37.50
		苍溪县	762	19.00	5.50	28.69	11.40～28.00
	遂宁市	船山区	505	16.60	7.10	42.72	6.70～30.40
		安居区	746	15.40	6.70	43.56	7.20～29.10
		蓬溪县	851	18.00	7.20	39.96	9.80～33.50
		大英县	524	16.40	7.10	43.19	7.30～30.70
		射洪市	1 235	18.10	8.40	46.29	9.20～35.10
	内江市	市中区	471	13.00	5.50	42.24	7.60～24.10
		东兴区	390	20.40	10.10	49.48	9.70～40.70
		威远县	718	15.70	12.60	80.03	2.20～39.70
		资中县	1 474	15.30	6.30	41.32	7.20～27.60
		隆昌市	660	20.10	8.60	42.66	8.80～37.30
	乐山市	市中区	420	28.60	12.10	42.53	10.60～48.60
		沙湾区	46	29.90	12.50	41.82	11.30～52.20
		五通桥区	373	28.60	10.70	37.32	12.10～47.90
		金口河区	52	27.50	9.30	33.89	14.10～43.80

省份（垦区）	属地	下辖区域（单位）	样本数（个）	平均值（g/kg）	标准差	变异系数（%）	5%～95%范围（g/kg）
四川省	乐山市	犍为县	842	24.80	10.90	43.84	9.30～45.00
		井研县	501	25.30	10.40	41.17	11.10～44.40
		夹江县	91	25.70	9.20	35.67	13.20～42.40
		沐川县	158	23.40	11.30	48.07	8.40～46.30
		峨边彝族自治县	376	26.10	9.10	34.97	13.20～45.10
		马边彝族自治县	123	20.10	10.60	52.70	4.70～40.80
		峨眉山市	62	25.50	12.10	47.38	10.20～46.60
	南充市	顺庆区	442	16.10	6.70	41.74	7.60～29.80
		高坪区	1 210	18.30	7.70	42.36	7.70～32.20
		嘉陵区	177	14.30	6.30	43.86	5.80～25.80
		南部县	843	16.30	6.50	40.20	8.30～29.60
		营山县	534	16.50	7.90	47.69	5.90～30.80
		蓬安县	723	20.40	8.80	42.83	9.50～35.80
		仪陇县	522	18.40	9.10	49.57	7.10～37.40
		西充县	372	19.40	8.10	41.49	8.90～34.50
		阆中市	1 622	18.10	7.90	43.84	6.90～32.90
	眉山市	东坡区	1 186	28.10	9.60	34.33	13.30～44.70
		彭山区	175	21.00	9.20	43.74	11.20～42.40
		仁寿县	373	20.30	10.10	49.63	8.40～39.70
		洪雅县	425	29.40	9.40	32.00	19.00～48.30
		丹棱县	382	22.80	5.80	25.42	15.80～31.40
		青神县	72	23.50	10.10	42.93	7.00～45.00
	宜宾市	翠屏区	472	21.20	7.60	35.86	11.30～34.90
		叙州区	1 041	19.40	8.20	42.36	9.10～35.10
		南溪区	350	15.80	5.80	36.29	7.30～25.40
		江安县	420	23.10	11.50	49.69	7.10～44.00
		长宁县	60	18.20	9.40	51.74	5.50～35.10
		高县	397	21.30	9.20	43.33	8.20～37.40
		珙县	295	28.30	11.30	39.76	11.30～47.70
		筠连县	644	29.90	9.20	30.83	16.40～46.80
		兴文县	432	26.60	7.90	29.74	14.90～40.00
		屏山县	113	23.20	8.30	35.60	12.20～39.40
	广安市	广安区	783	14.50	5.10	35.24	7.30～24.40

省份（垦区）	属地	下辖区域（单位）	样本数（个）	平均值（g/kg）	标准差	变异系数（%）	5%～95%范围（g/kg）
四川省	广安市	前锋区	440	18.30	8.30	45.20	8.00～33.60
		岳池县	966	17.50	4.90	27.88	9.70～26.90
		武胜县	398	17.80	6.70	37.49	7.60～29.50
		邻水县	1 342	18.70	7.40	39.70	9.20～32.20
		华蓥市	112	25.10	9.50	37.68	11.50～45.60
	达州市	通川区	131	20.00	8.50	42.50	8.70～36.20
		达川区	1 000	18.20	7.90	43.46	8.00～31.80
		宣汉县	2 390	19.90	7.70	38.60	9.20～34.10
		开江县	544	15.40	7.50	48.60	6.00～30.10
		大竹县	978	19.70	8.20	41.45	8.90～33.80
		渠县	1 258	21.30	9.00	42.17	8.60～36.60
		万源市	638	26.20	8.70	33.16	12.90～41.20
	雅安市	雨城区	391	35.30	11.50	32.60	15.00～52.60
		名山区	453	29.00	8.90	30.79	15.70～45.10
		荥经县	48	38.80	9.30	23.95	25.00～52.50
		汉源县	1 004	25.20	9.90	39.20	8.00～40.60
		石棉县	92	29.70	10.00	33.57	13.80～45.30
		天全县	64	30.70	11.10	36.17	16.00～49.10
		芦山县	112	28.50	10.80	37.82	13.50～46.80
		宝兴县	66	35.00	9.00	25.61	22.20～49.80
	巴中市	巴州区	1 174	19.20	7.70	40.17	9.10～34.30
		恩阳区	810	16.10	6.10	37.90	8.00～27.00
		通江县	632	21.50	8.30	38.70	9.40～36.30
		南江县	971	23.70	8.20	34.50	12.60～39.20
		平昌县	1 252	16.70	5.60	33.47	8.10～26.10
	资阳市	雁江区	743	15.60	7.90	50.75	7.70～32.90
		安岳县	727	25.80	11.70	45.27	9.50～45.20
		乐至县	548	20.00	8.60	43.04	10.00～38.80
	阿坝藏族羌族自治州	马尔康市	100	38.50	8.10	21.02	25.40～51.50
		汶川县	210	31.50	11.30	35.83	14.90～51.30
		理县	47	36.80	10.60	28.78	16.40～52.90
		茂县	94	33.60	11.10	33.11	15.50～51.60
		松潘县	152	31.40	9.80	31.34	16.30～47.10

省份 （垦区）	属地	下辖区域 （单位）	样本数 （个）	平均值 （g/kg）	标准差	变异系数 （%）	5%～95%范围 （g/kg）
四川省	阿坝藏族 羌族自治州	九寨沟县	79	25.70	11.60	45.17	10.90～48.60
		金川县	73	37.20	10.30	27.69	21.30～53.00
		小金县	127	30.70	12.20	39.66	13.40～50.30
		黑水县	140	29.00	10.00	34.47	13.60～45.80
		壤塘县	42	25.00	8.60	34.21	14.20～36.80
		阿坝县	53	28.00	9.90	35.39	16.10～49.00
		若尔盖县	45	39.30	9.90	25.18	24.70～53.80
	甘孜藏族 自治州	康定市	74	34.70	9.30	26.65	20.60～50.70
		泸定县	44	28.30	10.40	36.66	13.10～43.20
		丹巴县	35	40.20	9.40	23.31	25.70～54.30
		九龙县	33	37.50	10.60	28.25	20.90～51.50
		雅江县	37	39.80	8.50	21.44	24.50～50.20
		道孚县	70	30.40	9.40	30.77	13.00～46.50
		炉霍县	51	33.40	10.00	29.83	19.00～49.30
		甘孜县	117	26.20	8.90	33.98	11.40～41.50
		新龙县	30	34.10	6.80	19.89	22.30～44.10
		德格县	51	29.50	8.50	28.73	18.50～45.40
		白玉县	35	32.80	9.00	27.29	22.40～48.20
		石渠县	51	26.10	10.00	38.46	13.60～45.90
		色达县	15	39.00	7.80	20.01	26.20～48.90
		理塘县	65	31.60	12.20	38.60	14.20～48.40
		巴塘县	44	36.50	10.90	29.91	21.70～54.40
		乡城县	29	38.30	9.90	25.87	21.90～51.80
		稻城县	44	34.20	10.40	30.30	22.00～51.60
		得荣县	381	25.60	8.00	31.36	11.10～34.70
	凉山彝族 自治州	西昌市	821	29.80	11.00	36.93	10.80～47.20
		会理市	806	24.70	12.10	48.90	8.50～48.50
		木里藏族自治县	51	39.90	9.20	22.92	24.80～53.40
		盐源县	1 014	27.60	10.60	38.18	12.50～47.80
		德昌县	335	28.90	9.40	32.41	14.20～45.90
		会东县	507	24.10	10.60	44.02	8.90～44.40
		宁南县	417	27.00	11.80	43.71	10.00～49.10
		普格县	297	25.10	9.90	39.39	11.50～41.30

省份 （垦区）	属地	下辖区域 （单位）	样本数 （个）	平均值 （g/kg）	标准差	变异系数 （%）	5%～95%范围 （g/kg）
四川省	凉山彝族 自治州	布拖县	412	35.40	11.40	32.34	14.10～52.20
		金阳县	123	30.40	11.30	37.19	12.60～50.40
		昭觉县	329	32.50	10.70	32.75	17.60～50.00
		喜德县	190	22.00	5.30	24.17	13.50～30.30
		冕宁县	423	31.00	13.20	42.60	6.50～51.40
		越西县	748	31.20	10.20	32.83	15.10～48.00
		甘洛县	20	25.40	12.20	48.00	8.90～45.80
		美姑县	658	25.70	10.00	38.73	11.20～44.90
		雷波县	689	27.90	10.60	38.05	10.70～45.80

县级土壤有机质

省份 （垦区）	属地	下辖区域 （单位）	样本数 （个）	平均值 （g/kg）	标准差	变异系数 （%）	5%～95%范围 （g/kg）
贵州省	贵阳市	花溪区	205	42.20	14.90	35.21	15.20～67.80
		乌当区	109	37.50	11.50	30.65	21.90～62.10
		白云区	43	38.90	13.00	33.44	23.70～64.90
		观山湖区	47	45.60	14.00	30.76	25.50～71.20
		开阳县	911	36.40	13.50	37.17	18.60～65.40
		息烽县	865	30.80	12.40	40.09	15.40～55.80
		修文县	790	37.00	13.80	37.24	15.30～61.90
		清镇市	573	40.90	13.80	33.65	20.90～67.50
	六盘水市	钟山区	67	45.60	17.70	38.83	20.80～74.50
		六枝特区	360	45.00	15.70	34.95	18.40～70.60
		水城区	496	44.50	16.10	36.15	20.50～71.50
		盘州市	172	40.00	16.90	42.19	13.00～72.00
	遵义市	红花岗区	74	28.30	9.80	34.53	14.40～46.80
		汇川区	69	27.80	16.40	58.95	6.60～66.30
		播州区	11	30.20	12.20	40.50	15.80～46.00
		桐梓县	145	33.80	15.90	46.95	12.00～65.10
		绥阳县	862	29.50	10.90	36.87	15.20～49.40
		正安县	110	28.50	9.60	33.55	16.60～44.60
		道真仡佬族苗族自治县	79	24.10	8.50	35.31	10.00～39.60
		务川仡佬族苗族自治县	27	38.90	15.40	39.58	20.00～66.30
		凤冈县	87	25.00	8.40	33.72	14.40～40.80
		湄潭县	86	32.10	10.50	32.73	18.20～55.20
		习水县	696	25.40	12.40	48.87	8.40～48.60
		仁怀市	82	30.60	12.20	39.90	12.10～53.10
	安顺市	西秀区	319	46.50	13.60	29.38	25.70～71.40
		平坝区	115	47.60	13.40	28.13	28.70～68.50
		普定县	119	47.70	13.20	27.74	27.60～69.60
		镇宁布依族苗族自治县	228	39.20	14.20	36.26	19.10～66.30
		关岭布依族苗族自治县	104	32.40	12.90	39.89	12.20～56.60
		紫云苗族布依族自治县	150	35.10	9.90	28.37	19.40～52.10
	毕节市	七星关区	115	40.30	15.10	37.39	17.30～66.00
		大方县	178	33.70	14.70	43.75	12.90～64.30
		金沙县	548	28.50	11.90	41.54	14.00～53.80
		纳雍县	124	42.30	12.50	29.53	24.80～67.60

（续）

省份 （垦区）	属地	下辖区域 （单位）	样本数 （个）	平均值 （g/kg）	标准差	变异系数 （%）	5%～95%范围 （g/kg）
贵州省	毕节市	赫章县	138	38.10	14.00	36.71	18.60～65.10
		黔西市	146	32.60	12.40	38.23	14.10～55.20
	铜仁市	碧江区	514	29.40	10.20	34.71	15.50～49.10
		万山区	61	31.20	8.20	26.38	18.60～42.40
		玉屏侗族自治县	67	30.10	9.50	31.59	16.60～47.40
		石阡县	599	24.80	9.00	36.07	13.20～41.20
		思南县	715	26.60	9.20	34.74	11.80～41.60
		印江土家族苗族自治县	338	25.10	9.60	38.16	11.80～44.00
		德江县	1 366	25.60	7.80	30.56	15.50～39.40
		沿河土家族自治县	26	18.90	7.20	37.85	12.00～34.30
		松桃苗族自治县	1 169	33.50	8.40	24.91	20.50～45.90
	黔西南布依族苗族自治州	兴义市	829	43.60	14.30	32.76	20.40～67.40
		兴仁市	420	41.30	12.80	31.06	24.50～66.40
		普安县	990	43.10	14.60	33.92	21.50～69.40
		晴隆县	39	52.60	14.60	27.72	33.60～74.30
		贞丰县	79	34.00	13.70	40.11	16.10～57.80
		望谟县	927	27.40	8.80	32.15	14.50～42.60
		册亨县	356	27.10	10.60	39.19	13.50～47.40
		安龙县	78	42.60	14.20	33.39	24.70～69.90
	黔东南苗族侗族自治州	凯里市	829	33.50	12.60	37.71	15.70～56.20
		黄平县	308	31.20	4.40	14.23	24.70～39.40
		施秉县	895	28.30	13.80	48.92	11.70～57.60
		三穗县	554	31.10	12.00	38.58	14.70～52.50
		镇远县	353	30.40	12.10	39.80	14.00～55.60
		岑巩县	771	28.30	10.00	35.45	14.80～47.20
		天柱县	404	26.90	8.40	31.24	16.30～41.60
		锦屏县	667	31.80	9.20	28.87	18.90～47.20
		剑河县	346	36.10	15.00	41.48	14.50～70.40
		台江县	667	39.80	15.40	38.59	19.40～69.30
		黎平县	383	40.80	12.10	29.70	24.40～66.40
		榕江县	509	31.90	10.60	33.30	16.30～49.50
		从江县	915	37.20	14.00	37.71	15.50～62.90
		麻江县	295	41.80	12.60	30.14	22.50～62.70

省份 （垦区）	属地	下辖区域 （单位）	样本数 （个）	平均值 （g/kg）	标准差	变异系数 （%）	5%～95%范围 （g/kg）
贵州省	黔东南苗族 侗族自治州	丹寨县	46	44.40	10.00	22.55	30.50～59.60
	黔南布依族 苗族自治州	都匀市	733	39.10	13.10	33.56	18.70～61.80
		福泉市	344	39.40	13.60	34.44	21.30～65.70
		荔波县	302	33.20	14.00	42.26	15.80～60.70
		贵定县	306	37.90	14.10	37.20	18.40～65.10
		瓮安县	190	37.10	11.70	31.57	22.20～58.90
		独山县	236	30.70	10.20	33.15	16.30～52.00
		平塘县	76	32.50	11.40	35.19	19.30～53.80
		罗甸县	628	29.50	9.10	30.66	16.30～45.90
		长顺县	415	34.00	10.30	30.35	19.30～53.90
		龙里县	50	38.40	12.70	33.06	21.80～59.70
		三都水族自治县	52	34.40	11.90	34.47	15.80～55.30

县级土壤有机质

省份（垦区）	属地	下辖区域（单位）	样本数（个）	平均值（g/kg）	标准差	变异系数（%）	5%~95%范围（g/kg）
云南省	昆明市	盘龙区	21	35.00	15.60	44.52	17.00~60.90
		官渡区	17	33.10	10.40	31.25	22.40~49.50
		西山区	205	41.40	14.30	34.67	20.00~67.90
		东川区	267	34.30	15.30	44.55	10.70~61.90
		呈贡区	12	36.70	14.60	39.79	22.60~62.50
		晋宁区	422	30.50	9.50	31.09	16.40~46.50
		富民县	177	39.50	13.40	34.02	19.60~62.80
		宜良县	64	30.80	12.20	39.74	16.10~53.00
		石林彝族自治县	1 334	26.70	11.50	42.99	9.50~47.80
		嵩明县	1 342	41.10	11.20	27.30	23.40~60.50
		禄劝彝族苗族自治县	406	36.10	14.00	38.77	16.30~66.00
		寻甸回族彝族自治县	138	38.50	13.40	34.69	15.40~60.60
		安宁市	170	34.70	11.50	33.25	19.10~56.90
	曲靖市	麒麟区	357	35.90	13.70	38.16	14.70~62.70
		沾益区	289	36.60	13.00	35.54	14.50~56.30
		马龙区	296	27.40	10.00	36.33	11.20~43.60
		陆良县	904	30.70	12.30	40.01	13.40~53.80
		师宗县	615	35.60	11.80	33.14	18.40~55.50
		罗平县	377	42.10	13.20	31.31	20.70~66.10
		富源县	384	43.90	14.00	31.84	22.50~68.90
		会泽县	694	35.80	13.70	38.39	16.10~61.40
		宣威市	601	42.30	14.20	33.59	20.20~66.50
	玉溪市	红塔区	213	34.20	10.70	31.42	15.70~51.50
		江川区	272	29.50	11.60	39.26	12.30~51.20
		通海县	751	38.70	15.10	39.02	14.80~64.40
		华宁县	392	23.50	11.10	47.44	6.70~44.20
		易门县	275	29.50	11.30	38.37	12.00~49.10
		峨山彝族自治县	933	24.50	10.40	42.63	9.50~43.60
		新平彝族傣族自治县	349	22.50	11.10	49.54	7.30~44.80
		元江哈尼族彝族傣族自治县	725	25.30	11.30	44.60	11.50~47.20
		澄江市	293	29.40	9.90	33.65	14.60~47.80
	保山市	隆阳区	1 351	29.90	13.30	44.34	11.00~53.00
		施甸县	271	28.60	14.30	49.96	10.50~60.80
		龙陵县	356	30.70	14.90	48.51	10.80~58.60

省份 （垦区）	属地	下辖区域 （单位）	样本数 （个）	平均值 （g/kg）	标准差	变异系数 （%）	5%～95%范围 （g/kg）
云南省	保山市	昌宁县	317	31.30	14.20	45.51	11.80～59.60
		腾冲市	477	44.60	15.00	33.56	20.80～68.90
	昭通市	昭阳区	893	30.60	13.70	44.72	11.80～59.50
		鲁甸县	908	29.90	14.60	48.98	11.40～60.90
		巧家县	554	35.10	15.10	43.00	11.90～61.90
		盐津县	272	25.90	10.50	40.64	11.80～45.90
		大关县	254	29.20	13.50	46.21	12.40～56.10
		永善县	373	30.80	13.50	43.86	14.30～60.10
		绥江县	343	20.60	10.20	49.68	9.00～37.10
		镇雄县	795	41.30	12.60	30.45	22.00～62.10
		彝良县	548	30.80	13.60	44.12	11.50～56.20
		威信县	609	35.40	12.10	34.11	17.80～58.40
		水富市	182	22.40	6.70	29.90	13.60～34.50
	丽江市	古城区	148	49.80	14.70	29.46	25.00～70.30
		玉龙纳西族自治县	390	40.90	15.90	38.97	15.70～68.70
		永胜县	754	32.00	16.60	51.75	7.60～62.00
		华坪县	452	24.90	12.00	48.02	7.20～47.90
		宁蒗彝族自治县	408	43.50	13.80	31.70	21.00～66.20
	普洱市	思茅区	460	22.40	8.10	36.00	12.10～35.50
		宁洱哈尼族彝族自治县	784	24.40	11.30	46.31	9.80～46.60
		墨江哈尼族自治县	759	24.70	10.00	40.54	10.70～42.80
		景东彝族自治县	610	31.50	13.90	44.24	11.90～58.70
		景谷傣族彝族自治县	797	19.70	8.70	44.27	8.00～35.90
		镇沅彝族哈尼族拉祜族 自治县	468	24.00	13.20	55.07	9.30～53.60
		江城哈尼族彝族自治县	575	21.00	9.90	47.20	7.50～38.30
		孟连傣族拉祜族佤族 自治县	454	30.40	11.10	36.60	11.50～48.70
		澜沧拉祜族自治县	1 213	32.90	14.00	42.52	13.80～59.90
		西盟佤族自治县	407	35.60	12.70	35.79	16.00～59.50
	临沧市	临翔区	438	32.90	12.30	37.46	13.80～55.10
		凤庆县	1 378	29.50	14.70	49.89	9.00～59.00
		云县	804	27.10	11.30	41.90	12.50～50.00

省份 （垦区）	属地	下辖区域 （单位）	样本数 （个）	平均值 （g/kg）	标准差	变异系数 （%）	5%～95%范围 （g/kg）
云南省	临沧市	永德县	406	32.80	12.80	38.97	14.80～55.50
		镇康县	679	33.50	14.30	42.78	10.90～58.00
		双江拉祜族佤族布朗族 傣族自治县	406	28.30	11.70	41.21	10.10～49.70
		耿马傣族佤族自治县	647	30.50	12.90	42.17	11.60～56.20
		沧源佤族自治县	256	34.40	13.70	39.90	15.40～60.00
	楚雄彝族 自治州	楚雄市	661	34.40	12.00	34.91	16.10～55.60
		禄丰市	1 019	28.60	13.10	45.90	8.90～52.90
		双柏县	222	27.20	12.10	44.61	10.10～48.60
		牟定县	245	31.50	13.30	42.15	10.10～54.40
		南华县	263	25.00	11.90	47.72	9.20～48.30
		姚安县	27	41.40	11.10	26.90	27.60～57.80
		大姚县	418	36.20	13.20	36.61	17.30～61.00
		永仁县	231	30.70	7.90	25.58	17.80～42.50
		元谋县	564	15.80	8.40	52.99	4.60～31.40
		武定县	638	32.80	13.00	39.47	14.10～56.00
	红河哈尼族 彝族自治州	个旧市	184	34.50	15.60	45.18	13.40～63.90
		开远市	504	29.50	13.90	47.25	10.40～56.40
		蒙自市	350	33.60	14.00	41.61	13.30～59.30
		弥勒市	1 327	26.90	12.50	46.60	8.80～50.20
		屏边苗族自治县	306	29.60	13.10	44.44	10.20～54.70
		建水县	607	24.50	11.80	48.26	8.60～46.90
		石屏县	251	32.90	12.90	39.15	12.70～55.80
		泸西县	370	34.40	14.40	41.97	15.40～63.70
		元阳县	317	33.40	13.10	39.22	12.20～56.30
		红河县	572	25.20	11.40	45.26	11.00～46.80
		金平苗族瑶族傣族自治县	426	28.70	12.30	42.84	11.00～51.40
		绿春县	46	36.70	12.70	34.53	19.40～60.80
		河口瑶族自治县	321	32.00	11.70	36.58	14.20～50.80
	文山壮族 苗族自治州	文山市	586	29.30	10.60	36.24	15.10～49.40
		砚山县	849	29.40	10.10	34.44	14.40～48.00
		西畴县	269	36.60	10.10	27.65	19.70～55.60
		麻栗坡县	279	26.60	9.60	35.91	11.50～43.10

（续）

省份 （垦区）	属地	下辖区域 （单位）	样本数 （个）	平均值 （g/kg）	标准差	变异系数 （%）	5%～95%范围 （g/kg）
云南省	文山壮族 苗族自治州	马关县	134	29.70	12.40	41.72	5.90～50.10
		丘北县	672	35.40	13.80	39.07	13.40～60.10
		广南县	494	30.90	12.00	38.94	15.00～52.90
		富宁县	873	28.00	10.10	35.93	13.00～45.60
	西双版纳傣 族自治州	景洪市	299	24.50	8.50	34.66	12.70～40.70
		勐海县	565	32.70	13.00	39.69	15.10～57.80
		勐腊县	57	20.10	9.00	44.89	10.90～35.30
	大理白族 自治州	大理市	420	52.90	11.80	22.36	34.40～71.80
		漾濞彝族自治县	155	33.40	15.90	47.74	11.30～61.50
		祥云县	257	37.20	12.40	33.20	19.00～58.20
		宾川县	72	31.10	16.20	52.08	11.60～62.50
		弥渡县	250	32.10	7.10	22.06	22.40～41.50
		南涧彝族自治县	247	33.10	14.40	43.38	13.00～58.20
		巍山彝族回族自治县	407	30.60	9.80	32.09	15.10～45.80
		永平县	230	34.30	14.40	42.09	12.70～61.10
		云龙县	183	34.40	15.60	45.29	11.50～62.80
		洱源县	459	47.00	15.10	32.15	21.00～71.50
		剑川县	214	40.70	16.20	39.74	17.40～68.60
		鹤庆县	198	47.50	15.80	33.35	21.20～69.70
	德宏傣族景 颇族自治州	瑞丽市	32	25.30	10.20	40.14	16.00～36.50
		芒市	292	23.10	9.20	39.73	11.30～39.10
		梁河县	38	25.60	10.10	39.40	14.20～42.00
		盈江县	400	24.40	12.10	49.50	11.20～52.00
		陇川县	56	27.30	11.70	43.01	14.60～53.80
	怒江傈僳族 自治州	泸水市	608	30.20	14.20	47.12	10.70～58.20
		福贡县	18	34.50	12.80	37.09	12.10～49.30
		贡山独龙族怒族自治县	10	50.40	12.10	23.96	30.70～64.00
		兰坪白族普米族自治县	118	42.00	14.00	33.27	13.70～61.80
	迪庆藏族 自治州	香格里拉市	272	46.40	17.50	37.73	14.00～70.40
		德钦县	87	48.30	17.70	36.68	13.80～72.20
		维西傈僳族自治县	360	42.30	14.60	34.55	20.60～66.80

县级土壤有机质

省份 （垦区）	属地	下辖区域 （单位）	样本数 （个）	平均值 （g/kg）	标准差	变异系数 （%）	5%～95%范围 （g/kg）
西藏 自治区	昌都市	卡若区	406	32.70	17.30	53.06	7.40～64.00
		江达县	59	43.90	14.50	33.03	19.70～64.60
		贡觉县	908	28.70	13.20	45.77	12.10～53.50
		丁青县	25	31.20	6.80	21.68	22.50～42.20
		察雅县	729	41.60	14.70	35.30	17.70～67.00
		八宿县	233	50.20	12.70	25.20	22.10～68.30
		左贡县	27	39.40	10.70	27.06	24.60～52.30
		芒康县	28	42.70	8.10	19.00	31.80～58.50
		洛隆县	641	43.60	14.40	33.00	18.10～66.40
		边坝县	421	42.40	13.00	30.77	23.50～65.60
	拉萨市	堆龙德庆区	233	27.30	7.10	25.98	16.80～39.20
		达孜区	253	26.80	7.10	26.50	15.70～38.20
		林周县	1 278	20.70	7.80	37.68	10.30～32.30
		尼木县	368	19.30	7.60	39.51	7.70～32.50
		曲水县	812	20.80	6.90	33.13	8.30～32.20
		墨竹工卡县	854	27.10	8.20	30.37	15.90～42.30
	林芝市	察隅县	11	32.50	10.50	32.29	21.00～49.80
	山南市	乃东区	13	26.60	10.60	39.92	17.40～46.10
		扎囊县	15	18.10	5.30	29.27	11.20～24.20
		贡嘎县	11	24.60	8.00	32.47	19.00～39.60
		桑日县	15	20.60	6.70	32.67	13.50～30.40
		琼结县	16	18.70	7.20	38.62	10.70～29.10
		隆子县	12	20.30	10.60	52.47	8.40～35.70
	日喀则市	江孜县	1 020	21.00	8.50	40.33	8.40～37.30
		白朗县	836	16.60	6.60	39.78	8.10～29.20

县级土壤有机质

省份 （垦区）	属地	下辖区域 （单位）	样本数 （个）	平均值 （g/kg）	标准差	变异系数 （%）	5%~95%范围 （g/kg）
陕西省	西安市	周至县	436	18.93	4.02	21.23	12.20~25.30
		鄠邑区	246	19.36	3.84	19.86	13.50~26.10
		蓝田县	416	16.91	3.19	18.87	11.40~21.90
		长安区	141	24.56	4.37	17.80	17.20~31.40
		阎良区	153	19.62	4.32	22.00	13.00~26.80
		高陵区	105	22.29	5.73	25.69	14.20~30.70
		灞桥区	30	17.78	4.45	25.02	12.70~25.90
	铜川市	印台区	110	16.94	4.96	29.30	9.70~27.50
		宜君县	219	16.35	4.96	30.33	9.60~26.50
		耀州区	233	15.00	4.40	29.35	8.60~21.90
		王益区	28	13.44	5.31	39.53	4.80~20.50
	宝鸡市	凤县	30	19.30	5.29	27.43	11.80~28.00
		凤翔区	80	18.50	3.33	18.02	14.10~23.30
		千阳县	641	14.98	3.28	21.91	9.70~20.40
		太白县	34	18.79	5.42	28.87	11.60~28.30
		岐山县	202	16.50	3.85	23.31	10.60~23.30
		扶风县	233	21.12	4.12	19.51	14.90~28.30
		渭滨区	77	14.65	4.20	28.66	7.70~21.70
		眉县	49	15.30	3.72	24.30	9.20~21.50
		金台区	249	17.26	4.06	23.53	9.50~22.80
		陇县	100	17.87	4.88	27.33	10.50~26.60
		麟游县	383	13.11	6.66	50.79	2.10~22.50
	咸阳市	三原县	220	16.59	5.01	30.18	9.60~26.10
		乾县	290	16.04	4.30	26.80	9.60~22.30
		兴平市	220	21.42	3.97	18.53	15.20~27.70
		旬邑县	2 054	13.61	1.89	13.86	10.30~16.50
		武功县	738	14.91	4.22	28.28	10.90~24.30
		永寿县	340	13.70	2.82	20.61	9.60~18.30
		泾阳县	281	19.39	4.76	24.55	12.40~28.00
		淳化县	324	14.20	3.21	22.59	9.40~19.30
		礼泉县	855	11.97	4.16	34.81	5.80~19.20
		秦都区	631	13.43	3.73	27.79	8.90~20.40
		长武县	169	14.92	2.46	16.48	10.40~18.30
		彬州市	550	13.63	2.26	16.54	10.40~17.80

省份（垦区）	属地	下辖区域（单位）	样本数（个）	平均值（g/kg）	标准差	变异系数（%）	5%～95%范围（g/kg）
陕西省	咸阳市	杨凌区	21	21.45	5.32	24.80	14.60～29.10
	渭南市	临渭区	593	16.90	4.16	24.63	10.60～23.40
		华阴市	100	18.35	5.50	29.96	10.90～27.40
		合阳县	418	15.00	3.34	22.26	9.10～20.40
		大荔县	893	13.33	4.14	31.07	7.90～20.90
		富平县	471	19.49	5.55	28.49	10.40～29.30
		潼关县	202	16.38	5.10	31.13	9.00～26.00
		澄城县	1 100	15.33	4.21	27.43	8.90～22.80
		白水县	1 117	14.58	3.73	25.57	8.40～20.80
		蒲城县	913	14.88	4.17	28.02	10.10～22.50
		韩城市	351	20.96	6.09	29.08	10.70～31.00
		华州区	304	18.36	4.77	25.87	10.90～25.50
	延安市	吴起县	326	7.99	2.93	36.73	3.60～13.00
		子长市	161	8.69	3.02	34.77	4.40～14.10
		安塞区	177	8.82	3.21	36.40	4.50～14.30
		宜川县	132	9.43	3.47	36.85	5.10～16.20
		宝塔区	360	9.70	4.25	43.80	4.20～16.90
		富县	176	11.50	2.85	24.79	7.70～16.60
		延川县	201	8.60	3.55	41.23	4.40～13.80
		延长县	303	8.72	2.78	31.84	4.50～13.00
		志丹县	85	7.24	1.09	15.08	5.70～9.20
		洛川县	1 265	12.58	2.31	18.34	8.90～16.30
		黄陵县	496	13.20	1.87	14.19	10.50～16.30
		黄龙县	109	17.71	6.61	37.29	6.30～28.30
	汉中市	佛坪县	34	25.12	7.25	28.84	13.10～33.90
		勉县	494	20.60	5.62	27.30	10.80～29.70
		南郑区	374	22.31	7.28	32.65	11.00～33.10
		城固县	768	23.14	5.30	22.91	15.00～31.60
		宁强县	228	19.76	5.42	27.41	11.20～28.40
		汉台区	105	26.24	4.44	16.93	19.40～34.10
		洋县	358	18.88	6.19	32.77	9.80～29.50
		留坝县	51	22.67	5.61	24.77	14.20～32.10
		略阳县	269	17.38	6.04	34.76	7.90～27.50

省份 （垦区）	属地	下辖区域 （单位）	样本数 （个）	平均值 （g/kg）	标准差	变异系数 （%）	5%～95%范围 （g/kg）
陕西省	汉中市	西乡县	451	23.98	6.73	28.05	12.30～33.00
		镇巴县	296	21.73	6.41	29.49	10.50～31.70
	榆林市	榆阳区	187	10.07	5.94	59.00	2.50～21.20
		神木市	115	11.03	5.85	53.06	5.20～21.10
		靖边县	179	10.93	3.99	36.50	5.30～18.60
		清涧县	85	7.48	3.62	48.45	2.80～14.30
	安康市	岚皋县	30	24.01	5.79	24.12	15.90～34.10
		平利县	54	23.04	5.91	25.65	14.30～31.80
		旬阳市	645	17.04	6.16	36.16	8.40～28.50
		汉滨区	402	17.12	6.48	37.88	7.80～28.30
		汉阴县	70	22.90	4.99	21.80	14.70～30.50
		白河县	54	17.18	5.90	34.36	6.70～27.10
		石泉县	34	20.98	7.29	34.72	10.80～33.90
		宁陕县	33	25.65	7.61	29.68	12.50～34.50
		镇坪县	34	28.57	6.26	21.90	23.60～35.80
		紫阳县	76	21.19	7.21	34.02	11.30～33.80
	商洛市	丹凤县	145	15.41	7.61	49.39	2.40～28.50
		商南县	125	16.00	5.96	37.29	6.80～24.10
		商州区	280	19.32	5.41	28.01	10.00～28.60
		山阳县	350	17.79	5.32	29.92	9.00～27.80
		柞水县	84	20.80	6.81	32.72	10.00～32.70
		洛南县	374	17.28	5.03	29.12	9.50～26.60
		镇安县	208	20.03	5.60	27.96	9.60～29.20

县级土壤有机质

省份 （垦区）	属地	下辖区域 （单位）	样本数 （个）	平均值 （g/kg）	标准差	变异系数 （%）	5%～95%范围 （g/kg）
甘肃省	兰州市	市辖区	910	14.69	4.93	33.56	7.90～22.80
		榆中县	639	14.65	4.39	29.93	7.70～22.30
		永登县	720	20.02	6.83	34.15	8.90～32.60
		皋兰县	840	17.45	4.78	27.36	6.10～24.00
		红古区	29	20.47	4.96	24.24	12.10～28.60
		七里河区	32	19.57	7.46	38.12	9.70～33.50
		西固区	30	20.15	6.34	31.47	8.00～27.90
	嘉峪关市	市辖区	230	15.01	4.64	30.95	9.30～22.50
	金昌市	永昌县	1 120	21.57	5.98	27.75	11.40～31.50
		金川区	467	13.88	4.20	30.27	8.00～20.50
	白银市	会宁县	1 564	12.90	2.94	22.78	8.60～17.80
		平川区	255	15.86	6.28	39.62	8.10～28.50
		景泰县	262	16.07	5.54	34.46	7.40～25.70
		靖远县	844	14.14	5.51	38.93	6.40～23.70
		白银区	56	17.48	5.06	28.96	11.00～24.80
	天水市	张家川回族自治县	2 608	17.17	4.92	28.67	9.20～25.10
		武山县	1 005	15.05	4.72	31.36	9.00～24.60
		清水县	854	15.40	4.28	27.82	9.40～23.10
		甘谷县	764	10.55	2.97	28.13	7.40～16.90
		秦安县	977	13.29	3.58	26.98	7.40～19.20
		秦州区	161	13.21	2.98	22.59	8.10～17.70
		麦积区	776	12.38	3.94	31.84	6.80～19.00
	武威市	凉州区	1 284	18.85	6.53	34.66	8.00～29.60
		古浪县	611	15.14	6.08	40.16	6.90～26.20
		天祝藏族自治县	91	27.51	5.44	19.79	18.50～36.00
		民勤县	640	11.04	2.96	26.82	7.10～16.50
	张掖市	临泽县	887	16.19	4.44	27.39	9.90～24.10
		山丹县	298	20.44	5.95	29.09	10.30～29.60
		肃南县	745	21.55	11.90	55.22	6.60～39.40
		民乐县	1 204	18.62	6.34	34.06	10.30～30.50
		甘州区	1 079	18.68	4.36	23.36	11.80～25.40
		高台县	1 548	15.41	4.85	31.49	7.10～24.20
	平凉市	华亭市	280	20.16	6.80	33.71	8.70～30.00
		崆峒区	1 007	14.30	4.97	34.73	7.20～23.20

省份 （垦区）	属地	下辖区域 （单位）	样本数 （个）	平均值 （g/kg）	标准差	变异系数 （%）	5%～95%范围 （g/kg）
甘肃省	平凉市	崇信县	33	16.25	3.56	21.90	11.10～23.70
		庄浪县	1 976	16.98	5.82	34.30	10.10～28.80
		泾川县	555	13.12	2.90	22.13	8.00～18.00
		灵台县	85	17.13	3.74	21.82	10.70～23.60
		静宁县	621	14.27	3.96	27.75	7.80～20.50
	酒泉市	瓜州县	472	12.13	4.66	38.45	6.60～21.60
		市辖区	207	15.45	5.69	36.85	7.60～25.10
		敦煌市	967	9.72	2.73	28.05	5.80～14.60
		玉门市	108	13.67	6.16	45.07	6.10～24.40
		肃州区	675	16.89	3.92	23.18	11.30～24.30
		金塔县	833	11.11	2.98	26.78	6.40～16.00
	庆阳市	华池县	820	10.06	4.75	47.26	5.10～16.60
		合水县	458	13.02	2.76	21.24	8.70～17.60
		宁县	416	14.92	2.95	19.80	10.20～19.40
		庆城县	937	11.12	3.02	27.13	6.70～16.00
		正宁县	323	14.65	3.34	22.81	10.20～20.40
		环县	1 310	10.27	4.11	40.01	4.60～17.90
		西峰区	560	14.87	2.47	16.63	11.00～18.40
		镇原县	1 418	12.91	3.02	23.40	8.10～18.10
	定西市	临洮县	994	18.38	6.48	35.28	9.10～31.20
		安定区	1 566	12.17	2.93	24.11	8.40～17.20
		岷县	920	27.13	7.73	28.49	14.00～38.40
		渭源县	803	18.65	6.68	35.80	9.80～30.90
		漳县	392	23.00	8.24	35.82	10.70～38.10
		通渭县	1 439	15.90	5.81	36.53	8.40～26.60
		陇西县	1 100	14.68	5.00	34.09	7.10～22.60
	陇南市	康县	66	16.47	4.97	30.17	8.30～24.60
		徽县	663	16.38	3.47	21.20	10.80～22.20
		成县	610	14.83	4.58	30.92	9.30～23.10
		文县	353	20.77	6.81	32.79	11.10～32.70
		武都区	737	17.41	7.23	41.55	7.30～32.40
		礼县	1 233	15.44	5.30	34.32	8.10～25.20
		西和县	404	18.31	5.79	31.64	8.10～25.90

省份（垦区）	属地	下辖区域（单位）	样本数（个）	平均值（g/kg）	标准差	变异系数（%）	5%～95%范围（g/kg）
甘肃省	陇南市	宕昌县	125	20.02	6.72	33.57	9.20～32.20
		两当县	60	14.46	4.38	30.32	6.40～20.70
	临夏回族自治州	临夏县	647	20.39	7.25	35.54	8.50～32.30
		和政县	256	22.63	8.13	35.92	8.20～36.10
		广河县	155	16.39	5.99	36.57	6.80～26.10
		康乐县	290	20.53	7.00	34.08	10.70～33.90
		永靖县	620	11.65	5.84	50.08	4.30～22.50
		积石山保安族东乡族撒拉族自治县	577	14.67	6.25	42.44	6.60～27.20
		东乡县	332	12.21	5.44	44.59	4.70～22.30
		临夏市	43	19.07	5.84	30.64	10.50～28.40
	甘南藏族自治州	临潭县	192	24.62	6.88	27.93	14.10～35.90
		卓尼县	128	24.14	6.73	27.86	11.70～34.60
		合作市	232	30.04	5.83	19.41	19.70～37.60
		舟曲县	136	25.74	8.09	31.42	11.20～37.40
		迭部县	76	29.44	6.42	21.80	20.00～38.00
		碌曲县	36	31.56	5.84	18.52	23.00～38.10
		夏河县	120	26.52	7.22	27.22	16.10～38.00
	农场	山丹马场	447	34.88	4.31	12.36	25.80～38.60

县级土壤有机质

省份 （垦区）	属地	下辖区域 （单位）	样本数 （个）	平均值 （g/kg）	标准差	变异系数 （%）	5%～95%范围 （g/kg）
青海省	西宁市	大通回族土族自治县	1 187	27.04	9.50	35.14	12.70～44.60
		湟中区	1 152	24.71	7.81	31.63	13.00～39.90
		湟源县	500	27.20	10.05	36.94	14.90～50.60
		城北区	340	19.29	5.99	31.03	11.90～29.10
	海东市	乐都区	843	20.10	7.31	36.36	10.60～34.90
		互助土族自治县	1 054	23.25	7.28	31.30	12.60～37.10
		化隆回族自治县	159	22.41	11.32	50.52	5.50～41.50
		平安区	118	20.01	8.72	43.55	7.80～38.60
		循化撒拉族自治县	546	17.42	4.52	25.94	12.30～24.40
		民和回族土族自治县	1 131	16.50	7.23	43.80	7.70～29.50
	海北藏族 自治州	刚察县	45	32.37	6.94	21.44	19.70～41.90
		海晏县	30	30.04	6.75	22.45	20.60～37.80
		祁连县	16	39.10	12.62	32.26	21.80～52.20
		门源回族自治县	578	36.19	11.48	31.71	14.50～51.20
	黄南藏族 自治州	同仁市	210	19.54	7.32	37.45	9.40～30.00
		尖扎县	40	15.33	8.92	58.22	3.40～30.50
	海南藏族 自治州	共和县	176	17.43	8.54	49.00	7.10～33.40
		同德县	659	37.74	11.30	29.94	17.00～53.60
		贵德县	408	18.50	6.88	37.21	9.20～30.20
		贵南县	457	23.98	11.87	49.51	5.10～42.20
	海西蒙古族 藏族自治州	乌兰县	209	17.46	8.19	46.90	7.10～34.80
		德令哈市	222	20.57	8.08	39.27	9.40～36.30
		格尔木市	267	12.89	8.20	63.59	2.50～27.80
		都兰县	360	16.82	5.17	30.76	9.00～24.60

县级土壤有机质

省份 （垦区）	属地	下辖区域 （单位）	样本数 （个）	平均值 （g/kg）	标准差	变异系数 （%）	5%～95%范围 （g/kg）
宁夏回族 自治区	银川市	兴庆区	481	13.93	6.12	43.95	4.00～24.40
		永宁县	209	13.74	4.58	33.32	6.70～20.20
		灵武市	406	14.95	4.63	30.98	6.60～22.30
		西夏区	75	14.12	4.15	29.37	7.30～20.80
		金凤区	66	11.62	5.41	46.50	5.80～23.90
	石嘴山市	平罗县	364	16.10	3.95	24.52	9.60～22.40
		惠农区	38	14.40	3.57	24.83	8.50～18.80
	吴忠市	利通区	439	15.28	5.46	35.76	6.50～24.10
		同心县	647	9.61	3.08	32.05	5.50～15.00
		盐池县	539	7.65	3.33	43.55	3.40～14.40
		青铜峡市	1 381	14.85	4.14	27.86	7.20～21.70
		红寺堡区	472	6.80	2.03	29.79	4.00～10.20
	固原市	原州区	1 168	16.11	4.50	27.96	9.50～24.00
		彭阳县	475	12.69	3.61	28.41	7.00～18.60
		隆德县	516	17.09	4.41	25.79	10.40～24.80
	中卫市	中宁县	565	11.56	4.58	39.65	4.70～20.60
		沙坡头区	475	15.20	5.13	33.77	6.50～23.40
		海原县	596	12.72	4.25	33.42	6.30～20.10

县级土壤有机质

省份 （垦区）	属地	下辖区域 （单位）	样本数 （个）	平均值 （g/kg）	标准差	变异系数 （%）	5%～95%范围 （g/kg）
新疆维吾尔自治区	乌鲁木齐市	乌鲁木齐县	90	23.49	6.69	28.46	13.40～34.50
		达坂城区	118	24.13	8.80	36.46	13.20～42.90
		高新区	76	23.09	7.87	34.09	14.20～40.00
		米东区	694	27.34	5.97	21.82	15.10～35.50
		天山区	21	22.80	14.69	64.42	8.40～43.40
	克拉玛依市	克拉玛依区	39	10.22	4.40	43.05	4.60～18.40
	吐鲁番市	高昌区	433	14.27	6.72	47.09	6.00～26.70
		鄯善县	77	14.04	5.69	40.53	6.70～23.70
		托克逊县	419	15.38	10.28	66.83	3.20～37.70
	哈密市	巴里坤哈萨克自治县	1 984	19.82	5.93	29.90	10.90～31.60
		伊吾县	306	23.06	7.07	30.64	12.10～34.60
		伊州区	706	14.82	6.70	45.28	6.50～27.70
	昌吉回族自治州	吉木萨尔县	620	21.61	5.81	26.89	11.70～31.30
		呼图壁县	488	14.94	6.07	40.64	7.20～27.90
		奇台县	1 429	19.17	7.58	39.55	8.20～32.70
		昌吉市	1 371	14.92	4.21	28.24	8.40～22.10
		木垒哈萨克自治县	862	14.44	4.85	33.61	7.30～23.40
		玛纳斯县	620	19.05	8.04	42.20	7.70～34.20
		阜康市	541	16.40	7.93	48.34	5.40～30.20
	博尔塔拉蒙古自治州	博乐市	397	20.49	6.15	30.03	12.50～32.40
		温泉县	959	20.47	4.22	20.62	14.80～27.80
		精河县	292	19.63	9.45	48.14	7.40～37.80
	巴音郭楞蒙古自治州	且末县	128	8.31	2.41	29.05	3.90～11.60
		博湖县	151	17.23	7.24	42.00	5.40～30.20
		和硕县	171	14.47	6.05	41.81	6.40～25.40
		和静县	896	18.61	5.29	28.43	8.60～26.90
		尉犁县	1 314	11.51	4.29	37.32	5.10～18.70
		库尔勒市	705	12.74	6.87	53.91	4.40～26.40
		焉耆回族自治县	609	20.63	6.25	30.28	10.90～31.90
		若羌县	191	13.20	4.68	35.46	6.70～22.80
		轮台县	589	11.26	6.28	55.76	4.10～23.50
	阿克苏地区	阿克苏市	179	13.66	5.14	37.66	5.80～23.00
		阿瓦提县	166	11.59	4.31	37.18	5.90～18.40
		拜城县	144	15.36	6.16	40.08	7.40～27.40

省份 （垦区）	属地	下辖区域 （单位）	样本数 （个）	平均值 （g/kg）	标准差	变异系数 （%）	5%～95%范围 （g/kg）
新疆维吾尔自治区	阿克苏地区	柯坪县	39	11.45	5.75	50.20	4.20～21.80
		库车市	160	13.52	4.35	32.20	7.00～20.10
		沙雅县	150	11.12	4.60	41.34	5.00～17.80
		温宿县	165	13.59	5.95	43.80	5.80～24.70
		乌什县	97	17.03	6.49	38.09	9.00～24.70
		新和县	81	11.13	4.49	40.37	6.20～20.80
	喀什地区	伽师县	770	12.11	4.97	41.03	5.20～20.70
		叶城县	342	10.01	3.94	39.41	4.40～17.30
		喀什市	146	14.17	5.37	37.88	5.80～21.90
		塔什库尔干塔吉克自治县	21	22.16	8.67	43.33	10.80～34.60
		岳普湖县	156	13.62	3.74	27.43	7.70～19.30
		巴楚县	713	12.05	3.73	30.96	5.90～18.50
		泽普县	190	12.90	4.79	37.13	7.20～20.20
		疏勒县	302	14.23	3.97	27.94	7.50～20.50
		疏附县	187	16.23	4.67	28.75	8.90～24.10
		英吉沙县	135	16.02	4.72	29.44	8.60～23.60
		莎车县	900	11.71	3.95	33.77	5.30～18.00
		麦盖提县	273	10.83	2.96	27.34	6.40～15.80
	和田地区	洛浦县	43	10.36	4.57	44.10	4.90～18.40
	伊犁哈萨克自治州	伊宁县	1 500	19.33	4.92	25.43	11.10～27.00
		伊宁市	426	16.59	9.35	56.36	7.00～25.70
		奎屯市	28	18.55	11.89	64.13	8.20～41.90
		察布查尔锡伯自治县	866	21.90	6.92	31.60	12.10～34.70
		尼勒克县	1 007	18.39	11.07	60.21	2.20～36.80
		巩留县	1 057	18.28	7.70	42.13	10.70～35.60
		新源县	354	28.54	11.56	40.50	11.80～47.10
		昭苏县	803	18.36	10.03	54.63	9.00～46.90
		特克斯县	606	22.86	15.47	67.70	2.40～47.30
		霍城县	164	15.81	5.69	35.96	8.00～23.80
		霍尔果斯市	19	14.88	4.67	31.38	7.80～20.90
	塔城地区	乌苏市	239	15.55	8.11	52.16	4.80～30.10
		和布克赛尔蒙古自治县	10	20.32	7.56	37.18	7.20～31.50
		塔城市	1 431	17.31	5.82	33.65	9.10～29.00

省份 （垦区）	属地	下辖区域 （单位）	样本数 （个）	平均值 （g/kg）	标准差	变异系数 （%）	5%～95%范围 （g/kg）
新疆维吾尔自治区	塔城地区	沙湾市	350	13.10	5.10	38.92	5.70～22.20
		额敏县	225	21.21	7.01	33.06	12.70～35.20
	阿勒泰地区	吉木乃县	290	14.06	6.03	42.88	7.90～24.20
		哈巴河县	324	11.45	4.93	43.06	5.10～20.70
		富蕴县	305	10.66	2.14	20.08	6.60～13.60
		布尔津县	308	11.51	3.41	29.59	6.90～18.10
		福海县	588	12.36	6.07	49.08	4.00～23.10
		阿勒泰市	70	12.97	6.85	52.79	4.30～25.20

二、全氮

区域土壤全氮

地区	样本数 （个）	平均值 （g/kg）	标准差	变异系数 （%）	5%～95%范围 （g/kg）
全国	1 439 203	1.364	0.764	55.98	0.404～2.755
华北区	383 786	1.119	0.566	50.55	0.388～2.049
东北区	411 273	1.787	1.068	59.77	0.530～3.890
华东区	210 386	1.382	0.705	51.02	0.160～2.600
华南区	131 940	1.533	0.643	41.94	0.520～2.670
西南区	168 349	1.394	0.665	47.72	0.300～2.610
西北区	133 469	1.034	0.543	52.52	0.392～1.920

省级土壤全氮

省份	样本数 （个）	平均值 （g/kg）	标准差	变异系数 （%）	5%～95%范围 （g/kg）
北京市	11 996	1.293	0.563	43.53	0.586～2.430
天津市	8 192	1.066	0.386	36.21	0.156～1.663
河北省	81 057	1.034	0.359	34.69	0.480～1.668
山西省	41 381	0.861	0.344	39.96	0.390～1.536
内蒙古自治区	79 023	1.409	0.963	68.32	0.390～3.351
辽宁省	46 845	1.237	0.541	43.69	0.610～2.200
吉林省	85 725	1.514	0.519	34.29	0.570～2.440
黑龙江省	278 703	2.437	1.135	46.57	1.120～4.924
上海市	1 363	1.866	0.749	40.11	0.780～3.200
江苏省	60 516	1.307	0.752	57.54	0.116～2.500
浙江省	51 865	1.626	0.867	53.29	0.184～3.080
安徽省	75 027	1.261	0.439	34.80	0.600～2.051
福建省	5 545	1.153	0.540	46.84	0.180～2.115
江西省	16 070	1.480	0.759	51.26	0.166～2.750
山东省	101 465	1.065	0.342	32.09	0.540～1.653
河南省	60 672	1.093	0.330	30.20	0.590～1.690
湖北省	39 711	1.300	0.538	41.36	0.367～2.250
湖南省	43 334	1.746	0.580	33.21	0.830～2.703
广东省	29 995	1.374	0.520	37.84	0.530～2.263
广西壮族自治区	15 971	1.699	0.683	40.21	0.717～3.040
海南省	2 929	0.908	0.556	61.28	0.094～1.970
重庆市	21 369	1.198	0.499	41.67	0.224～2.099
四川省	80 916	1.274	0.573	45.00	0.257～2.317
贵州省	28 870	1.942	0.640	32.93	1.004～3.150
云南省	31 940	1.667	0.796	47.73	0.242～3.120
西藏自治区	5 254	1.634	0.753	46.08	0.670～3.180
陕西省	26 871	1.015	0.401	39.53	0.420～1.825
甘肃省	53 343	0.959	0.359	37.39	0.450～1.630
青海省	10 707	1.646	0.686	41.66	0.750～3.003
宁夏回族自治区	8 912	0.783	0.313	39.92	0.302～1.310
新疆维吾尔自治区	33 636	1.014	0.693	68.34	0.292～2.048

地市级土壤全氮

省份 （垦区）	下辖区域 （单位）	样本数 （个）	平均值 （g/kg）	标准差	变异系数 （%）	5%～95%范围 （g/kg）
北京市	市辖区	11 996	1.293	0.563	43.53	0.586～2.430
天津市	市辖区	8 192	1.066	0.386	36.21	0.156～1.663
河北省	石家庄市	10 431	1.231	0.352	28.57	0.620～1.800
	唐山市	6 429	0.984	0.336	34.17	0.470～1.580
	秦皇岛市	2 279	1.031	0.422	40.89	0.459～1.870
	邯郸市	9 065	1.050	0.313	29.85	0.600～1.637
	邢台市	8 617	0.999	0.372	37.27	0.430～1.640
	保定市	10 636	0.993	0.346	34.86	0.429～1.571
	张家口市	7 376	1.016	0.426	42.11	0.733～1.356
	承德市	5 568	1.079	0.351	32.51	0.610～1.751
	沧州市	8 617	0.960	0.266	27.69	0.548～1.394
	廊坊市	6 040	0.953	0.351	36.82	0.390～1.550
	衡水市	5 999	1.040	0.382	36.73	0.430～1.709
山西省	太原市	4 166	0.919	0.324	35.32	0.480～1.549
	阳泉市	1 342	1.251	0.372	29.74	0.700～1.759
	长治市	5 446	0.940	0.298	31.75	0.510～1.500
	晋城市	1 762	1.327	0.308	23.24	0.850～1.850
	朔州市	2 617	0.622	0.176	28.29	0.389～0.935
	晋中市	1 317	1.077	0.301	27.95	0.538～1.558
	运城市	9 859	0.861	0.334	38.81	0.380～1.494
	忻州市	8 132	0.717	0.291	40.50	0.324～1.249
	临汾市	3 156	0.858	0.349	40.68	0.403～1.540
	吕梁市	3 584	0.792	0.298	37.58	0.392～1.383
内蒙古自治区	呼和浩特市	3 472	0.801	0.549	68.52	0.122～1.870
	包头市	5 551	0.972	0.412	42.35	0.450～1.700
	赤峰市	13 077	0.914	0.425	46.53	0.360～1.670
	通辽市	9 995	0.847	0.413	48.76	0.325～1.639
	鄂尔多斯市	2 488	0.664	0.338	50.84	0.273～1.249
	呼伦贝尔市	14 729	2.706	0.923	34.12	1.331～4.413
	巴彦淖尔市	7 326	0.846	0.363	42.87	0.380～1.400
	乌兰察布市	8 218	1.121	0.470	41.98	0.513～1.940
	兴安盟	10 655	1.995	0.857	42.97	0.645～3.501

（续）

省份（垦区）	下辖区域（单位）	样本数（个）	平均值（g/kg）	标准差	变异系数（%）	5%～95%范围（g/kg）
内蒙古自治区	锡林郭勒盟	2 630	1.517	0.749	49.41	0.580～2.913
	阿拉善盟	882	0.561	0.180	32.07	0.320～0.886
辽宁省	沈阳市	3 558	1.201	0.363	30.26	0.620～1.748
	大连市	4 554	1.303	0.559	42.90	0.700～2.221
	鞍山市	1 464	1.080	0.285	26.41	0.630～1.607
	抚顺市	2 493	1.914	0.871	45.50	0.970～3.694
	本溪市	2 460	1.788	0.700	39.14	0.910～3.148
	丹东市	3 329	1.561	0.563	36.06	0.810～2.560
	锦州市	3 908	1.072	0.434	40.46	0.510～1.930
	营口市	1 657	1.458	0.368	25.21	1.050～2.089
	阜新市	2 749	0.720	0.223	30.95	0.431～1.180
	辽阳市	3 768	1.052	0.189	17.92	0.830～1.350
	盘锦市	1 960	1.278	0.551	43.08	0.620～2.030
	铁岭市	5 499	1.238	0.365	29.52	0.820～1.890
	朝阳市	6 204	1.061	0.305	28.76	0.590～1.560
	葫芦岛市	3 242	1.101	0.395	35.91	0.630～1.750
吉林省	白城市	16 322	1.442	0.642	44.57	0.560～2.481
	白山市	2 842	1.790	0.308	17.19	1.372～2.320
	长春市	15 770	1.544	0.369	23.93	0.950～2.124
	吉林市	6 829	2.041	0.395	19.35	1.355～2.726
	辽源市	12 425	1.724	0.357	20.71	1.270～2.450
	四平市	14 034	1.112	0.384	34.48	0.524～1.756
	松原市	1 591	2.003	0.456	22.76	1.250～2.640
	通化市	8 668	1.837	0.517	28.13	1.138～2.718
	延边朝鲜族自治州	7 244	1.966	0.484	24.62	1.110～2.780
黑龙江省	哈尔滨市	21 232	4.957	0.772	15.57	3.940～6.010
	齐齐哈尔市	20 045	1.779	0.990	55.69	1.110～3.560
	鸡西市	18 917	1.346	0.719	53.37	0.599～1.992
	大庆市	10 494	1.205	0.373	30.96	0.588～1.755
	佳木斯市	31 004	1.421	0.327	22.98	0.981～2.000
	伊春市	2 382	2.160	0.100	2.44	2.130～2.250
	黑河市	20 336	2.896	0.751	25.92	1.691～4.190
	绥化市	28 355	1.606	0.519	32.28	1.000～2.420

省份 （垦区）	下辖区域 （单位）	样本数 （个）	平均值 （g/kg）	标准差	变异系数 （%）	5%～95%范围 （g/kg）
黑龙江省	大兴安岭地区	460	2.808	1.132	40.30	1.378～4.984
北大荒农垦集团 有限公司	宝泉岭分公司	45 860	1.109	0.368	33.18	0.763～1.644
	北安分公司	11 139	2.583	0.937	36.29	1.200～4.200
	红兴隆分公司	34 997	2.274	0.734	32.26	1.360～3.732
	建三江分公司	26 936	2.146	0.643	29.95	1.202～3.160
	九三分公司	14 141	2.530	0.578	22.86	1.621～3.559
	牡丹江分公司	27 708	2.191	0.787	35.93	1.310～3.360
	绥化分公司	5 971	2.568	0.845	32.89	1.560～3.957
上海市	市辖区	1 363	1.815	0.827	45.58	0.236～3.210
江苏省	南京市	4 806	1.395	0.582	41.69	0.170～2.270
	无锡市	2 549	1.639	0.712	43.45	0.183～2.680
	徐州市	6 851	1.117	0.713	63.84	0.098～2.230
	常州市	3 136	1.094	0.847	77.44	0.103～2.395
	苏州市	4 022	1.472	0.879	59.74	0.149～2.780
	南通市	6 369	1.264	0.507	40.15	0.125～2.100
	连云港市	3 620	1.420	0.799	56.28	0.176～2.758
	淮安市	5 984	1.351	0.757	56.03	0.112～2.499
	盐城市	7 642	1.144	0.565	49.42	0.136～2.100
	扬州市	2 920	2.023	0.485	23.99	1.245～2.810
	镇江市	3 325	1.681	0.732	43.54	0.165～2.830
	泰州市	4 373	1.305	0.787	60.30	0.098～2.462
	宿迁市	4 919	0.813	0.805	98.95	0.083～2.280
浙江省	杭州市	5 063	1.625	0.799	49.15	0.190～2.920
	宁波市	5 439	1.837	1.023	55.70	0.186～3.682
	温州市	3 800	1.604	0.827	51.58	0.167～2.890
	嘉兴市	5 909	1.675	0.883	52.76	0.164～2.974
	湖州市	6 901	1.474	0.921	62.51	0.146～2.900
	绍兴市	6 037	2.073	0.747	36.02	0.400～3.200
	金华市	5 094	1.080	0.588	54.41	0.367～2.161
	衢州市	5 102	1.506	0.577	38.33	0.800～2.560
	舟山市	269	1.590	0.536	33.69	0.800～2.436
	台州市	3 803	1.694	0.663	39.13	0.605～2.850
	丽水市	4 448	1.671	1.070	64.00	0.140～3.400

省份 （垦区）	下辖区域 （单位）	样本数 （个）	平均值 （g/kg）	标准差	变异系数 （%）	5%～95%范围 （g/kg）
安徽省	合肥市	5 913	1.213	0.436	35.94	0.520～1.930
	芜湖市	2 286	1.482	0.565	38.10	0.191～2.280
	蚌埠市	6 550	1.202	0.357	29.66	0.817～1.985
	淮南市	3 987	1.218	0.406	33.30	0.571～1.875
	马鞍山市	939	1.571	0.397	25.30	0.960～2.250
	淮北市	1 700	1.332	0.368	27.60	0.800～1.966
	铜陵市	1 905	1.510	0.483	32.00	0.780～2.389
	安庆市	6 244	1.421	0.410	28.84	0.760～2.080
	黄山市	2 044	1.509	0.522	34.58	0.700～2.450
	滁州市	8 709	1.203	0.408	33.91	0.521～1.880
	阜阳市	5 976	1.202	0.278	23.14	0.770～1.690
	宿州市	8 832	1.055	0.405	38.40	0.249～1.690
	六安市	9 502	1.189	0.296	24.86	0.720～1.680
	亳州市	4 703	1.204	0.463	38.48	0.159～1.930
	池州市	1 127	1.703	0.587	34.47	0.653～2.558
	宣城市	4 610	1.505	0.569	37.78	0.733～2.480
福建省	福州市	949	0.864	0.608	70.41	0.150～1.988
	莆田市	366	1.171	0.397	33.94	0.513～1.903
	三明市	537	1.306	0.393	30.13	0.728～1.995
	泉州市	178	1.219	0.522	42.80	0.290～2.100
	漳州市	1 382	0.907	0.394	43.47	0.280～1.600
	南平市	886	1.394	0.553	39.67	0.472～2.392
	龙岩市	596	1.520	0.462	30.42	0.848～2.340
	宁德市	651	1.275	0.476	37.36	0.606～2.176
江西省	南昌市	1 083	1.618	0.742	45.84	0.184～2.800
	景德镇市	197	1.694	0.665	39.22	1.010～2.934
	萍乡市	291	2.037	0.743	36.48	0.935～3.470
	九江市	1 226	0.976	0.755	77.38	0.089～2.238
	新余市	338	1.743	0.571	32.74	0.899～2.733
	鹰潭市	234	1.544	0.554	35.86	0.623～2.470
	赣州市	2 769	1.485	0.434	29.22	0.860～2.270
	吉安市	2 728	1.588	0.833	52.46	0.168～2.877
	宜春市	2 535	1.751	0.760	43.37	0.275～2.991

省份 （垦区）	下辖区域 （单位）	样本数 （个）	平均值 （g/kg）	标准差	变异系数 （%）	5%~95%范围 （g/kg）
江西省	抚州市	1 435	1.765	0.562	31.83	1.032~2.740
	上饶市	3 234	1.096	0.774	70.61	0.147~2.433
山东省	济南市	5 466	1.156	0.317	27.42	0.670~1.690
	青岛市	6 288	0.950	0.360	37.90	0.460~1.587
	淄博市	6 337	1.231	0.307	24.97	0.719~1.771
	枣庄市	615	1.206	0.234	19.40	0.757~1.470
	东营市	1 276	0.942	0.289	30.66	0.520~1.429
	烟台市	6 215	0.848	0.342	40.32	0.410~1.490
	潍坊市	6 732	1.018	0.354	34.80	0.564~1.731
	济宁市	7 253	1.206	0.374	31.10	0.667~1.888
	泰安市	5 134	1.122	0.276	24.59	0.686~1.572
	威海市	2 823	0.914	0.276	30.24	0.562~1.400
	日照市	1 109	0.905	0.379	41.83	0.400~1.640
	莱芜市	1 675	1.203	0.315	26.20	0.747~1.769
	临沂市	12 311	1.120	0.402	35.91	0.520~1.820
	德州市	12 282	1.027	0.336	32.69	0.484~1.608
	聊城市	10 779	1.061	0.278	26.18	0.640~1.530
	滨州市	4 217	1.048	0.341	32.56	0.543~1.670
	菏泽市	11 014	1.071	0.231	21.62	0.720~1.462
河南省	郑州市	2 419	0.969	0.281	29.03	0.460~1.430
	开封市	2 772	0.962	0.333	34.61	0.400~1.520
	洛阳市	1 940	1.114	0.318	28.53	0.648~1.721
	平顶山市	3 675	1.140	0.460	40.41	0.370~1.890
	安阳市	3 187	1.060	0.337	31.77	0.560~1.680
	鹤壁市	1 597	1.116	0.319	28.57	0.670~1.650
	新乡市	3 982	1.104	0.419	37.93	0.529~1.940
	焦作市	3 618	1.215	0.365	30.07	0.600~1.813
	濮阳市	4 146	0.933	0.194	20.79	0.648~1.271
	许昌市	3 757	1.053	0.218	20.67	0.720~1.420
	漯河市	1 260	1.151	0.294	25.55	0.800~1.682
	三门峡市	2 705	0.949	0.285	29.97	0.521~1.440
	南阳市	4 777	1.077	0.242	22.44	0.720~1.510
	商丘市	6 096	1.223	0.299	24.49	0.760~1.730

（续）

省份 （垦区）	下辖区域 （单位）	样本数 （个）	平均值 （g/kg）	标准差	变异系数 （%）	5%～95%范围 （g/kg）
河南省	信阳市	4 498	1.111	0.304	27.41	0.644～1.700
	周口市	4 853	1.145	0.322	28.08	0.680～1.710
	驻马店市	4 701	1.118	0.326	29.16	0.742～1.799
	济源示范区	689	1.288	0.323	25.10	0.790～1.866
湖北省	武汉市	2 646	1.186	0.394	33.24	0.643～1.960
	黄石市	1 023	1.049	0.645	61.52	0.170～2.202
	十堰市	1 445	1.104	0.511	46.25	0.479～2.162
	宜昌市	2 964	1.114	0.385	34.60	0.500～1.810
	襄阳市	3 327	1.402	0.575	40.99	0.450～2.400
	荆门市	3 780	1.366	0.461	33.76	0.588～2.096
	孝感市	2 554	1.088	0.708	65.10	0.160～2.170
	荆州市	12 496	1.418	0.479	33.80	0.708～2.340
	咸宁市	2 145	1.185	0.599	50.54	0.210～2.054
	随州市	2 104	1.190	0.420	35.30	0.490～1.920
	恩施土家族苗族自治州	1 479	1.708	0.675	39.51	0.590～2.800
	省直管行政单位	3 748	1.225	0.534	43.61	0.363～2.180
湖南省	长沙市	1 160	1.950	0.499	25.62	1.090～2.760
	株洲市	1 660	2.016	0.643	31.90	0.720～2.939
	湘潭市	518	1.983	0.431	21.73	1.435～2.703
	衡阳市	2 403	1.818	0.639	35.18	0.890～2.910
	邵阳市	4 907	1.914	0.696	36.38	0.695～3.053
	岳阳市	4 701	1.938	0.513	26.46	1.070～2.749
	常德市	5 931	1.592	0.509	31.99	0.770～2.410
	张家界市	2 528	1.455	0.395	27.15	0.850～2.130
	益阳市	4 233	1.819	0.710	39.05	0.500～2.800
	郴州市	2 248	1.800	0.862	47.89	0.183～3.022
	永州市	3 580	1.845	0.669	36.26	0.770～2.980
	怀化市	4 232	1.738	0.557	32.02	0.886～2.690
	娄底市	1 356	2.038	0.531	26.04	1.160～2.990
	湘西土家族苗族自治州	3 877	1.489	0.516	34.66	0.790～2.462
广东省	广州市	1 152	1.383	0.452	32.69	0.600～2.000
	韶关市	3 064	1.515	0.590	38.91	0.690～2.620
	深圳市	10	1.263	0.296	23.43	0.935～1.720

省份 （垦区）	下辖区域 （单位）	样本数 （个）	平均值 （g/kg）	标准差	变异系数 （%）	5%～95%范围 （g/kg）
广东省	珠海市	221	1.561	0.426	27.28	1.000～2.400
	汕头市	218	1.442	0.631	43.75	0.532～2.533
	佛山市	571	1.352	0.555	41.08	0.670～2.450
	江门市	2 101	1.810	0.588	32.47	0.830～2.600
	湛江市	2 549	1.229	0.562	45.71	0.390～2.270
	茂名市	3 715	1.289	0.544	42.19	0.500～2.240
	肇庆市	1 724	1.756	0.601	34.22	0.870～2.838
	惠州市	2 608	1.130	0.490	43.37	0.470～2.080
	梅州市	3 162	1.681	0.539	32.06	0.870～2.658
	汕尾市	583	1.330	0.654	49.12	0.500～2.588
	河源市	1 014	1.713	0.584	34.11	0.793～2.743
	阳江市	1 203	1.360	0.483	35.49	0.600～2.179
	清远市	2 259	1.766	0.677	38.35	0.770～2.980
	东莞市	400	1.196	0.499	41.71	0.542～2.091
	中山市	219	1.713	0.534	31.17	1.069～2.890
	潮州市	300	1.308	0.502	38.35	0.608～2.240
	揭阳市	1 163	1.292	0.533	41.22	0.450～2.089
	云浮市	1 759	1.401	0.711	50.75	0.168～2.570
广西壮族自治区	南宁市	1 860	1.570	0.564	35.94	0.703～2.590
	柳州市	2 691	1.475	0.817	55.39	0.179～2.990
	桂林市	1 013	2.089	0.706	33.78	1.040～3.414
	梧州市	360	1.909	0.454	23.80	1.086～2.607
	北海市	327	1.209	0.428	35.39	0.682～1.817
	防城港市	163	1.378	0.398	28.85	0.939～2.230
	钦州市	377	1.660	0.359	21.60	1.306～2.400
	贵港市	1 320	1.661	0.515	31.01	0.871～2.610
	玉林市	488	1.686	0.422	25.04	1.251～2.566
	百色市	829	1.777	0.511	28.75	0.950～2.563
	贺州市	1 681	2.063	0.726	35.17	1.058～3.428
	河池市	2 341	1.882	0.699	37.12	0.890～3.170
	来宾市	1 778	1.493	0.681	45.60	0.640～2.900
	崇左市	743	1.617	0.265	16.41	1.248～2.086
海南省	海口市	220	0.646	0.362	56.08	0.152～1.045
	三亚市	135	1.187	0.595	50.11	0.747～2.646

省份 （垦区）	下辖区域 （单位）	样本数 （个）	平均值 （g/kg）	标准差	变异系数 （%）	5%～95%范围 （g/kg）
海南省	儋州市	245	0.689	0.313	45.35	0.257～1.314
	省直管行政单位	2 329	0.922	0.547	59.33	0.106～1.920
重庆市	市辖区	14 247	1.200	0.452	37.66	0.560～2.080
	县	7 122	1.193	0.582	48.78	0.125～2.135
四川省	成都市	6 874	1.307	0.569	43.56	0.350～2.330
	自贡市	3 029	1.303	0.511	39.19	0.590～2.220
	攀枝花市	1 287	1.162	0.563	48.43	0.323～2.325
	泸州市	5 880	1.294	0.613	47.33	0.190～2.437
	德阳市	4 005	1.441	0.553	38.40	0.590～2.370
	绵阳市	3 255	1.481	0.495	33.39	0.700～2.350
	广元市	2 402	1.311	0.502	38.27	0.551～2.184
	遂宁市	3 825	1.077	0.413	38.37	0.410～1.790
	内江市	3 739	1.014	0.458	45.17	0.143～1.820
	乐山市	3 143	1.402	0.617	44.01	0.240～2.480
	南充市	6 321	1.091	0.464	42.50	0.250～1.900
	眉山市	2 606	1.441	0.510	35.36	0.770～2.408
	宜宾市	4 276	1.218	0.546	44.86	0.200～2.170
	广安市	4 016	1.057	0.381	36.08	0.520～1.780
	达州市	6 969	1.115	0.513	46.01	0.157～2.010
	雅安市	2 292	1.601	0.603	37.63	0.580～2.614
	巴中市	4 721	1.029	0.539	52.37	0.110～1.820
	资阳市	2 003	1.274	0.534	41.90	0.501～2.249
	阿坝藏族羌族自治州	1 143	1.668	0.760	45.58	0.166～2.760
	甘孜藏族自治州	1 207	1.776	0.563	31.70	0.863～2.770
	凉山彝族自治州	7 923	1.509	0.645	42.75	0.334～2.630
贵州省	贵阳市	3 632	2.016	0.603	29.91	1.132～3.171
	六盘水市	1 217	2.230	0.734	32.91	0.977～3.447
	遵义市	2 329	1.583	0.618	39.06	0.479～2.610
	安顺市	1 037	2.281	0.575	25.19	1.360～3.302
	毕节市	1 289	1.949	0.597	30.62	1.105～3.087
	铜仁市	4 561	1.684	0.443	26.28	1.040～2.480
	黔西南布依族苗族自治州	3 729	1.984	0.639	32.19	1.026～3.118
	黔东南苗族侗族自治州	7 788	2.068	0.688	33.26	1.023～3.333

省份 （垦区）	下辖区域 （单位）	样本数 （个）	平均值 （g/kg）	标准差	变异系数 （%）	5%～95%范围 （g/kg）
贵州省	黔南布依族苗族自治州	3 288	1.982	0.635	32.05	1.050～3.200
云南省	昆明市	3 268	1.900	0.750	39.50	0.777～3.273
	曲靖市	3 036	1.936	0.702	36.26	0.933～3.262
	玉溪市	3 721	1.588	0.712	44.84	0.581～2.930
	保山市	1 017	1.711	0.909	53.12	0.185～3.340
	昭通市	2 942	1.755	0.811	46.21	0.248～3.189
	丽江市	1 214	1.807	0.911	50.42	0.328～3.406
	普洱市	4 053	1.188	0.742	62.45	0.100～2.440
	临沧市	1 867	1.635	0.649	39.73	0.703～2.907
	楚雄彝族自治州	2 017	1.750	0.815	46.60	0.229～3.152
	红河哈尼族彝族自治州	2 526	1.538	0.663	43.12	0.620～2.784
	文山壮族苗族自治州	3 468	1.704	0.733	43.03	0.300～3.018
	西双版纳傣族自治州	761	1.546	0.603	39.01	0.754～2.657
	大理白族自治州	979	2.226	0.870	39.06	0.789～3.720
	德宏傣族景颇族自治州	550	0.914	0.726	79.36	0.105～2.235
	怒江傈僳族自治州	250	1.904	0.700	36.73	0.860～3.049
	迪庆藏族自治州	271	2.300	0.965	41.94	0.750～3.765
西藏自治区	拉萨市	1 618	1.240	0.399	32.15	0.595～1.888
	日喀则市	1 855	1.456	0.563	38.70	0.650～2.550
	昌都市	1 700	2.193	0.862	39.33	0.820～3.730
	山南市	81	1.850	0.578	31.23	1.082～3.130
陕西省	西安市	1 527	1.190	0.260	21.86	0.821～1.640
	铜川市	590	1.046	0.271	25.85	0.612～1.498
	宝鸡市	2 078	0.950	0.499	52.50	0.082～1.680
	咸阳市	6 693	1.000	0.273	27.27	0.624～1.540
	渭南市	6 462	0.920	0.308	33.50	0.510～1.520
	延安市	2 526	0.663	0.259	39.06	0.300～1.080
	汉中市	3 431	1.414	0.427	30.22	0.668～1.920
	榆林市	566	0.648	0.332	51.17	0.190～1.262
	安康市	1 432	1.168	0.375	32.12	0.630～1.810
	商洛市	1 566	1.199	0.376	31.35	0.630～1.849
甘肃省	兰州市	3 200	1.021	0.353	34.59	0.463～1.634
	嘉峪关市	230	0.788	0.195	24.78	0.520～1.146

省份 （垦区）	下辖区域 （单位）	样本数 （个）	平均值 （g/kg）	标准差	变异系数 （%）	5%～95%范围 （g/kg）
甘肃省	金昌市	1 587	1.061	0.302	28.45	0.580～1.600
	白银市	2 981	0.839	0.264	31.43	0.450～1.310
	天水市	7 145	0.929	0.324	34.84	0.430～1.490
	武威市	2 626	0.952	0.386	40.54	0.412～1.630
	张掖市	5 761	1.023	0.319	31.20	0.550～1.624
	平凉市	4 557	0.998	0.295	29.55	0.540～1.500
	酒泉市	3 262	0.801	0.283	35.31	0.440～1.360
	庆阳市	6 242	0.787	0.255	32.45	0.370～1.195
	定西市	7 214	1.036	0.369	35.59	0.560～1.800
	陇南市	4 251	1.079	0.393	36.43	0.560～1.820
	临夏回族自治州	2 920	0.927	0.441	47.60	0.175～1.650
	甘南藏族自治州	920	1.586	0.374	23.59	0.886～2.153
青海省	西宁市	3 179	1.935	0.674	34.84	1.060～3.223
	海东市	3 851	1.430	0.558	39.02	0.760～2.563
	海北藏族自治州	669	2.311	0.783	33.89	1.030～3.416
	黄南藏族自治州	250	1.380	0.536	38.81	0.676～2.398
	海南藏族自治州	1 700	1.685	0.642	38.12	0.740～2.820
	海西蒙古族藏族自治州	1 058	1.277	0.585	45.79	0.469～2.370
宁夏回族自治区	银川市	1 237	0.792	0.322	40.58	0.260～1.318
	石嘴山市	402	0.793	0.204	25.71	0.483～1.130
	吴忠市	3 478	0.713	0.326	45.72	0.285～1.290
	固原市	2 159	0.931	0.253	27.20	0.550～1.390
	中卫市	1 636	0.799	0.300	37.50	0.329～1.310
新疆维吾尔自治区	乌鲁木齐市	1 018	2.352	0.906	38.53	0.882～2.979
	吐鲁番市	929	0.938	0.237	25.33	0.521～1.233
	哈密市	2 996	1.051	0.367	35.71	0.513～1.533
	昌吉回族自治州	5 931	0.690	0.424	61.44	0.085～1.540
	博尔塔拉蒙古自治州	1 648	1.122	0.390	34.71	0.619～1.850
	巴音郭楞蒙古自治州	4 754	0.756	0.400	52.90	0.241～1.442
	阿克苏地区	1 181	0.723	0.330	45.55	0.300～1.300
	喀什地区	4 135	0.786	0.486	61.93	0.335～1.213
	和田地区	44	0.582	0.259	44.55	0.239～1.049
	伊犁哈萨克自治州	6 830	1.339	0.783	58.43	0.720～2.796
	塔城地区	2 285	1.007	0.478	47.47	0.099～1.810
	阿勒泰地区	1 885	1.446	0.961	66.46	0.263～3.295

县级土壤全氮

省份 （垦区）	属地	下辖区域 （单位）	样本数 （个）	平均值 （g/kg）	标准差	变异系数 （%）	5%～95%范围 （g/kg）
北京市	市辖区	房山区	1 575	1.202	0.527	43.87	0.442～2.259
		通州区	1 445	1.092	0.405	37.09	0.490～1.820
		昌平区	2 452	1.693	0.658	38.83	0.770～2.989
		大兴区	713	1.405	0.666	47.39	0.483～2.670
		顺义区	487	1.114	0.409	36.71	0.579～1.961
		怀柔区	2 066	1.187	0.422	35.57	0.648～1.874
		平谷区	1 243	1.513	0.464	30.69	1.010～2.370
		密云区	1 191	1.085	0.519	47.82	0.586～2.220
		延庆区	824	1.099	0.456	41.48	0.551～2.000

县级土壤全氮

省份 （垦区）	属地	下辖区域 （单位）	样本数 （个）	平均值 （g/kg）	标准差	变异系数 （%）	5%～95%范围 （g/kg）
天津市	市辖区	东丽区	140	1.129	0.363	32.19	0.442～1.644
		西青区	306	0.916	0.507	55.36	0.113～1.478
		津南区	362	0.997	0.358	35.87	0.618～1.571
		北辰区	163	0.909	0.488	53.72	0.140～1.802
		武清区	2 188	1.146	0.346	30.22	0.605～1.648
		宝坻区	783	1.171	0.512	43.75	0.128～1.877
		滨海新区大港	353	0.684	0.330	59.63	0.213～1.157
		滨海新区塘沽	38	0.356	0.105	31.09	0.230～0.519
		滨海新区汉沽	148	1.018	0.255	24.95	0.663～1.526
		宁河区	1 067	0.976	0.267	27.31	0.546～1.317
		静海区	1 961	1.043	0.345	33.05	0.534～1.614
		蓟州区	683	1.167	0.324	27.76	0.678～1.711

县级土壤全氮

省份 （垦区）	属地	下辖区域 （单位）	样本数 （个）	平均值 （g/kg）	标准差	变异系数 （%）	5%～95%范围 （g/kg）
河北省	石家庄市	井陉县	480	1.041	0.293	28.14	0.600～1.515
		元氏县	730	1.292	0.339	26.24	0.637～1.769
		平山县	341	1.290	0.330	25.59	0.778～1.900
		新乐市	623	1.172	0.401	34.19	0.528～1.787
		新华区	179	1.127	0.211	18.74	0.720～1.400
		无极县	522	1.394	0.256	18.34	1.000～1.825
		晋州市	492	1.106	0.341	30.82	0.517～1.667
		栾城区	480	1.447	0.383	26.45	0.802～2.093
		正定县	1 258	1.100	0.338	30.76	0.520～1.630
		深泽县	480	1.120	0.450	40.17	0.350～1.875
		灵寿县	425	1.241	0.347	27.93	0.609～1.818
		藁城区	1 146	1.313	0.263	20.07	0.850～1.707
		行唐县	510	1.213	0.383	31.56	0.536～1.838
		赞皇县	360	1.049	0.355	33.87	0.533～1.597
		赵县	487	1.244	0.352	28.33	0.692～1.838
		辛集市（省直管）	816	1.294	0.262	20.24	0.933～1.728
		长安区	107	1.174	0.217	18.48	0.709～1.481
		高邑县	459	1.390	0.378	27.19	0.890～2.030
		鹿泉区	536	1.321	0.346	26.21	0.734～1.863
	唐山市	丰南区	786	0.963	0.347	36.06	0.486～1.604
		丰润区	380	1.067	0.343	32.10	0.560～1.671
		乐亭县	482	1.152	0.298	25.84	0.680～1.629
		曹妃甸区	480	1.267	0.286	22.53	0.820～1.741
		滦南县	955	0.903	0.282	31.19	0.480～1.381
		滦州市	640	1.118	0.330	29.49	0.576～1.590
		玉田县	518	1.190	0.317	26.67	0.684～1.703
		迁安市	490	0.665	0.230	34.55	0.350～1.048
		迁西县	540	0.832	0.336	40.42	0.330～1.430
		遵化市	1 158	0.896	0.226	25.27	0.558～1.288
	秦皇岛市	卢龙县	140	0.804	0.222	27.62	0.445～1.210
		抚宁县	481	1.111	0.454	40.90	0.499～2.013
		昌黎县	191	0.738	0.226	30.59	0.395～1.156
		青龙满族自治县	1 050	1.086	0.465	42.77	0.434～2.005
		合并区	417	1.024	0.320	31.26	0.589～1.557

省份 （垦区）	属地	下辖区域 （单位）	样本数 （个）	平均值 （g/kg）	标准差	变异系数 （%）	5%～95%范围 （g/kg）
河北省	邯郸市	临漳县	880	0.953	0.124	13.05	0.789～1.182
		大名县	840	1.011	0.205	20.26	0.670～1.290
		广平县	441	1.089	0.251	23.07	0.660～1.460
		成安县	480	1.072	0.250	23.38	0.719～1.462
		曲周县	500	1.053	0.315	29.91	0.447～1.541
		武安市	480	1.058	0.286	27.01	0.630～1.553
		永年县	517	1.264	0.283	22.36	0.760～1.723
		涉县	741	1.316	0.349	26.48	0.748～1.838
		磁县	444	1.125	0.240	21.30	0.853～1.499
		肥乡区	401	0.917	0.184	20.13	0.725～1.330
		邯山区	241	1.326	0.437	32.93	0.626～1.990
		邯郸县	402	0.961	0.336	35.00	0.428～1.533
		邱县	656	0.849	0.188	22.12	0.540～1.140
		馆陶县	955	0.968	0.354	36.57	0.363～1.540
		魏县	568	0.935	0.281	30.06	0.630～1.495
		鸡泽县	400	0.918	0.278	30.31	0.518～1.451
		冀南新区	119	1.507	0.390	25.87	0.844～2.070
	邢台市	临城县	440	1.120	0.257	22.98	0.718～1.520
		临西县	480	0.927	0.261	28.20	0.550～1.377
		任泽区	484	1.344	0.367	27.29	0.748～2.020
		内丘县	391	1.105	0.320	28.94	0.615～1.610
		南宫市	574	0.677	0.157	23.15	0.415～0.928
		威县	560	0.706	0.182	25.80	0.470～1.035
		宁晋县	519	1.309	0.290	22.13	0.847～1.727
		巨鹿县	364	0.637	0.307	48.20	0.330～1.267
		平乡县	928	1.280	0.268	20.91	0.853～1.745
		广宗县	390	0.747	0.210	28.12	0.391～1.087
		新河县	40	0.789	0.236	29.94	0.470～1.172
		柏乡县	791	1.027	0.225	21.91	0.735～1.470
		沙河市	510	1.131	0.327	28.89	0.630～1.680
		清河县	420	0.609	0.305	50.13	0.260～1.261
		邢台县	710	1.031	0.399	38.64	0.440～1.680
		隆尧县	446	1.183	0.280	23.69	0.790～1.745

省份 （垦区）	属地	下辖区域 （单位）	样本数 （个）	平均值 （g/kg）	标准差	变异系数 （%）	5%～95%范围 （g/kg）
河北省	邢台市	南和区	540	1.378	0.379	27.52	0.659～1.913
	保定市	博野县	440	0.892	0.316	35.46	0.394～1.421
		安国市	414	1.090	0.340	31.19	0.589～1.657
		安新县	120	1.182	0.256	21.63	0.779～1.581
		容城县	479	1.053	0.258	24.47	0.640～1.489
		徐水区	479	0.740	0.417	56.37	0.316～1.528
		易县	507	0.946	0.238	25.11	0.609～1.390
		望都县	500	1.223	0.285	23.28	0.767～1.676
		涞水县	781	1.005	0.280	27.86	0.593～1.472
		涞源县	493	0.967	0.296	30.58	0.500～1.466
		涿州市	684	1.044	0.279	26.75	0.620～1.521
		清苑区	540	0.973	0.292	29.98	0.488～1.400
		满城区	486	0.948	0.266	28.02	0.560～1.398
		蠡县	480	0.929	0.308	33.16	0.559～1.548
		雄县	403	0.784	0.309	39.41	0.394～1.365
		顺平县	380	0.944	0.278	29.49	0.612～1.423
		高碑店市	500	0.990	0.252	25.41	0.610～1.440
		定兴县	474	0.819	0.485	59.23	0.339～1.748
		定州市	635	1.218	0.346	28.44	0.600～1.709
		阜平县	480	1.187	0.401	33.80	0.624～1.933
		高阳县	440	0.971	0.286	29.44	0.549～1.480
		曲阳县	440	0.901	0.257	28.50	0.504～1.302
		唐县	481	0.932	0.253	27.18	0.538～1.330
	张家口市	万全区	940	1.112	0.413	37.10	0.610～1.963
		宣化区	500	1.183	0.348	29.40	0.668～1.768
		尚义县	679	1.016	0.339	33.35	0.550～1.673
		崇礼区	546	1.313	0.492	37.43	0.578～2.157
		康保县	722	1.040	0.269	25.87	0.680～1.557
		怀安县	460	0.998	0.345	34.54	0.500～1.606
		怀来县	742	0.515	0.305	59.23	0.268～1.198
		沽源县	460	1.372	0.499	36.38	0.660～2.260
		涿鹿县	490	1.026	0.339	33.04	0.530～1.657
		蔚县	345	1.100	0.311	28.26	0.588～1.728

省份 （垦区）	属地	下辖区域 （单位）	样本数 （个）	平均值 （g/kg）	标准差	变异系数 （%）	5%～95%范围 （g/kg）
河北省	张家口市	赤城县	646	0.999	0.312	31.27	0.618～1.539
		阳原县	366	0.791	0.251	31.66	0.430～1.240
		张北县	480	1.041	0.343	32.90	0.589～1.656
	承德市	丰宁满族自治县	473	1.217	0.594	48.78	0.410～2.304
		兴隆县	400	1.283	0.490	38.16	0.521～2.173
		双桥区	81	0.992	0.280	28.19	0.620～1.450
		双滦区	237	1.108	0.386	34.88	0.587～1.742
		围场满族蒙古族自治县	497	0.925	0.236	25.54	0.560～1.350
		宽城满族自治县	510	1.163	0.398	34.23	0.590～1.930
		平泉市	841	1.209	0.360	29.75	0.749～1.900
		承德县	580	0.956	0.285	29.82	0.563～1.497
		滦平县	1 120	1.100	0.281	25.58	0.742～1.645
		隆化县	639	0.923	0.216	23.40	0.589～1.390
		高新区	57	1.081	0.399	36.90	0.658～1.656
		鹰手营子矿区	105	1.246	0.259	20.77	0.872～1.650
		御道口牧场管理区	28	1.033	0.476	46.06	0.488～1.825
	沧州市	东光县	400	0.770	0.311	40.41	0.316～1.304
		任丘市	443	0.814	0.232	28.50	0.569～1.269
		南皮县	467	0.958	0.200	20.90	0.710～1.363
		吴桥县	1 041	1.037	0.184	17.71	0.762～1.344
		孟村回族自治县	430	0.962	0.155	16.14	0.744～1.274
		沧县	480	1.078	0.186	17.29	0.830～1.375
		河间市	448	0.872	0.194	22.24	0.577～1.193
		泊头市	950	0.993	0.263	26.46	0.519～1.403
		海兴县	300	0.597	0.064	10.74	0.515～0.710
		献县	938	0.905	0.278	30.76	0.482～1.364
		盐山县	462	1.041	0.324	31.16	0.660～1.731
		肃宁县	910	1.144	0.294	25.70	0.648～1.551
		青县	392	1.147	0.207	18.04	0.751～1.475
		黄骅市	756	0.845	0.166	19.61	0.640～1.173
		南大港产业园区	100	0.931	0.125	13.47	0.740～1.131
		中捷产业园区	100	0.880	0.087	9.89	0.750～1.030
	廊坊市	三河市	480	1.347	0.447	33.18	0.765～2.260

省份 （垦区）	属地	下辖区域 （单位）	样本数 （个）	平均值 （g/kg）	标准差	变异系数 （%）	5%～95%范围 （g/kg）
河北省	廊坊市	固安县	491	0.959	0.224	23.37	0.554～1.318
		大厂回族自治县	482	1.134	0.243	21.39	0.744～1.547
		大城县	840	0.805	0.241	29.89	0.470～1.200
		安次区	545	0.604	0.343	56.87	0.260～1.294
		广阳区	440	0.869	0.179	20.59	0.618～1.135
		文安县	483	1.055	0.273	25.89	0.625～1.427
		永清县	1 359	0.854	0.261	30.56	0.420～1.269
		霸州市	440	0.904	0.304	33.59	0.510～1.450
		香河县	480	1.286	0.322	25.03	0.760～1.822
	衡水市	冀州区	480	1.010	0.254	25.15	0.691～1.485
		安平县	480	1.267	0.354	27.97	0.590～1.751
		故城县	481	0.949	0.155	16.37	0.680～1.211
		枣强县	808	0.993	0.282	28.38	0.571～1.460
		桃城区	814	0.797	0.377	47.27	0.303～1.483
		武强县	500	1.227	0.403	32.81	0.597～1.883
		武邑县	414	1.090	0.378	34.68	0.537～1.768
		深州市	503	1.134	0.277	24.45	0.702～1.649
		阜城县	180	0.965	0.366	37.95	0.458～1.647
		饶阳县	647	1.239	0.466	37.63	0.593～2.080
		景县	692	1.231	0.288	23.44	0.766～1.632

县级土壤全氮

省份 (垦区)	属地	下辖区域 (单位)	样本数 (个)	平均值 (g/kg)	标准差	变异系数 (%)	5%～95%范围 (g/kg)
山西省	太原市	万柏林区	50	1.152	0.298	25.86	0.756～1.596
		古交市	392	0.840	0.288	34.24	0.460～1.373
		娄烦县	967	0.741	0.194	26.13	0.440～1.070
		小店区	548	0.826	0.208	25.12	0.519～1.230
		尖草坪区	319	1.000	0.324	32.37	0.490～1.500
		晋源区	515	1.363	0.363	26.60	0.795～1.940
		杏花岭区	50	0.610	0.191	31.09	0.358～0.913
		清徐县	694	1.079	0.281	26.00	0.630～1.555
		阳曲县	631	0.821	0.227	27.66	0.452～1.200
	阳泉市	平定县	696	1.518	0.244	16.09	1.102～1.858
		盂县	646	0.949	0.234	24.70	0.680～1.390
	长治市	壶关县	57	1.360	0.216	15.91	1.016～1.678
		武乡县	1 260	0.803	0.290	36.12	0.396～1.298
		沁县	2 463	0.908	0.237	26.07	0.550～1.330
		沁源县	157	1.119	0.255	22.83	0.804～1.647
		潞城区	105	1.361	0.288	21.15	0.946～1.790
		襄垣县	36	1.516	0.243	16.05	1.185～1.840
		黎城县	601	1.090	0.300	27.55	0.632～1.624
		屯留区	324	1.318	0.306	23.20	0.779～1.780
	晋城市	泽州县	514	1.405	0.294	20.96	0.890～1.890
		陵川县	215	1.358	0.378	27.84	0.811～1.870
		高平市	694	1.267	0.284	22.45	0.837～1.763
	朔州市	山阴县	218	0.697	0.254	36.46	0.371～1.190
		平鲁区	279	0.623	0.189	30.32	0.366～0.955
		应县	229	0.647	0.180	27.84	0.400～0.940
		怀仁县	1 464	0.598	0.141	23.66	0.390～0.820
		朔城区	254	0.671	0.220	32.77	0.367～1.111
	晋中市	左权县	333	1.204	0.177	14.68	0.940～1.452
		平遥县	237	0.942	0.316	33.59	0.448～1.540
		昔阳县	207	0.934	0.321	34.36	0.430～1.429
		榆社县	212	1.101	0.345	31.35	0.537～1.690
		祁县	204	1.107	0.266	24.07	0.580～1.533
	运城市	万荣县	743	1.115	0.344	30.81	0.613～1.745
		临猗县	2 258	0.601	0.232	38.53	0.319～1.071

省份 （垦区）	属地	下辖区域 （单位）	样本数 （个）	平均值 （g/kg）	标准差	变异系数 （%）	5%～95%范围 （g/kg）
山西省	运城市	垣曲县	475	0.931	0.283	30.38	0.590～1.580
		夏县	501	1.211	0.273	22.57	0.831～1.640
		平陆县	1 008	0.916	0.345	37.68	0.460～1.544
		新绛县	531	1.058	0.347	32.78	0.532～1.668
		永济市	851	1.021	0.311	30.45	0.553～1.568
		河津市	362	0.798	0.182	22.85	0.520～1.110
		盐湖区	797	1.047	0.356	34.03	0.540～1.660
		稷山县	1 012	0.872	0.199	22.87	0.607～1.241
		绛县	521	0.909	0.231	25.41	0.570～1.324
		芮城县	691	0.904	0.307	33.94	0.439～1.397
	忻州市	五寨县	375	0.441	0.161	36.40	0.264～0.722
		代县	629	0.754	0.197	26.11	0.440～1.015
		偏关县	1 469	0.528	0.221	41.77	0.287～0.941
		原平市	1 026	0.844	0.296	35.09	0.466～1.383
		宁武县	366	0.916	0.435	47.56	0.336～1.780
		定襄县	785	0.865	0.242	28.02	0.480～1.259
		忻府区	2 138	0.695	0.196	28.21	0.433～1.006
		神池县	718	0.506	0.164	32.39	0.290～0.829
		繁峙县	500	0.913	0.339	37.18	0.428～1.554
		静乐县	85	0.494	0.131	26.53	0.325～0.626
	临汾市	侯马市	544	0.397	0.174	43.82	0.286～0.508
		吉县	92	0.986	0.181	18.40	0.712～1.315
		尧都区	77	1.289	0.325	25.21	0.816～1.863
		曲沃县	182	1.227	0.222	18.12	0.885～1.632
		洪洞县	261	1.380	0.332	24.03	0.846～1.909
		浮山县	77	0.992	0.170	17.10	0.782～1.260
		翼城县	177	1.117	0.243	21.78	0.654～1.507
		蒲县	1 585	0.702	0.229	32.68	0.372～1.109
	吕梁市	临县	421	0.558	0.110	19.67	0.381～0.744
		兴县	634	0.738	0.230	31.12	0.380～1.122
		孝义市	571	0.920	0.387	42.02	0.407～1.688
		柳林县	174	0.466	0.160	34.44	0.277～0.746
		汾阳市	1 496	0.846	0.287	33.95	0.470～1.401

县级土壤全氮

省份 （垦区）	属地	下辖区域 （单位）	样本数 （个）	平均值 （g/kg）	标准差	变异系数 （%）	5%～95%范围 （g/kg）
内蒙古 自治区	呼和浩特市	和林格尔县	844	0.532	0.271	51.00	0.110～0.966
		土默特左旗	646	0.804	0.497	61.81	0.112～1.640
		托克托县	507	0.541	0.336	62.20	0.143～1.071
		武川县	648	1.194	0.531	44.43	0.540～1.965
		清水河县	444	0.467	0.209	44.71	0.123～0.800
		赛罕区	383	1.402	0.675	48.13	0.129～2.224
	包头市	东河区	139	1.648	0.783	47.52	0.670～3.269
		九原区	155	0.884	0.479	54.14	0.418～1.708
		固阳县	1 670	0.975	0.382	39.14	0.483～1.613
		土默特右旗	2 221	0.885	0.398	44.91	0.409～1.648
		昆都仑区	74	1.086	0.426	39.27	0.413～1.778
		石拐区	138	1.166	0.380	32.59	0.602～1.834
		达尔罕茂明安联合旗	973	1.019	0.275	27.00	0.640～1.508
		青山区	42	1.243	0.495	39.83	0.480～2.056
		高新区	139	1.079	0.333	30.84	0.656～1.755
	赤峰市	元宝山区	212	0.782	0.301	38.57	0.355～1.237
		克什克腾旗	1 169	1.042	0.584	56.09	0.404～2.379
		喀喇沁旗	952	1.092	0.386	35.36	0.609～1.875
		宁城县	1 146	1.021	0.327	32.03	0.569～1.529
		巴林右旗	864	0.995	0.424	42.64	0.396～1.757
		巴林左旗	741	1.066	0.329	30.84	0.499～1.650
		市辖区	102	1.059	0.367	34.63	0.542～1.816
		敖汉旗	2 589	0.670	0.339	50.62	0.250～1.200
		松山区	1 532	0.798	0.359	44.96	0.389～1.390
		林西县	552	0.971	0.348	35.82	0.492～1.637
		红山区	133	0.807	0.332	41.13	0.423～1.317
		翁牛特旗	1 769	0.864	0.455	52.59	0.360～1.720
		阿鲁科尔沁旗	1 316	1.113	0.354	31.82	0.515～1.690
	通辽市	奈曼旗	1 666	0.619	0.293	47.31	0.240～1.154
		库伦旗	1 187	0.564	0.194	34.33	0.279～0.914
		开鲁县	1 317	0.748	0.319	42.64	0.313～1.323
		扎鲁特旗	685	1.473	0.567	38.49	0.590～2.359
		科尔沁区	1 246	1.151	0.332	28.82	0.669～1.720
		科尔沁左翼中旗	2 232	0.886	0.316	35.65	0.444～1.488

省份 （垦区）	属地	下辖区域 （单位）	样本数 （个）	平均值 （g/kg）	标准差	变异系数 （%）	5%～95%范围 （g/kg）
内蒙古 自治区	通辽市	科尔沁左翼后旗	1 662	0.815	0.363	44.52	0.371～1.535
	鄂尔多斯市	东胜区	55	0.969	0.634	65.35	0.370～1.840
		乌审旗	242	0.585	0.215	36.71	0.251～0.950
		伊金霍洛旗	163	0.658	0.230	35.00	0.320～1.112
		准格尔旗	434	0.653	0.380	58.23	0.261～1.100
		杭锦旗	423	0.741	0.354	47.80	0.310～1.380
		达拉特旗	668	0.747	0.347	46.51	0.350～1.470
		鄂托克前旗	341	0.477	0.215	45.04	0.220～0.850
		鄂托克旗	162	0.582	0.212	36.39	0.330～0.919
	呼伦贝尔市	扎兰屯市	2 039	2.406	0.772	32.09	1.259～3.775
		新巴尔虎右旗	40	1.420	0.578	40.73	0.819～2.376
		新巴尔虎左旗	365	2.954	0.637	21.58	1.838～3.850
		根河市	40	4.122	1.030	24.98	2.566～5.542
		海拉尔区	190	1.820	0.743	40.83	0.765～3.060
		满洲里市	40	1.968	0.894	45.42	0.849～3.429
		牙克石市	1 453	2.976	0.646	21.72	2.002～4.054
		莫力达瓦达斡尔族自治旗	3 906	2.716	1.051	38.71	1.175～4.691
		鄂伦春自治旗	2 149	2.790	0.903	32.38	1.540～4.536
		鄂温克族自治旗	80	2.724	0.779	28.61	1.607～3.871
		阿荣旗	2 466	2.308	0.774	33.52	1.266～3.670
		陈巴尔虎旗	500	2.829	0.610	21.56	1.991～3.931
		额尔古纳市	1 461	3.405	0.769	22.58	2.300～4.812
	巴彦淖尔市	临河区	1 662	0.856	0.271	31.67	0.460～1.290
		乌拉特中旗	567	0.790	0.356	45.02	0.327～1.480
		乌拉特前旗	1 529	0.800	0.288	35.96	0.404～1.326
		乌拉特后旗	605	0.779	0.346	44.43	0.288～1.388
		五原县	1 365	0.918	0.523	56.94	0.420～2.019
		杭锦后旗	1 231	0.940	0.306	32.58	0.492～1.495
		磴口县	367	0.603	0.310	51.29	0.237～1.134
	乌兰察布市	丰镇市	887	1.085	0.309	28.47	0.637～1.624
		兴和县	763	1.075	0.334	31.08	0.656～1.719
		凉城县	771	0.942	0.313	33.19	0.510～1.524
		化德县	881	0.941	0.409	43.48	0.410～1.740

省份 （垦区）	属地	下辖区域 （单位）	样本数 （个）	平均值 （g/kg）	标准差	变异系数 （%）	5%～95%范围 （g/kg）
内蒙古 自治区	乌兰察布市	卓资县	348	1.524	0.530	34.79	0.824～2.550
		商都县	1 479	1.160	0.458	39.44	0.511～1.870
		四子王旗	1 232	1.006	0.458	45.54	0.459～1.873
		察哈尔右翼中旗	585	1.471	0.717	48.71	0.632～3.030
		察哈尔右翼前旗	459	1.256	0.376	29.93	0.680～1.871
		察哈尔右翼后旗	742	1.125	0.449	39.90	0.510～1.957
		集宁区	71	1.649	0.470	28.49	1.069～2.602
	兴安盟	乌兰浩特市	410	1.627	0.686	42.16	0.720～2.895
		兴安盟农牧场管理局	489	2.417	0.666	27.53	1.439～3.566
		扎赉特旗	2 802	2.025	0.750	37.03	0.917～3.310
		盟辖区	244	2.349	0.551	23.45	1.610～3.220
		科尔沁右翼中旗	2 524	1.482	0.776	52.38	0.384～2.812
		科尔沁右翼前旗	2 446	2.391	0.932	38.99	1.040～4.200
		突泉县	1 618	1.948	0.617	31.69	0.945～2.857
		阿尔山市	122	3.446	0.522	15.14	2.504～4.412
	锡林郭勒盟	东乌珠穆沁旗	94	1.248	0.660	52.92	0.417～2.124
		乌拉盖管理区	205	2.618	0.750	28.66	1.284～3.813
		多伦县	962	1.292	0.824	63.80	0.480～2.700
		太仆寺旗	897	1.617	0.513	31.75	0.918～2.472
		正蓝旗	152	1.456	0.539	37.04	0.852～2.424
		正镶白旗	102	1.258	0.417	33.12	0.492～1.929
		苏尼特右旗	34	1.047	0.375	35.85	0.581～1.662
		西乌珠穆沁旗	48	1.405	0.284	20.19	0.931～1.796
		锡林浩特市	123	1.498	0.505	33.72	0.631～2.175
		镶黄旗	13	1.479	0.628	42.45	0.538～2.342
	阿拉善盟	阿拉善右旗	24	0.425	0.105	24.68	0.300～0.570
		阿拉善左旗	810	0.568	0.182	32.00	0.320～0.898
		额济纳旗	48	0.522	0.149	28.49	0.352～0.840

县级土壤全氮

省份 (垦区)	属地	下辖区域 (单位)	样本数 (个)	平均值 (g/kg)	标准差	变异系数 (%)	5%~95%范围 (g/kg)
辽宁省	沈阳市	于洪区	91	1.384	0.418	30.18	0.722~2.080
		康平县	321	0.966	0.293	30.32	0.516~1.502
		苏家屯区	711	1.338	0.294	21.95	0.870~1.786
		辽中区	1 629	1.063	0.384	36.07	0.531~1.688
	大连市	旅顺口区	112	1.239	0.373	30.10	0.744~1.979
		普兰店区	723	1.124	0.346	30.81	0.627~1.806
		瓦房店市	1 435	1.368	0.615	44.96	0.700~2.378
		金普新区	1 005	1.108	0.301	27.15	0.734~1.560
	鞍山市	台安县	286	0.962	0.394	40.93	0.500~1.700
		岫岩满族自治县	491	1.068	0.259	24.24	0.720~1.560
		海城市	687	1.136	0.233	20.53	0.776~1.643
	抚顺市	抚顺县	814	1.533	0.542	35.35	0.930~2.310
		新宾满族自治县	1 087	1.881	0.703	37.41	1.021~3.102
		清原满族自治县	429	2.371	1.140	48.10	0.950~4.495
		顺城区	86	1.826	0.886	48.53	0.958~3.628
		东洲区	77	1.744	0.680	38.96	1.038~3.103
	本溪市	本溪满族自治县	717	1.561	0.559	35.84	0.786~2.370
		桓仁满族自治县	1 603	1.904	0.716	37.63	1.050~3.275
		市辖区	140	1.488	0.672	45.17	0.618~2.811
	丹东市	东港市	1 845	1.494	0.415	27.78	0.921~2.209
		凤城市	579	1.375	0.465	33.77	0.653~2.224
		宽甸满族自治县	905	1.881	0.686	36.48	0.881~3.019
	锦州市	义县	1 791	1.022	0.364	35.55	0.590~1.558
		凌海市	967	1.173	0.598	50.98	0.420~2.320
		北镇市	681	1.207	0.441	36.53	0.626~1.890
		太和区	62	1.083	0.103	9.54	0.952~1.244
		松山新区	63	1.171	0.249	21.26	0.808~1.493
		黑山县	279	1.000	0.273	27.26	0.583~1.468
		滨海新区	61	1.185	0.394	33.25	0.842~1.792
	营口市	大石桥市	1 053	1.458	0.368	25.21	1.050~2.089
	阜新市	彰武县	200	0.738	0.249	33.72	0.375~1.200
		阜新蒙古族自治县	2 408	0.653	0.144	22.06	0.431~0.905
		海州区	20	0.960	0.205	21.39	0.684~1.363
		新邱区	20	1.017	0.324	31.88	0.720~1.714

省份（垦区）	属地	下辖区域（单位）	样本数（个）	平均值（g/kg）	标准差	变异系数（%）	5%～95%范围（g/kg）
辽宁省	阜新市	清河门区	101	1.108	0.168	15.15	0.810～1.360
	辽阳市	太子河区	293	1.127	0.067	5.96	1.040～1.270
		灯塔市	1 163	1.182	0.145	12.29	1.010～1.420
		辽阳县	2 312	1.019	0.195	19.18	0.820～1.350
	盘锦市	大洼区	760	1.445	0.602	41.71	0.567～2.376
		盘山县	900	1.257	0.596	47.43	0.570～2.024
		双台子区	150	1.163	0.251	21.56	0.814～1.566
		兴隆台区	150	1.075	0.231	21.52	0.784～1.426
	铁岭市	开原市	1 601	1.071	0.132	12.34	0.882～1.295
		昌图县	1 140	1.109	0.251	22.60	0.784～1.500
		西丰县	987	1.718	0.570	33.19	1.060～2.620
		调兵山市	376	1.205	0.125	10.40	0.995～1.367
		铁岭县	1 320	1.250	0.341	27.32	0.780～1.890
		清河区	67	1.259	0.235	18.69	0.988～1.694
	朝阳市	凌源市	1 209	1.204	0.313	25.99	0.800～1.700
		北票市	1 346	0.844	0.281	33.30	0.500～1.278
		双塔区	297	0.906	0.217	23.96	0.578～1.288
		喀喇沁左翼蒙古族自治县	665	1.215	0.361	29.74	0.740～1.876
		建平县	1 477	1.076	0.286	26.57	0.611～1.557
		朝阳县	1 210	1.080	0.255	23.62	0.640～1.510
	葫芦岛市	兴城市	964	0.999	0.389	38.95	0.560～1.782
		建昌县	744	1.164	0.242	20.79	0.850～1.600
		绥中县	1 534	1.195	0.517	43.28	0.675～1.835

县级土壤全氮

省份 （垦区）	属地	下辖区域 （单位）	样本数 （个）	平均值 （g/kg）	标准差	变异系数 （%）	5%～95%范围 （g/kg）
吉林省	长春市	长春市	700	1.232	0.231	18.76	0.900～1.600
		德惠市	10 457	1.656	0.350	21.15	1.050～2.180
		双阳区	1 873	1.475	0.298	20.23	1.110～2.024
		榆树市	2 740	1.147	0.112	9.76	0.996～1.288
	吉林市	桦甸市	2 920	2.050	0.401	19.56	1.358～2.731
		磐石市	3 909	1.927	0.096	5.00	1.818～2.060
	四平市	公主岭市	1 731	1.022	0.121	11.81	0.815～1.190
		梨树县	4 960	1.176	0.343	29.21	0.625～1.692
		双辽市	3 048	0.579	0.107	18.44	0.510～0.840
		伊通满族自治县	4 295	1.352	0.301	22.29	0.900～1.871
	辽源市	东丰县	2 234	1.532	0.112	7.32	1.400～1.730
		东辽县	9 406	1.792	0.381	21.25	1.260～2.540
		辽源市	785	1.482	0.326	21.97	1.094～2.130
	通化市	辉南县	3 518	1.450	0.281	19.41	1.218～1.823
		集安市	745	1.210	0.062	5.09	1.137～1.256
		梅河口市	2 395	1.230	0.076	6.15	1.138～1.332
		通化县	2 010	1.923	0.501	26.05	1.187～2.756
	白山市	抚松县	1 032	2.324	0.545	23.46	1.244～2.960
		江源区	358	1.602	0.325	20.28	1.173～2.245
		临江市	1 452	1.809	0.228	12.61	1.520～2.280
	松原市	乾安县	1 591	2.003	0.456	22.76	1.250～2.640
	白城市	白城市	2 570	1.309	0.647	49.45	0.530～2.266
		洮北区	3 325	1.209	0.273	22.59	0.736～1.618
		洮南市	10 427	1.564	0.646	41.28	0.690～2.600
	延边朝鲜族 自治州	敦化市	5 839	2.013	0.458	22.73	1.260～2.790
		图们市	717	1.544	0.440	28.47	0.864～2.272
		延吉市	688	1.263	0.412	32.67	0.745～2.070

县级土壤全氮

省份 （垦区）	属地	下辖区域 （单位）	样本数 （个）	平均值 （g/kg）	标准差	变异系数 （%）	5%～95%范围 （g/kg）
黑龙江省	哈尔滨市	双城区	4 027	1.407	0.028	1.96	1.389～1.424
		呼兰区	4 936	1.723	0.201	11.64	1.492～2.157
		方正县	6 756	5.036	0.592	11.75	4.130～6.035
		阿城区	5 513	1.870	0.618	33.03	1.220～2.900
	齐齐哈尔市	依安县	8 286	2.850	1.776	62.30	1.400～6.957
		克东县	1 546	2.678	0.475	17.72	2.000～3.400
		拜泉县	3 101	2.228	0.979	43.93	0.800～3.990
		梅里斯达斡尔族区	7 112	1.209	0.075	6.16	1.120～1.350
	鸡西市	密山市	13 242	1.950	0.085	4.35	1.896～2.004
		鸡东县	5 675	0.743	0.289	38.95	0.558～0.927
	大庆市	大同区	3 554	1.345	0.314	23.35	0.682～1.790
		杜尔伯特蒙古族自治县	6 940	1.080	0.378	35.02	0.561～1.742
	伊春市	铁力市	2 382	2.160	0.100	2.44	2.130～2.250
	佳木斯市	富锦市	24 408	1.325	0.290	21.88	1.141～1.510
		郊区	6 596	1.422	0.327	23.00	0.981～2.001
	黑河市	五大连池市	4 641	2.508	0.621	24.75	1.562～3.590
		北安市	8 074	3.206	0.585	18.25	2.277～4.221
		逊克县	7 621	2.522	1.036	41.07	1.288～4.740
	绥化市	明水县	5 997	1.833	0.421	22.98	1.200～2.530
		绥棱县	4 366	2.379	0.598	26.62	1.387～3.482
		肇东市	17 992	1.930	0.360	18.66	1.428～2.473
	大兴安岭地区	塔河县	460	2.808	1.132	40.30	1.378～4.985
北大荒 农垦集团 有限公司	宝泉岭分公司	军川农场	4 586	1.109	0.368	33.18	0.763～1.644
	北安分公司	红色边疆农场	4 720	2.447	0.962	39.31	1.100～4.220
		锦河农场	960	2.659	0.861	32.38	1.400～4.200
		格球山农场	2 926	3.266	0.623	19.07	2.149～4.161
		尾山农场	2 533	2.791	0.753	26.98	1.460～3.963
	红兴隆 分公司	二九一农场	4 929	2.419	0.541	22.38	1.710～3.209
		八五三农场	7 878	2.154	0.587	27.24	1.420～3.230
		八五二农场	4 235	2.808	0.920	32.77	1.410～4.358
		北兴农场	3 897	1.989	0.423	21.29	1.460～2.760
		友谊农场	11 555	2.214	0.657	29.66	1.290～3.399
		红旗岭农场	2 503	2.231	0.803	35.99	1.018～3.596

（续）

省份 （垦区）	属地	下辖区域 （单位）	样本数 （个）	平均值 （g/kg）	标准差	变异系数 （%）	5%～95%范围 （g/kg）
北大荒 农垦集团 有限公司	建三江 分公司	二道河农场	2 785	2.214	0.454	20.49	1.518～3.038
		八五九农场	5 457	2.204	0.592	26.88	1.290～3.200
		前哨农场	4 171	2.150	0.560	26.16	1.540～3.010
		勤得利农场	6 720	1.882	0.598	31.76	0.767～2.729
		红卫农场	3 311	2.098	0.655	31.20	1.397～3.431
		胜利农场	4 492	1.878	0.499	26.59	1.190～2.730
	九三分公司	七星泡农场	4 613	2.615	0.671	25.67	1.398～3.704
		大西江农场	1 588	2.614	0.400	15.31	2.240～3.177
		尖山农场	3 149	2.318	0.406	17.52	1.670～3.010
		鹤山农场	4 791	2.432	0.501	20.61	1.690～3.320
	牡丹江分 公司	八五〇农场	4 296	2.215	0.824	37.19	1.312～3.370
		八五一一农场	2 825	2.040	0.659	32.30	1.220～3.250
		八五七农场	5 294	2.016	0.398	19.71	1.442～2.710
		八五五农场	4 634	1.590	0.283	17.82	1.241～1.968
		八五四农场	7 051	2.271	0.753	33.16	1.345～3.806
		八五八农场	3 608	2.109	0.343	16.28	1.800～2.733
	绥化分公司	嘉荫农场	2 845	1.910	0.301	15.78	1.410～2.450
		海伦农场	1 070	3.257	0.834	25.61	1.721～4.589
		红光农场	974	3.449	0.389	11.29	2.904～4.148
		绥棱农场	1 082	3.177	0.550	17.31	2.507～4.044

县级土壤全氮

省份 （垦区）	属地	下辖区域 （单位）	样本数 （个）	平均值 （g/kg）	标准差	变异系数 （%）	5%～95%范围 （g/kg）
上海市	市辖区	嘉定区	208	2.012	0.739	36.73	0.800～3.086
		金山区	252	1.900	1.064	55.99	0.191～3.318
		松江区	208	2.564	0.647	25.25	1.500～3.600
		青浦区	74	2.201	0.557	25.28	1.396～3.294
		奉贤区	58	1.602	0.390	24.36	0.988～2.295
		崇明区	563	1.395	0.572	40.99	0.257～2.300

县级土壤全氮

省份 （垦区）	属地	下辖区域 （单位）	样本数 （个）	平均值 （g/kg）	标准差	变异系数 （%）	5%～95%范围 （g/kg）
江苏省	南京市	浦口区	506	1.423	0.531	37.31	0.660～2.385
		江宁区	1 366	1.517	0.528	34.78	0.202～2.268
		六合区	790	1.093	0.681	62.28	0.122～2.160
		溧水区	705	1.392	0.442	31.73	0.660～2.060
		高淳区	1 439	1.437	0.592	41.23	0.184～2.340
	无锡市	锡山区	80	1.554	0.438	28.16	0.807～2.201
		惠山区	74	1.850	0.647	34.98	0.966～3.039
		江阴市	1 516	1.386	0.693	49.96	0.156～2.370
		宜兴市	879	2.064	0.544	26.36	1.180～2.930
	徐州市	贾汪区	380	1.166	0.679	58.24	0.105～2.031
		铜山区	1 290	1.565	0.440	28.10	0.831～2.307
		丰县	847	0.797	0.533	66.93	0.105～1.685
		沛县	1 040	1.149	0.630	54.85	0.150～2.297
		睢宁县	1 052	0.811	0.760	93.73	0.065～2.121
		新沂市	953	1.586	0.499	31.48	0.850～2.480
		邳州市	1 289	0.740	0.748	101.08	0.072～2.112
	常州市	新北区	310	1.879	0.642	34.17	0.981～2.996
		武进区	1 042	1.709	0.764	33.56	0.790～2.659
		金坛区	1 007	1.771	0.495	27.93	0.930～2.531
		溧阳市	777	1.145	0.646	56.45	0.117～1.958
	苏州市	相城区	80	1.596	0.618	38.70	0.552～2.562
		吴江区	630	1.071	0.925	86.34	0.138～2.500
		常熟市	1 056	2.025	0.679	33.53	1.006～3.275
		张家港市	796	1.433	0.637	44.43	0.155～2.392
		昆山市	662	1.825	0.582	31.90	0.910～2.710
		太仓市	798	0.789	0.886	112.31	0.104～2.370
	南通市	通州区	1 397	1.267	0.361	28.49	0.730～1.850
		海门区	455	0.447	0.543	121.41	0.065～1.490
		如东县	808	1.523	0.443	29.11	0.830～2.276
		启东市	1 085	0.980	0.355	36.22	0.103～1.392
		如皋市	1 326	1.213	0.315	25.97	0.778～1.789
		海安市	1 298	1.674	0.422	25.21	0.985～2.381
	连云港市	连云区	106	1.273	0.181	14.22	0.929～1.517
		海州区	652	0.986	0.810	82.13	0.159～2.244

省份 （垦区）	属地	下辖区域 （单位）	样本数 （个）	平均值 （g/kg）	标准差	变异系数 （%）	5%～95%范围 （g/kg）
江苏省	连云港市	赣榆区	990	1.355	0.579	42.77	0.632～2.357
		东海县	324	1.847	0.632	34.23	0.792～2.968
		灌云县	1 008	1.571	1.029	65.48	0.136～3.112
		灌南县	540	1.552	0.495	31.91	1.019～2.681
	淮安市	淮安区	791	1.853	0.690	37.23	0.756～3.106
		淮阴区	659	1.248	0.507	40.59	0.430～2.171
		洪泽区	1 370	1.444	0.656	45.42	0.194～2.400
		涟水县	1 384	1.081	0.806	74.51	0.097～2.350
		盱眙县	1 078	0.941	0.706	74.99	0.087～2.010
		金湖县	702	1.864	0.503	26.99	1.020～2.572
	盐城市	亭湖区	730	1.264	0.532	42.10	0.083～2.151
		盐都区	613	0.686	0.761	110.88	0.131～2.252
		大丰区	1 047	1.136	0.356	31.35	0.660～1.784
		响水县	936	1.515	0.423	27.94	0.908～2.320
		滨海县	1 138	1.292	0.272	21.08	0.868～1.782
		阜宁县	284	0.508	0.363	71.40	0.140～1.000
		射阳县	1 254	0.893	0.500	55.97	0.092～1.674
		建湖县	360	1.567	1.054	67.23	0.052～2.990
		东台市	1 280	1.166	0.392	33.60	0.650～1.900
	扬州市	邗江区	163	1.757	0.529	30.13	1.016～2.608
		江都区	1 120	1.975	0.411	20.78	1.257～2.622
		宝应县	970	2.125	0.557	26.20	1.266～3.075
		高邮市	667	2.022	0.440	21.78	1.282～2.671
	镇江市	京口区	64	1.381	0.530	38.38	0.800～2.421
		丹徒区	560	1.263	0.954	75.47	0.127～2.761
		丹阳市	1 114	1.628	0.478	29.38	0.921～2.399
		扬中市	788	2.309	0.520	22.53	1.384～3.081
		句容市	799	1.451	0.640	44.09	0.134～2.310
	泰州市	海陵区	361	0.647	0.739	114.17	0.088～2.080
		高港区	375	0.966	0.728	75.30	0.114～2.400
		姜堰区	617	1.015	0.946	93.25	0.040～2.572
		兴化市	1 568	1.644	0.462	28.09	0.932～2.393
		靖江市	769	1.465	0.443	30.22	0.653～2.122

省份 （垦区）	属地	下辖区域 （单位）	样本数 （个）	平均值 （g/kg）	标准差	变异系数 （%）	5%～95%范围 （g/kg）
江苏省	泰州市	泰兴市	683	1.141	1.087	95.30	0.073～3.128
	宿迁市	宿城区	483	0.329	0.367	111.27	0.066～1.180
		宿豫区	1 339	0.863	0.832	96.36	0.084～2.291
		沭阳县	1 169	1.105	0.875	79.25	0.106～2.636
		泗阳县	878	0.720	0.654	90.84	0.089～1.878
		泗洪县	1 050	0.727	0.813	111.96	0.075～2.375

县级土壤全氮

省份 （垦区）	属地	下辖区域 （单位）	样本数 （个）	平均值 （g/kg）	标准差	变异系数 （%）	5%～95%范围 （g/kg）
浙江省	杭州市	上城区	372	0.585	0.401	68.58	0.056～1.174
		西湖区	30	1.016	0.662	65.18	0.314～2.368
		萧山区	689	1.291	0.750	58.05	0.314～2.680
		余杭区	546	1.828	0.881	48.19	0.153～3.048
		富阳区	2 057	2.004	0.625	31.20	1.090～3.090
		临安区	98	1.635	0.735	44.98	0.657～3.115
		桐庐县	572	1.657	0.601	36.26	0.866～2.700
		建德市	699	1.233	0.728	59.09	0.154～2.284
	宁波市	海曙区	264	1.688	1.436	85.05	0.191～3.931
		江北区	260	2.230	0.740	33.19	0.979～3.531
		北仑区	152	1.959	0.663	33.84	0.913～3.110
		镇海区	151	2.390	0.858	35.88	1.050～3.665
		鄞州区	1 062	2.722	0.806	29.62	1.441～3.980
		奉化区	572	2.289	0.877	38.30	0.971～3.890
		象山县	156	1.999	0.619	30.96	1.095～3.030
		宁海县	916	1.650	0.511	30.97	0.907～2.453
		余姚市	410	2.136	0.936	43.81	0.724～3.630
		慈溪市	1 496	0.942	0.701	74.43	0.093～2.290
	温州市	鹿城区	173	1.877	0.698	37.16	0.254～2.794
		龙湾区	152	0.492	0.623	126.69	0.101～2.020
		瓯海区	214	0.724	0.894	123.50	0.129～2.601
		永嘉县	155	1.862	0.650	34.92	1.000～3.300
		平阳县	412	1.944	0.628	32.29	1.120～3.184
		苍南县	798	1.910	0.578	30.26	0.993～2.881
		文成县	396	1.111	0.792	71.28	0.124～2.542
		泰顺县	676	1.709	0.571	33.44	0.792～2.715
		瑞安市	433	1.209	0.966	79.87	0.105～2.840
		乐清市	391	2.067	0.657	31.78	1.054～3.334
	嘉兴市	南湖区	1 270	2.202	0.595	27.01	1.339～3.382
		秀洲区	534	1.922	0.620	32.23	0.929～2.853
		嘉善县	627	1.123	1.076	95.79	0.158～2.977
		海盐县	1 501	2.032	0.598	29.43	0.999～2.983
		海宁市	747	1.400	0.487	34.76	0.720～2.276
		平湖市	748	1.259	1.090	86.63	0.152～3.070

省份 （垦区）	属地	下辖区域 （单位）	样本数 （个）	平均值 （g/kg）	标准差	变异系数 （%）	5%～95%范围 （g/kg）
浙江省	嘉兴市	桐乡市	482	0.684	0.652	95.29	0.074～1.817
	湖州市	吴兴区	2 163	1.019	0.998	97.92	0.136～2.941
		南浔区	583	1.727	0.721	41.76	0.721～2.949
		德清县	1 019	0.917	0.878	95.74	0.099～2.551
		长兴县	1 451	1.947	0.672	34.52	0.745～2.981
		安吉县	1 685	1.899	0.561	29.56	0.982～2.848
	绍兴市	越城区	326	1.702	0.855	50.23	0.207～3.010
		柯桥区	376	0.959	0.959	100.02	0.104～2.635
		上虞区	624	1.928	0.893	46.34	0.460～3.270
		新昌县	415	1.878	0.793	42.22	0.283～3.313
		诸暨市	4 264	2.237	0.565	25.27	1.300～3.212
		嵊州市	32	2.467	0.335	13.59	1.922～2.879
	金华市	婺城区	1 231	1.049	0.552	52.64	0.369～2.102
		金东区	688	0.830	0.486	58.51	0.331～1.900
		武义县	335	1.727	0.690	39.96	0.557～2.813
		浦江县	801	1.118	0.537	48.02	0.450～2.060
		磐安县	308	1.500	0.444	29.58	0.820～2.300
		兰溪市	852	0.781	0.404	51.70	0.310～1.664
		义乌市	184	0.920	0.538	58.45	0.069～1.826
		东阳市	502	1.053	0.535	50.86	0.404～1.980
		永康市	193	1.756	0.374	21.29	1.140～2.410
	衢州市	柯城区	560	1.445	0.841	58.18	0.124～2.972
		衢江区	186	1.821	0.617	33.90	0.910～3.037
		常山县	181	1.849	0.621	33.59	0.950～2.970
		开化县	341	1.888	0.996	52.78	0.018～3.350
		龙游县	3 032	1.434	0.377	26.31	0.860～1.980
		江山市	802	1.505	0.599	39.84	0.602～2.603
	舟山市	定海区	66	1.535	0.508	33.06	0.792～2.305
		普陀区	94	1.502	0.524	34.87	0.830～2.440
		岱山县	109	1.698	0.548	32.27	0.916～2.528
	台州市	椒江区	268	1.801	0.647	35.95	0.694～2.850
		黄岩区	280	1.574	1.173	74.55	0.138～3.602
		路桥区	292	1.885	0.847	44.95	0.233～3.358

省份 （垦区）	属地	下辖区域 （单位）	样本数 （个）	平均值 （g/kg）	标准差	变异系数 （%）	5%～95%范围 （g/kg）
浙江省	台州市	三门县	12	1.584	0.663	41.87	0.181～1.984
		天台县	916	1.570	0.589	37.53	0.689～2.605
		仙居县	791	1.619	0.445	27.48	1.000～2.390
		温岭市	574	1.780	0.578	32.50	0.815～2.833
		临海市	599	1.828	0.607	33.24	1.020～2.943
		玉环市	71	1.629	0.582	35.71	0.660～2.574
	丽水市	莲都区	323	1.307	0.736	56.33	0.095～2.330
		青田县	1 026	1.761	0.602	34.17	0.935～2.918
		缙云县	301	1.255	0.983	78.31	0.140～2.820
		遂昌县	1 223	2.740	0.642	23.42	1.800～3.900
		松阳县	277	1.459	0.850	58.25	0.156～2.680
		云和县	87	2.245	0.996	44.35	1.170～4.117
		庆元县	261	1.852	0.625	33.77	0.880～3.020
		景宁畲族自治县	554	0.426	0.672	157.63	0.107～2.078
		龙泉市	396	1.941	0.598	30.82	1.042～3.060

县级土壤全氮

省份 （垦区）	属地	下辖区域 （单位）	样本数 （个）	平均值 （g/kg）	标准差	变异系数 （%）	5%～95%范围 （g/kg）
安徽省	合肥市	包河区	558	1.354	0.519	38.33	0.520～2.280
		长丰县	1 207	1.163	0.344	29.58	0.633～1.800
		肥东县	1 310	1.178	0.304	25.81	0.713～1.709
		肥西县	1 179	0.916	0.475	51.81	0.128～1.761
		庐江县	822	1.472	0.360	24.48	0.831～2.020
		巢湖市	837	1.412	0.396	28.02	0.830～2.129
	芜湖市	湾沚区	1 119	1.627	0.380	23.34	0.990～2.240
		繁昌区	376	1.722	0.404	23.44	1.047～2.341
		南陵县	408	0.956	0.822	85.92	0.138～2.296
		无为市	383	1.385	0.431	31.12	0.791～2.178
	蚌埠市	淮上区	360	1.011	0.131	12.94	0.830～1.283
		怀远县	2 527	1.462	0.421	28.79	0.810～2.208
		五河县	2 132	1.035	0.139	13.43	0.870～1.267
		固镇县	1 531	1.051	0.195	18.60	0.748～1.430
	淮南市	潘集区	613	1.355	0.497	36.71	0.190～1.975
		凤台县	1 356	1.092	0.324	29.69	0.665～1.690
		寿县	2 018	1.262	0.401	31.82	0.189～1.870
	马鞍山市	当涂县	276	1.787	0.360	20.16	1.218～2.352
		含山县	306	1.522	0.324	21.32	1.042～2.065
		和县	357	1.446	0.415	28.69	0.846～2.131
	淮北市	濉溪县	1 700	1.332	0.368	27.60	0.800～1.966
	铜陵市	义安区	608	1.505	0.518	34.40	0.680～2.424
		枞阳县	1 297	1.513	0.467	30.84	0.800～2.352
	安庆市	怀宁县	495	1.447	0.429	29.68	0.693～2.059
		太湖县	1 503	1.462	0.383	26.21	0.817～2.039
		宿松县	1 307	1.375	0.376	27.36	0.780～2.007
		望江县	519	1.484	0.370	24.94	0.900～2.111
		岳西县	1 121	1.459	0.459	31.49	0.711～2.285
		桐城市	390	1.465	0.449	30.65	0.732～2.260
		潜山市	909	1.306	0.399	30.57	0.600～1.960
	黄山市	屯溪区	42	0.972	0.371	38.20	0.543～1.570
		黄山区	122	1.653	0.375	22.71	1.050～2.187
		徽州区	39	1.455	0.628	43.13	0.818～2.541
		休宁县	246	1.694	0.577	34.04	0.800～2.524

（续）

省份 （垦区）	属地	下辖区域 （单位）	样本数 （个）	平均值 （g/kg）	标准差	变异系数 （%）	5%～95%范围 （g/kg）
安徽省	黄山市	黟县	488	1.672	0.434	25.96	0.984～2.446
		祁门县	1 107	1.403	0.518	36.96	0.640～2.406
	滁州市	南谯区	297	1.221	0.312	25.59	0.716～1.750
		来安县	476	0.892	0.548	61.48	0.110～1.732
		全椒县	805	1.132	0.321	28.31	0.620～1.668
		定远县	1 549	1.212	0.400	33.02	0.654～1.986
		凤阳县	1 549	1.177	0.277	23.48	0.790～1.720
		天长市	2 148	1.339	0.476	35.56	0.174～2.030
		明光市	1 885	1.166	0.363	31.09	0.572～1.766
	阜阳市	颍州区	408	1.157	0.164	14.19	0.970～1.496
		颍东区	168	1.101	0.103	9.39	0.928～1.266
		颍泉区	669	1.099	0.164	14.94	0.860～1.294
		临泉县	295	0.842	0.172	20.48	0.536～1.101
		太和县	1 767	1.278	0.282	22.10	0.840～1.760
		阜南县	531	1.168	0.220	18.87	0.850～1.550
		颍上县	254	1.148	0.296	25.80	0.689～1.667
		界首市	1 884	1.258	0.299	23.76	0.790～1.760
	宿州市	埇桥区	2 616	1.006	0.439	43.61	0.151～1.705
		砀山县	1 704	0.708	0.223	31.53	0.507～1.158
		萧县	661	0.883	0.536	60.69	0.105～1.620
		灵璧县	2 240	1.252	0.277	22.10	0.910～1.840
		泗县	1 611	1.298	0.232	17.87	0.910～1.690
	六安市	金安区	1 205	1.311	0.335	25.54	0.838～2.048
		裕安区	1 024	1.259	0.317	25.20	0.770～1.770
		叶集区	603	0.999	0.322	32.17	0.146～1.520
		霍邱县	3 817	1.113	0.209	18.78	0.722～1.470
		舒城县	1 369	1.335	0.222	16.67	1.039～1.830
		金寨县	300	1.206	0.397	32.93	0.523～1.820
		霍山县	1 184	1.172	0.359	30.62	0.610～1.800
	亳州市	谯城区	872	1.158	0.648	56.01	0.109～2.020
		涡阳县	1 561	1.303	0.423	32.50	0.761～2.045
		蒙城县	1 215	1.156	0.268	23.19	0.734～1.600
		利辛县	1 055	1.149	0.489	42.56	0.119～1.920

省份（垦区）	属地	下辖区域（单位）	样本数（个）	平均值（g/kg）	标准差	变异系数（%）	5%～95%范围（g/kg）
安徽省	池州市	贵池区	125	1.930	0.447	23.14	1.249～2.611
		东至县	594	1.580	0.488	30.89	0.781～2.407
		石台县	51	0.306	0.442	144.56	0.134～1.002
		青阳县	357	2.028	0.409	20.15	1.336～2.612
	宣城市	宣州区	2 011	1.246	0.504	40.50	0.730～2.365
		郎溪县	656	1.242	0.520	41.88	0.163～1.890
		泾县	714	1.762	0.479	27.21	0.876～2.560
		绩溪县	440	1.849	0.376	20.36	1.250～2.540
		旌德县	234	2.036	0.418	20.55	1.266～2.624
		宁国市	379	1.984	0.393	19.82	1.300～2.620
		广德市	176	1.824	0.389	21.35	1.185～2.500

县级土壤全氮

省份（垦区）	属地	下辖区域（单位）	样本数（个）	平均值（g/kg）	标准差	变异系数（%）	5%～95%范围（g/kg）
福建省	福州市	闽侯县	67	1.307	0.416	31.84	0.724～1.989
		罗源县	150	1.515	0.451	29.76	0.785～2.261
		永泰县	50	1.306	0.543	41.56	0.494～2.169
		平潭县	40	0.335	0.143	42.80	0.180～0.631
		福清市	642	0.664	0.516	77.67	0.150～1.613
	莆田市	城厢区	146	1.084	0.222	20.50	0.732～1.515
		涵江区	34	1.571	0.405	25.75	0.973～2.264
		秀屿区	77	0.957	0.468	48.92	0.344～1.878
		仙游县	109	1.300	0.381	29.33	0.695～1.898
	三明市	三元区	30	1.241	0.369	29.72	0.812～1.927
		沙县区	58	1.392	0.454	32.58	0.649～1.992
		明溪县	50	1.353	0.494	36.51	0.655～2.152
		清流县	137	1.177	0.281	23.88	0.826～1.707
		宁化县	80	1.378	0.340	24.70	0.867～1.952
		将乐县	72	1.243	0.410	32.96	0.605～1.870
		泰宁县	40	1.248	0.429	34.41	0.653～1.880
		建宁县	70	1.495	0.381	25.51	0.958～2.177
	泉州市	洛江区	12	1.258	0.301	23.89	0.973～1.777
		泉港区	27	0.973	0.318	32.63	0.586～1.663
		安溪县	12	1.886	0.331	17.56	1.255～2.100
		德化县	52	1.295	0.430	33.23	0.678～1.921
		石狮市	10	0.869	0.687	79.02	0.290～2.053
		南安市	65	1.175	0.580	49.38	0.220～2.122
	漳州市	芗城区	57	1.049	0.481	45.87	0.454～1.948
		龙文区	16	0.955	0.737	77.17	0.155～2.324
		龙海区	50	1.332	0.572	42.94	0.458～2.303
		长泰区	40	0.944	0.410	43.45	0.320～1.532
		云霄县	820	0.826	0.295	35.74	0.280～1.250
		漳浦县	50	0.873	0.336	38.48	0.311～1.442
		东山县	46	0.426	0.250	58.70	0.162～0.898
		南靖县	50	1.112	0.418	37.59	0.513～1.801
		平和县	184	1.104	0.451	40.81	0.392～1.943
		华安县	69	1.088	0.341	31.38	0.535～1.653
	南平市	延平区	50	1.236	0.576	46.58	0.540～2.400

省份 （垦区）	属地	下辖区域 （单位）	样本数 （个）	平均值 （g/kg）	标准差	变异系数 （%）	5%～95%范围 （g/kg）
福建省	南平市	顺昌县	160	1.430	0.515	36.04	0.537～2.262
		浦城县	95	1.594	0.447	28.06	1.020～2.413
		光泽县	54	1.697	0.410	24.14	0.950～2.307
		松溪县	40	1.308	0.394	30.15	0.677～1.941
		政和县	298	1.330	0.651	48.97	0.294～2.546
		邵武市	61	1.515	0.366	24.19	0.965～2.055
		武夷山市	59	1.336	0.535	40.01	0.499～2.389
		建瓯市	69	1.183	0.420	35.51	0.642～1.799
	龙岩市	新罗区	50	1.490	0.502	33.71	0.842～2.441
		永定区	152	1.760	0.411	23.38	1.140～2.480
		长汀县	86	1.541	0.510	33.11	0.856～2.320
		上杭县	68	1.538	0.346	22.48	0.989～2.141
		武平县	49	1.312	0.411	31.34	0.702～2.028
		连城县	191	1.375	0.436	31.70	0.790～2.135
	宁德市	蕉城区	15	1.478	0.510	34.47	1.050～2.080
		霞浦县	70	1.269	0.524	41.34	0.622～2.273
		古田县	373	1.163	0.391	33.63	0.575～1.857
		屏南县	49	1.262	0.571	45.27	0.408～2.213
		寿宁县	48	1.550	0.477	30.75	0.977～2.302
		周宁县	47	1.772	0.487	27.46	1.086～2.686
		福安市	49	1.346	0.454	33.73	0.811～2.179

县级土壤全氮

省份 （垦区）	属地	下辖区域 （单位）	样本数 （个）	平均值 （g/kg）	标准差	变异系数 （%）	5%～95%范围 （g/kg）
江西省	南昌市	青山湖区	34	1.470	0.335	22.80	0.971～1.949
		新建区	102	1.456	0.331	22.75	1.083～2.093
		南昌县	450	1.461	0.966	66.14	0.146～2.945
		安义县	485	1.809	0.511	28.26	0.950～2.644
		进贤县	12	1.564	0.446	28.50	0.985～2.224
	景德镇市	昌江区	30	2.010	0.599	29.83	1.069～2.934
		浮梁县	167	1.638	0.661	40.39	0.984～2.917
	萍乡市	湘东区	47	1.876	0.496	26.45	1.098～2.503
		莲花县	32	1.819	0.424	23.29	1.285～2.289
		上栗县	103	2.409	0.844	35.06	1.011～3.518
		芦溪县	109	1.818	0.669	36.78	0.823～2.850
	九江市	濂溪区	29	0.158	0.034	21.62	0.120～0.211
		柴桑区	140	0.767	0.554	72.22	0.101～1.710
		武宁县	91	0.853	0.522	61.18	0.098～1.418
		修水县	60	0.699	0.633	90.55	0.047～1.500
		德安县	129	0.656	0.569	86.82	0.078～1.560
		都昌县	178	0.253	0.245	96.94	0.084～0.830
		湖口县	218	1.216	0.445	36.57	0.510～1.852
		彭泽县	64	1.013	0.847	83.61	0.137～2.020
		瑞昌市	301	1.577	0.783	49.69	0.111～2.760
		庐山市	16	1.973	0.781	39.61	0.705～2.800
	新余市	渝水区	263	1.637	0.509	31.11	0.890～2.429
		分宜县	75	2.118	0.619	29.23	1.190～3.246
	鹰潭市	余江区	234	1.544	0.554	35.86	0.623～2.470
	赣州市	赣县区	321	1.561	0.592	37.89	0.530～2.460
		大余县	366	1.460	0.355	24.28	0.940～2.080
		崇义县	135	1.959	0.320	16.33	1.392～2.462
		定南县	499	1.354	0.468	34.54	0.698～2.171
		于都县	62	1.172	0.386	32.96	0.553～1.677
		兴国县	294	1.403	0.399	28.46	0.800～2.067
		会昌县	531	1.509	0.283	18.73	1.185～2.015
		寻乌县	90	1.401	0.504	36.01	0.980～2.700
		瑞金市	330	1.530	0.334	21.85	1.050～2.110
		龙南市	141	1.504	0.448	29.76	1.070～2.520

省份 （垦区）	属地	下辖区域 （单位）	样本数 （个）	平均值 （g/kg）	标准差	变异系数 （%）	5%～95%范围 （g/kg）
江西省	吉安市	吉州区	352	2.281	0.564	24.71	1.346～3.182
		青原区	356	1.878	0.465	24.75	1.160～2.770
		吉安县	200	0.780	0.516	66.26	0.131～1.421
		吉水县	111	0.543	0.591	108.88	0.112～1.678
		峡江县	161	1.911	0.607	31.76	0.980～2.880
		永丰县	243	1.326	0.802	60.45	0.162～2.418
		泰和县	78	1.779	0.590	33.18	1.104～2.803
		遂川县	153	1.396	0.953	68.25	0.176～2.720
		万安县	207	1.461	0.849	58.12	0.208～2.988
		安福县	392	1.738	0.876	50.41	0.168～3.036
		永新县	262	1.244	0.632	50.84	0.175～2.168
		井冈山市	213	1.656	0.822	49.67	0.087～2.940
	宜春市	袁州区	542	1.466	0.813	55.46	0.480～3.169
		奉新县	88	1.673	0.408	24.39	1.102～2.382
		万载县	156	2.000	0.562	28.12	1.144～2.894
		上高县	181	1.663	0.724	43.56	0.248～2.770
		宜丰县	79	1.867	0.442	23.69	1.267～2.651
		靖安县	81	2.014	0.572	28.42	1.200～2.870
		铜鼓县	311	1.836	0.468	25.49	1.105～2.735
		丰城市	710	2.114	0.678	32.07	0.903～3.131
		樟树市	283	1.249	0.943	75.45	0.083～2.727
		高安市	104	1.430	0.447	31.26	0.723～2.118
	抚州市	临川区	291	1.511	0.503	33.28	0.960～2.464
		东乡区	206	2.213	0.512	23.14	1.322～2.938
		南丰县	95	1.548	0.516	33.35	0.995～2.578
		崇仁县	492	1.875	0.532	28.39	1.030～2.723
		乐安县	82	1.416	0.306	21.64	1.035～2.033
		宜黄县	85	2.072	0.500	24.14	1.224～2.780
		资溪县	115	1.507	0.426	28.30	1.130～2.495
		广昌县	69	1.484	0.392	26.44	1.084～2.092
	上饶市	信州区	30	0.852	0.844	99.07	0.098～2.100
		广丰区	308	0.476	0.692	145.29	0.100～2.058
		广信区	182	1.410	0.560	39.72	0.606～2.258

省份 （垦区）	属地	下辖区域 （单位）	样本数 （个）	平均值 （g/kg）	标准差	变异系数 （%）	5%～95%范围 （g/kg）
江西省	上饶市	玉山县	599	1.396	0.547	39.17	0.548～2.321
		铅山县	239	1.475	0.435	29.49	0.930～2.242
		横峰县	27	1.854	0.586	31.60	0.904～2.777
		弋阳县	470	0.728	0.762	104.67	0.129～2.300
		余干县	624	1.245	0.742	59.58	0.210～2.769
		万年县	482	0.601	0.654	108.79	0.146～1.960
		婺源县	96	1.727	0.817	47.30	0.728～3.372
		德兴市	177	1.703	0.550	32.31	0.819～2.679

县级土壤全氮

省份 （垦区）	属地	下辖区域 （单位）	样本数 （个）	平均值 （g/kg）	标准差	变异系数 （%）	5%～95%范围 （g/kg）
山东省	济南市	商河县	1 375	1.017	0.267	26.29	0.589～1.430
		平阴县	1 474	1.150	0.279	24.28	0.740～1.627
		济阳区	947	1.099	0.500	45.53	0.279～2.010
		章丘区	1 032	1.247	0.271	21.71	0.830～1.747
		长清区	638	1.120	0.198	17.70	0.811～1.419
	青岛市	平度市	1 761	1.083	0.330	30.44	0.627～1.650
		胶南市	361	1.026	0.335	32.65	0.624～1.539
		胶州市	1 351	1.053	0.386	36.69	0.528～1.795
		莱西市	1 081	0.765	0.215	28.17	0.380～1.140
		黄岛区	545	0.835	0.460	55.10	0.410～1.846
		即墨区	1 128	1.022	0.362	25.60	0.628～1.468
	淄博市	临淄区	1 044	1.273	0.251	19.70	0.877～1.720
		博山区	350	1.199	0.310	25.89	0.729～1.798
		周村区	481	1.235	0.232	18.83	0.741～1.527
		张店区	200	1.337	0.242	18.09	0.915～1.719
		桓台县	1 935	1.301	0.260	20.00	0.745～1.697
		沂源县	673	1.174	0.399	34.00	0.625～1.954
		淄川区	1 076	1.282	0.324	25.30	0.781～1.864
		高青县	578	1.093	0.228	20.85	0.676～1.441
	枣庄市	台儿庄区	150	1.354	0.148	10.92	1.056～1.479
		山亭区	80	0.999	0.236	23.65	0.670～1.467
		峄城区	78	1.355	0.146	10.77	1.095～1.651
		市中区	34	1.203	0.145	12.04	1.034～1.441
		滕州市	200	1.065	0.209	19.61	0.714～1.348
		薛城区	73	1.355	0.111	8.18	1.152～1.495
	东营市	东营区	70	0.938	0.371	39.59	0.480～1.667
		利津县	796	0.924	0.281	30.43	0.529～1.374
		垦利区	240	0.984	0.297	30.15	0.501～1.450
		广饶县	150	0.978	0.244	24.89	0.638～1.416
		河口区	20	0.635	0.121	19.06	0.490～0.865
	烟台市	招远市	1 391	0.589	0.162	27.47	0.370～0.870
		栖霞市	595	1.124	0.289	25.74	0.706～1.521
		海阳市	1 057	0.838	0.195	23.32	0.596～1.232

省份（垦区）	属地	下辖区域（单位）	样本数（个）	平均值（g/kg）	标准差	变异系数（%）	5%～95%范围（g/kg）
山东省	烟台市	牟平区	704	0.877	0.279	31.78	0.513～1.451
		福山区	439	1.016	0.276	27.16	0.651～1.486
		莱山区	15	1.219	0.120	9.85	1.045～1.398
		莱州市	835	1.025	0.321	31.30	0.589～1.615
		蓬莱区	589	0.704	0.299	42.52	0.361～1.297
		龙口市	590	1.179	0.353	29.91	0.689～1.856
	潍坊市	临朐县	800	0.890	0.305	34.24	0.471～1.453
		坊子区	597	0.811	0.171	21.12	0.594～1.112
		安丘市	1 165	0.932	0.274	29.43	0.561～1.412
		寒亭区	350	0.908	0.328	36.14	0.537～1.496
		寿光市	771	1.212	0.520	42.86	0.500～2.190
		昌乐县	339	0.898	0.273	30.42	0.485～1.402
		昌邑市	1 200	1.013	0.261	25.72	0.621～1.460
		潍城区	120	1.075	0.175	16.25	0.806～1.371
		诸城市	1 090	1.071	0.314	29.31	0.661～1.690
		青州市	100	1.148	0.277	24.15	0.694～1.613
		高密市	200	1.142	0.364	31.90	0.620～1.773
	济宁市	兖州区	296	1.288	0.213	16.56	0.955～1.609
		任城区	500	1.247	0.347	27.79	0.779～1.927
		嘉祥县	1 055	1.231	0.375	30.41	0.610～1.867
		微山县	560	1.356	0.348	25.66	0.949～2.123
		曲阜市	739	0.980	0.235	24.03	0.630～1.401
		梁山县	995	1.151	0.240	20.81	0.770～1.512
		汶上县	908	1.356	0.340	25.07	0.810～1.935
		泗水县	495	0.884	0.241	27.29	0.490～1.246
		邹城市	636	0.994	0.370	37.16	0.408～1.649
		金乡县	649	0.995	0.220	22.13	0.706～1.399
		鱼台县	420	1.696	0.454	26.77	0.956～2.415
	泰安市	东平县	864	1.108	0.209	18.85	0.785～1.432
		宁阳县	784	1.174	0.247	21.00	0.768～1.573
		岱岳区	760	1.090	0.350	32.13	0.590～1.760
		新泰市	956	1.016	0.300	30.33	0.481～1.530
		肥城市	1 351	1.143	0.255	22.26	0.751～1.515

省份 （垦区）	属地	下辖区域 （单位）	样本数 （个）	平均值 （g/kg）	标准差	变异系数 （%）	5%～95%范围 （g/kg）
山东省	泰安市	泰山区	419	1.360	0.211	15.50	1.070～1.628
	威海市	乳山市	1 310	0.945	0.412	43.63	0.474～1.746
		文登区	764	0.828	0.212	25.56	0.525～1.218
		环翠区	30	0.983	0.139	14.15	0.800～1.200
		荣成市	719	0.955	0.237	24.87	0.606～1.400
	日照市	东港区	930	0.887	0.357	40.27	0.421～1.588
		岚山区	179	0.938	0.413	44.04	0.372～1.764
	莱芜市	莱城区	1 149	1.229	0.329	26.79	0.729～1.818
		钢城区	469	1.188	0.284	24.20	0.783～1.671
		高新区	57	1.112	0.205	18.45	0.748～1.420
	临沂市	临沭县	1 146	1.134	0.355	31.31	0.615～1.730
		兰山区	756	1.271	0.378	29.77	0.742～2.001
		平邑县	1 488	0.981	0.377	38.49	0.452～1.630
		沂南县	777	1.127	0.348	30.87	0.650～1.560
		沂水县	1 525	0.900	0.280	31.09	0.525～1.483
		河东区	621	1.433	0.417	29.10	0.685～2.163
		罗庄区	487	1.488	0.403	27.10	0.807～2.148
		兰陵县	1 626	1.326	0.300	22.65	0.795～1.800
		莒南县	1 165	1.014	0.332	32.74	0.575～1.600
		蒙阴县	616	1.006	0.430	42.76	0.387～1.822
		费县	1 060	1.261	0.451	35.74	0.616～2.000
		郯城县	1 044	1.318	0.246	18.66	0.841～1.640
	德州市	临邑县	961	1.204	0.328	27.26	0.620～1.700
		乐陵市	1 406	0.787	0.359	45.64	0.320～1.544
		夏津县	1 011	1.018	0.404	39.71	0.529～1.804
		宁津县	1 131	1.020	0.233	22.87	0.732～1.465
		平原县	1 356	1.114	0.248	22.25	0.700～1.500
		庆云县	730	0.946	0.360	38.03	0.346～1.561
		德城区	584	1.080	0.314	29.05	0.576～1.530
		武城县	1 160	1.072	0.292	27.21	0.667～1.635
		禹城市	1 447	1.048	0.281	26.82	0.640～1.500
		陵城区	1 201	1.107	0.356	32.17	0.590～1.739
		齐河县	1 295	1.092	0.291	26.68	0.650～1.583

省份（垦区）	属地	下辖区域（单位）	样本数（个）	平均值（g/kg）	标准差	变异系数（%）	5%~95%范围（g/kg）
山东省	聊城市	东昌府区	1 388	1.117	0.256	22.96	0.680~1.530
		东阿县	1 097	0.963	0.203	21.05	0.730~1.360
		冠县	1 335	0.964	0.244	25.28	0.552~1.343
		茌平区	691	1.080	0.281	26.04	0.610~1.500
		莘县	1 344	1.134	0.330	29.14	0.670~1.805
		阳谷县	1 930	1.081	0.233	21.50	0.710~1.490
		高唐县	1 708	1.058	0.312	29.52	0.504~1.530
		临清市	1 286	1.152	0.265	23.00	0.741~1.585
	滨州市	博兴县	936	1.127	0.269	23.84	0.684~1.550
		无棣县	860	0.953	0.220	23.08	0.570~1.293
		沾化区	658	0.836	0.240	28.69	0.467~1.278
		滨城区	769	1.047	0.316	30.17	0.477~1.577
		邹平市	481	1.294	0.447	34.59	0.820~2.231
		阳信县	513	1.156	0.242	20.96	0.752~1.525
	菏泽市	东明县	1 354	1.141	0.296	25.93	0.710~1.624
		单县	1 406	0.961	0.207	21.51	0.609~1.292
		定陶区	368	1.111	0.214	19.30	0.754~1.490
		巨野县	1 148	1.108	0.153	13.78	0.915~1.320
		成武县	1 215	1.089	0.259	23.75	0.739~1.600
		曹县	1 507	1.025	0.204	19.93	0.749~1.413
		牡丹区	1 594	1.021	0.233	22.79	0.670~1.400
		郓城县	1 148	1.204	0.252	20.94	0.801~1.631
		鄄城县	1 274	1.209	0.254	20.98	0.772~1.599

县级土壤全氮

省份（垦区）	属地	下辖区域（单位）	样本数（个）	平均值（g/kg）	标准差	变异系数（%）	5%～95%范围（g/kg）
河南省	郑州市	上街区	38	1.134	0.250	22.04	0.755～1.501
		中原区	79	1.070	0.225	21.03	0.820～1.504
		中牟县	670	0.817	0.287	35.10	0.330～1.260
		二七区	23	1.064	0.157	14.76	0.876～1.315
		惠济区	128	1.144	0.280	24.50	0.790～1.702
		新密市	316	0.934	0.112	11.95	0.740～1.100
		新郑市	267	1.014	0.262	25.82	0.490～1.399
		登封市	129	1.164	0.281	24.11	0.680～1.650
		管城回族区	58	0.767	0.212	27.66	0.318～1.037
		荥阳市	559	0.993	0.189	19.02	0.710～1.270
		金水区	25	1.021	0.379	37.15	0.537～1.561
		巩义市	127	1.229	0.422	34.34	0.460～1.961
	开封市	兰考县	812	0.984	0.322	32.74	0.418～1.490
		尉氏县	447	1.063	0.222	20.85	0.748～1.502
		祥符区	476	0.614	0.206	33.53	0.320～0.990
		杞县	389	1.142	0.285	24.98	0.734～1.670
		禹王台区	63	0.917	0.385	41.99	0.390～1.500
		通许县	325	0.963	0.290	30.13	0.540～1.429
		金明区	93	0.865	0.394	45.50	0.300～1.533
		鼓楼区	55	0.563	0.165	29.27	0.300～0.845
		龙亭区	101	1.034	0.423	40.91	0.349～1.741
		顺河回族区	11	1.065	0.541	50.80	0.575～1.880
	洛阳市	伊川县	158	0.928	0.210	22.60	0.659～1.311
		偃师区	722	1.165	0.374	32.10	0.602～1.951
		孟津区	440	1.056	0.205	19.42	0.780～1.390
		嵩县	10	0.949	0.216	22.80	0.740～1.289
		新安县	483	1.135	0.310	27.33	0.651～1.669
		合并区	127	1.092	0.330	30.24	0.623～1.754
	平顶山市	卫东区	68	0.960	0.243	25.34	0.600～1.346
		叶县	534	1.122	0.270	24.08	0.703～1.587
		宝丰县	929	1.309	0.273	20.82	0.933～1.808
		新华区	103	1.009	0.248	24.55	0.691～1.346
		汝州市	925	1.491	0.360	24.13	0.890～2.082
		湛河区	163	1.044	0.350	33.54	0.640～1.870

（续）

省份 （垦区）	属地	下辖区域 （单位）	样本数 （个）	平均值 （g/kg）	标准差	变异系数 （%）	5%～95%范围 （g/kg）
河南省	平顶山市	舞钢市	97	1.200	0.232	19.32	0.874～1.642
		郏县	856	0.624	0.391	62.70	0.310～1.510
	安阳市	内黄县	859	0.836	0.271	32.35	0.450～1.330
		北关区	17	1.281	0.264	20.65	0.698～1.544
		安阳县	119	1.344	0.344	25.56	0.879～1.940
		林州市	447	1.362	0.252	18.51	0.961～1.790
		殷都区	38	1.239	0.411	33.16	0.435～1.765
		汤阴县	525	1.261	0.357	28.28	0.770～1.905
		滑县	1 142	0.972	0.217	22.37	0.630～1.310
		龙安区	40	1.218	0.276	22.62	0.839～1.822
	鹤壁市	山城区	15	1.507	0.301	20.01	1.144～1.942
		浚县	1 010	1.119	0.340	30.38	0.611～1.680
		淇县	523	1.059	0.228	21.55	0.762～1.479
		淇滨区	26	1.470	0.308	20.96	0.967～1.913
		鹤山区	23	1.532	0.333	21.75	1.035～2.068
	新乡市	卫辉市	317	1.251	0.300	24.01	0.830～1.754
		原阳县	232	1.122	0.362	32.28	0.564～1.730
		封丘县	459	1.019	0.297	29.16	0.580～1.543
		延津县	574	0.723	0.191	26.38	0.422～1.010
		新乡县	434	1.035	0.279	26.97	0.600～1.503
		获嘉县	669	1.413	0.499	35.35	0.632～2.361
		辉县市	661	1.252	0.456	36.37	0.442～2.053
		长垣市	609	1.014	0.317	31.25	0.575～1.628
		牧野区	10	1.894	0.489	25.84	1.369～2.364
		平原示范区	17	1.571	0.580	36.92	0.399～2.375
	焦作市	修武县	457	1.400	0.301	21.48	0.926～1.870
		博爱县	117	1.477	0.353	23.87	0.850～2.012
		孟州市	905	1.084	0.347	32.03	0.486～1.621
		山阳区	25	1.353	0.328	24.26	0.943～1.898
		武陟县	388	0.991	0.377	38.06	0.430～1.661
		沁阳市	936	1.372	0.315	22.96	0.880～1.874
		温县	078	1.045	0.281	26.86	0.650～1.502
		马村区	21	1.300	0.241	18.53	0.994～1.650

省份 （垦区）	属地	下辖区域 （单位）	样本数 （个）	平均值 （g/kg）	标准差	变异系数 （%）	5%～95%范围 （g/kg）
河南省	焦作市	高新区	91	1.428	0.452	31.67	0.785～2.173
	濮阳市	南乐县	781	0.935	0.293	31.35	0.541～1.451
		台前县	300	1.125	0.208	18.47	0.785～1.396
		清丰县	745	0.931	0.133	14.31	0.727～1.137
		濮阳县	1 413	0.908	0.104	11.44	0.730～1.080
		范县	304	0.896	0.137	15.26	0.695～1.110
		合并区	603	0.913	0.222	24.30	0.563～1.264
	许昌市	禹州市	296	1.171	0.251	21.42	0.740～1.555
		襄城县	844	0.954	0.222	23.26	0.632～1.340
		建安区	672	1.077	0.192	17.81	0.819～1.376
		鄢陵县	586	1.189	0.239	20.07	0.829～1.620
		长葛市	780	1.025	0.142	13.85	0.800～1.260
		魏都区	26	0.905	0.102	11.28	0.739～1.006
		东城区	263	0.969	0.131	13.57	0.753～1.139
		经济开发区	216	0.997	0.191	19.11	0.721～1.328
		示范区	74	1.237	0.149	12.07	1.001～1.506
	漯河市	临颍县	251	1.257	0.202	16.10	0.960～1.585
		召陵区	140	1.382	0.300	21.74	0.940～1.901
		舞阳县	473	1.206	0.292	24.24	0.820～1.724
		郾城区	345	0.968	0.205	21.23	0.800～1.449
		合并区	51	1.000	0.384	38.43	0.505～1.535
	三门峡市	卢氏县	255	1.044	0.230	22.05	0.732～1.339
		渑池县	914	0.970	0.180	18.55	0.670～1.290
		湖滨区	278	1.204	0.412	34.20	0.680～2.111
		灵宝市	606	0.869	0.243	27.94	0.520～1.333
		陕州区	495	0.845	0.225	26.46	0.487～1.240
		义马市	157	0.865	0.455	52.56	0.423～1.684
	南阳市	内乡县	415	1.044	0.102	9.73	0.900～1.170
		南召县	310	0.971	0.255	26.27	0.640～1.416
		卧龙区	408	1.010	0.161	15.93	0.810～1.321
		宛城区	487	1.229	0.216	17.53	0.908～1.580
		新野县	512	1.050	0.287	27.35	0.626～1.530
		方城县	503	1.078	0.200	18.57	0.800～1.435

省份 （垦区）	属地	下辖区域 （单位）	样本数 （个）	平均值 （g/kg）	标准差	变异系数 （%）	5%～95%范围 （g/kg）
河南省	南阳市	桐柏县	457	1.029	0.231	22.44	0.720～1.480
		淅川县	385	0.975	0.241	24.74	0.644～1.400
		西峡县	33	1.033	0.195	18.89	0.790～1.399
		邓州市	637	1.166	0.278	23.82	0.770～1.631
		镇平县	630	1.104	0.217	19.66	0.800～1.487
	商丘市	夏邑县	785	1.258	0.298	23.65	0.810～1.770
		宁陵县	333	1.046	0.207	19.75	0.684～1.322
		柘城县	869	1.178	0.193	16.37	0.881～1.539
		梁园区	200	1.225	0.323	26.34	0.689～1.721
		民权县	694	1.183	0.353	29.89	0.600～1.790
		永城市	1 385	1.328	0.261	19.64	0.967～1.790
		睢阳区	552	1.256	0.364	29.01	0.680～1.890
		虞城县	571	1.267	0.303	23.92	0.775～1.720
		睢县	559	1.091	0.281	25.72	0.727～1.570
		合并区	148	1.250	0.314	25.47	0.841～1.706
	信阳市	光山县	329	1.233	0.326	26.47	0.588～1.692
		平桥区	546	1.175	0.284	24.15	0.733～1.631
		息县	853	0.941	0.142	15.12	0.734～1.171
		新县	422	1.435	0.350	24.39	0.829～1.953
		浉河区	115	1.538	0.375	24.36	1.006～2.278
		淮滨县	490	0.803	0.206	25.67	0.530～1.200
		潢川县	481	1.069	0.189	17.68	0.793～1.332
		罗山县	883	1.174	0.168	14.28	0.880～1.410
		合并区	379	1.164	0.329	28.24	0.780～1.892
	周口市	商水县	306	1.183	0.196	16.59	0.891～1.565
		太康县	200	1.352	0.263	19.49	1.029～1.782
		扶沟县	769	1.057	0.209	19.75	0.740～1.440
		淮阳区	757	1.111	0.256	23.03	0.705～1.575
		西华县	435	0.977	0.112	11.46	0.820～1.130
		郸城县	198	1.550	0.312	20.12	1.127～2.150
		项城市	225	1.132	0.197	17.40	0.810～1.430
		鹿邑县	264	1.436	0.201	13.98	1.110～1.759
		合并区	1 699	1.108	0.388	35.03	0.543～1.763

（续）

省份 （垦区）	属地	下辖区域 （单位）	样本数 （个）	平均值 （g/kg）	标准差	变异系数 （%）	5%～95%范围 （g/kg）
河南省	驻马店市	上蔡县	660	1.348	0.600	44.52	0.689～2.369
		平舆县	502	1.243	0.146	11.73	1.037～1.492
		新蔡县	183	1.082	0.176	16.25	0.831～1.378
		正阳县	475	0.917	0.135	14.71	0.733～1.160
		汝南县	197	1.211	0.369	30.48	0.798～1.950
		泌阳县	1 063	0.998	0.201	20.14	0.673～1.310
		确山县	322	0.867	0.060	6.91	0.780～0.970
		西平县	311	1.115	0.158	14.16	0.865～1.400
		遂平县	309	1.063	0.279	26.30	0.616～1.550
		合并区	679	1.185	0.219	18.44	0.870～1.570
	济源市	济源示范区（省辖市）	689	1.288	0.323	25.10	0.790～1.866

县级土壤全氮

省份（垦区）	属地	下辖区域（单位）	样本数（个）	平均值（g/kg）	标准差	变异系数（%）	5%～95%范围（g/kg）
湖北省	武汉市	东西湖区	792	1.033	0.156	15.14	1.000～1.211
		汉南区	70	1.325	0.501	37.79	0.650～1.960
		蔡甸区	174	1.391	0.391	28.10	0.900～2.131
		江夏区	456	0.969	0.438	45.21	0.320～1.768
		黄陂区	841	1.404	0.385	27.46	0.870～2.160
		新洲区	313	1.161	0.389	33.47	0.630～1.970
	黄石市	阳新县	1 023	1.049	0.645	61.52	0.170～2.202
	十堰市	郧阳区	670	0.980	0.374	38.15	0.388～1.582
		竹山县	198	1.063	0.459	43.16	0.441～1.890
		竹溪县	151	1.395	0.498	35.67	0.690～2.268
		房县	128	1.733	0.803	46.35	0.592～3.109
		丹江口市	298	0.993	0.388	39.09	0.500～1.609
	宜昌市	远安县	287	0.909	0.230	25.32	0.570～1.230
		兴山县	167	1.284	0.383	29.81	0.640～1.900
		秭归县	1 096	1.075	0.493	45.87	0.340～1.992
		长阳土家族自治县	316	1.166	0.086	7.38	1.100～1.300
		当阳市	758	1.100	0.258	23.45	0.600～1.500
		枝江市	340	1.301	0.387	29.78	0.750～1.994
	襄阳市	襄城区	66	1.698	0.666	39.24	0.670～2.982
		樊城区	50	1.136	0.226	19.91	0.874～1.547
		襄州区	780	1.296	0.260	20.02	0.916～1.730
		南漳县	918	1.859	0.473	25.43	1.200～2.791
		谷城县	439	0.746	0.392	52.53	0.340～1.591
		保康县	224	1.798	0.627	34.88	0.789～2.854
		老河口市	98	0.802	0.146	18.16	0.584～1.026
		宜城市	752	1.289	0.481	37.34	0.427～1.998
	荆门市	掇刀区	12	0.637	0.191	29.98	0.436～0.946
		沙洋县	1 464	1.422	0.340	23.92	0.907～1.926
		钟祥市	1 730	1.327	0.525	39.57	0.494～2.197
		京山市	574	1.352	0.499	36.92	0.649～2.196
	孝感市	孝昌县	210	1.261	0.404	32.00	0.570～1.940
		大悟县	422	1.102	0.571	51.75	0.159～1.850
		云梦县	228	1.300	0.484	34.96	0.810～2.270
		安陆市	1 153	0.735	0.698	94.97	0.155～1.962

省份 （垦区）	属地	下辖区域 （单位）	样本数 （个）	平均值 （g/kg）	标准差	变异系数 （%）	5%～95%范围 （g/kg）
湖北省	孝感市	汉川市	541	1.638	0.547	33.42	0.890～2.660
	荆州市	沙市区	1 871	1.470	0.461	31.39	0.790～2.370
		荆州区	5 285	1.430	0.450	31.47	0.760～2.310
		公安县	1 095	1.665	0.616	37.02	0.754～2.776
		江陵县	363	1.146	0.315	27.48	0.600～1.618
		石首市	1 700	1.275	0.455	35.73	0.630～2.040
		洪湖市	403	1.638	0.625	38.17	0.652～2.690
		松滋市	769	1.383	0.403	29.14	0.778～2.032
		监利市	1 010	1.267	0.369	29.14	0.660～1.935
	咸宁市	咸安区	640	1.519	0.322	21.18	1.020～2.074
		嘉鱼县	212	1.348	0.409	30.31	0.966～2.244
		通城县	280	0.264	0.154	58.34	0.180～0.370
		崇阳县	372	0.859	0.736	85.72	0.196～2.200
		通山县	626	1.395	0.348	24.96	0.960～1.988
		赤壁市	15	1.172	0.425	36.22	0.303～1.630
	随州市	曾都区	643	1.090	0.293	26.86	0.661～1.640
		随县	598	1.487	0.395	26.53	0.908～2.143
		广水市	863	1.059	0.416	39.28	0.310～1.720
	恩施土家族 苗族自治州	巴东县	488	1.348	0.701	52.03	0.414～2.620
		宣恩县	267	1.706	0.532	31.18	0.843～2.717
		咸丰县	410	2.169	0.528	24.34	1.372～3.129
		来凤县	314	1.668	0.546	32.75	0.907～2.581
	省直管 行政单位	仙桃市	753	1.349	0.445	33.00	0.700～2.100
		潜江市	866	1.516	0.544	35.90	0.690～2.454
		天门市	1 964	1.041	0.467	44.91	0.326～1.766
		神农架林区	165	1.335	0.708	53.05	0.414～2.538

县级土壤全氮

省份 （垦区）	属地	下辖区域 （单位）	样本数 （个）	平均值 （g/kg）	标准差	变异系数 （%）	5%～95%范围 （g/kg）
湖南省	长沙市	望城区	250	1.980	0.489	24.69	1.044～2.698
		长沙县	200	1.991	0.617	30.96	0.996～3.071
		宁乡市	710	1.928	0.465	24.11	1.121～2.661
	株洲市	茶陵县	390	1.559	0.784	50.31	0.187～2.740
		醴陵市	1 270	2.157	0.518	24.01	1.298～2.955
	湘潭市	湘乡市	246	2.127	0.467	21.94	1.368～2.814
		韶山市	272	1.853	0.349	18.83	1.480～2.450
	衡阳市	衡山县	163	2.020	0.511	25.30	1.176～2.926
		衡东县	514	1.691	0.695	41.09	0.192～2.590
		祁东县	634	1.875	0.665	35.48	0.960～3.054
		耒阳市	1 092	1.810	0.600	33.13	0.986～2.923
	邵阳市	新邵县	932	1.569	0.821	52.31	0.188～2.837
		邵阳县	88	1.912	0.636	33.25	0.974～3.073
		隆回县	1 305	1.738	0.620	35.66	0.762～2.898
		洞口县	715	2.102	0.529	25.19	1.113～3.023
		绥宁县	112	2.385	0.604	25.32	1.461～3.278
		新宁县	98	1.009	0.081	8.04	0.919～1.200
		城步苗族自治县	73	2.348	0.719	30.63	0.747～3.264
		武冈市	685	2.247	0.614	27.34	1.251～3.242
		邵东市	899	2.127	0.544	25.59	1.189～3.062
	岳阳市	云溪区	160	1.492	0.316	21.17	1.233～2.184
		岳阳县	663	2.015	0.562	27.89	1.060～2.886
		华容县	396	1.642	0.469	28.58	0.750～2.372
		湘阴县	871	1.892	0.512	27.05	1.025～2.776
		平江县	924	2.178	0.421	19.35	1.450～2.790
		屈原管理区	441	1.694	0.514	30.35	0.948～2.570
		汨罗市	1 041	1.987	0.460	23.17	1.186～2.739
		临湘市	205	1.989	0.441	22.18	1.168～2.652
	常德市	鼎城区	25	0.400	0.549	137.26	0.152～1.843
		安乡县	706	1.355	0.466	34.42	0.760～2.210
		汉寿县	545	1.814	0.541	29.79	0.880～2.632
		澧县	970	1.855	0.448	24.15	1.064～2.560
		临澧县	268	1.449	0.448	30.89	0.720～2.120
		桃源县	2 566	1.577	0.492	31.20	0.690～2.350

省份 （垦区）	属地	下辖区域 （单位）	样本数 （个）	平均值 （g/kg）	标准差	变异系数 （%）	5%～95%范围 （g/kg）
湖南省	常德市	石门县	720	1.498	0.447	29.85	0.890～2.350
		津市市	131	1.349	0.369	27.34	0.830～2.000
	张家界市	永定区	632	1.360	0.289	21.22	0.920～1.830
		慈利县	1 179	1.359	0.416	30.59	0.730～2.104
		桑植县	717	1.695	0.335	19.75	1.082～2.160
	益阳市	资阳区	1 798	1.493	0.748	50.13	0.300～2.600
		赫山区	778	2.071	0.529	25.53	1.020～2.841
		南县	193	1.841	0.563	30.59	0.975～2.940
		桃江县	851	2.262	0.475	21.01	1.360～2.980
		安化县	248	1.926	0.649	33.73	0.946～2.993
		沅江市	365	1.774	0.629	35.44	0.720～2.846
	郴州市	北湖区	32	2.204	0.557	25.28	1.359～3.097
		桂阳县	769	2.162	0.623	28.80	1.145～3.146
		永兴县	720	1.914	0.684	35.74	0.679～2.924
		临武县	118	2.057	0.656	31.90	1.112～3.242
		汝城县	448	0.851	0.914	107.43	0.157～2.588
		安仁县	16	1.239	0.419	33.80	1.020～2.080
		资兴市	145	2.016	0.652	32.37	0.936～3.112
	永州市	零陵区	745	1.913	0.568	29.66	1.070～2.938
		冷水滩区	264	2.235	0.598	26.76	1.320～3.175
		东安县	420	1.960	0.709	36.18	0.670～3.070
		道县	177	1.425	0.539	37.84	0.686～2.523
		江永县	297	1.291	0.787	60.96	0.182～2.774
		宁远县	250	1.514	0.711	46.98	0.220～2.760
		蓝山县	14	1.514	0.346	22.86	1.200～2.075
		新田县	456	2.166	0.616	28.45	1.188～3.165
		祁阳市	957	1.822	0.536	29.42	1.050～2.750
	怀化市	沅陵县	591	1.543	0.509	32.97	0.690～2.480
		辰溪县	727	1.507	0.495	32.85	0.700～2.317
		溆浦县	1 039	1.688	0.557	33.01	0.900～2.730
		会同县	225	2.043	0.530	25.92	1.164～2.882
		麻阳苗族自治县	101	1.405	0.854	60.81	0.166～2.720
		靖州苗族侗族自治县	147	2.108	0.427	20.24	1.510～2.847

省份 （垦区）	属地	下辖区域 （单位）	样本数 （个）	平均值 （g/kg）	标准差	变异系数 （%）	5%～95%范围 （g/kg）
湖南省	怀化市	通道侗族自治县	400	1.862	0.464	24.90	1.180～2.640
		洪江市	1 002	1.935	0.499	25.77	1.250～2.770
	娄底市	娄星区	333	1.993	0.297	14.88	1.526～2.514
		双峰县	422	2.118	0.551	25.99	1.154～3.080
		新化县	462	2.012	0.599	29.78	1.062～2.980
		冷水江市	139	1.990	0.632	31.78	1.139～3.183
	湘西土家族 苗族自治州	吉首市	529	1.437	0.502	34.97	0.205～2.316
		泸溪县	292	1.458	0.515	35.30	0.701～2.260
		凤凰县	777	1.689	0.467	27.67	1.040～2.622
		花垣县	201	1.532	0.953	62.22	0.170～2.950
		保靖县	169	1.545	0.508	32.88	0.866～2.480
		永顺县	944	1.326	0.466	35.11	0.851～2.278
		龙山县	965	1.507	0.413	27.40	0.931～2.208

县级土壤全氮

省份（垦区）	属地	下辖区域（单位）	样本数（个）	平均值（g/kg）	标准差	变异系数（%）	5%～95%范围（g/kg）
广东省	广州市	白云区	498	1.232	0.534	43.36	0.424～2.114
		黄埔区	13	1.268	0.511	40.25	0.698～2.146
		番禺区	321	1.640	0.217	13.25	1.260～1.950
		花都区	100	1.298	0.419	32.29	0.560～2.072
		南沙区	164	1.442	0.292	20.24	1.040～1.890
		增城区	56	1.261	0.407	32.31	0.558～1.948
	韶关市	武江区	49	1.476	0.630	42.72	0.582～2.554
		浈江区	58	1.195	0.653	54.64	0.420～2.562
		曲江区	169	1.583	0.580	36.65	0.712～2.560
		始兴县	291	1.182	0.526	44.49	0.530～2.300
		仁化县	311	1.551	0.532	34.34	0.770～2.500
		翁源县	477	1.381	0.462	33.48	0.760～2.310
		乳源瑶族自治县	777	1.592	0.633	39.77	0.781～2.770
		新丰县	446	1.693	0.516	30.48	0.935～2.545
		乐昌市	203	1.840	0.699	37.98	0.815～3.010
		南雄市	283	1.357	0.505	37.21	0.581～2.278
	深圳市	坪山区	10	1.227	0.211	17.20	0.939～1.540
	珠海市	斗门区	119	1.663	0.519	31.21	0.965～2.520
		金湾区	102	1.441	0.231	16.05	1.042～1.729
	汕头市	龙湖区	12	1.038	0.413	39.81	0.576～1.721
		金平区	10	2.732	0.567	20.77	2.013～3.538
		潮阳区	83	1.501	0.563	37.53	0.604～2.353
		潮南区	101	1.321	0.563	42.65	0.500～2.360
		澄海区	12	1.404	0.445	31.69	0.732～1.872
	佛山市	南海区	104	1.138	0.428	37.57	0.538～1.758
		三水区	52	1.058	0.337	31.86	0.576～1.530
		高明区	415	1.444	0.578	40.04	0.803～2.643
	江门市	蓬江区	16	0.921	0.197	21.41	0.658～1.190
		江海区	21	1.436	0.159	11.05	1.260～1.650
		新会区	161	1.968	0.644	32.71	0.910～3.090
		台山市	489	1.715	0.635	37.04	0.720～2.796
		开平市	1 057	1.978	0.512	25.87	1.150～2.600
		鹤山市	182	1.440	0.490	34.01	0.697～2.329
		恩平市	175	1.431	0.462	32.31	0.744～2.163

省份 （垦区）	属地	下辖区域 （单位）	样本数 （个）	平均值 （g/kg）	标准差	变异系数 （%）	5%～95%范围 （g/kg）
广东省	湛江市	坡头区	30	0.861	0.443	51.52	0.318～1.657
		麻章区	133	1.110	0.443	39.93	0.486～1.844
		遂溪县	592	1.165	0.527	45.21	0.382～2.128
		徐闻县	283	1.267	0.446	35.16	0.486～1.949
		廉江市	389	1.198	0.549	45.82	0.380～2.130
		雷州市	886	1.308	0.612	46.82	0.410～2.485
		吴川市	236	1.213	0.620	51.12	0.378～2.271
	茂名市	电白区	635	1.294	0.473	36.57	0.567～2.143
		高州市	1 177	1.205	0.443	36.71	0.498～1.990
		化州市	1 447	1.195	0.557	46.58	0.440～2.217
		信宜市	456	1.801	0.550	30.52	0.950～2.750
	肇庆市	鼎湖区	30	1.192	0.568	47.63	0.528～2.235
		高要区	530	1.734	0.630	36.34	0.895～2.902
		广宁县	73	2.065	0.547	26.49	1.272～3.056
		怀集县	645	1.711	0.556	32.46	0.832～2.706
		封开县	239	1.776	0.608	34.21	0.989～2.960
		德庆县	106	2.088	0.553	26.51	1.100～2.900
		四会市	101	1.700	0.568	33.43	0.920～2.600
	惠州市	惠城区	278	1.210	0.428	35.39	0.663～2.002
		惠阳区	943	0.953	0.402	42.19	0.410～1.660
		博罗县	423	1.157	0.565	48.82	0.460～2.336
		惠东县	747	1.231	0.469	38.07	0.603～2.101
		龙门县	217	1.398	0.570	40.76	0.708～2.540
	梅州市	梅江区	10	0.975	0.552	56.59	0.484～1.929
		梅县区	161	1.917	0.693	36.16	0.800～3.210
		大埔县	146	1.902	0.559	29.36	1.089～2.875
		丰顺县	488	1.364	0.433	31.73	0.765～2.240
		五华县	648	1.560	0.524	33.59	0.760～2.480
		平远县	1 046	1.675	0.406	24.22	1.042～2.300
		蕉岭县	93	1.794	0.564	31.45	1.116～2.656
		兴宁市	570	1.969	0.585	29.69	1.061～2.958
	汕尾市	城区	16	1.481	0.507	34.23	0.772～2.135
		海丰县	299	1.125	0.515	45.74	0.500～2.240

省份 (垦区)	属地	下辖区域 (单位)	样本数 (个)	平均值 (g/kg)	标准差	变异系数 (%)	5%～95%范围 (g/kg)
广东省	汕尾市	陆丰市	268	1.550	0.724	46.68	0.471～2.806
	河源市	源城区	10	0.814	0.303	37.20	0.370～1.111
		紫金县	72	1.551	0.612	39.46	0.745～2.590
		龙川县	329	2.066	0.562	27.22	0.920～2.940
		连平县	160	1.427	0.461	32.29	0.699～2.166
		和平县	65	1.896	0.642	33.86	0.930～2.796
		东源县	378	1.550	0.456	29.40	0.890～2.310
	阳江市	江城区	243	1.345	0.525	39.02	0.528～2.313
		阳东区	284	1.396	0.440	31.49	0.674～2.148
		阳西县	280	1.335	0.498	37.33	0.520～2.153
		阳春市	396	1.361	0.474	34.85	0.620～2.195
	清远市	清城区	201	1.441	0.567	39.33	0.510～2.370
		清新区	156	1.635	0.658	40.23	0.660～2.910
		佛冈县	104	1.701	0.645	37.89	0.593～2.720
		阳山县	339	1.724	0.649	37.65	0.678～2.821
		连山壮族瑶族自治县	323	1.786	0.556	31.15	0.941～2.910
		连南瑶族自治县	74	2.050	0.670	32.70	0.910～3.074
		英德市	456	1.521	0.657	43.16	0.690～2.907
		连州市	606	2.082	0.671	32.22	1.012～3.298
	东莞市	市辖区	400	1.196	0.499	41.71	0.542～2.091
	中山市	市辖区	219	1.713	0.534	31.17	1.069～2.890
	潮州市	湘桥区	22	1.260	0.459	36.39	0.561～2.019
		潮安区	114	1.377	0.588	42.68	0.473～2.263
		饶平县	164	1.267	0.436	34.39	0.740～1.995
	揭阳市	榕城区	28	2.172	0.685	31.52	0.960～2.936
		揭东区	345	1.647	0.309	18.77	1.100～2.046
		揭西县	39	1.148	0.422	36.78	0.676～1.993
		惠来县	645	1.061	0.477	44.96	0.390～1.968
		普宁市	106	1.369	0.533	38.94	0.650～2.400
	云浮市	云城区	87	1.409	0.452	32.09	0.773～2.170
		云安区	128	1.795	0.689	38.41	0.810～3.116
		新兴县	190	1.651	0.546	33.05	0.869～2.576
		郁南县	501	1.702	0.437	25.66	1.140～2.570
		罗定市	853	1.108	0.772	69.71	0.135～2.404

县级土壤全氮

省份 （垦区）	属地	下辖区域 （单位）	样本数 （个）	平均值 （g/kg）	标准差	变异系数 （%）	5%～95%范围 （g/kg）
广西壮族 自治区	南宁市	兴宁区	136	1.253	0.388	30.99	0.652～1.846
		青秀区	151	1.269	0.517	40.73	0.538～2.325
		江南区	67	1.358	0.214	15.73	1.136～1.754
		西乡塘区	316	1.260	0.441	34.98	0.628～1.930
		良庆区	56	1.200	0.090	7.50	1.063～1.366
		邕宁区	67	1.231	0.110	8.96	1.088～1.390
		武鸣区	175	1.677	0.135	8.05	1.464～1.917
		隆安县	93	1.954	0.203	10.38	1.621～2.310
		马山县	191	1.779	0.718	40.35	0.650～2.890
		上林县	150	1.885	0.773	41.03	0.749～2.976
		宾阳县	136	1.813	0.757	41.78	0.585～3.058
		横州市	322	1.789	0.420	23.47	1.111～2.500
	柳州市	柳南区	205	1.092	0.464	42.51	0.432～2.086
		柳北区	296	1.241	0.398	32.09	0.744～2.000
		柳江区	256	1.758	0.808	45.99	0.720～3.235
		柳城县	926	0.976	0.654	67.02	0.119～2.089
		鹿寨县	176	1.854	0.711	38.33	0.600～2.960
		融安县	97	1.594	0.571	35.82	0.684～2.552
		融水苗族自治县	253	2.301	0.823	35.76	0.722～3.500
		三江侗族自治县	482	1.997	0.684	34.23	0.773～3.170
	桂林市	雁山区	17	2.105	0.829	39.38	0.656～3.228
		临桂区	151	2.184	0.703	32.19	1.150～3.350
		阳朔县	44	2.265	0.815	35.97	1.013～3.500
		灵川县	82	2.089	0.690	33.05	1.182～3.465
		全州县	208	2.100	0.734	34.95	1.004～3.423
		兴安县	79	2.072	0.586	28.27	1.258～3.254
		永福县	80	2.093	0.618	29.52	1.308～3.293
		灌阳县	60	2.345	0.737	31.43	1.170～3.450
		龙胜各族自治县	27	2.151	0.515	23.96	1.608～3.275
		资源县	76	2.127	0.588	27.64	1.255～3.278
		平乐县	56	2.284	0.727	31.84	1.185～3.500
		恭城瑶族自治县	18	1.296	0.371	28.61	0.885～1.865
		荔浦市	115	1.740	0.680	39.07	0.737～3.052
	梧州市	龙圩区	59	2.099	0.494	23.53	1.505～3.252

省份（垦区）	属地	下辖区域（单位）	样本数（个）	平均值（g/kg）	标准差	变异系数（%）	5%～95%范围（g/kg）
广西壮族自治区	梧州市	苍梧县	31	2.126	0.185	8.70	1.838～2.385
		藤县	138	1.755	0.380	21.64	1.044～2.472
		蒙山县	19	1.254	0.272	21.67	0.881～1.714
		岑溪市	113	2.041	0.444	21.77	1.360～2.679
	北海市	海城区	16	1.040	0.421	40.53	0.664～1.774
		银海区	31	0.967	0.363	37.58	0.746～1.795
		铁山港区	28	0.937	0.038	4.06	0.868～0.998
		合浦县	252	1.280	0.435	33.96	0.647～1.829
	防城港市	防城区	76	1.613	0.477	29.58	0.928～2.545
		上思县	87	1.158	0.153	13.18	0.939～1.409
	钦州市	钦南区	70	1.518	0.111	7.32	1.329～1.648
		钦北区	70	1.594	0.109	6.84	1.401～1.782
		灵山县	120	1.481	0.153	10.30	1.258～1.797
		浦北县	117	1.968	0.485	24.63	1.329～2.934
	贵港市	港北区	56	1.476	0.164	11.14	1.257～1.807
		港南区	380	1.549	0.484	31.24	0.746～2.352
		覃塘区	91	1.611	0.124	7.71	1.377～1.789
		平南县	462	1.798	0.608	33.79	0.871～2.919
		桂平市	331	1.642	0.468	28.48	1.050～2.569
	玉林市	玉州区	37	1.708	0.517	30.26	1.007～2.694
		福绵区	30	1.726	0.077	4.48	1.637～1.851
		容县	89	1.931	0.589	30.49	1.120～3.182
		陆川县	50	1.753	0.111	6.32	1.535～1.895
		博白县	107	1.467	0.200	13.64	1.280～1.925
		兴业县	51	1.712	0.110	6.45	1.502～1.896
		北流市	124	1.643	0.494	30.09	1.018～2.587
	百色市	右江区	137	1.454	0.481	33.07	0.798～2.201
		田阳区	55	1.703	0.315	18.51	1.270～2.237
		田东县	97	1.422	0.163	11.49	1.188～1.682
		德保县	60	2.040	0.272	13.33	1.600～2.333
		那坡县	41	1.898	0.199	10.46	1.704～2.238
		凌云县	25	1.313	0.492	37.44	0.836～2.372
		乐业县	72	1.991	0.493	24.78	1.311～2.874

省份 （垦区）	属地	下辖区域 （单位）	样本数 （个）	平均值 （g/kg）	标准差	变异系数 （%）	5%～95%范围 （g/kg）
广西壮族 自治区	百色市	田林县	31	1.424	0.418	29.36	0.780～2.010
		西林县	74	1.793	0.408	22.74	1.204～2.484
		隆林各族自治县	68	1.589	0.735	46.25	0.737～3.055
		靖西市	100	2.376	0.189	7.95	2.076～2.631
		平果市	69	2.077	0.169	8.12	1.824～2.255
	贺州市	八步区	175	1.869	0.656	35.12	0.700～3.000
		平桂区	80	1.652	0.618	37.42	0.727～2.671
		昭平县	692	1.800	0.470	26.11	1.136～2.661
		钟山县	111	1.864	0.744	39.92	0.830～3.100
		富川瑶族自治县	623	2.499	0.777	31.08	1.171～3.601
	河池市	金城江区	69	1.908	0.618	32.37	1.044～2.996
		宜州区	753	1.786	0.754	42.19	0.816～3.298
		南丹县	80	2.227	0.611	27.43	1.200～3.134
		天峨县	38	1.616	0.314	19.42	1.220～2.262
		凤山县	61	1.870	0.364	19.46	1.310～2.400
		东兰县	64	2.014	0.645	32.03	1.070～3.088
		罗城仫佬族自治县	379	1.707	0.716	41.96	0.780～3.161
		环江毛南族自治县	564	2.113	0.680	32.18	1.052～3.278
		巴马瑶族自治县	144	1.877	0.480	25.56	1.150～2.635
		都安瑶族自治县	145	1.773	0.634	35.76	0.900～2.996
		大化瑶族自治县	44	1.832	0.542	29.59	0.993～2.625
	来宾市	兴宾区	853	1.266	0.590	46.62	0.580～2.374
		忻城县	178	1.461	0.592	40.53	0.857～2.713
		象州县	211	1.916	0.748	39.01	0.850～3.305
		武宣县	440	1.664	0.671	40.34	0.932～3.260
		金秀瑶族自治县	40	1.904	0.747	39.21	0.807～3.348
		合山市	56	1.821	0.611	33.52	1.068～2.890
	崇左市	江州区	237	1.565	0.298	19.06	1.144～1.987
		扶绥县	199	1.658	0.162	9.79	1.380～1.961
		宁明县	125	1.386	0.100	7.21	1.218～1.554
		龙州县	97	1.811	0.239	13.21	1.499～2.358
		天等县	70	1.828	0.263	14.38	1.516～2.278
		凭祥市	15	1.579	0.075	4.76	1.435～1.661

县级土壤全氮

省份 （垦区）	属地	下辖区域 （单位）	样本数 （个）	平均值 （g/kg）	标准差	变异系数 （%）	5%～95%范围 （g/kg）
海南省	海口市	秀英区	44	0.769	0.340	44.25	0.209～1.075
		龙华区	44	0.698	0.175	25.11	0.403～0.946
		琼山区	79	0.562	0.457	81.37	0.146～1.932
		美兰区	53	0.625	0.302	48.29	0.169～0.938
	三亚市	海棠区	30	1.284	0.627	48.81	0.786～2.620
		吉阳区	26	1.107	0.463	41.86	0.800～1.678
		天涯区	52	1.215	0.658	54.19	0.757～2.793
		崖州区	27	1.103	0.550	49.87	0.556～2.147
	儋州市	市辖区	245	0.689	0.313	45.35	0.257～1.314
	省直管 行政单位	五指山市	20	0.885	0.312	35.27	0.618～1.424
		琼海市	198	1.650	0.540	32.74	0.870～2.637
		文昌市	175	0.202	0.338	167.40	0.043～0.948
		万宁市	338	0.997	0.377	37.81	0.411～1.689
		东方市	100	0.467	0.227	48.57	0.170～0.783
		定安县	259	1.143	0.723	63.20	0.282～2.763
		屯昌县	100	1.055	0.445	42.17	0.525～1.802
		澄迈县	160	1.057	0.399	37.74	0.452～1.714
		临高县	150	1.054	0.451	42.80	0.424～1.820
		白沙黎族自治县	271	0.783	0.276	35.31	0.474～1.322
		昌江黎族自治县	202	0.590	0.284	48.10	0.200～1.100
		乐东黎族自治县	157	0.736	0.249	33.89	0.370～1.168
		陵水黎族自治县	139	1.099	0.433	39.40	0.607～1.950
		保亭黎族苗族自治县	30	0.897	0.297	33.10	0.512～1.431
		琼中黎族苗族自治县	30	0.911	0.324	35.54	0.482～1.496

县级土壤全氮

省份 （垦区）	属地	下辖区域 （单位）	样本数 （个）	平均值 （g/kg）	标准差	变异系数 （%）	5%～95%范围 （g/kg）
重庆市	市辖区	万州区	394	0.791	0.534	67.58	0.108～1.683
		涪陵区	418	1.364	0.435	31.90	0.799～2.291
		大渡口区	138	0.926	0.270	29.13	0.528～1.446
		江北区	106	0.909	0.314	34.53	0.482～1.468
		沙坪坝区	214	1.257	0.371	29.56	0.720～1.824
		九龙坡区	192	1.418	0.396	27.92	0.850～2.069
		南岸区	138	1.146	0.350	30.52	0.675～1.792
		北碚区	919	1.148	0.325	28.32	0.730～1.840
		綦江区	414	1.130	0.386	34.15	0.638～1.883
		万盛区	83	1.326	0.557	42.02	0.535～2.267
		大足区	654	1.428	0.507	35.52	0.660～2.310
		渝北区	749	1.043	0.440	42.14	0.470～1.830
		巴南区	587	1.178	0.387	32.83	0.651～1.932
		黔江区	412	1.524	0.360	23.60	0.940～2.163
		长寿区	815	1.135	0.396	34.90	0.573～1.866
		江津区	773	1.111	0.361	32.45	0.590～1.740
		合川区	638	1.205	0.385	31.99	0.655～1.894
		永川区	344	1.130	0.476	42.12	0.500～2.014
		南川区	299	1.433	0.520	36.29	0.585～2.350
		璧山区	540	1.223	0.343	28.05	0.750～1.810
		铜梁区	1 373	1.263	0.461	36.48	0.736～2.250
		潼南区	558	1.232	0.492	39.94	0.632～2.178
		荣昌区	1 088	1.123	0.298	26.58	0.910～1.776
		开州区	978	1.188	0.526	44.27	0.469～2.152
		梁平区	829	1.122	0.533	47.48	0.135～1.966
		武隆区	594	1.452	0.454	31.30	0.777～2.250
	县	城口县	227	1.686	0.458	27.17	1.000～2.427
		丰都县	652	1.181	0.429	36.34	0.546～1.964
		垫江县	610	1.155	0.375	32.48	0.594～1.815
		忠县	1 246	0.631	0.556	88.12	0.104～1.619
		云阳县	523	1.099	0.375	34.10	0.581～1.808
		奉节县	811	1.309	0.409	31.23	0.675～2.005
		巫山县	524	0.919	0.623	67.76	0.113～1.995
		巫溪县	392	1.653	0.403	24.41	1.031～2.440

省份 （垦区）	属地	下辖区域 （单位）	样本数 （个）	平均值 （g/kg）	标准差	变异系数 （%）	5%～95%范围 （g/kg）
重庆市	县	石柱土家族自治县	401	1.037	0.653	62.91	0.113～2.172
		秀山土家族苗族自治县	423	1.533	0.370	24.15	1.031～2.287
		酉阳土家族苗族自治县	786	1.519	0.473	31.16	0.795～2.338
		彭水苗族土家族自治县	527	1.571	0.411	26.18	0.940～2.357

县级土壤全氮

省份（垦区）	属地	下辖区域（单位）	样本数（个）	平均值（g/kg）	标准差	变异系数（%）	5%～95%范围（g/kg）
四川省	成都市	龙泉驿区	396	1.027	0.423	41.20	0.459～1.772
		青白江区	436	1.110	0.366	32.96	0.780～1.872
		新都区	462	1.373	0.423	30.79	0.840～2.119
		温江区	372	1.303	0.370	28.40	0.780～1.980
		双流区	200	1.677	0.439	26.19	0.970～2.601
		郫都区	118	1.606	0.417	25.95	0.836～2.242
		新津区	92	1.650	0.615	37.28	0.720～2.654
		金堂县	744	0.949	0.362	38.11	0.492～1.648
		大邑县	430	1.309	0.501	38.31	0.760～2.420
		蒲江县	719	1.704	0.488	28.62	0.969～2.540
		都江堰市	38	1.837	0.375	20.39	1.207～2.328
		彭州市	960	1.534	0.510	33.26	0.840～2.449
		邛崃市	601	0.823	0.809	98.30	0.124～2.330
		崇州市	765	1.439	0.552	38.34	0.730～2.520
		简阳市	541	1.227	0.407	33.21	0.660～1.960
	自贡市	自流井区	119	1.161	0.753	64.83	0.102～2.333
		贡井区	478	1.625	0.510	31.41	0.700～2.375
		大安区	334	0.976	0.505	51.74	0.110～1.821
		沿滩区	905	1.236	0.451	36.50	0.650～2.156
		荣县	1 084	1.324	0.442	33.38	0.710～2.138
		富顺县	109	1.390	0.477	34.33	0.766～2.222
	攀枝花市	仁和区	30	1.359	0.536	39.45	0.755～2.270
		米易县	924	0.989	0.349	35.29	0.490～1.577
		盐边县	333	1.624	0.749	46.14	0.170～2.663
	泸州市	江阳区	249	1.329	0.461	34.68	0.694～2.306
		纳溪区	638	1.035	0.369	35.63	0.317～1.640
		龙马潭区	431	1.287	0.480	37.27	0.400～2.099
		泸县	1 094	1.119	0.326	29.14	0.696～1.740
		合江县	846	1.087	0.361	33.18	0.570～1.770
		叙永县	1 351	1.221	0.822	67.33	0.133～2.530
		古蔺县	1 271	1.788	0.562	31.43	0.840～2.735
	德阳市	旌阳区	521	1.237	0.668	53.99	0.430～2.520
		罗江区	391	0.969	0.501	51.74	0.530～2.120
		中江县	1 307	1.315	0.469	35.68	0.710～2.147

（续）

省份 （垦区）	属地	下辖区域 （单位）	样本数 （个）	平均值 （g/kg）	标准差	变异系数 （%）	5%～95%范围 （g/kg）
四川省	德阳市	广汉市	879	1.776	0.408	22.97	1.071～2.480
		什邡市	398	1.847	0.347	18.78	1.278～2.431
		绵竹市	509	1.442	0.489	33.91	0.770～2.310
	绵阳市	涪城区	364	1.624	0.451	27.79	0.942～2.400
		游仙区	344	1.578	0.391	24.79	0.940～2.212
		安州区	356	1.721	0.464	26.98	1.040～2.540
		三台县	653	1.322	0.507	38.37	0.558～2.230
		盐亭县	192	1.253	0.412	32.84	0.553～1.919
		梓潼县	475	1.299	0.446	34.30	0.640～2.061
		北川羌族自治县	89	1.809	0.715	39.51	0.704～2.860
		平武县	276	1.463	0.506	34.60	0.720～2.392
		江油市	506	1.560	0.439	28.16	0.893～2.370
	广元市	利州区	363	1.215	0.486	40.01	0.481～2.100
		昭化区	58	1.219	0.462	37.92	0.554～2.260
		朝天区	384	1.677	0.384	22.93	1.071～2.340
		旺苍县	561	1.024	0.519	50.69	0.170～1.950
		青川县	47	1.162	0.942	81.05	0.119～2.503
		剑阁县	227	1.550	0.448	28.91	0.889～2.347
		苍溪县	762	1.327	0.357	26.90	0.867～1.978
	遂宁市	船山区	497	1.033	0.458	44.33	0.139～1.771
		安居区	746	1.141	0.346	30.35	0.620～1.720
		蓬溪县	815	1.063	0.546	51.34	0.139～2.020
		大英县	530	0.990	0.379	38.32	0.410～1.640
		射洪市	1 237	1.101	0.326	29.65	0.690～1.727
	内江市	市中区	471	0.901	0.260	28.91	0.540～1.340
		东兴区	390	1.264	0.512	40.52	0.670～2.271
		威远县	729	0.869	0.642	73.83	0.110～1.922
		资中县	1 485	0.981	0.327	33.39	0.502～1.538
		隆昌市	664	1.179	0.435	36.88	0.550～1.928
	乐山市	市中区	423	1.727	0.693	40.11	0.222～2.786
		沙湾区	54	1.243	0.448	36.05	0.696～2.039
		五通桥区	386	1.442	0.548	38.01	0.294～2.350
		金口河区	51	1.054	0.865	82.08	0.120～2.500

（续）

省份（垦区）	属地	下辖区域（单位）	样本数（个）	平均值（g/kg）	标准差	变异系数（%）	5%～95%范围（g/kg）
四川省	乐山市	犍为县	858	1.365	0.471	34.53	0.662～2.209
		井研县	557	1.174	0.671	57.20	0.170～2.260
		夹江县	92	1.610	0.472	29.29	0.976～2.534
		沐川县	158	1.663	0.479	28.79	1.038～2.563
		峨边彝族自治县	375	1.263	0.630	49.91	0.157～2.252
		马边彝族自治县	120	1.402	0.601	42.82	0.520～2.520
		峨眉山市	69	1.770	0.638	36.06	0.858～2.766
	南充市	顺庆区	439	1.086	0.405	37.31	0.480～1.843
		高坪区	1 137	0.973	0.475	48.83	0.130～1.760
		嘉陵区	177	1.033	0.378	36.58	0.488～1.684
		南部县	843	1.031	0.371	35.99	0.530～1.769
		营山县	535	1.157	0.425	36.72	0.547～1.890
		蓬安县	673	0.935	0.665	71.18	0.100～2.090
		仪陇县	521	1.105	0.440	39.82	0.570～1.920
		西充县	372	1.171	0.458	39.12	0.600～2.024
		阆中市	1 624	1.231	0.387	31.46	0.670～1.908
	眉山市	东坡区	1 179	1.596	0.505	31.63	0.790～2.480
		彭山区	172	1.194	0.417	34.97	0.810～2.073
		仁寿县	372	1.322	0.509	38.51	0.636～2.306
		洪雅县	427	1.515	0.460	30.36	0.823～2.378
		丹棱县	384	1.127	0.378	33.55	0.780～1.870
		青神县	72	1.348	0.535	39.68	0.483～2.321
	宜宾市	翠屏区	472	1.022	0.308	30.17	0.630～1.494
		叙州区	1 041	1.177	0.412	35.02	0.610～1.910
		南溪区	353	1.117	0.332	29.70	0.720～1.722
		江安县	431	1.322	0.465	35.15	0.699～2.162
		长宁县	58	1.198	0.512	42.76	0.669～2.360
		高县	396	1.204	0.377	31.30	0.562～1.698
		珙县	308	1.645	0.555	33.76	0.727～2.596
		筠连县	673	1.058	0.845	79.91	0.114～2.410
		兴文县	431	1.381	0.525	38.04	0.160～2.150
		屏山县	113	1.560	0.535	34.27	0.822～2.522
	广安市	广安区	783	0.971	0.305	31.41	0.531～1.480

（续）

省份 （垦区）	属地	下辖区域 （单位）	样本数 （个）	平均值 （g/kg）	标准差	变异系数 （%）	5%～95%范围 （g/kg）
四川省	广安市	前锋区	428	1.158	0.439	37.94	0.257～1.873
		岳池县	966	1.000	0.265	26.47	0.612～1.480
		武胜县	398	1.100	0.355	32.25	0.591～1.786
		邻水县	1 348	1.166	0.388	33.31	0.700～1.960
		华蓥市	93	1.424	0.295	20.74	1.018～1.900
	达州市	通川区	123	0.892	0.573	64.27	0.110～1.609
		达川区	923	0.977	0.488	49.95	0.123～1.770
		宣汉县	2 292	1.048	0.498	47.55	0.130～1.850
		开江县	526	0.904	0.485	53.65	0.152～1.748
		大竹县	1 224	1.162	0.399	34.31	0.620～1.860
		渠县	1 253	1.237	0.475	38.40	0.576～2.040
		万源市	628	1.442	0.641	44.45	0.150～2.403
	雅安市	雨城区	462	1.500	0.657	43.78	0.685～2.748
		名山区	454	1.606	0.488	30.38	0.800～2.467
		荥经县	52	2.111	0.446	21.11	1.340～2.790
		汉源县	1 003	1.528	0.600	39.29	0.490～2.420
		石棉县	93	1.647	0.561	34.09	0.692～2.532
		天全县	65	1.992	0.506	25.39	1.180～2.894
		芦山县	100	1.895	0.577	30.47	1.008～2.810
		宝兴县	63	2.118	0.515	24.33	1.219～2.843
	巴中市	巴州区	1 188	1.184	0.366	30.93	0.604～1.820
		恩阳区	800	0.673	0.541	80.39	0.110～1.590
		通江县	655	1.158	0.413	35.66	0.470～1.800
		南江县	973	1.432	0.391	27.32	0.844～2.131
		平昌县	1 105	0.689	0.513	74.51	0.110～1.509
	资阳市	雁江区	742	1.218	0.445	36.57	0.720～2.149
		安岳县	730	1.522	0.521	34.22	0.765～2.360
		乐至县	531	1.014	0.520	51.28	0.115～1.840
	阿坝藏族 羌族自治州	马尔康市	99	2.208	0.435	19.72	1.510～2.860
		汶川县	209	1.603	0.816	50.88	0.133～2.756
		理县	48	1.936	0.615	31.77	0.579～2.616
		茂县	88	1.916	0.559	29.18	0.988～2.738
		松潘县	146	1.882	0.503	26.75	1.070～2.647

省份 （垦区）	属地	下辖区域 （单位）	样本数 （个）	平均值 （g/kg）	标准差	变异系数 （%）	5%～95%范围 （g/kg）
四川省	阿坝藏族 羌族自治州	九寨沟县	67	1.016	0.979	96.37	0.118～2.841
		金川县	66	2.040	0.473	23.17	1.420～2.885
		小金县	140	1.152	0.811	70.43	0.189～2.621
		黑水县	130	1.865	0.493	26.46	1.068～2.732
		壤塘县	42	1.725	0.417	24.15	1.210～2.460
		阿坝县	53	1.607	0.453	28.21	1.086～2.542
		若尔盖县	55	1.107	0.961	86.80	0.201～2.570
	甘孜藏族 自治州	康定市	80	1.964	0.445	22.63	1.310～2.710
		泸定县	47	1.531	0.597	38.98	0.847～2.581
		丹巴县	36	2.101	0.482	22.95	1.365～2.752
		九龙县	39	1.970	0.508	25.79	1.078～2.770
		雅江县	35	2.174	0.472	21.71	1.475～2.832
		道孚县	68	1.941	0.420	21.65	1.210～2.579
		炉霍县	56	1.952	0.589	30.18	0.858～2.792
		甘孜县	117	1.630	0.485	29.78	0.834～2.554
		新龙县	29	2.157	0.488	22.63	1.272～2.722
		德格县	47	1.818	0.472	25.98	1.184～2.766
		白玉县	40	2.180	0.556	25.50	1.307～2.900
		石渠县	46	1.668	0.528	31.66	0.910～2.620
		色达县	10	2.423	0.354	14.61	1.810～2.833
		理塘县	66	1.951	0.604	30.97	0.968～2.901
		巴塘县	40	2.160	0.699	32.36	0.939～2.951
		乡城县	27	2.216	0.495	22.35	1.367～2.817
		稻城县	44	1.942	0.547	28.15	0.996～2.886
		得荣县	380	1.465	0.437	29.82	0.670～2.051
	凉山彝族 自治州	西昌市	788	1.591	0.622	39.11	0.550～2.606
		会理市	808	1.424	0.608	42.70	0.580～2.560
		木里藏族自治县	72	1.965	0.716	36.43	0.796～2.913
		盐源县	1 044	1.482	0.541	36.52	0.705～2.535
		德昌县	331	1.562	0.551	35.25	0.675～2.570
		会东县	512	1.503	0.557	37.09	0.714～2.530
		宁南县	415	1.597	0.578	36.19	0.767～2.650
		普格县	297	1.484	0.514	34.64	0.700～2.510

省份（垦区）	属地	下辖区域（单位）	样本数（个）	平均值（g/kg）	标准差	变异系数（%）	5%~95%范围（g/kg）
四川省	凉山彝族自治州	布拖县	461	1.980	0.646	32.64	0.740~2.870
		金阳县	121	1.382	0.863	62.45	0.124~2.670
		昭觉县	348	1.848	0.504	27.29	1.114~2.733
		喜德县	190	1.323	0.364	27.54	0.775~1.931
		冕宁县	433	1.717	0.647	37.70	0.590~2.784
		越西县	739	1.649	0.571	34.62	0.738~2.508
		甘洛县	25	1.758	0.515	29.27	1.096~2.718
		美姑县	653	1.423	0.579	40.69	0.206~2.424
		雷波县	686	0.827	0.658	79.51	0.134~2.022

县级土壤全氮

省份 （垦区）	属地	下辖区域 （单位）	样本数 （个）	平均值 （g/kg）	标准差	变异系数 （%）	5%～95%范围 （g/kg）
贵州省	贵阳市	花溪区	201	2.227	0.709	31.85	1.180～3.310
		乌当区	109	2.045	0.559	27.33	1.284～3.174
		白云区	44	2.026	0.357	17.64	1.540～2.714
		观山湖区	55	2.270	0.520	22.92	1.315～3.071
		开阳县	922	2.137	0.638	29.87	1.240～3.360
		息烽县	867	1.893	0.585	30.89	1.113～3.088
		修文县	820	1.826	0.542	29.69	0.977～2.840
		清镇市	614	2.161	0.527	24.41	1.346～3.150
	六盘水市	钟山区	73	2.159	0.745	34.51	1.084～3.552
		六枝特区	385	2.256	0.706	31.31	0.971～3.409
		水城区	578	2.289	0.728	31.82	1.088～3.491
		盘州市	181	2.018	0.769	38.13	0.746～3.393
	遵义市	红花岗区	73	1.773	0.553	31.16	0.930～2.652
		汇川区	69	1.896	0.425	22.39	1.276～2.632
		播州区	11	1.479	0.557	37.65	0.806～2.162
		桐梓县	151	1.771	0.546	30.86	0.945～2.750
		绥阳县	854	1.557	0.686	44.05	0.375～2.646
		正安县	111	1.705	0.447	26.24	1.144～2.445
		道真仡佬族苗族自治县	79	1.615	0.375	23.22	1.052～2.254
		务川仡佬族苗族自治县	27	2.053	0.626	30.52	1.151～3.060
		凤冈县	87	1.773	0.431	24.31	1.198～2.463
		湄潭县	86	1.931	0.522	27.01	1.250～3.025
		习水县	698	1.382	0.572	41.40	0.560～2.421
		仁怀市	83	1.877	0.540	28.75	1.140～2.855
	安顺市	西秀区	315	2.426	0.573	23.63	1.480～3.464
		平坝区	120	2.482	0.541	21.81	1.736～3.340
		普定县	122	2.353	0.545	23.17	1.396～3.289
		镇宁布依族苗族自治县	224	2.183	0.606	27.74	1.224～3.307
		关岭布依族苗族自治县	105	2.013	0.484	24.04	1.232～2.823
		紫云苗族布依族自治县	151	2.094	0.483	23.05	1.385～2.922
	毕节市	七星关区	123	1.955	0.627	32.05	1.006～3.024
		大方县	183	1.982	0.616	31.05	1.051～3.059
		金沙县	556	1.855	0.571	30.78	1.111～3.082
		纳雍县	139	2.187	0.668	30.55	1.211～3.533

（续）

省份（垦区）	属地	下辖区域（单位）	样本数（个）	平均值（g/kg）	标准差	变异系数（%）	5%～95%范围（g/kg）
贵州省	毕节市	赫章县	139	2.029	0.573	28.25	1.063～2.864
		黔西市	149	1.955	0.520	26.58	1.211～2.965
	铜仁市	碧江区	514	1.808	0.474	26.21	1.136～2.683
		万山区	61	2.023	0.459	22.69	1.141～2.761
		玉屏侗族自治县	67	1.809	0.554	30.61	1.126～2.810
		石阡县	313	1.668	0.433	25.95	1.096～2.408
		思南县	716	1.600	0.455	28.47	0.860～2.350
		印江土家族苗族自治县	338	1.657	0.588	35.50	0.870～2.790
		德江县	1 368	1.688	0.400	23.71	1.080～2.406
		沿河土家族自治县	25	1.784	0.865	48.50	0.936～3.244
		松桃苗族自治县	1 159	1.662	0.375	22.58	1.150～2.310
	黔西南布依族苗族自治州	兴义市	826	2.333	0.632	27.07	1.283～3.391
		兴仁市	417	2.153	0.526	24.43	1.444～3.200
		普安县	1 000	1.997	0.608	30.46	1.100～3.100
		晴隆县	54	2.225	0.667	29.99	1.163～3.317
		贞丰县	78	2.007	0.525	26.14	1.289～2.841
		望谟县	926	1.701	0.533	31.37	0.989～2.682
		册亨县	354	1.546	0.537	34.73	0.840～2.555
		安龙县	74	2.396	0.600	25.06	1.606～3.437
	黔东南苗族侗族自治州	凯里市	826	2.153	0.637	29.59	1.167～3.327
		黄平县	308	1.823	0.257	14.12	1.420～2.240
		施秉县	881	1.698	0.740	43.59	0.777～3.224
		三穗县	512	2.015	0.738	36.65	0.875～3.274
		镇远县	348	2.132	0.630	29.57	1.274～3.269
		岑巩县	763	2.020	0.691	34.19	0.954～3.290
		天柱县	387	1.959	0.560	28.57	1.230～3.014
		锦屏县	664	1.962	0.562	28.64	1.096～3.022
		剑河县	347	2.043	0.697	34.14	0.952～3.369
		台江县	657	2.267	0.704	31.05	1.190～3.554
		黎平县	376	2.241	0.645	28.77	1.260～3.383
		榕江县	505	2.012	0.589	29.28	1.020～2.980
		从江县	887	2.243	0.712	31.72	1.073～3.456
		麻江县	282	2.568	0.696	27.13	1.360～3.641

省份（垦区）	属地	下辖区域（单位）	样本数（个）	平均值（g/kg）	标准差	变异系数（%）	5%～95%范围（g/kg）
贵州省	黔东南苗族侗族自治州	丹寨县	45	2.701	0.508	18.79	1.946～3.470
	黔南布依族苗族自治州	都匀市	721	2.157	0.681	31.57	1.110～3.310
		福泉市	334	2.223	0.660	29.69	1.256～3.500
		荔波县	294	1.841	0.694	37.69	0.966～3.260
		贵定县	290	2.076	0.685	33.01	1.054～3.257
		瓮安县	194	1.974	0.523	26.52	1.350～2.900
		独山县	236	1.822	0.632	34.70	0.917～3.012
		平塘县	74	1.973	0.633	32.10	1.101～3.089
		罗甸县	625	1.712	0.464	27.11	0.970～2.460
		长顺县	418	1.988	0.539	27.12	1.280～2.983
		龙里县	50	2.114	0.610	28.85	1.114～3.091
		三都水族自治县	52	2.125	0.583	27.41	1.216～3.093

县级土壤全氮

省份 （垦区）	属地	下辖区域 （单位）	样本数 （个）	平均值 （g/kg）	标准差	变异系数 （%）	5%～95%范围 （g/kg）
云南省	昆明市	盘龙区	20	1.832	0.696	38.01	1.133～2.986
		官渡区	17	1.592	0.743	46.69	0.222～2.352
		西山区	197	2.265	0.776	34.28	1.100～3.646
		东川区	267	1.969	0.813	41.29	0.783～3.334
		呈贡区	11	2.058	0.854	41.50	1.090～3.420
		晋宁区	418	1.972	0.618	31.31	1.100～3.000
		富民县	177	2.312	0.717	31.01	1.252～3.422
		宜良县	64	1.895	0.683	36.04	1.080～3.065
		石林彝族自治县	1 174	1.513	0.608	40.19	0.590～2.584
		嵩明县	237	2.478	0.692	27.94	1.308～3.622
		禄劝彝族苗族自治县	383	2.020	0.718	35.55	0.991～3.369
		寻甸回族彝族自治县	138	2.257	0.748	33.14	1.132～3.671
		安宁市	165	2.092	0.680	32.52	1.106～3.464
	曲靖市	麒麟区	160	2.023	0.854	42.20	0.863～3.846
		沾益区	84	1.884	0.578	30.65	1.184～2.855
		马龙区	289	1.547	0.575	37.14	0.628～2.642
		陆良县	875	1.991	0.740	37.16	0.956～3.380
		师宗县	366	1.715	0.597	34.83	0.900～2.848
		罗平县	412	2.003	0.643	32.11	0.982～3.190
		富源县	153	2.375	0.625	26.32	1.250～3.566
		会泽县	413	1.980	0.714	36.04	0.945～3.279
		宣威市	284	2.012	0.621	30.87	1.072～3.205
	玉溪市	红塔区	212	1.978	0.682	34.50	0.879～3.084
		江川区	272	1.624	0.708	43.59	0.642～2.937
		通海县	334	2.163	0.817	37.78	1.000～3.617
		华宁县	385	1.304	0.713	54.64	0.160～2.518
		易门县	275	1.819	0.690	37.91	0.838～3.175
		峨山彝族自治县	923	1.553	0.630	40.55	0.640～2.670
		新平彝族傣族自治县	351	1.333	0.653	48.95	0.520～2.760
		元江哈尼族彝族傣族自治县	716	1.395	0.571	40.93	0.687～2.451
		澄江市	253	1.668	0.677	40.58	0.211～2.722
	保山市	隆阳区	373	1.288	0.905	70.24	0.122～2.900
		施甸县	62	1.945	0.799	41.10	0.682～3.438
		龙陵县	131	1.981	0.815	41.14	0.878～3.536

省份（垦区）	属地	下辖区域（单位）	样本数（个）	平均值（g/kg）	标准差	变异系数（%）	5%～95%范围（g/kg）
云南省	保山市	昌宁县	323	1.739	0.718	41.30	0.791～3.087
		腾冲市	128	2.485	0.828	33.32	1.184～3.850
	昭通市	昭阳区	306	1.690	0.732	43.30	0.734～3.268
		鲁甸县	706	1.875	0.758	40.42	0.801～3.389
		巧家县	307	1.972	0.767	38.90	0.826～3.282
		盐津县	71	1.498	0.507	33.83	0.730～2.345
		大关县	74	1.709	0.634	37.10	0.960～2.720
		永善县	162	2.094	0.844	40.32	0.890～3.682
		绥江县	105	1.206	0.503	41.72	0.682～2.173
		镇雄县	617	1.545	1.046	67.71	0.169～3.070
		彝良县	351	1.726	0.652	37.79	0.719～2.903
		威信县	211	1.990	0.453	22.76	1.234～2.669
		水富市	32	1.268	0.407	32.12	0.764～1.858
	丽江市	古城区	20	2.704	0.709	26.23	1.212～3.588
		玉龙纳西族自治县	296	1.660	1.050	63.26	0.154～3.396
		永胜县	486	1.546	0.798	51.57	0.635～3.232
		华坪县	74	1.622	0.630	38.87	0.845～2.735
		宁蒗彝族自治县	338	2.297	0.761	33.12	1.193～3.746
	普洱市	思茅区	184	1.027	0.562	54.70	0.118～1.797
		宁洱哈尼族彝族自治县	365	1.082	0.628	58.09	0.125～2.167
		墨江哈尼族自治县	761	1.395	0.428	30.68	0.860～2.200
		景东彝族自治县	322	1.218	0.843	69.17	0.130～2.549
		景谷傣族彝族自治县	397	0.880	0.555	63.02	0.116～1.830
		镇沅彝族哈尼族拉祜族自治县	440	0.600	0.756	125.97	0.100～2.353
		江城哈尼族彝族自治县	64	0.647	0.734	113.33	0.105～1.862
		孟连傣族拉祜族佤族自治县	264	1.598	0.469	29.36	0.800～2.268
		澜沧拉祜族自治县	841	1.227	0.870	70.86	0.123～2.735
		西盟佤族自治县	415	1.613	0.681	42.23	0.184～2.792
	临沧市	临翔区	439	1.663	0.650	39.05	0.749～2.980
		凤庆县	114	2.029	0.764	37.67	1.012～3.435
		云县	237	1.386	0.599	43.21	0.540～2.464

省份（垦区）	属地	下辖区域（单位）	样本数（个）	平均值（g/kg）	标准差	变异系数（%）	5%～95%范围（g/kg）
云南省	临沧市	永德县	134	1.797	0.578	32.15	1.020～3.090
		镇康县	95	1.956	0.643	32.89	1.016～3.062
		双江拉祜族佤族布朗族傣族自治县	407	1.482	0.638	43.08	0.593～2.661
		耿马傣族佤族自治县	376	1.630	0.564	34.62	0.840～2.760
		沧源佤族自治县	65	1.834	0.627	34.21	0.884～3.076
	楚雄彝族自治州	楚雄市	374	2.030	0.762	37.56	0.767～3.230
		禄丰市	288	1.708	0.724	42.40	0.564～2.999
		双柏县	182	0.726	0.752	103.61	0.105～2.180
		牟定县	245	1.788	0.572	31.96	0.902～2.686
		南华县	248	1.883	0.868	46.07	0.534～3.409
		姚安县	27	2.540	0.487	19.18	1.913～3.225
		大姚县	420	1.963	0.713	36.33	0.985～3.254
		永仁县	32	1.171	0.429	36.66	0.552～1.800
		元谋县	71	1.100	0.547	49.70	0.424～2.225
		武定县	130	1.789	0.664	37.12	0.934～3.018
	红河哈尼族彝族自治州	个旧市	47	2.150	0.873	40.62	0.996～3.712
		开远市	55	1.924	0.636	33.04	1.124～3.219
		蒙自市	102	1.830	0.768	41.96	0.762～3.444
		弥勒市	430	1.307	0.605	46.26	0.525～2.441
		屏边苗族自治县	253	1.689	0.649	38.40	0.650～2.884
		建水县	102	1.466	0.555	37.84	0.825～2.496
		石屏县	49	2.055	0.778	37.87	0.827～3.484
		泸西县	368	1.835	0.672	36.61	0.917～3.128
		元阳县	76	1.742	0.575	33.02	0.821～2.770
		红河县	572	1.283	0.590	45.97	0.500～2.460
		金平苗族瑶族傣族自治县	418	1.450	0.496	34.20	0.700～2.383
		绿春县	44	2.018	0.598	29.62	1.272～3.153
		河口瑶族自治县	10	1.555	0.330	21.20	1.081～1.916
	文山壮族苗族自治州	文山市	550	1.246	0.853	68.46	0.124～2.680
		砚山县	544	1.591	0.528	33.18	0.856～2.538
		西畴县	257	2.404	0.603	25.06	1.414～3.410
		麻栗坡县	266	1.831	0.680	37.15	0.808～3.093

省份 （垦区）	属地	下辖区域 （单位）	样本数 （个）	平均值 （g/kg）	标准差	变异系数 （%）	5%～95%范围 （g/kg）
云南省	文山壮族苗族自治州	马关县	133	1.962	0.525	26.73	1.154～2.787
		丘北县	674	1.622	0.598	36.85	0.776～2.751
		广南县	485	1.749	0.663	37.91	0.900～3.042
		富宁县	559	1.883	0.762	40.45	0.838～3.471
	西双版纳傣族自治州	景洪市	296	1.318	0.450	34.12	0.638～2.122
		勐海县	408	1.752	0.635	36.23	0.929～3.081
		勐腊县	57	1.255	0.524	41.72	0.699～2.262
	大理白族自治州	大理市	277	2.795	0.693	24.80	1.689～3.898
		漾濞彝族自治县	20	2.094	0.866	41.38	1.211～3.518
		祥云县	258	1.956	0.672	34.37	0.968～3.202
		宾川县	72	1.697	0.838	49.38	0.648～3.225
		弥渡县	44	1.960	0.612	31.22	0.930～2.970
		南涧彝族自治县	45	2.199	0.773	35.17	1.054～3.348
		巍山彝族回族自治县	46	2.391	0.615	25.71	1.472～3.538
		永平县	34	1.978	0.740	37.41	0.926～3.166
		云龙县	49	2.028	0.805	39.69	1.054～3.548
		洱源县	67	1.702	1.345	79.02	0.155～3.828
		剑川县	27	2.067	0.618	29.90	1.109～2.944
		鹤庆县	40	2.619	0.816	31.16	1.364～3.831
	德宏傣族景颇族自治州	瑞丽市	29	1.122	0.489	43.60	0.688～1.540
		芒市	89	1.401	0.512	36.53	0.812～2.324
		梁河县	36	1.290	0.434	33.66	0.678～2.295
		盈江县	343	0.646	0.686	106.25	0.100～1.770
		陇川县	53	1.467	0.671	45.74	0.698～2.590
	怒江傈僳族自治州	泸水市	113	1.566	0.545	34.77	0.790～2.654
		福贡县	18	1.629	0.583	35.78	0.738～2.388
		兰坪白族普米族自治县	119	2.230	0.667	29.92	1.072～3.244
	迪庆藏族自治州	香格里拉市	114	2.352	1.022	43.46	0.693～3.867
		德钦县	54	2.753	0.917	33.30	1.212～3.777
		维西傈僳族自治县	103	2.006	0.819	40.82	0.750～3.429

县级土壤全氮

省份（垦区）	属地	下辖区域（单位）	样本数（个）	平均值（g/kg）	标准差	变异系数（%）	5%～95%范围（g/kg）
西藏自治区	拉萨市	林周县	602	1.275	0.335	26.29	0.719～1.818
		尼木县	201	1.091	0.402	36.81	0.470～1.730
		曲水县	412	1.113	0.366	32.87	0.452～1.712
		墨竹工卡县	403	1.392	0.449	32.24	0.772～2.215
	日喀则市	江孜县	1 018	1.605	0.592	36.86	0.669～2.700
		白朗县	837	1.274	0.466	36.61	0.650～2.130
	昌都市	卡若区	396	1.985	0.906	45.61	0.620～3.615
		江达县	24	2.314	0.347	14.99	1.762～2.818
		贡觉县	416	1.827	0.769	42.09	0.795～3.280
		丁青县	25	1.708	0.353	20.67	1.344～2.200
		察雅县	360	2.310	0.869	37.63	0.850～3.911
		八宿县	20	3.208	0.601	18.72	2.133～3.891
		左贡县	27	2.186	0.619	28.32	1.473～2.915
		芒康县	28	2.492	0.396	15.87	1.876～3.098
		洛隆县	377	2.667	0.731	27.42	1.534～3.876
		边坝县	27	1.966	0.283	14.39	1.636～2.428
	山南市	乃东区	13	1.847	0.482	26.09	1.448～2.715
		扎囊县	15	1.562	0.345	22.07	1.024～2.115
		贡嘎县	11	1.808	0.446	24.66	1.400～2.502
		桑日县	15	1.689	0.686	40.60	0.925～2.523
		琼结县	16	2.081	0.638	30.65	1.233～3.149
		隆子县	11	2.174	0.627	28.83	1.320～3.169

县级土壤全氮

省份 （垦区）	属地	下辖区域 （单位）	样本数 （个）	平均值 （g/kg）	标准差	变异系数 （%）	5%～95%范围 （g/kg）
陕西省	西安市	阎良区	153	1.221	0.245	20.10	0.873～1.594
		高陵区	105	1.360	0.301	22.17	0.886～1.881
		灞桥区	30	1.073	0.246	22.90	0.779～1.515
		长安区	141	1.424	0.218	15.32	1.139～1.787
		鄠邑区	246	1.157	0.240	20.70	0.835～1.590
		蓝田县	416	1.072	0.194	18.08	0.795～1.433
		周至县	436	1.155	0.233	20.21	0.783～1.493
	铜川市	印台区	110	1.117	0.273	24.44	0.692～1.460
		宜君县	219	1.044	0.303	29.00	0.555～1.579
		耀州区	233	1.028	0.231	22.46	0.692～1.435
		王益区	28	0.934	0.247	26.46	0.536～1.258
	宝鸡市	凤县	30	1.277	0.242	18.97	0.879～1.576
		凤翔区	80	1.416	0.217	15.32	1.130～1.710
		太白县	34	1.335	0.294	21.99	0.916～1.867
		岐山县	202	0.868	0.482	55.53	0.089～1.638
		渭滨区	77	1.023	0.285	27.85	0.565～1.600
		金台区	249	0.962	0.232	24.12	0.558～1.370
		麟游县	383	0.530	0.515	97.18	0.060～1.371
		扶风县	233	1.046	0.549	52.55	0.340～1.835
		陇县	100	1.298	0.313	24.16	0.796～1.859
		眉县	49	1.254	0.258	20.56	0.878～1.670
		千阳县	641	1.141	0.226	19.78	0.811～1.519
	咸阳市	三原县	220	1.053	0.270	25.66	0.673～1.538
		乾县	290	0.977	0.245	25.06	0.647～1.383
		兴平市	220	1.247	0.224	17.96	0.919～1.608
		旬邑县	2 054	0.921	0.179	19.47	0.655～1.147
		泾阳县	281	1.173	0.276	23.48	0.758～1.635
		长武县	169	0.936	0.153	16.39	0.667～1.169
		彬州市	550	0.939	0.169	17.93	0.687～1.187
		淳化县	324	0.862	0.153	17.71	0.692～1.150
		礼泉县	855	0.882	0.215	24.38	0.464～1.212
		秦都区	631	0.895	0.225	25.19	0.570～1.263
		武功县	738	1.219	0.297	24.36	0.900～1.804
		杨凌区	21	1.297	0.278	21.41	0.834～1.668

省份（垦区）	属地	下辖区域（单位）	样本数（个）	平均值（g/kg）	标准差	变异系数（%）	5%～95%范围（g/kg）
陕西省	咸阳市	永寿县	340	0.906	0.165	18.21	0.660～1.140
	渭南市	临渭区	593	1.108	0.297	26.80	0.655～1.620
		华阴市	100	1.284	0.329	25.62	0.840～1.830
		合阳县	418	0.951	0.244	25.69	0.600～1.363
		大荔县	893	0.808	0.268	33.12	0.410～1.290
		富平县	471	1.153	0.376	32.66	0.580～1.750
		澄城县	1 100	0.811	0.208	25.68	0.510～1.170
		白水县	1 117	0.782	0.244	31.19	0.468～1.220
		蒲城县	913	0.908	0.286	31.53	0.540～1.425
		韩城市	351	1.263	0.335	26.54	0.806～1.813
		华州区	304	1.020	0.263	25.53	0.632～1.544
		潼关县	202	0.990	0.340	34.37	0.568～1.577
	延安市	吴起县	326	0.496	0.147	29.66	0.259～0.758
		子长市	161	0.533	0.207	38.76	0.225～0.883
		安塞区	177	0.584	0.200	34.21	0.312～0.865
		宜川县	132	0.652	0.212	32.50	0.366～1.035
		宝塔区	360	0.668	0.271	40.63	0.267～1.110
		富县	176	0.788	0.206	26.09	0.496～1.109
		延川县	201	0.576	0.239	41.52	0.304～0.900
		延长县	303	0.597	0.187	31.32	0.330～0.920
		志丹县	85	0.405	0.086	21.14	0.280～0.556
		黄陵县	496	0.805	0.139	17.27	0.568～0.980
		黄龙县	109	1.194	0.341	28.54	0.660～1.740
	汉中市	佛坪县	34	1.513	0.472	31.23	0.749～2.195
		勉县	494	1.296	0.439	33.90	0.546～1.960
		南郑区	374	1.497	0.301	20.09	1.090～1.990
		城固县	768	1.796	0.238	13.26	1.240～1.900
		宁强县	228	1.155	0.319	27.62	0.684～1.687
		汉台区	105	1.500	0.284	18.90	1.120～2.050
		洋县	358	1.091	0.400	36.62	0.449～1.789
		留坝县	54	1.348	0.405	30.07	0.755～1.864
		略阳县	269	1.084	0.329	30.34	0.564～1.656
		镇巴县	296	1.267	0.359	28.36	0.684～1.880

省份（垦区）	属地	下辖区域（单位）	样本数（个）	平均值（g/kg）	标准差	变异系数（%）	5%～95%范围（g/kg）
陕西省	汉中市	西乡县	451	1.448	0.403	27.85	0.780～2.125
	榆林市	榆阳区	187	0.622	0.353	56.80	0.160～1.179
		靖边县	179	0.708	0.271	38.25	0.338～1.239
		清涧县	85	0.467	0.238	50.91	0.167～0.885
		神木市	115	0.740	0.387	52.35	0.305～1.420
	安康市	岚皋县	30	1.389	0.352	25.37	0.907～1.985
		平利县	54	1.375	0.374	27.19	0.884～2.068
		旬阳市	645	1.161	0.343	29.52	0.659～1.764
		汉阴县	70	1.372	0.315	22.97	0.874～1.868
		白河县	54	0.994	0.307	30.91	0.376～1.516
		石泉县	34	1.196	0.395	33.04	0.602～1.913
		汉滨区	402	1.049	0.366	34.88	0.538～1.710
		宁陕县	33	1.439	0.379	26.31	0.745～1.898
		镇坪县	34	1.739	0.236	13.59	1.436～2.156
		紫阳县	76	1.237	0.391	31.63	0.686～1.906
	商洛市	丹凤县	145	0.985	0.539	54.68	0.111～1.848
		商南县	125	0.937	0.291	31.08	0.492～1.488
		商州区	280	1.277	0.290	22.73	0.836～1.772
		山阳县	350	1.134	0.358	31.58	0.661～1.860
		柞水县	84	1.401	0.373	26.66	0.840～2.010
		洛南县	374	1.221	0.308	25.25	0.763～1.774
		镇安县	208	1.393	0.334	23.96	0.753～1.919

县级土壤全氮

省份 （垦区）	属地	下辖区域 （单位）	样本数 （个）	平均值 （g/kg）	标准差	变异系数 （%）	5%～95%范围 （g/kg）
甘肃省	兰州市	市辖区	910	0.802	0.227	28.33	0.437～1.159
		榆中县	639	0.969	0.258	26.65	0.553～1.401
		永登县	720	1.211	0.421	34.74	0.520～1.900
		皋兰县	840	1.146	0.334	29.12	0.410～1.603
		红古区	29	1.083	0.200	18.46	0.830～1.349
		七里河区	32	1.005	0.390	38.80	0.474～1.760
		西固区	30	1.101	0.374	33.99	0.449～1.661
	嘉峪关市	市辖区	230	0.788	0.195	24.78	0.520～1.146
	金昌市	永昌县	1 120	1.205	0.269	22.35	0.798～1.644
		金川区	467	0.903	0.252	27.95	0.539～1.317
	白银市	会宁县	1 564	0.810	0.175	21.63	0.540～1.130
		平川区	255	0.916	0.336	36.72	0.435～1.604
		景泰县	262	0.959	0.326	33.97	0.450～1.450
		白银区	56	1.068	0.272	25.50	0.801～1.460
		靖远县	844	0.819	0.326	39.78	0.319～1.373
	天水市	张家川回族自治县	2 608	0.960	0.365	38.04	0.369～1.540
		武山县	1 005	1.084	0.307	28.36	0.661～1.693
		清水县	854	0.993	0.283	28.49	0.580～1.476
		甘谷县	764	0.771	0.192	24.89	0.542～1.050
		秦安县	977	0.812	0.283	34.82	0.340～1.245
		秦州区	161	0.722	0.152	21.05	0.470～0.950
		麦积区	776	0.877	0.247	28.19	0.530～1.315
	武威市	凉州区	1 284	1.112	0.356	31.99	0.409～1.641
		古浪县	611	0.928	0.374	40.27	0.412～1.629
		天祝藏族自治县	91	1.694	0.345	20.35	1.077～2.179
		民勤县	640	0.678	0.188	27.70	0.414～1.030
	张掖市	山丹县	298	1.222	0.308	25.20	0.722～1.693
		肃南县	745	1.108	0.590	53.28	0.401～2.082
		甘州区	1 079	1.070	0.257	23.98	0.679～1.562
		高台县	1 548	0.913	0.255	27.97	0.509～1.339
		临泽县	887	0.969	0.268	27.65	0.561～1.491
		民乐县	1 204	1.102	0.354	32.12	0.616～1.786
	平凉市	华亭市	280	1.157	0.316	27.31	0.666～1.722
		庄浪县	1 976	1.180	0.315	26.69	0.740～1.829

省份 （垦区）	属地	下辖区域 （单位）	样本数 （个）	平均值 （g/kg）	标准差	变异系数 （%）	5%～95%范围 （g/kg）
甘肃省	平凉市	泾川县	555	0.985	0.185	18.81	0.713～1.294
		灵台县	85	1.116	0.272	24.38	0.742～1.579
		静宁县	621	0.962	0.258	26.77	0.560～1.400
		崇信县	33	1.044	0.211	20.24	0.739～1.410
		崆峒区	1 007	0.836	0.330	39.48	0.379～1.429
	酒泉市	市辖区	207	0.837	0.300	35.89	0.420～1.364
		敦煌市	967	0.647	0.183	28.26	0.397～0.965
		玉门市	108	0.745	0.288	38.63	0.338～1.219
		肃州区	675	1.017	0.278	27.36	0.600～1.560
		金塔县	833	0.672	0.148	22.02	0.444～0.931
		瓜州县	472	0.767	0.315	41.09	0.406～1.370
	庆阳市	华池县	820	0.625	0.234	37.51	0.270～1.020
		合水县	458	0.886	0.155	17.54	0.644～1.127
		宁县	416	1.060	0.185	17.44	0.748～1.310
		庆城县	937	0.673	0.219	32.59	0.368～1.054
		正宁县	323	0.713	0.441	61.87	0.080～1.340
		环县	1 310	0.709	0.260	36.66	0.346～1.166
		西峰区	560	0.912	0.161	17.69	0.712～1.168
		镇原县	1 418	0.823	0.180	21.83	0.535～1.120
	定西市	临洮县	994	1.016	0.307	30.21	0.568～1.583
		安定区	1 566	0.788	0.173	21.99	0.520～1.070
		岷县	920	1.337	0.420	31.38	0.686～2.000
		渭源县	803	1.199	0.360	30.06	0.673～1.872
		漳县	392	1.354	0.427	31.55	0.674～2.171
		通渭县	1 439	1.015	0.330	32.55	0.540～1.600
		陇西县	1 100	0.992	0.329	33.14	0.537～1.555
	陇南市	徽县	663	1.118	0.341	30.48	0.518～1.621
		成县	610	0.803	0.222	27.62	0.570～1.212
		礼县	1 233	1.026	0.327	31.85	0.546～1.620
		西和县	404	1.188	0.364	30.64	0.575～1.713
		宕昌县	125	1.288	0.385	29.88	0.697～1.924
		康县	66	1.074	0.339	31.53	0.588～1.735
		两当县	60	1.000	0.256	25.62	0.520～1.358

省份（垦区）	属地	下辖区域（单位）	样本数（个）	平均值（g/kg）	标准差	变异系数（%）	5%～95%范围（g/kg）
甘肃省	陇南市	文县	353	1.465	0.438	29.87	0.708～2.100
		武都区	737	1.180	0.461	39.03	0.491～2.060
	临夏回族自治州	临夏县	647	0.976	0.485	49.70	0.169～1.793
		和政县	256	1.190	0.536	45.03	0.200～2.055
		广河县	155	0.985	0.348	35.38	0.186～1.550
		康乐县	290	1.144	0.464	40.51	0.185～1.868
		永靖县	620	0.892	0.392	43.98	0.180～1.503
		积石山保安族东乡族撒拉族自治县	577	0.794	0.310	38.39	0.323～1.290
		东乡县	332	0.705	0.308	43.65	0.195～1.215
		临夏市	43	1.126	0.487	43.21	0.141～1.715
	甘南藏族自治州	临潭县	192	1.573	0.364	23.13	0.950～2.126
		卓尼县	128	1.550	0.385	24.81	0.800～2.117
		合作市	232	1.549	0.332	21.46	1.050～2.110
		舟曲县	136	1.553	0.424	27.28	0.838～2.199
		迭部县	76	1.874	0.172	9.17	1.613～2.105
		碌曲县	36	1.921	0.304	15.85	1.494～2.216
		夏河县	120	1.612	0.403	25.00	0.956～2.199

县级土壤全氮

省份（垦区）	属地	下辖区域（单位）	样本数（个）	平均值（g/kg）	标准差	变异系数（%）	5%～95%范围（g/kg）
青海省	西宁市	大通回族土族自治县	1 187	2.322	0.719	30.95	1.144～3.467
		湟中区	1 152	1.577	0.418	26.49	1.004～2.357
		湟源县	500	1.957	0.591	30.22	1.190～3.133
		城北区	340	1.689	0.597	35.36	0.976～3.015
	海东市	乐都区	843	1.218	0.428	35.15	0.680～2.010
		互助土族自治县	1 054	1.878	0.583	31.06	1.072～2.922
		化隆回族自治县	159	1.431	0.629	43.93	0.473～2.378
		平安区	118	1.521	0.563	36.99	0.703～2.515
		循化撒拉族自治县	546	1.149	0.274	23.90	0.870～1.744
		民和回族土族自治县	1 131	1.299	0.455	35.04	0.720～2.110
	海北藏族自治州	刚察县	45	2.439	0.836	34.29	1.129～3.600
		海晏县	30	1.906	0.555	29.12	1.093～2.840
		祁连县	16	1.788	0.565	31.59	1.235～2.900
		门源回族自治县	578	2.339	0.784	33.53	1.010～3.397
	黄南藏族自治州	尖扎县	40	1.085	0.503	46.33	0.397～1.938
		同仁市	210	1.437	0.524	36.46	0.803～2.454
	海南藏族自治州	共和县	176	1.481	0.512	34.56	0.738～2.413
		同德县	659	1.944	0.596	30.68	1.149～3.012
		贵德县	408	1.284	0.425	33.09	0.723～2.018
		贵南县	457	1.750	0.710	40.57	0.600～2.891
	海西蒙古族藏族自治州	乌兰县	209	1.717	0.676	39.37	0.809～2.887
		德令哈市	222	1.479	0.444	30.03	0.807～2.183
		格尔木市	267	0.838	0.307	36.65	0.276～1.310
		都兰县	360	1.227	0.517	42.13	0.400～2.124

县级土壤全氮

省份 （垦区）	属地	下辖区域 （单位）	样本数 （个）	平均值 （g/kg）	标准差	变异系数 （%）	5%～95%范围 （g/kg）
宁夏回族 自治区	银川市	兴庆区	481	0.763	0.362	47.43	0.191～1.355
		永宁县	209	0.756	0.265	35.04	0.377～1.127
		灵武市	406	0.873	0.282	32.34	0.380～1.320
		西夏区	75	0.725	0.245	33.85	0.333～1.068
		金凤区	66	0.620	0.307	49.55	0.243～1.227
	石嘴山市	平罗县	364	0.786	0.199	25.24	0.484～1.115
		惠农区	38	0.851	0.244	28.63	0.424～1.251
	吴忠市	利通区	439	0.847	0.324	38.21	0.370～1.425
		同心县	647	0.585	0.197	33.70	0.305～0.900
		盐池县	539	0.487	0.203	41.62	0.210～0.870
		青铜峡市	1 381	0.950	0.280	29.48	0.485～1.410
		红寺堡区	472	0.423	0.144	34.14	0.231～0.676
	固原市	原州区	1 168	0.906	0.224	24.72	0.555～1.276
		彭阳县	475	0.881	0.244	27.66	0.500～1.319
		隆德县	516	0.993	0.266	26.77	0.610～1.460
	中卫市	中宁县	565	0.836	0.311	37.24	0.308～1.402
		沙坡头区	475	0.825	0.289	34.99	0.348～1.299
		海原县	596	0.744	0.289	38.90	0.320～1.260

县级土壤全氮

省份 （垦区）	属地	下辖区域 （单位）	样本数 （个）	平均值 （g/kg）	标准差	变异系数 （%）	5%～95%范围 （g/kg）
新疆维吾尔自治区	乌鲁木齐市	达坂城区	118	1.742	1.266	72.67	0.792～2.906
		高新区	76	1.318	0.506	38.36	0.740～2.343
		米东区	694	2.746	0.610	22.23	1.165～2.979
		天山区	21	1.322	0.533	40.31	0.886～2.360
		乌鲁木齐县	90	1.323	0.390	29.50	0.739～1.848
	吐鲁番市	高昌区	433	0.886	0.191	21.57	0.509～1.079
		鄯善县	77	0.764	0.305	40.01	0.406～1.224
		托克逊县	419	1.023	0.234	22.90	0.666～1.338
	哈密市	巴里坤哈萨克自治县	1 984	1.130	0.159	14.02	1.089～1.242
		伊吾县	306	1.338	0.482	36.06	0.733～2.075
		伊州区	706	1.006	0.375	37.85	0.449～1.194
	昌吉回族自治州	吉木萨尔县	620	0.895	0.488	54.54	0.500～1.860
		呼图壁县	488	0.895	0.489	54.64	0.152～1.212
		奇台县	1 429	0.717	0.417	58.17	0.500～1.660
		昌吉市	1 371	0.547	0.259	47.40	0.090～1.059
		玛纳斯县	620	0.899	0.295	32.80	0.510～1.442
		阜康市	541	0.754	0.574	76.13	0.071～1.670
		木垒哈萨克自治县	862	0.851	0.362	42.53	0.420～1.399
	博尔塔拉蒙古自治州	温泉县	959	1.161	0.305	26.27	0.790～1.840
		博乐市	397	1.068	0.331	31.04	0.670～1.674
		精河县	292	1.071	0.628	58.67	0.409～2.204
	巴音郭楞蒙古自治州	且末县	128	0.371	0.147	39.57	0.155～0.628
		博湖县	151	0.983	0.393	39.93	0.322～1.708
		和硕县	171	0.855	0.347	40.65	0.345～1.460
		库尔勒市	705	0.801	0.390	48.64	0.292～1.558
		焉耆回族自治县	609	1.083	0.332	30.67	0.562～1.571
		轮台县	589	0.584	0.368	62.98	0.056～1.272
		和静县	896	1.110	0.290	26.12	0.593～1.474
		若羌县	191	0.615	0.241	39.27	0.319～1.089
		尉犁县	1 314	0.510	0.245	48.08	0.229～0.847
	阿克苏地区	阿克苏市	179	0.714	0.279	39.08	0.289～1.203
		阿瓦提县	166	0.655	0.278	42.52	0.320～1.075
		拜城县	144	0.859	0.381	44.30	0.370～1.638
		柯坪县	39	0.594	0.276	46.42	0.253～1.037

省份 （垦区）	属地	下辖区域 （单位）	样本数 （个）	平均值 （g/kg）	标准差	变异系数 （%）	5%～95%范围 （g/kg）
新疆维吾尔自治区	阿克苏地区	库车市	160	0.753	0.254	33.73	0.380～1.130
		沙雅县	150	0.562	0.255	45.48	0.240～0.920
		温宿县	165	0.731	0.368	50.29	0.281～1.424
		乌什县	97	0.972	0.374	38.47	0.488～1.460
		新和县	81	0.631	0.306	48.45	0.240～1.120
	喀什地区	伽师县	770	0.855	0.381	44.52	0.360～1.240
		叶城县	342	0.589	0.237	40.15	0.231～0.997
		喀什市	146	0.845	0.343	40.59	0.318～1.447
		塔什库尔干塔吉克自治县	21	1.228	0.473	43.49	0.595～1.902
		岳普湖县	156	0.868	0.424	48.85	0.500～8.675
		巴楚县	713	0.776	0.253	32.62	0.328～1.000
		泽普县	190	0.749	0.273	36.42	0.399～1.338
		疏勒县	302	0.833	0.262	31.44	0.425～1.278
		疏附县	187	0.978	0.284	29.05	0.530～1.440
		英吉沙县	135	0.918	0.279	30.40	0.508～1.446
		莎车县	900	0.683	0.206	30.08	0.313～1.027
		麦盖提县	273	0.621	0.188	30.28	0.344～0.936
	和田地区	洛浦县	43	0.583	0.262	45.00	0.236～1.049
	伊犁哈萨克自治州	伊宁县	1 500	1.082	0.632	58.44	0.577～1.581
		奎屯市	28	1.043	0.576	55.18	0.530～2.092
		巩留县	1 057	1.221	0.416	34.07	0.929～1.971
		霍城县	164	0.940	0.442	47.01	0.466～1.330
		察布查尔锡伯自治县	866	1.063	0.356	33.46	0.620～1.651
		霍尔果斯市	19	0.845	0.269	31.78	0.451～1.213
		尼勒克县	1 007	1.302	0.730	56.08	1.070～1.874
		特克斯县	606	1.758	0.601	34.17	1.088～2.882
		新源县	354	2.041	1.003	49.15	0.723～3.965
		伊宁市	426	1.252	0.239	19.07	0.870～1.568
		昭苏县	803	1.835	1.262	68.78	1.021～5.037
	塔城地区	和布克赛尔蒙古自治县	40	1.055	0.432	40.94	0.466～1.760
		塔城市	1 431	1.252	1.214	96.97	0.703～2.409
		沙湾县	350	0.994	0.503	50.59	0.491～1.600
		额敏县	225	0.119	0.042	35.21	0.071～0.211

省份 （垦区）	属地	下辖区域 （单位）	样本数 （个）	平均值 （g/kg）	标准差	变异系数 （%）	5%～95%范围 （g/kg）
新疆维吾尔自治区	塔城地区	乌苏市	239	1.007	0.398	39.54	0.515～1.727
	阿勒泰地区	吉木乃县	290	0.637	0.084	13.26	0.531～0.763
		福海县	588	1.956	1.287	65.83	0.429～4.834
		阿勒泰市	70	0.834	0.409	49.04	0.124～0.453
		布尔津县	308	1.450	0.241	16.63	0.774～1.530

三、 有效磷

区域土壤有效磷

地区	样本数（个）	平均值（mg/kg）	标准差	变异系数（%）	5%～95%范围（mg/kg）
全国	2 152 352	29.1	15.0	51.4	10.2～57.5
华北区	384 161	28.5	31.4	110.0	6.2～80.1
东北区	943 187	32.1	15.6	48.6	9.3～60.3
华东区	307 381	30.6	36.8	120.3	4.0～98.8
华南区	181 510	29.7	36.8	123.9	4.1～98.3
西南区	201 407	22.5	22.3	99.1	2.7～71.7
西北区	134 706	21.5	15.5	71.9	4.6～53.8

省级土壤有效磷

省份	样本数 （个）	平均值 （mg/kg）	标准差	变异系数 （%）	5%～95%范围 （mg/kg）
北京市	11 996	46.3	36.7	76.5	9.5～241.0
天津市	8 160	41.9	51.4	122.9	5.1～129.9
河北省	81 022	30.2	32.0	105.9	6.5～82.4
山西省	41 381	15.8	16.6	105.1	3.0～44.3
内蒙古自治区	79 023	15.4	10.2	66.6	3.6～36.7
辽宁省	46 845	28.4	15.4	54.2	8.1～58.0
吉林省	108 249	27.9	15.5	55.4	5.9～54.5
黑龙江省	788 093	34.3	14.9	43.4	12.8～61.9
上海市	2 988	42.6	34.3	80.4	10.8～121.7
江苏省	64 461	25.6	19.8	77.3	4.9～68.7
浙江省	70 125	49.9	62.9	126.1	2.9～180.0
安徽省	82 659	20.0	14.6	73.1	4.4～51.5
福建省	34 830	38.3	33.5	87.6	3.4～110.6
江西省	52 318	22.1	14.7	66.5	4.6～52.6
山东省	101 930	42.8	40.2	94.0	8.8～117.3
河南省	60 649	22.8	20.1	88.3	6.4～57.6
湖北省	61 130	19.2	18.5	96.1	4.4～52.6
湖南省	56 306	22.7	23.9	105.1	3.8～64.3
广东省	36 121	48.6	42.1	86.6	7.0～140.6
广西壮族自治区	14 115	26.4	19.9	75.4	4.7～68.6
海南省	13 838	57.9	80.2	138.6	1.2～237.0
重庆市	30 084	25.2	26.9	106.6	2.6～86.7
四川省	78 696	17.9	16.1	89.8	2.6～53.1
贵州省	28 326	21.7	19.2	88.6	2.8～63.0
云南省	54 437	29.5	26.6	90.1	3.3～87.8
西藏自治区	9 864	14.1	10.6	75.1	3.2～36.5
陕西省	28 094	20.6	13.1	63.7	4.2～47.5
甘肃省	53 343	22.0	15.6	71.0	5.1～55.3
青海省	10 677	27.2	19.5	71.6	5.0～67.0
宁夏回族自治区	8 912	25.8	21.4	82.8	4.2～69.0
新疆维吾尔自治区	33 680	18.8	13.1	69.6	4.1～46.8

地市级土壤有效磷

省份 （垦区）	下辖区域 （单位）	样本数 （个）	平均值 （mg/kg）	标准差	变异系数 （%）	5%～95%范围 （mg/kg）
北京市	市辖区	11 996	46.3	36.7	76.5	9.5～241.0
天津市	市辖区	8 160	41.9	51.4	122.9	5.1～129.9
河北省	石家庄市	10 431	35.4	37.2	104.9	8.2～89.6
	唐山市	6 679	41.3	30.7	74.3	10.5～95.9
	秦皇岛市	1 339	50.1	32.4	64.5	10.9～116.5
	邯郸市	9 065	24.8	16.3	65.5	8.1～52.8
	邢台市	8 872	20.6	18.0	87.3	5.7～49.9
	保定市	10 636	32.0	29.1	90.8	6.4～84.5
	张家口市	7 676	22.6	22.9	101.4	5.5～62.0
	承德市	5 568	36.6	40.5	110.7	6.3～130.9
	沧州市	8 617	21.6	18.3	84.5	6.2～52.8
	廊坊市	6 040	41.3	58.4	141.4	6.2～154.6
	衡水市	6 099	24.2	27.8	114.8	6.3～61.0
山西省	太原市	4 166	15.1	19.0	125.9	2.4～51.5
	阳泉市	1 342	20.5	24.9	121.8	3.0～88.9
	长治市	5 446	13.8	14.1	101.8	2.0～40.2
	晋城市	1 762	14.0	11.8	84.3	3.8～32.5
	朔州市	2 617	10.6	6.6	62.0	3.0～20.4
	晋中市	1 317	17.2	15.7	91.5	4.3～43.9
	运城市	9 859	21.3	19.8	93.2	3.6～60.0
	忻州市	8 132	12.9	12.2	95.1	3.1～32.2
	临汾市	3 156	15.8	17.8	112.6	3.2～43.3
	吕梁市	3 584	13.9	14.5	104.3	3.4～37.3
内蒙古自治区	呼和浩特市	3 472	14.3	9.2	64.2	3.4～33.6
	包头市	5 551	13.8	8.3	60.3	3.8～30.9
	赤峰市	13 077	12.4	8.5	68.9	3.4～31.0
	通辽市	9 995	13.0	8.0	61.4	3.7～29.1
	鄂尔多斯市	2 488	12.9	8.8	68.2	3.1～31.4
	呼伦贝尔市	14 729	26.8	10.0	37.2	10.1～42.8
	巴彦淖尔市	7 326	15.8	9.3	58.7	4.7～34.8
	乌兰察布市	8 218	13.5	9.6	70.9	3.2～34.7
	兴安盟	10 655	14.3	10.0	69.8	3.0～34.8

（续）

省份 （垦区）	下辖区域 （单位）	样本数 （个）	平均值 （mg/kg）	标准差	变异系数 （％）	5％～95％范围 （mg/kg）
内蒙古自治区	锡林郭勒盟	2 630	16.6	11.5	69.3	3.4～39.1
	阿拉善盟	882	9.5	6.6	70.2	2.7～22.8
辽宁省	沈阳市	3 558	28.3	16.5	58.1	7.8～60.5
	大连市	4 554	25.1	15.5	61.9	7.0～57.9
	鞍山市	1 464	31.6	15.2	48.0	12.0～58.1
	抚顺市	2 493	30.9	17.0	55.3	7.9～61.3
	本溪市	2 460	28.2	12.5	44.5	10.8～54.6
	丹东市	3 329	30.0	15.9	52.9	9.1～59.9
	锦州市	3 908	31.0	15.0	48.6	9.4～59.0
	营口市	1 657	31.3	15.5	49.5	9.7～60.2
	阜新市	2 749	22.8	14.6	63.8	6.2～52.3
	辽阳市	3 768	28.4	15.0	52.9	9.6～57.5
	盘锦市	1 960	30.5	14.1	46.2	11.0～55.2
	铁岭市	5 499	33.2	15.4	46.4	10.8～60.3
	朝阳市	6 204	23.9	14.3	59.9	6.9～53.6
	葫芦岛市	3 242	29.3	14.4	49.2	10.3～57.1
吉林省	长春市	22 503	34.5	13.8	40.1	12.0～56.2
	吉林市	12 470	29.5	14.4	48.7	8.9～54.3
	四平市	14 034	28.8	15.9	55.3	6.3～56.5
	辽源市	12 425	37.8	14.6	38.8	11.8～59.0
	通化市	10 642	29.9	13.0	43.6	12.7～53.8
	白山市	3 930	33.2	14.4	43.3	9.9～53.9
	松原市	7 855	25.7	13.7	53.2	5.5～46.5
	白城市	16 322	14.8	10.7	72.2	4.1～37.1
	延边朝鲜族自治州	8 068	33.6	13.6	40.5	12.0～55.4
黑龙江省	哈尔滨市	72 721	41.1	16.0	38.9	16.9～66.9
	齐齐哈尔市	78 044	30.9	14.5	47.0	11.6～58.9
	鸡西市	26 212	32.7	15.3	46.8	11.4～62.0
	鹤岗市	17 842	33.8	14.6	43.2	15.0～62.1
	双鸭山市	17 719	37.7	15.7	41.6	14.2～65.2
	大庆市	27 942	24.9	13.6	54.8	9.6～54.0
	伊春市	9 928	39.9	14.5	36.4	18.0～65.0
	佳木斯市	60 943	37.9	15.7	41.4	14.2～65.2

省份（垦区）	下辖区域（单位）	样本数（个）	平均值（mg/kg）	标准差	变异系数（%）	5%～95%范围（mg/kg）
黑龙江省	七台河市	7 706	34.2	14.5	42.3	12.9～61.0
	牡丹江市	25 430	41.3	16.6	40.2	15.2～67.1
	黑河市	43 332	35.2	14.5	41.2	15.0～62.4
	绥化市	84 717	35.2	17.3	49.0	11.5～65.7
	大兴安岭地区	8 539	36.9	14.9	40.4	15.0～63.4
北大荒农垦集团有限公司	宝泉岭分公司	38 490	28.4	10.6	37.2	13.5～47.0
	北安分公司	44 964	36.5	12.7	34.9	19.1～61.0
	哈尔滨有限公司	2 149	27.3	15.1	55.2	6.4～56.4
	红兴隆分公司	49 286	30.0	13.1	43.8	11.0～53.4
	建三江分公司	69 552	34.7	12.8	36.9	15.0～56.3
	九三分公司	37 964	35.2	10.8	30.7	19.6～52.9
	牡丹江分公司	48 755	34.1	14.2	41.6	14.7～59.7
	齐齐哈尔分公司	9 887	24.2	14.5	59.7	7.3～49.1
	绥化分公司	5 971	35.7	13.6	38.1	19.3～61.7
上海市	市辖区	2 988	42.6	34.3	80.4	10.8～121.7
江苏省	南京市	4 527	29.1	21.7	74.8	5.9～77.8
	无锡市	2 245	22.3	21.5	96.3	2.0～70.0
	徐州市	6 641	30.9	22.0	71.3	7.4～77.9
	常州市	2 984	26.1	24.2	92.7	3.3～83.1
	苏州市	3 915	22.3	19.3	86.6	2.3～62.9
	南通市	6 353	21.2	15.6	73.5	5.1～52.1
	连云港市	3 998	36.4	22.1	60.7	11.3～82.4
	淮安市	5 993	25.0	19.8	79.1	5.6～67.6
	盐城市	9 962	21.6	14.2	66.0	5.6～48.3
	扬州市	5 366	23.8	17.4	73.0	4.7～54.7
	镇江市	3 271	22.6	18.2	80.5	3.7～62.4
	泰州市	4 374	25.7	18.6	72.2	6.8～65.6
	宿迁市	4 832	28.2	22.2	78.7	5.3～77.9
浙江省	杭州市	6 379	46.2	53.7	116.3	3.3～161.0
	宁波市	6 235	52.5	59.7	113.6	3.5～189.2
	温州市	4 157	48.7	61.2	125.6	2.6～189.0
	嘉兴市	6 509	49.5	58.3	117.7	3.1～184.9
	湖州市	7 397	32.3	48.2	149.4	1.8～139.1

省份 （垦区）	下辖区域 （单位）	样本数 （个）	平均值 （mg/kg）	标准差	变异系数 （%）	5%～95%范围 （mg/kg）
浙江省	绍兴市	6 662	23.5	39.1	166.3	1.6～96.7
	金华市	14 948	61.8	74.7	120.8	5.6～179.5
	衢州市	5 054	44.3	67.5	152.5	1.6～219.9
	舟山市	472	59.0	68.9	116.8	2.5～213.6
	台州市	5 580	59.6	61.9	103.9	4.0～196.0
	丽水市	6 732	66.2	66.4	100.3	4.0～208.4
安徽省	合肥市	5 268	17.5	14.2	80.7	3.8～49.6
	芜湖市	2 719	15.3	11.8	77.3	2.5～38.2
	蚌埠市	6 064	31.8	18.3	57.4	9.1～70.5
	淮南市	3 980	21.8	10.8	49.3	8.5～41.2
	马鞍山市	2 575	15.8	13.2	83.8	3.2～42.9
	淮北市	1 652	26.3	17.2	65.3	6.7～63.4
	铜陵市	1 948	16.3	9.1	55.8	5.4～33.6
	安庆市	6 897	20.2	15.8	78.2	4.6～55.9
	黄山市	4 784	25.0	21.3	85.1	2.0～69.8
	滁州市	8 676	16.6	11.6	70.1	4.2～40.5
	阜阳市	5 909	22.6	14.7	65.1	6.0～52.5
	宿州市	9 570	18.4	13.7	74.8	4.8～46.7
	六安市	9 442	15.9	9.5	59.7	4.8～31.0
	亳州市	4 517	22.0	14.5	66.0	6.1～54.1
	池州市	2 755	20.6	13.1	63.3	4.7～40.9
	宣城市	5 903	17.9	10.9	60.5	4.0～38.5
福建省	福州市	3 962	43.2	36.6	84.7	4.2～120.3
	莆田市	3 645	43.5	37.1	85.4	3.5～119.8
	三明市	4 857	34.6	29.6	85.4	4.8～98.5
	泉州市	3 498	39.6	35.0	88.2	2.9～114.2
	漳州市	3 430	53.3	41.7	78.3	3.2～138.5
	南平市	5 659	24.5	24.3	99.4	2.5～74.0
	龙岩市	5 260	41.7	28.2	67.7	5.3～95.1
	宁德市	4 519	34.4	31.6	92.0	2.9～99.2
江西省	南昌市	4 893	22.1	13.6	61.7	6.7～50.0
	景德镇市	1 173	18.9	11.0	58.4	5.5～37.7
	萍乡市	2 879	22.0	17.7	80.3	5.2～62.0
	九江市	5 216	19.3	13.0	67.3	4.9～44.4

省份 （垦区）	下辖区域 （单位）	样本数 （个）	平均值 （mg/kg）	标准差	变异系数 （%）	5%～95%范围 （mg/kg）
江西省	新余市	1 772	25.0	15.8	63.4	6.2～58.3
	鹰潭市	1 815	26.4	11.7	44.4	11.7～49.0
	赣州市	5 355	22.1	12.5	56.4	6.9～48.6
	吉安市	8 679	24.6	15.2	61.7	6.7～56.8
	宜春市	7 371	21.4	16.2	75.7	3.6～55.6
	抚州市	5 150	21.8	12.8	58.6	6.5～47.5
	上饶市	8 015	20.7	15.7	75.9	2.5～52.7
山东省	济南市	5 586	38.5	44.5	115.6	6.8～105.0
	青岛市	6 288	60.7	53.2	87.8	10.8～169.2
	淄博市	6 337	40.0	38.2	95.4	7.8～110.0
	枣庄市	615	47.0	32.9	69.9	14.0～94.2
	东营市	1 276	29.7	30.1	101.3	7.0～77.5
	烟台市	6 205	56.8	43.9	77.3	11.9～142.8
	潍坊市	6 732	65.7	54.5	82.9	11.5～174.1
	济宁市	6 957	39.3	27.6	70.0	10.1～86.3
	泰安市	5 134	45.3	31.5	69.6	10.7～104.9
	威海市	2 823	63.2	43.3	68.6	12.7～140.2
	日照市	1 109	60.4	49.4	81.7	13.5～154.9
	莱芜市	1 675	40.0	27.1	67.8	10.6～87.2
	临沂市	12 610	56.2	49.9	88.6	10.8～160.5
	德州市	12 282	28.4	22.6	79.7	7.5～67.0
	聊城市	10 779	32.7	28.9	88.3	9.3～82.9
	滨州市	4 217	27.2	22.1	81.3	6.9～63.0
	菏泽市	11 014	25.9	19.6	75.6	7.5～58.2
河南省	郑州市	2 448	25.9	25.7	99.2	6.5～76.3
	开封市	2 772	19.9	12.6	63.3	6.7～43.2
	洛阳市	1 940	22.1	21.5	97.1	5.0～63.0
	平顶山市	3 675	22.8	21.0	92.1	6.4～62.3
	安阳市	3 187	21.4	20.8	97.1	6.4～46.4
	鹤壁市	1 597	26.0	21.6	83.1	7.0～75.6
	新乡市	3 972	23.1	23.5	101.7	6.0～60.3
	焦作市	3 618	24.2	20.0	82.7	6.4～57.7
	濮阳市	4 146	17.4	9.7	55.6	7.4～32.0

省份 （垦区）	下辖区域 （单位）	样本数 （个）	平均值 （mg/kg）	标准差	变异系数 （%）	5%～95%范围 （mg/kg）
河南省	许昌市	3 757	18.1	13.7	75.8	5.7～42.6
	漯河市	1 260	30.4	30.2	99.3	8.1～89.5
	三门峡市	2 705	19.6	16.2	82.3	5.2～44.3
	南阳市	4 777	33.0	29.6	89.7	7.9～89.4
	商丘市	6 096	20.7	12.6	60.5	8.1～43.7
	信阳市	4 485	16.2	14.3	87.9	5.1～34.5
	周口市	4 853	20.1	13.9	69.3	6.8～39.9
	驻马店市	4 701	31.0	23.5	75.6	9.5～71.5
	济源示范区	689	22.0	15.9	72.6	6.1～49.4
湖北省	武汉市	3 159	25.6	25.8	100.9	6.7～77.7
	黄石市	1 208	13.6	11.2	82.2	5.0～32.0
	十堰市	5 704	14.1	13.7	97.5	3.2～36.2
	宜昌市	4 554	27.2	28.3	104.0	4.6～84.5
	襄阳市	4 770	17.1	16.6	97.4	3.2～44.8
	鄂州市	427	14.7	7.0	47.9	6.6～28.3
	荆门市	3 847	19.9	15.2	76.5	4.6～45.4
	孝感市	7 576	21.3	16.8	78.9	5.5～50.5
	荆州市	13 442	15.5	12.4	80.0	4.4～34.8
	黄冈市	1 522	10.1	4.3	42.7	4.3～17.7
	咸宁市	2 951	14.9	14.6	98.2	5.1～40.7
	随州市	2 105	14.4	13.5	94.1	3.7～36.4
	恩施土家族苗族自治州	2 069	36.1	28.4	78.6	6.8～90.3
	省直管行政单位	7 796	22.5	19.5	86.8	5.7～69.1
湖南省	长沙市	1 181	20.5	19.2	93.5	2.6～50.0
	株洲市	1 656	25.0	32.3	129.2	4.6～92.7
	湘潭市	1 031	16.4	15.8	96.1	3.2～40.6
	衡阳市	3 992	21.2	27.6	130.2	3.1～73.8
	邵阳市	6 626	23.0	20.1	87.2	5.8～58.8
	岳阳市	5 742	20.1	18.1	90.1	3.7～46.8
	常德市	7 344	16.9	17.6	104.3	3.3～40.6
	张家界市	2 510	17.2	18.7	108.7	3.1～53.4
	益阳市	4 896	26.3	20.1	76.4	5.6～58.0
	郴州市	3 461	29.5	28.7	97.1	3.8～77.8
	永州市	5 622	20.5	21.9	106.6	3.8～57.9

省份 （垦区）	下辖区域 （单位）	样本数 （个）	平均值 （mg/kg）	标准差	变异系数 （%）	5%～95%范围 （mg/kg）
湖南省	怀化市	5 046	27.6	29.9	108.3	3.9～90.4
	娄底市	2 634	21.3	22.4	105.2	4.4～62.5
	湘西土家族苗族自治州	4 565	29.6	31.5	106.7	3.6～90.7
广东省	广州市	1 982	92.9	54.4	58.6	13.2～189.4
	韶关市	3 219	43.2	36.2	83.9	7.3～111.3
	珠海市	226	40.8	34.1	83.5	10.6～99.4
	汕尾市	566	40.7	31.1	76.5	8.0～98.1
	汕头市	181	37.6	33.1	88.0	7.9～93.0
	佛山市	716	92.2	55.1	59.8	14.1～189.2
	江门市	3 346	53.3	36.7	68.8	12.1～127.7
	湛江市	2 504	53.8	47.6	88.5	5.4～156.4
	茂名市	4 226	51.8	43.3	83.7	6.0～143.6
	肇庆市	2 468	38.3	31.2	81.5	8.0～97.7
	惠州市	3 366	57.0	42.1	73.9	10.7～144.5
	梅州市	3 426	42.1	36.8	87.5	7.5～127.0
	河源市	1 574	33.9	28.4	83.7	6.2～89.2
	阳江市	1 851	26.8	24.3	90.5	4.8～76.4
	清远市	2 366	38.6	35.6	92.0	5.3～117.0
	东莞市	387	84.6	51.8	61.3	12.6～183.0
	中山市	208	82.9	57.2	68.9	12.4～189.0
	潮州市	292	54.1	49.5	91.5	5.5～162.1
	揭阳市	1 160	39.9	33.9	85.0	5.5～113.8
	云浮市	2 057	29.6	25.9	87.5	5.4～81.0
广西壮族自治区	南宁市	1 641	28.0	21.0	75.1	4.9～71.8
	柳州市	2 093	27.0	19.2	71.2	5.1～67.0
	桂林市	824	31.1	19.2	61.6	7.9～69.6
	梧州市	333	26.6	18.3	68.9	5.3～64.1
	北海市	278	35.1	20.2	57.5	6.7～75.1
	防城港市	151	15.5	18.0	116.6	4.5～60.2
	钦州市	362	23.4	21.0	89.9	4.5～71.5
	贵港市	1 234	25.0	19.3	77.0	4.8～68.7
	玉林市	463	30.2	19.3	64.0	5.6～72.0
	百色市	774	17.7	16.9	95.5	2.6～56.0

省份 （垦区）	下辖区域 （单位）	样本数 （个）	平均值 （mg/kg）	标准差	变异系数 （%）	5%～95%范围 （mg/kg）
广西壮族自治区	贺州市	1 504	32.9	20.1	61.2	6.1～71.4
	河池市	2 124	24.0	19.0	79.1	4.8～64.8
	来宾市	1 613	24.0	19.8	82.7	4.5～67.3
	崇左市	721	24.3	19.6	80.4	4.5～66.7
海南省	海口市	4 973	77.1	97.4	126.3	1.5～312.3
	三亚市	701	49.0	62.1	126.8	12.6～172.6
	儋州市	492	37.3	60.1	161.2	0.6～117.1
	省直管行政单位	7 672	47.5	66.9	140.9	1.1～191.8
重庆市	市辖区	19 966	25.4	27.3	107.5	2.5～88.2
	县	10 118	24.8	25.9	104.5	2.8～83.0
四川省	成都市	6 455	25.1	17.3	69.0	4.1～62.1
	自贡市	2 939	17.8	16.7	93.4	3.1～56.7
	攀枝花市	1 137	26.3	17.1	65.1	3.6～62.2
	泸州市	5 796	17.7	17.2	97.0	2.3～56.8
	德阳市	3 937	19.3	14.8	76.5	3.5～50.2
	绵阳市	3 201	16.3	14.1	86.5	3.2～46.3
	广元市	2 350	13.8	12.7	91.9	2.1～37.7
	遂宁市	3 861	10.9	8.8	80.1	2.9～25.6
	内江市	3 576	18.8	17.2	91.4	2.0～57.7
	乐山市	2 950	18.0	18.0	100.3	2.2～60.1
	南充市	6 183	11.6	11.1	95.4	2.5～34.2
	眉山市	2 527	18.8	13.4	71.5	3.3～41.6
	宜宾市	4 130	16.8	15.4	91.5	1.9～48.5
	广安市	3 904	15.5	15.0	96.4	2.6～49.0
	达州市	6 660	17.6	18.1	102.6	1.9～59.3
	雅安市	2 262	23.9	15.6	65.4	4.7～55.3
	巴中市	4 587	14.6	15.3	104.7	1.8～48.8
	资阳市	2 008	14.6	11.7	79.7	3.9～37.8
	阿坝藏族羌族自治州	1 160	25.1	20.1	80.0	3.5～68.7
	甘孜藏族自治州	1 232	22.4	16.7	74.9	2.3～58.4
	凉山彝族自治州	7 841	21.3	16.8	78.6	2.9～59.0
贵州省	贵阳市	3 456	23.2	21.5	92.7	2.4～72.0
	六盘水市	1 161	14.8	18.0	122.0	1.3～58.3

省份 （垦区）	下辖区域 （单位）	样本数 （个）	平均值 （mg/kg）	标准差	变异系数 （%）	5%～95%范围 （mg/kg）
贵州省	遵义市	2 237	21.5	21.5	100.1	2.4～71.5
	安顺市	922	19.3	20.6	106.6	1.8～64.2
	毕节市	1 222	19.2	19.2	100.0	2.0～59.2
	铜仁市	4 704	19.2	15.4	80.0	3.7～49.7
	黔西南布依族苗族自治州	3 719	21.1	16.7	78.8	3.2～53.0
	黔东南苗族侗族自治州	7 713	23.5	19.7	83.9	4.0～66.7
	黔南布依族苗族自治州	3 192	24.5	20.4	83.5	3.1～66.7
云南省	昆明市	3 890	50.4	35.7	70.7	7.0～118.8
	曲靖市	4 629	26.7	22.0	82.1	4.7～72.2
	玉溪市	3 902	43.0	32.8	76.3	4.1～107.4
	保山市	2 767	34.6	26.5	76.7	4.0～88.3
	昭通市	5 884	21.8	19.2	87.9	3.5～62.5
	丽江市	2 233	29.6	24.8	83.7	3.8～81.1
	普洱市	6 303	21.6	22.8	105.8	2.1～73.8
	临沧市	4 940	24.7	24.3	98.3	2.6～78.0
	楚雄彝族自治州	4 255	27.2	22.7	83.6	4.3～75.9
	红河哈尼族彝族自治州	4 996	32.4	26.8	82.7	5.1～89.2
	文山壮族苗族自治州	4 124	23.9	20.7	86.5	3.0～67.1
	西双版纳傣族自治州	833	16.7	19.6	117.0	1.4～60.0
	大理白族自治州	3 236	37.4	26.9	71.9	6.3～92.4
	德宏傣族景颇族自治州	823	19.8	21.8	109.9	2.0～63.4
	怒江傈僳族自治州	781	26.4	23.9	90.5	4.0～80.0
	迪庆藏族自治州	841	27.8	22.5	80.9	3.9～74.1
西藏自治区	拉萨市	3 769	12.7	9.1	71.2	3.0～30.5
	日喀则市	1 854	9.6	6.9	71.8	2.8～22.6
	昌都市	4 159	17.3	12.1	70.0	4.0～44.3
	山南市	82	12.3	9.0	72.9	3.3～29.6
陕西省	西安市	1 527	26.1	14.1	53.9	8.7～55.5
	铜川市	590	11.3	9.8	86.3	2.1～30.6
	宝鸡市	2 078	21.4	12.1	56.7	5.8～43.9
	咸阳市	6 693	22.3	10.9	48.7	9.5～43.8
	渭南市	6 462	22.0	13.8	62.8	6.3～51.9
	延安市	3 770	12.4	11.4	92.4	1.5～36.5

（续）

省份 （垦区）	下辖区域 （单位）	样本数 （个）	平均值 （mg/kg）	标准差	变异系数 （%）	5%～95%范围 （mg/kg）
陕西省	汉中市	3 431	21.7	12.7	58.4	6.4～46.6
	榆林市	545	14.2	14.5	102.3	1.6～50.2
	安康市	1 432	19.0	14.4	76.0	3.6～50.2
	商洛市	1 566	21.0	14.0	66.8	3.1～50.8
甘肃省	兰州市	3 200	25.3	16.7	65.8	4.9～59.7
	嘉峪关市	230	22.2	13.9	62.4	8.0～51.4
	金昌市	1 587	31.3	16.0	51.1	10.8～63.6
	白银市	2 981	18.6	16.6	89.2	4.8～58.7
	天水市	7 145	20.4	13.1	64.4	6.1～46.2
	武威市	2 626	27.8	17.3	62.3	7.8～64.8
	张掖市	5 761	25.9	15.8	61.1	7.2～60.9
	平凉市	4 557	19.7	14.9	75.8	3.6～52.6
	酒泉市	3 262	21.7	15.4	70.6	6.3～54.2
	庆阳市	6 242	15.5	13.0	83.9	3.0～42.3
	定西市	7 214	24.0	14.8	61.8	6.2～53.2
	陇南市	4 251	18.0	14.0	78.0	5.0～49.6
	临夏回族自治州	2 920	22.7	16.5	72.6	5.0～59.2
	甘南藏族自治州	920	23.4	17.8	76.3	4.0～62.0
	农场	447	43.3	10.5	24.2	27.1～60.6
青海省	西宁市	3 179	31.8	20.3	63.8	8.0～72.9
	海东市	3 851	28.6	19.8	69.0	5.5～68.1
	海北藏族自治州	669	28.6	17.2	60.1	8.4～64.4
	黄南藏族自治州	250	19.6	14.5	74.2	3.2～51.0
	海南藏族自治州	1 700	17.0	13.5	79.9	4.0～44.0
	海西蒙古族藏族自治州	1 058	25.6	20.0	78.3	1.5～67.6
宁夏回族自治区	银川市	1 237	32.0	24.3	75.9	5.4～78.6
	石嘴山市	402	22.2	15.5	69.8	5.7～53.7
	吴忠市	3 478	24.2	19.9	82.1	4.0～64.0
	固原市	2 159	21.4	17.7	82.8	4.5～59.4
	中卫市	1 636	29.5	24.6	83.3	4.1～78.7
新疆维吾尔自治区	乌鲁木齐市	1 018	33.0	17.3	52.4	9.7～61.3
	克拉玛依市	44	18.7	10.0	53.7	6.1～35.1
	吐鲁番市	929	14.1	14.4	101.8	1.6～47.9

· 212 ·

省份 （垦区）	下辖区域 （单位）	样本数 （个）	平均值 （mg/kg）	标准差	变异系数 （%）	5%～95%范围 （mg/kg）
新疆维吾尔自治区	哈密市	2 996	19.8	12.8	64.8	4.8～47.2
	昌吉回族自治州	5 931	17.2	10.9	63.0	5.1～38.4
	博尔塔拉蒙古自治州	1 648	20.4	11.7	57.4	7.0～44.1
	巴音郭楞蒙古自治州	4 754	22.4	13.5	60.5	6.3～51.0
	阿克苏地区	1 181	21.2	14.3	67.3	4.8～49.1
	喀什地区	4 135	20.3	13.5	66.3	5.2～48.8
	和田地区	44	26.5	18.4	69.5	6.0～60.0
	伊犁哈萨克自治州	6 830	17.8	13.3	75.1	3.5～47.8
	塔城地区	2 285	11.8	9.8	82.8	2.0～31.6
	阿勒泰地区	1 885	15.0	9.1	60.4	5.0～33.0

县级土壤有效磷

省份 （垦区）	属地	下辖区域 （单位）	样本数 （个）	平均值 （mg/kg）	标准差	变异系数 （%）	5%～95%范围 （mg/kg）
北京市	市辖区	房山区	1 575	90.0	118.6	131.8	5.8～362.7
		通州区	1 445	88.1	66.5	75.5	13.0～216.9
		昌平区	2 452	35.3	42.6	120.7	16.9～174.4
		大兴区	713	39.2	43.9	112.0	23.5～241.2
		顺义区	487	34.1	37.1	108.8	78.1～103.5
		怀柔区	2 066	60.0	71.1	118.5	9.10～171.0
		平谷区	1 243	39.8	45.4	114.1	36.5～147.8
		密云区	1 191	82.0	94.2	114.9	11.9～266.3
		延庆区	824	50.5	46.1	91.3	6.7～154.9

县级土壤有效磷

省份 （垦区）	属地	下辖区域 （单位）	样本数 （个）	平均值 （mg/kg）	标准差	变异系数 （%）	5%～95%范围 （mg/kg）
天津市	市辖区	东丽区	140	32.4	34.2	105.4	4.0～109.2
		西青区	306	82.6	84.4	102.2	7.4～236.6
		津南区	357	18.2	12.3	67.6	6.9～85.7
		北辰区	163	28.9	30.2	104.7	4.7～88.2
		武清区	2 188	56.2	52.9	94.2	8.9～147.7
		宝坻区	783	40.7	30.5	75.0	7.9～94.1
		滨海新区大港	353	30.1	32.6	109.4	4.2～101.3
		滨海新区汉沽	148	113.1	97.5	88.0	20.1～287.5
		滨海新区塘沽	38	47.2	67.1	125.2	8.1～155.3
		宁河区	1 067	24.2	20.8	86.0	4.8～63.2
		静海区	1 934	27.2	29.1	107.0	3.6～84.3
		蓟州区	683	46.8	50.5	107.8	8.0～124.3

县级土壤有效磷

省份 （垦区）	属地	下辖区域 （单位）	样本数 （个）	平均值 （mg/kg）	标准差	变异系数 （%）	5%～95%范围 （mg/kg）
河北省	石家庄市	井陉县	462	29.3	20.5	70.0	6.4～55.9
		元氏县	730	28.1	22.4	79.6	6.5～74.2
		新乐市	623	39.1	20.7	52.9	10.2～78.4
		新华区	179	28.6	17.5	61.4	7.6～64.4
		无极县	522	28.4	16.0	56.4	12.5～56.3
		晋州市	492	25.6	17.7	69.0	7.3～61.9
		正定县	1 258	31.1	22.5	72.3	8.7～76.1
		深泽县	480	24.5	16.4	66.9	7.4～54.3
		灵寿县	425	35.5	28.3	80.0	7.2～78.5
		藁城区	1 146	43.0	40.8	94.7	10.7～133.0
		行唐县	510	31.1	16.5	52.9	9.4～60.8
		赞皇县	360	34.7	33.8	97.4	5.4～106.0
		赵县	487	28.0	13.9	49.7	14.7～62.4
		辛集市（省直管）	816	39.5	29.8	75.4	7.5～93.1
		长安区	107	24.5	13.6	55.3	8.2～51.6
		高邑县	459	28.0	9.9	35.3	14.2～42.9
		鹿泉区	536	42.3	38.5	90.8	6.5～126.7
		栾城区	480	91.3	104.8	114.8	11.0～340.1
		平山县	341	29.3	25.2	86.2	9.3～87.2
	唐山市	丰南区	786	31.5	16.1	51.1	10.2～58.1
		丰润区	380	35.9	22.6	63.0	10.6～70.5
		乐亭县	482	39.4	42.2	107.1	11.8～98.9
		古冶区	65	50.8	42.0	82.8	9.1～123.3
		曹妃甸区	480	29.9	15.7	52.4	11.2～60.8
		开平区	65	57.3	34.7	60.6	18.8～138.3
		滦南县	955	72.6	40.5	55.8	19.9～150.7
		滦州市	640	43.9	22.1	50.4	14.1～82.0
		玉田县	518	48.5	30.1	62.0	10.8～102.2
		路北区	35	60.0	13.0	21.7	37.1～73.9
		路南区	35	14.1	4.0	28.7	6.5～20.4
		迁安市	490	39.9	25.8	64.6	10.5～89.9
		迁西县	540	20.1	12.5	62.1	6.8～45.3
		芦台开发区	50	21.8	16.6	75.9	6.5～37.2
		遵化市	1 158	36.0	21.8	60.6	9.3～76.5

省份（垦区）	属地	下辖区域（单位）	样本数（个）	平均值（mg/kg）	标准差	变异系数（％）	5％～95％范围（mg/kg）
河北省	秦皇岛市	卢龙县	140	39.4	25.1	63.7	7.9～86.3
		抚宁县	481	66.3	41.2	62.1	13.2～140.2
		昌黎县	191	49.1	33.8	68.9	23.8～115.7
		青龙满族自治县	110	44.6	28.0	62.5	9.3～94.8
		合并区	417	49.5	26.6	53.8	11.8～98.5
	邯郸市	大名县	840	24.6	8.6	35.2	11.1～38.7
		广平县	441	18.8	6.1	32.5	9.5～29.4
		曲周县	500	32.2	19.8	61.7	10.8～70.1
		武安市	480	17.8	7.7	43.5	8.8～33.6
		永年县	517	27.1	13.4	49.4	13.4～55.7
		涉县	741	16.1	9.3	58.2	6.2～31.5
		磁县	444	19.3	11.9	61.9	5.8～46.0
		肥乡区	401	31.1	12.1	37.9	17.4～55.6
		邯山区	241	18.2	13.4	73.8	4.5～44.5
		邯郸县	402	20.7	13.2	63.8	6.7～41.5
		邱县	656	21.6	13.7	63.5	8.1～48.9
		馆陶县	955	42.2	29.0	68.8	12.6～107.5
		魏县	568	26.6	13.7	51.6	10.9～51.8
		鸡泽县	400	22.6	10.8	47.7	10.2～40.9
		成安县	480	22.8	13.2	58.0	8.3～45.7
		临漳县	880	22.3	5.2	23.5	13.9～29.5
		冀南新区	119	23.3	13.8	59.0	5.9～48.8
	邢台市	临城县	440	18.1	10.9	60.1	6.2～37.9
		临西县	480	22.9	15.1	66.1	6.5～48.6
		任泽区	484	20.1	11.5	57.3	9.7～40.3
		威县	560	14.5	10.4	71.7	4.9～32.7
		巨鹿县	364	15.1	8.5	56.1	5.4～35.2
		平乡县	928	16.1	13.3	82.2	5.1～37.6
		广宗县	390	11.7	6.4	54.4	4.9～20.2
		新河县	40	24.3	24.8	102.1	7.5～61.4
		柏乡县	791	26.0	16.5	63.6	8.8～60.7
		桥东区	20	35.8	20.8	58.1	9.2～67.8
		桥西区	20	30.5	24.9	81.5	5.1～71.7

省份 （垦区）	属地	下辖区域 （单位）	样本数 （个）	平均值 （mg/kg）	标准差	变异系数 （%）	5%～95%范围 （mg/kg）
河北省	邢台市	清河县	420	30.5	21.2	69.5	6.9～74.1
		邢台县	740	22.7	27.1	119.2	6.0～62.9
		隆尧县	446	24.0	11.2	46.6	10.0～46.7
		大曹庄管理区	30	26.8	10.8	40.2	13.4～46.5
		经开区	130	32.0	22.1	69.1	8.8～71.5
		内丘县	391	19.1	16.1	84.5	7.1～45.0
		南宫市	574	10.4	6.6	63.7	4.3～21.9
		南和区	540	22.5	19.0	84.6	6.6～45.2
		宁晋县	519	17.6	6.7	38.4	7.6～30.3
		沙河市	510	28.9	35.2	121.7	5.3～98.4
		襄都区	25	18.4	13.5	73.4	6.2～45.4
		高新区	30	18.5	14.0	75.6	7.7～49.7
	保定市	博野县	440	29.0	24.6	85.0	7.7～76.8
		唐县	481	40.2	32.4	80.5	5.8～100.1
		安国市	414	33.6	20.9	62.3	8.9～72.1
		安新县	120	33.5	20.6	61.3	9.6～72.8
		定兴县	474	33.1	21.4	64.6	8.0～74.2
		定州市（省直管）	635	30.3	16.7	55.0	9.1～58.7
		容城县	479	28.3	21.7	76.7	5.9～71.0
		徐水县	479	38.1	33.6	88.1	7.7～96.8
		易县	507	42.5	34.8	82.1	9.9～123.0
		曲阳县	440	22.1	19.6	88.6	5.4～60.0
		望都县	500	36.6	20.1	54.9	11.0～74.7
		涞水县	781	25.2	24.0	95.5	6.1～71.2
		涞源县	493	18.7	21.3	113.6	4.7～57.5
		涿州市	684	50.2	50.6	100.7	6.7～144.3
		清苑区	540	36.7	27.6	75.2	7.8～90.0
		满城区	486	43.1	39.1	90.7	8.0～114.7
		蠡县	480	21.9	13.8	63.0	7.7～40.7
		阜平县	480	31.5	26.1	82.9	5.9～78.9
		雄县	403	17.6	12.1	68.8	5.3～37.4
		顺平县	380	34.1	36.2	106.2	6.1～123.5
		高碑店市	500	24.2	20.0	82.5	6.1～65.2

省份 （垦区）	属地	下辖区域 （单位）	样本数 （个）	平均值 （mg/kg）	标准差	变异系数 （%）	5%～95%范围 （mg/kg）
河北省	保定市	高阳县	440	27.3	28.0	102.6	5.6～71.2
	张家口市	万全区	940	30.0	27.4	91.3	6.6～84.2
		宣化区	800	31.7	27.2	85.6	7.8～74.7
		尚义县	679	22.8	14.4	62.9	9.1～48.0
		崇礼区	546	26.7	22.2	83.2	6.6～67.3
		康保县	722	14.2	9.1	61.9	5.3～32.1
		张北县	480	24.4	23.4	95.6	6.0～60.5
		怀安县	460	25.8	24.3	94.5	6.1～62.4
		怀来县	742	18.6	23.8	128.2	6.1～34.2
		沽源县	460	15.9	11.4	71.7	5.3～37.9
		涿鹿县	490	28.5	30.3	106.1	5.6～89.8
		蔚县	345	14.6	12.9	88.4	4.2～36.6
		赤城县	646	10.5	9.6	91.2	4.9～23.9
		阳原县	366	21.8	28.6	131.0	4.6～82.4
	承德市	兴隆县	400	24.0	21.1	88.1	6.5～60.8
		双桥区	81	29.8	17.8	59.7	10.1～65.6
		双滦区	237	34.1	37.0	108.4	9.2～75.4
		宽城满族自治县	510	30.8	27.6	89.8	7.6～88.4
		平泉市	841	41.1	37.1	90.1	9.2～105.4
		承德县	580	31.4	31.1	98.9	6.0～77.1
		滦平县	1 120	44.7	61.4	137.4	5.5～168.6
		隆化县	639	23.0	12.4	54.2	7.6～41.6
		丰宁满族自治县	473	17.3	15.6	90.1	5.3～45.3
		高新区	57	30.3	35.4	116.7	6.0～93.6
		围场满族蒙古族自治县	497	71.5	43.6	60.9	13.5～127.5
		鹰手营子矿区	105	35.7	34.1	95.5	9.0～77.4
		御道口牧场管理区	28	45.6	43.8	96.1	10.6～109.5
	沧州市	东光县	400	27.4	19.1	69.9	6.9～66.6
		任丘市	443	19.9	8.3	41.7	7.4～31.8
		南皮县	467	24.2	10.7	44.3	8.3～35.0
		吴桥县	1 041	31.4	19.6	62.5	11.1～63.0
		孟村回族自治县	430	15.7	7.4	47.1	8.6～27.6
		沧县	480	22.5	14.9	66.3	5.5～41.4

（续）

省份 （垦区）	属地	下辖区域 （单位）	样本数 （个）	平均值 （mg/kg）	标准差	变异系数 （%）	5%～95%范围 （mg/kg）
河北省	沧州市	河间市	448	19.4	23.8	122.9	5.0～73.3
		泊头市	950	19.1	13.2	69.0	6.0～43.1
		海兴县	300	11.3	2.8	24.8	7.2～15.6
		盐山县	462	19.0	15.0	78.9	8.0～39.1
		肃宁县	910	34.1	31.6	92.7	7.5～107.7
		青县	392	20.9	9.6	45.8	7.5～38.3
		黄骅市	756	12.1	5.5	45.5	5.8～21.8
		南大港产业园区	100	8.4	1.7	20.3	5.9～11.6
		献县	938	16.9	14.4	85.4	5.0～44.1
		中捷产业园区	100	9.0	1.4	15.0	7.1～11.5
	廊坊市	三河市	480	35.5	22.0	62.0	15.8～98.8
		固安县	491	29.0	19.3	66.4	8.9～65.3
		大厂回族自治县	482	27.2	21.1	77.6	7.1～69.4
		大城县	840	37.7	23.9	63.4	7.2～85.5
		安次区	545	21.2	21.0	98.9	5.8～47.4
		广阳区	440	29.4	35.8	121.8	6.9～46.0
		文安县	483	12.2	11.1	91.6	4.6～30.4
		永清县	1 359	21.2	22.4	105.4	6.4～49.6
		霸州市	440	23.3	18.2	78.5	5.5～58.5
		香河县	480	80.7	56.2	69.6	14.3～174.0
	衡水市	景县	692	20.8	7.4	35.7	11.1～34.4
		枣强县	808	15.0	9.7	65.1	6.2～29.7
		桃城区	814	21.1	13.8	65.6	6.3～47.1
		武强县	500	19.5	17.6	90.6	4.8～52.6
		武邑县	414	30.4	41.0	134.7	6.4～82.2
		深州市	503	21.3	14.0	65.7	6.0～47.4
		阜城县	180	24.8	33.6	135.8	6.6～51.0
		饶阳县	647	48.9	57.5	117.6	7.6～174.7
		安平县	480	23.6	16.6	70.4	6.1～54.5
		故城县	481	31.0	28.0	90.5	6.7～83.7
		滨湖新区	55	15.5	9.9	64.3	5.1～33.5
		冀州区	480	14.5	6.8	47.1	6.3～25.9
		开发区	45	14.0	6.8	48.3	6.4～27.2

县级土壤有效磷

省份 （垦区）	属地	下辖区域 （单位）	样本数 （个）	平均值 （mg/kg）	标准差	变异系数 （%）	5%～95%范围 （mg/kg）
山西省	太原市	万柏林区	50	8.9	9.0	100.9	2.1～29.0
		古交市	392	13.2	9.6	72.9	3.1～30.1
		娄烦县	967	8.6	9.1	105.9	2.0～24.9
		小店区	548	19.7	19.2	97.5	4.0～60.5
		尖草坪区	319	9.1	7.3	80.3	2.1～25.4
		晋源区	515	31.9	35.2	110.4	2.6～111.5
		杏花岭区	50	12.9	6.2	42.6	6.6～22.7
		清徐县	694	15.8	18.8	118.5	2.1～59.7
		阳曲县	631	11.3	9.6	85.2	5.0～22.3
	阳泉市	平定县	696	29.4	29.8	101.2	4.8～97.5
		盂县	646	10.7	12.4	115.6	2.5～26.6
	长治市	壶关县	57	30.6	19.7	64.5	12.0～76.4
		平顺县	22	24.8	23.9	96.5	6.0～67.2
		武乡县	1 260	10.4	7.8	74.9	1.8～20.2
		沁县	2 463	11.6	14.8	127.7	1.9～41.9
		沁源县	157	17.7	14.3	81.1	3.8～42.9
		潞城区	105	17.2	17.7	102.6	4.0～48.4
		襄垣县	36	16.1	13.8	85.8	4.8～45.6
		郊区	54	15.7	13.1	83.3	4.2～44.7
		长子县	367	18.7	17.2	92.0	4.4～52.9
		黎城县	601	22.9	10.0	43.8	8.0～41.1
		屯留区	324	14.4	14.9	103.1	2.9～37.2
	晋城市	沁水县	144	8.7	8.1	93.4	2.7～25.8
		泽州县	514	15.8	7.7	48.3	5.9～30.3
		阳城县	195	11.9	15.0	126.0	2.8～35.7
		陵川县	215	17.9	20.0	111.8	4.2～46.0
		高平市	694	13.2	9.8	74.4	4.1～28.9
	朔州市	右玉县	173	6.4	5.9	92.5	2.5～13.9
		山阴县	218	12.8	10.9	84.9	3.1～32.8
		平鲁区	279	9.2	5.0	54.2	3.1～18.5
		应县	229	11.4	8.4	73.6	3.3～24.1
		怀仁县	1 464	11.5	4.4	38.1	5.2～19.2
		朔城区	254	7.2	9.2	127.6	1.7～22.7
	晋中市	左权县	333	14.7	13.1	89.4	5.5～34.7

（续）

省份 （垦区）	属地	下辖区域 （单位）	样本数 （个）	平均值 （mg/kg）	标准差	变异系数 （%）	5%～95%范围 （mg/kg）
山西省	晋中市	平遥县	237	16.4	15.6	95.0	3.7～36.8
		昔阳县	207	17.9	17.1	95.1	4.1～59.8
		榆社县	212	21.1	13.8	65.4	7.7～42.6
		灵石县	124	16.0	18.1	113.6	2.7～48.4
		祁县	204	18.2	17.8	97.9	5.3～44.4
	运城市	万荣县	743	36.0	30.3	83.9	5.6～98.7
		临猗县	2 258	16.6	14.4	87.2	2.4～39.3
		垣曲县	475	15.8	18.2	115.5	3.0～58.4
		夏县	501	17.6	8.2	46.5	5.0～30.6
		平陆县	1 008	18.8	20.7	110.2	2.9～58.4
		新绛县	531	29.9	26.1	87.2	4.4～85.6
		永济市	851	23.5	18.7	79.5	5.3～58.3
		河津市	362	20.8	14.3	68.7	7.4～48.0
		盐湖区	797	17.7	17.1	97.0	3.4～52.1
		稷山县	1 012	20.7	11.9	57.2	6.6～42.1
		绛县	521	17.4	16.1	92.9	5.9～40.6
		芮城县	691	30.6	26.5	86.6	6.5～86.3
		闻喜县	109	15.8	11.6	73.4	5.4～34.1
	忻州市	五寨县	375	13.0	10.5	80.8	4.4～31.3
		代县	629	8.6	6.8	79.2	3.6～22.7
		保德县	41	8.0	4.0	50.6	3.9～14.7
		偏关县	1 469	7.8	5.6	72.2	2.1～18.3
		原平市	1 026	16.5	11.3	68.9	5.2～36.0
		宁武县	366	14.3	12.9	89.9	3.5～46.1
		定襄县	785	12.7	12.3	96.8	3.3～31.1
		忻府区	2 138	15.3	13.5	87.8	4.2～36.9
		神池县	718	9.3	5.1	55.1	4.1～19.3
		繁峙县	500	20.0	23.0	114.8	3.2～71.0
		静乐县	85	13.6	10.6	78.0	3.0～33.5
	临汾市	侯马市	544	34.8	29.9	86.0	7.7～106.2
		古县	129	6.7	3.3	50.0	3.2～13.2
		吉县	92	25.1	21.4	85.1	6.3～70.0
		尧都区	77	16.2	19.9	122.8	2.6～46.9

省份 （垦区）	属地	下辖区域 （单位）	样本数 （个）	平均值 （mg/kg）	标准差	变异系数 （%）	5%～95%范围 （mg/kg）
山西省	临汾市	曲沃县	182	16.3	9.0	55.0	6.8～28.7
		洪洞县	261	25.0	8.3	33.1	11.9～38.8
		浮山县	77	12.3	9.5	77.4	4.4～34.1
		翼城县	177	20.0	12.6	63.1	6.6～40.7
		蒲县	1 585	7.9	5.2	65.6	2.8～16.4
		隰县	32	9.5	7.0	73.0	2.3～24.6
	吕梁市	临县	421	12.0	12.1	100.9	3.7～29.3
		交口县	120	12.1	10.6	87.9	3.4～32.5
		兴县	634	9.8	11.7	119.7	2.8～30.3
		孝义市	571	18.7	22.8	122.0	3.7～66.8
		文水县	168	26.1	19.1	73.0	5.1～68.4
		柳林县	174	10.5	12.4	117.6	2.3～36.2
		汾阳市	1 496	13.5	10.2	75.4	4.1～33.5

县级土壤有效磷

省份 （垦区）	属地	下辖区域 （单位）	样本数 （个）	平均值 （mg/kg）	标准差	变异系数 （%）	5%～95%范围 （mg/kg）
内蒙古 自治区	呼和浩特市	和林格尔县	844	13.5	8.5	63.0	3.7～28.8
		土默特左旗	646	10.2	7.8	77.3	2.2～26.7
		托克托县	507	14.0	8.2	58.5	4.1～28.9
		武川县	648	16.5	9.5	57.5	5.0～36.3
		清水河县	444	15.1	8.1	54.0	5.3～30.7
		赛罕区	383	22.8	13.5	59.2	5.5～44.3
	包头市	东河区	139	21.6	12.1	56.2	5.9～42.5
		九原区	155	19.5	11.6	59.5	5.3～40.9
		固阳县	1 670	10.6	7.4	69.3	3.4～26.5
		土默特右旗	2 221	15.6	7.0	45.1	5.8～30.1
		昆都仑区	74	19.2	13.8	72.1	3.9～41.8
		石拐区	138	24.3	12.8	52.7	5.7～43.5
		达尔罕茂明安联合旗	973	12.9	7.5	65.4	3.5～30.0
		青山区	42	19.4	9.4	48.7	8.1～33.3
		高新区	139	14.6	10.6	73.0	4.9～39.0
	赤峰市	元宝山区	212	9.5	5.5	58.0	4.5～20.7
		克什克腾旗	1 169	12.9	8.9	68.7	3.5～32.0
		喀喇沁旗	952	15.2	10.4	68.5	3.7～36.5
		宁城县	1 146	15.8	10.2	64.4	3.7～36.0
		巴林右旗	864	11.4	7.3	64.2	3.6～27.8
		巴林左旗	741	13.7	8.7	63.8	4.1～32.8
		市辖区	102	11.4	7.3	63.8	3.7～24.2
		敖汉旗	2 589	11.9	8.6	72.4	2.8～30.9
		松山区	1 532	10.3	7.5	73.1	3.2～26.0
		林西县	552	14.2	7.7	54.2	4.8～29.8
		红山区	133	13.2	8.0	60.4	4.2～30.3
		翁牛特旗	1 769	12.8	8.2	63.7	3.8～30.4
		阿鲁科尔沁旗	1 316	9.5	6.0	63.3	3.4～22.8
	通辽市	奈曼旗	1 666	12.8	7.7	60.5	3.5～27.1
		库伦旗	1 187	12.5	7.1	57.0	4.4～27.1
		开鲁县	1 317	17.7	9.0	50.6	5.2～33.8
		扎鲁特旗	685	10.7	8.9	83.3	2.9～32.3
		科尔沁区	1 246	12.1	7.4	61.3	4.1～29.2
		科尔沁左翼中旗	2 232	10.7	7.2	67.1	3.3～25.7

省份（垦区）	属地	下辖区域（单位）	样本数（个）	平均值（mg/kg）	标准差	变异系数（%）	5%～95%范围（mg/kg）
内蒙古自治区	通辽市	科尔沁左翼后旗	1 662	14.4	7.2	49.5	4.9～28.9
	鄂尔多斯市	东胜区	55	13.9	8.4	60.9	4.9～36.0
		乌审旗	242	11.5	8.1	70.3	2.6～29.2
		伊金霍洛旗	163	13.1	8.7	66.5	2.8～28.5
		准格尔旗	434	12.2	8.9	73.0	2.7～31.1
		杭锦旗	423	14.7	9.2	62.4	4.1～33.9
		达拉特旗	668	13.8	9.4	68.4	3.2～33.3
		鄂托克前旗	341	12.1	7.7	64.0	2.8～27.8
		鄂托克旗	162	9.6	6.5	67.1	3.3～24.3
	呼伦贝尔市	扎兰屯市	2 039	28.3	9.3	32.9	12.7～42.8
		新巴尔虎右旗	40	28.3	9.1	32.2	14.1～40.5
		新巴尔虎左旗	365	26.0	8.6	33.0	13.5～41.8
		根河市	40	26.8	11.1	41.5	13.8～43.2
		海拉尔区	190	32.6	7.8	24.0	18.6～42.4
		满洲里市	40	27.9	9.5	34.0	14.9～37.8
		牙克石市	1 453	25.8	9.2	35.7	10.3～41.5
		莫力达瓦达斡尔族自治旗	3 906	30.3	8.5	27.9	15.6～43.9
		鄂伦春自治旗	2 149	27.9	9.9	35.6	10.9～43.1
		鄂温克族自治旗	80	28.7	10.5	36.7	12.3～43.5
		阿荣旗	2 466	20.7	9.9	47.7	6.7～38.5
		陈巴尔虎旗	500	26.6	9.9	37.1	10.9～42.1
		额尔古纳市	1 461	31.6	8.4	26.5	15.8～43.8
	巴彦淖尔市	临河区	1 662	17.2	9.5	55.3	5.1～35.6
		乌拉特中旗	567	13.0	8.4	64.7	4.0～30.4
		乌拉特前旗	1 529	13.5	8.6	63.7	4.3～31.1
		乌拉特后旗	605	13.1	8.1	61.6	4.6～30.4
		五原县	1 365	18.5	9.4	51.0	6.3～37.8
		杭锦后旗	1 231	17.7	9.5	53.6	6.0～37.4
		磴口县	367	14.4	8.4	58.9	4.0～32.3
	乌兰察布市	丰镇市	887	10.6	6.6	62.5	3.3～24.4
		兴和县	763	11.4	8.2	72.1	2.9～29.4
		凉城县	771	11.7	7.2	61.8	3.7～27.4
		化德县	881	12.8	9.4	74.1	3.0～34.6

省份 （垦区）	属地	下辖区域 （单位）	样本数 （个）	平均值 （mg/kg）	标准差	变异系数 （%）	5%～95%范围 （mg/kg）
内蒙古 自治区	乌兰察布市	卓资县	348	14.6	9.6	65.6	4.4～36.4
		商都县	1 479	12.4	9.1	73.4	2.9～32.4
		四子王旗	1 232	14.3	9.5	66.5	2.9～33.8
		察哈尔右翼中旗	585	16.8	11.2	66.4	4.0～41.2
		察哈尔右翼前旗	459	13.8	9.9	71.3	3.8～35.7
		察哈尔右翼后旗	742	19.6	11.9	60.6	4.2～41.5
		集宁区	71	15.6	11.2	72.1	3.9～40.8
	兴安盟	乌兰浩特市	410	14.9	9.8	65.7	3.3～36.1
		兴安盟农牧场管理局	489	11.8	8.7	73.2	2.8～30.9
		扎赉特旗	2 802	15.8	10.1	64.1	2.9～35.9
		盟辖区	244	15.1	6.3	41.7	4.1～24.9
		科尔沁右翼中旗	2 524	9.5	7.2	75.2	2.5～25.0
		科尔沁右翼前旗	2 446	16.9	10.4	61.6	3.5～35.9
		突泉县	1 618	14.8	10.6	71.9	2.9～37.1
		阿尔山市	122	28.3	9.2	32.5	14.8～44.4
	锡林郭勒盟	东乌珠穆沁旗	94	13.2	11.8	89.8	2.8～39.0
		乌拉盖管理区	205	24.7	9.4	38.2	10.7～41.3
		多伦县	962	19.4	11.9	61.3	4.5～41.4
		太仆寺旗	897	14.5	10.7	73.9	3.1～36.5
		正蓝旗	152	11.0	8.7	78.9	3.2～28.5
		正镶白旗	102	12.0	10.3	85.5	3.1～33.9
		苏尼特右旗	34	14.6	8.2	56.0	4.0～26.4
		西乌珠穆沁旗	48	7.5	8.8	117.1	2.2～28.5
		锡林浩特市	123	21.2	11.0	52.1	6.3～40.5
		镶黄旗	13	13.1	7.4	56.2	3.7～23.2
	阿拉善盟	阿拉善右旗	24	15.4	8.5	55.2	5.8～31.8
		阿拉善左旗	810	8.8	5.8	65.5	2.7～20.6
		额济纳旗	48	17.9	11.6	65.0	4.4～39.0

县级土壤有效磷

省份 (垦区)	属地	下辖区域 (单位)	样本数 (个)	平均值 (mg/kg)	标准差	变异系数 (%)	5%~95%范围 (mg/kg)
辽宁省	沈阳市	浑南区	296	42.8	15.1	35.4	19.2~65.5
		于洪区	91	27.6	11.7	42.6	11.2~49.1
		康平县	321	20.5	15.3	74.6	5.9~53.1
		新民市	510	30.4	16.2	53.3	8.2~61.4
		苏家屯区	711	35.1	17.1	48.6	10.7~61.9
		辽中区	1 629	24.3	14.4	59.2	7.7~54.8
	大连市	庄河市	1 279	19.2	11.8	61.6	6.1~44.0
		旅顺口区	112	36.7	18.8	51.2	14.0~61.8
		普兰店区	723	33.4	15.6	46.5	13.1~61.1
		瓦房店市	1 435	24.5	16.2	65.9	6.2~58.4
		金普新区	1 005	30.0	15.6	52.1	10.0~63.0
	鞍山市	台安县	286	27.3	13.9	51.1	10.0~52.7
		岫岩满族自治县	491	32.1	14.0	43.5	12.1~58.8
		海城市	687	32.9	16.0	48.5	12.9~58.5
	抚顺市	抚顺县	814	32.3	17.8	55.1	7.6~62.6
		新宾满族自治县	1 087	29.3	16.7	57.2	7.5~60.0
		清原满族自治县	429	34.4	16.2	47.1	9.7~62.0
		顺城区	86	28.2	14.4	51.1	10.1~54.3
		东洲区	77	26.2	14.4	55.1	7.7~51.8
	本溪市	本溪满族自治县	717	31.3	16.2	51.8	8.7~60.5
		桓仁满族自治县	1 603	26.9	10.0	37.1	12.9~45.6
		市辖区	140	25.1	12.3	48.9	8.7~47.0
	丹东市	东港市	1 845	29.8	16.4	54.9	9.4~61.1
		凤城市	579	28.7	16.1	56.1	7.6~61.8
		宽甸满族自治县	905	31.2	14.5	46.5	10.2~56.2
	锦州市	义县	1 791	32.5	15.3	47.2	10.6~61.3
		凌海市	967	33.9	14.1	41.5	14.1~60.7
		北镇市	681	23.3	12.8	55.0	7.4~47.6
		太和区	62	39.8	8.8	22.1	25.3~51.3
		松山新区	63	37.2	13.8	37.1	13.3~51.6
		黑山县	279	29.2	15.2	52.1	7.8~54.3
		滨海新区	61	36.8	14.5	39.3	11.7~49.7
	营口市	大石桥市	1 053	30.6	14.8	48.3	10.1~56.8
		鲅鱼圈区	604	33.9	17.6	51.9	8.2~63.4

省份 （垦区）	属地	下辖区域 （单位）	样本数 （个）	平均值 （mg/kg）	标准差	变异系数 （%）	5%～95%范围 （mg/kg）
辽宁省	阜新市	彰武县	200	30.3	14.2	46.9	10.0～53.3
		阜新蒙古族自治县	2 408	22.5	14.3	63.7	6.3～51.9
		海州区	20	30.5	17.1	56.1	7.4～55.2
		新邱区	20	31.7	14.0	44.2	12.9～48.8
		清河门区	101	6.3	2.1	33.6	4.6～10.7
	辽阳市	太子河区	293	33.0	13.6	41.2	14.2～57.0
		灯塔市	1 163	27.2	14.4	52.9	9.0～56.9
		辽阳县	2 312	28.1	15.3	54.4	9.6～58.0
	盘锦市	大洼区	760	35.1	13.3	37.8	13.1～59.1
		盘山县	900	32.5	13.9	42.8	11.1～55.1
		双台子区	150	17.1	4.7	27.5	10.8～25.6
		兴隆台区	150	16.9	4.6	27.0	10.5～24.9
	铁岭市	开原市	1 601	31.8	14.0	43.9	13.0～57.3
		昌图县	1 140	28.7	15.8	55.1	8.4～58.3
		西丰县	987	40.9	14.7	36.0	15.8～63.7
		调兵山市	376	36.7	9.8	26.6	20.6～50.6
		铁岭县	1 320	33.2	16.7	50.4	10.2～63.4
		清河区	67	34.3	13.7	40.0	13.0～53.5
	朝阳市	凌源市	1 209	24.8	15.1	61.0	7.9～56.9
		北票市	1 346	23.2	13.9	60.1	6.8～52.8
		双塔区	297	40.0	15.1	37.8	13.8～63.8
		喀喇沁左翼蒙古族自治县	665	27.7	14.3	51.6	10.2～54.7
		建平县	1 477	18.0	12.0	66.5	5.7～44.8
		朝阳县	1 210	25.7	13.0	50.5	8.8～49.7
	葫芦岛市	兴城市	964	30.2	13.8	45.8	8.9～54.5
		建昌县	744	27.4	13.5	49.2	8.9～54.4
		绥中县	1 534	29.7	15.1	50.9	12.2～60.7

县级土壤有效磷

省份（垦区）	属地	下辖区域（单位）	样本数（个）	平均值（mg/kg）	标准差	变异系数（％）	5％～95％范围（mg/kg）
吉林省	长春市	农安县	3 184	22.8	11.4	50.3	8.2～45.3
		双阳区	1 873	37.7	12.6	33.6	14.0～55.0
		德惠市	10 457	35.9	12.8	35.7	15.9～57.9
		榆树市	2 740	39.0	11.5	29.5	17.2～54.5
		长春市	700	33.9	11.4	33.7	15.5～52.5
		九台区	3 549	39.4	14.1	36.1	13.4～57.6
	吉林市	桦甸市	2 920	34.1	13.5	39.5	12.8～54.5
		永吉县	1 203	38.2	13.1	34.3	17.5～56.8
		磐石市	3 909	34.7	11.7	33.7	16.2～54.8
		舒兰市	1 880	15.8	9.0	56.8	7.2～38.6
		蛟河市	2 558	30.6	12.9	42.1	11.3～53.3
	四平市	伊通满族自治县	4 295	42.0	13.3	31.7	17.4～60.0
		公主岭市	1 731	28.8	11.3	39.1	11.0～50.0
		双辽市	3 048	18.8	12.4	65.8	5.2～45.7
		梨树县	4 960	29.9	16.1	54.0	6.1～56.8
	辽源市	东丰县	2 234	31.8	15.9	50.1	7.4～54.7
		东辽县	9 406	38.2	14.3	37.5	13.0～59.0
		辽源市	785	53.4	1.7	3.1	50.4～55.6
	通化市	柳河县	1 018	31.0	14.2	45.9	9.0～54.3
		梅河口市（省直管）	2 395	27.9	12.2	43.8	14.3～51.1
		辉南县	3 518	30.6	12.5	40.8	10.4～54.7
		通化县	2 966	31.2	14.6	46.7	11.8～55.5
		集安市	745	38.6	11.3	29.3	20.1～53.8
	白山市	临江市	1 452	40.7	11.7	28.8	17.9～55.3
		抚松县	1 032	31.5	13.3	42.3	11.3～52.6
		江源区	358	40.4	14.2	35.2	15.1～55.6
		长白朝鲜族自治县	700	27.4	15.6	56.9	4.6～52.4
		浑江区	388	32.1	13.1	40.8	13.4～53.2
	松原市	乾安县	1 591	14.5	7.6	52.5	4.5～27.6
		前郭尔罗斯蒙古族自治县	1 479	17.0	7.7	45.1	6.1～29.1
		宁江区	2 641	41.0	4.5	10.9	33.7～48.0
		扶余市	701	31.8	10.9	34.3	13.0～50.3
		松原市	942	18.9	5.5	29.0	11.7～28.3
		长岭县	501	12.3	9.6	78.3	4.0～32.0

省份（垦区）	属地	下辖区域（单位）	样本数（个）	平均值（mg/kg）	标准差	变异系数（%）	5%～95%范围（mg/kg）
吉林省	白城市	洮北区	3 325	21.1	10.3	49.0	6.9～42.7
		洮南市	10 427	12.2	9.3	75.7	3.9～31.6
		白城市	2 570	17.4	12.4	71.4	4.0～44.5
	延边朝鲜族自治州	图们市	717	31.3	16.2	51.8	5.3～54.1
		延吉市	688	28.3	15.3	54.1	5.9～54.1
		敦化市	5 839	34.1	13.1	38.5	14.0～56.0
		珲春市	824	34.3	14.1	41.2	8.2～54.4

县级土壤有效磷

省份 (垦区)	属地	下辖区域 (单位)	样本数 (个)	平均值 (mg/kg)	标准差	变异系数 (%)	5%～95%范围 (mg/kg)
黑龙江省	哈尔滨市	依兰县	11 456	47.3	15.9	33.6	18.0～68.1
		双城区	4 027	41.7	18.4	44.2	13.8～70.0
		呼兰区	4 936	42.3	15.7	37.2	17.6～67.1
		宾县	13 646	42.4	12.6	29.8	23.2～65.0
		尚志市	7 830	43.5	14.6	33.6	21.2～66.8
		巴彦县	3 006	53.8	24.0	44.5	13.7～93.2
		延寿县	7 275	45.5	13.3	29.2	23.5～66.3
		方正县	6 756	27.1	11.1	41.1	12.3～49.4
		木兰县	1 900	42.9	19.7	46.1	12.9～73.9
		通河县	4 013	31.4	11.6	37.1	15.8～53.1
		道外区	195	46.2	13.8	29.9	23.7～66.7
		阿城区	5 513	45.2	14.9	33.0	20.9～67.0
		道里区	141	48.0	14.4	30.0	25.0～67.6
		南岗区	391	39.9	15.1	38.0	16.1～66.6
		平房区	10	32.3	17.3	53.6	13.2～52.9
		市辖区	800	40.0	22.7	56.7	9.9～84.6
		松北区	728	33.3	9.9	29.8	22.8～55.2
		香坊区	98	49.3	13.2	26.7	26.8～68.6
	齐齐哈尔市	依安县	8 286	29.6	14.9	50.5	10.7～59.0
		克东县	1 546	44.5	14.2	31.9	20.8～67.4
		克山县	2 007	27.3	8.7	32.0	13.4～42.0
		富裕县	6 147	26.7	14.3	53.7	10.1～55.9
		拜泉县	3 101	38.7	15.9	41.2	12.6～64.1
		梅里斯达斡尔族区	7 112	29.3	13.9	47.2	11.6～57.1
		泰来县	12 032	25.0	10.0	40.0	11.2～43.3
		甘南县	1 802	28.6	14.5	50.5	10.4～56.4
		讷河市	11 021	37.2	14.0	37.5	15.4～62.4
		龙江县	20 606	31.4	14.9	47.6	11.6～59.0
		昂昂溪区	768	29.1	13.7	47.0	10.4～55.8
		富拉尔基区	758	29.6	13.8	46.8	12.5～57.4
		建华区	743	44.9	14.0	31.2	25.0～67.0
		龙沙区	598	30.7	13.7	44.5	11.9～54.1
		碾子山区	758	32.7	15.3	46.8	12.6～60.0
		铁锋区	759	31.9	15.7	49.4	11.2～61.4

省份 （垦区）	属地	下辖区域 （单位）	样本数 （个）	平均值 （mg/kg）	标准差	变异系数 （%）	5%～95%范围 （mg/kg）
黑龙江省	鸡西市	密山市	13 242	28.1	13.2	46.8	11.5～54.1
		虎林市	4 503	36.4	14.8	40.7	13.4～63.6
		鸡东县	5 675	30.3	14.8	48.9	10.9～59.4
		城子河区	256	37.9	18.8	49.7	10.4～67.1
		滴道区	989	34.9	16.0	45.9	12.9～63.5
		恒山区	454	34.9	17.0	48.8	11.5～64.1
		鸡冠区	589	38.1	16.4	43.1	14.1～65.5
		梨树区	189	39.9	17.2	43.1	14.3～64.4
		麻山区	315	38.5	16.3	42.3	12.3～65.1
	鹤岗市	东山区	1 660	37.8	13.6	36.2	17.8～61.0
		绥滨县	5 901	31.3	12.3	39.4	14.1～56.4
		萝北县	10 199	34.9	15.6	44.7	15.0～64.0
		兴安区	82	35.6	13.1	36.6	17.6～55.5
	双鸭山市	宝清县	3 606	38.3	15.3	40.0	15.5～64.9
		集贤县	8 305	40.1	15.9	39.6	15.6～65.9
		饶河县	4 201	35.3	15.1	42.9	13.0～62.6
		宝山区	209	36.0	13.9	38.6	16.2～59.4
		尖山区	429	35.8	14.6	40.6	14.8～62.5
		岭东区	342	34.5	13.7	39.7	15.4～59.5
		四方台区	627	28.7	14.5	50.7	11.8～57.5
	大庆市	大同区	3 554	16.8	9.2	54.8	7.4～33.9
		杜尔伯特蒙古族自治县	6 940	32.0	15.9	49.7	10.8～62.2
		林甸县	3 099	18.4	12.7	69.1	9.3～48.6
		肇州县	1 800	19.2	10.0	52.3	9.4～40.0
		肇源县	10 754	26.8	11.6	43.5	11.4～50.3
		红岗区	448	20.5	12.2	59.4	9.0～45.5
		龙凤区	198	13.7	8.8	64.3	6.6～28.7
		让胡路区	1 077	16.7	9.0	53.7	9.0～35.3
		萨尔图区	72	10.8	2.2	20.2	6.7～13.5
	伊春市	嘉荫县	4 454	38.1	15.0	39.3	15.6～64.0
		铁力市	2 712	47.4	15.4	32.5	22.4～71.8
		大箐山县	168	39.7	5.5	13.8	30.1～46.5
		伊美区	309	36.0	12.4	34.4	18.1～58.7

省份 （垦区）	属地	下辖区域 （单位）	样本数 （个）	平均值 （mg/kg）	标准差	变异系数 （%）	5%～95%范围 （mg/kg）
黑龙江省	伊春市	南岔县	1 010	39.5	11.5	29.1	22.0～59.5
		汤旺县	271	38.9	7.6	19.8	23.4～49.7
		乌翠区	139	35.9	9.5	26.4	23.6～52.0
		金林区	148	34.0	8.2	12.9	22.6～47.3
		丰林县	405	34.6	10.2	29.3	18.0～51.4
		友好区	312	38.2	8.0	20.9	22.5～47.0
	佳木斯市	同江市	6 250	44.6	14.6	32.7	21.1～67.0
		富锦市	24 408	35.5	14.7	41.5	13.0～62.5
		抚远市	4 871	43.3	15.1	35.0	19.8～67.4
		桦南县	11 300	34.5	14.0	40.7	13.0～60.6
		汤原县	7 518	43.7	18.7	42.8	16.9～77.3
		郊区	6 596	39.4	16.1	41.0	14.1～65.9
	七台河市	勃利县	5 300	32.7	13.7	41.8	12.8～58.1
		茄子河区	1 400	36.3	16.5	45.5	12.3～64.9
		新兴区	1 005	39.3	14.5	36.9	15.7～63.4
	牡丹江市	东宁市	4 657	44.9	15.5	34.6	16.5～67.2
		宁安市	5 303	39.5	16.5	41.7	13.2～66.1
		林口县	6 611	38.2	15.0	39.2	15.8～64.4
		海林市	4 944	48.1	17.9	37.3	16.8～69.2
		穆棱市	529	51.2	24.5	47.8	13.0～93.2
		爱民区	30	51.1	11.5	22.5	30.4～67.6
		东安区	113	41.2	14.3	34.8	18.5～64.0
		绥芬河市	602	40.0	7.1	17.7	29.1～50.9
		西安区	607	32.6	18.5	56.9	9.7～67.4
		阳明区	2 034	38.0	15.3	40.1	14.8～64.3
	黑河市	五大连池市	4 641	38.1	14.7	38.7	13.8～63.3
		北安市	8 074	41.0	14.3	34.8	18.6～65.3
		嫩江市	7 348	39.0	14.2	36.3	17.7～63.9
		孙吴县	3 119	42.8	17.3	40.4	11.6～66.0
		爱辉区	12 529	33.2	13.2	39.7	14.8～57.7
		逊克县	7 621	26.9	10.9	40.3	14.2～48.2
	绥化市	兰西县	11 789	32.5	16.3	50.2	10.8～62.6
		北林区	9 160	41.5	15.2	37.0	19.5～67.8

省份 （垦区）	属地	下辖区域 （单位）	样本数 （个）	平均值 （mg/kg）	标准差	变异系数 （%）	5%～95%范围 （mg/kg）
黑龙江省	绥化市	安达市	5 415	20.9	12.7	60.8	9.2～49.0
		庆安县	6 558	46.0	14.6	31.8	24.4～68.1
		明水县	5 997	32.7	14.7	45.0	12.8～61.6
		望奎县	4 924	40.4	18.3	45.4	14.6～73.2
		海伦市	13 701	40.9	15.7	38.3	17.1～66.5
		绥棱县	4 366	48.5	18.1	37.2	19.1～79.4
		肇东市	17 992	26.5	13.8	52.1	10.3～56.5
		青冈县	4 815	28.7	16.3	56.6	9.4～62.5
	大兴安岭 地区	加格达奇区	1 937	35.6	14.3	40.0	13.8～61.8
		呼玛县	5 378	37.3	15.3	41.1	15.2～64.2
		漠河市	30	26.3	10.6	40.1	13.7～45.1
		松岭区	663	39.1	13.1	33.6	19.6～63.0
		塔河县	531	36.7	14.8	39.9	14.2～61.8
北大荒 农垦集团 有限公司	宝泉岭 分公司	二九〇分公司	3 311	29.9	8.0	26.9	19.5～45.4
		共青农场	3 128	26.9	9.9	36.9	13.3～45.3
		军川农场	4 586	22.2	10.5	47.2	10.7～41.3
		名山农场	2 723	27.2	9.5	35.1	14.2～44.3
		宝泉岭农场	4 228	30.2	11.4	37.7	14.8～50.2
		延军农场	2 935	29.0	11.5	39.6	13.5～52.3
		新华农场	3 959	30.7	10.3	33.4	16.4～48.8
		普阳农场	4 089	31.9	9.9	31.0	17.6～47.6
		梧桐河农场	2 379	25.4	9.7	38.1	12.9～41.2
		江滨分公司	3 243	26.5	11.3	42.5	11.5～45.0
		绥滨农场	3 806	31.4	8.5	27.1	19.2～45.8
		汤原农场	63	27.5	9.5	34.4	15.7～46.9
		依兰农场	40	33.9	9.3	27.4	18.9～51.6
	北安分公司	二龙山农场	3 462	38.5	18.1	47.0	14.2～71.3
		建设农场	3 475	30.5	4.5	14.8	24.2～39.1
		引龙河农场	3 607	38.3	7.6	19.8	27.6～51.8
		格球山农场	2 926	39.0	8.8	22.6	26.6～54.7
		红星农场	3 593	33.4	7.4	22.3	23.1～46.9
		红色边疆农场	4 720	35.2	12.7	36.0	18.2～58.7
		襄河农场	4 184	50.4	15.9	31.5	26.3～78.4

省份 （垦区）	属地	下辖区域 （单位）	样本数 （个）	平均值 （mg/kg）	标准差	变异系数 （%）	5%～95%范围 （mg/kg）
北大荒农垦集团有限公司	北安分公司	赵光农场	3 589	45.5	12.3	27.0	26.7～67.1
		逊克农场	3 997	30.2	8.4	27.9	17.7～45.0
		锦河农场	960	30.0	13.5	44.9	13.0～54.4
		长水河农场	3 035	34.7	7.2	20.7	23.1～47.2
		龙镇农场	4 340	28.2	8.8	31.1	15.5～43.7
		龙门农场	543	41.7	10.5	25.1	28.0～59.3
		尾山农场	2 533	35.5	10.0	28.1	21.0～53.9
	哈尔滨有限公司	红旗农场	2 149	27.3	15.1	55.2	6.4～56.4
	红兴隆分公司	二九一农场	4 929	29.3	13.8	47.2	9.7～54.1
		五九七农场	3 766	28.4	11.6	40.9	12.2～48.8
		八五三农场	7 878	38.1	10.4	27.2	20.6～55.4
		八五二农场	4 235	34.7	13.6	39.3	16.4～60.4
		北兴农场	3 897	25.8	7.0	27.1	16.0～38.5
		友谊农场	11 555	24.7	14.0	56.6	7.7～53.4
		双鸭山农场	1 835	21.8	10.6	48.4	8.9～42.1
		宝山农场	788	27.0	10.5	39.0	12.6～44.3
		曙光农场	1 452	27.0	8.3	30.7	14.1～40.8
		江川农场	2 570	25.8	8.3	32.1	12.7～40.0
		红旗岭农场	2 503	33.3	13.1	39.3	13.9～54.1
		饶河农场	3 878	37.2	12.0	32.2	18.7～57.9
	建三江分公司	七星农场	6 211	43.5	15.7	36.2	19.9～68.7
		二道河农场	2 785	35.8	13.7	38.2	10.5～57.6
		八五九农场	5 457	32.6	11.6	35.5	14.7～52.3
		创业农场	3 792	46.2	11.6	25.1	25.4～64.0
		前哨农场	4 171	31.6	9.3	29.6	18.2～47.9
		前进农场	4 331	27.6	8.1	29.5	16.1～41.0
		前锋农场	6 546	29.3	10.5	36.0	12.1～47.5
		勤得利农场	6 720	38.0	12.9	33.9	18.1～61.2
		大兴农场	6 198	36.2	8.0	22.0	23.6～49.0
		洪河农场	3 645	40.1	11.0	27.3	21.9～59.0
		浓江农场	4 680	27.0	12.9	47.6	8.4～49.7
		红卫农场	3 311	28.4	8.0	28.0	14.3～40.0

省份 （垦区）	属地	下辖区域 （单位）	样本数 （个）	平均值 （mg/kg）	标准差	变异系数 （%）	5%～95%范围 （mg/kg）
北大荒 农垦集团 有限公司	建三江分 公司	胜利农场	4 492	35.0	10.7	30.7	18.3～53.7
		青龙山农场	3 646	33.1	12.7	38.5	11.5～53.4
		鸭绿河农场	3 567	35.3	13.3	37.8	14.2～57.3
	九三分公司	七星泡农场	4 613	36.5	8.6	23.6	23.1～50.3
		大西江农场	1 588	42.0	10.4	24.7	28.5～57.6
		嫩北农场	3 722	32.8	8.7	26.6	20.4～48.8
		嫩江农场	5 757	41.2	7.2	17.4	31.0～53.9
		尖山农场	3 149	33.5	10.9	32.5	17.7～50.1
		山河农场	3 111	45.0	12.0	26.6	28.5～67.3
		建边农场	4 206	28.7	9.4	32.7	14.8～43.7
		红五月农场	3 249	30.6	9.3	30.5	17.1～48.9
		荣军农场	3 519	27.6	7.8	28.3	17.5～45.4
		鹤山农场	4 791	34.7	7.8	22.6	22.6～47.1
		哈拉海农场	259	124.4	12.6	10.1	97.7～140.4
	牡丹江 分公司	云山农场	5 164	25.3	7.1	28.2	14.8～38.4
		八五〇农场	4 296	36.4	10.5	28.8	20.6～54.6
		八五一一农场	2 825	37.8	17.1	45.1	15.5～71.1
		八五七农场	5 294	32.7	9.7	29.5	19.3～48.6
		八五五农场	4 634	29.8	15.6	52.3	12.4～60.5
		八五八农场	3 608	31.4	11.2	35.7	14.7～52.2
		八五六分公司	4 916	35.2	14.1	40.1	16.0～60.4
		八五四农场	7 051	40.7	12.7	31.2	21.2～61.8
		兴凯湖分公司	4 744	30.8	16.2	52.6	9.5～60.1
		宁安农场	1 169	42.3	17.4	41.2	19.3～75.9
		庆丰分公司	3 165	37.5	14.4	38.4	16.8～63.9
		海林农场	821	38.2	15.8	41.4	19.8～63.3
		八五一〇农场	1 068	36.9	22.6	61.2	13.4～91.6
	齐齐哈尔 分公司	克山农场	4 379	36.0	11.2	31.2	20.6～55.2
		查哈阳农场	5 508	14.9	8.9	59.8	6.2～28.6
	绥化分公司	嘉荫农场	2 845	30.1	8.5	28.4	19.1～48.3
		海伦农场	1 070	33.3	13.0	39.2	16.2～60.8
		红光农场	974	41.0	10.6	25.7	25.7～58.2
		绥棱农场	1 082	47.8	17.3	36.2	24.7～75.8

县级土壤有效磷

省份 （垦区）	属地	下辖区域 （单位）	样本数 （个）	平均值 （mg/kg）	标准差	变异系数 （%）	5%～95%范围 （mg/kg）
上海市	市辖区	闵行区	21	43.7	31.4	71.9	17.6～85.0
		嘉定区	282	46.7	34.5	73.9	13.5～119.3
		金山区	336	51.4	42.1	81.9	12.6～141.6
		松江区	310	33.0	29.5	89.4	9.5～108.6
		青浦区	156	50.8	39.8	78.3	6.4～131.5
		奉贤区	121	40.6	30.1	74.1	14.1～100.0
		崇明区	1 762	41.4	32.5	78.6	10.7～117.0

县级土壤有效磷

省份 (垦区)	属地	下辖区域 (单位)	样本数 (个)	平均值 (mg/kg)	标准差	变异系数 (%)	5%～95%范围 (mg/kg)
江苏省	南京市	浦口区	478	29.8	21.5	72.2	8.2～81.0
		江宁区	1 216	36.1	23.5	65.1	9.5～85.9
		六合区	766	21.5	17.9	83.0	3.9～65.1
		溧水区	668	28.6	19.8	69.2	7.1～69.4
		高淳区	1 399	27.1	21.3	78.5	4.8～74.5
	无锡市	锡山区	75	16.8	11.4	67.8	3.5～39.5
		惠山区	55	32.2	27.3	84.7	9.7～97.5
		江阴市	1 361	19.6	21.0	107.0	1.6～68.4
		宜兴市	754	26.8	21.6	80.3	2.9～76.8
	徐州市	贾汪区	379	29.9	23.2	77.6	7.7～88.5
		铜山区	1 281	24.7	14.2	57.4	7.5～54.5
		丰县	837	28.8	19.7	68.3	10.2～75.7
		沛县	1 033	34.4	21.7	63.1	9.3～77.4
		睢宁县	1 064	18.9	13.2	70.3	6.3～46.3
		新沂市	863	42.9	24.8	57.7	8.9～88.7
		邳州市	1 184	38.5	26.4	68.6	6.6～93.2
	常州市	新北区	299	36.8	25.1	68.3	5.5～88.5
		武进区	916	40.4	27.7	68.5	4.1～93.0
		金坛区	993	19.4	18.8	97.2	3.3～61.7
		溧阳市	776	13.6	12.0	88.3	2.5～35.8
	苏州市	相城区	75	28.6	20.3	70.9	8.2～65.3
		吴江区	614	17.7	15.8	89.6	1.9～48.1
		常熟市	1 049	15.8	15.8	100.0	1.5～47.8
		张家港市	738	33.0	22.2	67.3	8.4～83.7
		昆山市	652	15.6	13.1	83.7	2.0～41.4
		太仓市	787	29.5	20.3	69.0	6.9～70.7
	南通市	通州区	1 394	15.6	11.3	72.7	5.0～35.7
		海门区	460	13.5	8.4	62.5	4.1～30.0
		如东县	803	25.0	17.6	70.3	6.1～60.1
		启东市	1 073	15.5	14.4	92.8	4.0～44.0
		如皋市	1 326	24.6	14.8	60.0	7.7～53.0
		海安市	1 297	28.9	16.8	58.1	8.0～64.2
	连云港市	连云区	106	37.8	12.4	32.8	22.3～59.5
		海州区	528	44.9	24.5	54.5	15.2～92.7

省份（垦区）	属地	下辖区域（单位）	样本数（个）	平均值（mg/kg）	标准差	变异系数（%）	5%～95%范围（mg/kg）
江苏省	连云港市	赣榆区	888	45.2	24.7	54.7	8.3～89.8
		东海县	952	30.2	16.7	55.3	12.1～62.9
		灌云县	984	35.6	22.9	64.2	11.0～81.6
		灌南县	540	25.9	13.4	51.9	10.3～51.2
	淮安市	淮安区	786	33.5	21.4	63.9	7.9～76.1
		淮阴区	658	19.5	13.9	71.2	4.4～44.4
		洪泽区	1 366	30.6	22.9	74.9	11.1～82.1
		涟水县	1 373	19.0	13.9	73.4	5.6～46.6
		盱眙县	1 117	17.6	15.8	89.9	4.2～53.5
		金湖县	693	33.6	21.5	63.9	7.1～74.0
	盐城市	亭湖区	727	22.5	16.8	74.4	5.6～53.7
		盐都区	907	22.6	16.4	72.7	4.8～55.9
		大丰区	1 708	22.4	14.4	64.4	5.0～50.0
		响水县	938	21.3	12.8	60.2	7.6～42.3
		滨海县	1 135	16.9	9.4	55.8	6.5～35.6
		阜宁县	1 371	23.7	7.8	32.8	11.4～36.4
		射阳县	1 247	17.0	12.0	70.4	4.1～38.7
		建湖县	664	19.1	14.0	73.3	4.4～47.8
		东台市	1 265	27.0	19.2	71.0	5.3～65.1
	扬州市	邗江区	408	40.5	34.0	84.0	7.1～104.0
		江都区	1 123	29.0	11.5	39.8	12.6～46.9
		宝应县	1 306	29.2	13.3	45.5	12.1～55.0
		仪征市	1 860	12.8	11.5	89.6	3.3～34.7
		高邮市	669	25.0	13.3	53.4	8.1～50.4
	镇江市	京口区	64	26.3	16.2	61.8	8.0～59.3
		丹徒区	554	18.3	18.1	98.7	2.6～56.2
		丹阳市	1 103	22.0	16.6	75.3	4.3～55.4
		扬中市	776	24.7	16.4	66.6	8.0～57.8
		句容市	774	24.0	21.3	89.1	3.0～76.5
	泰州市	海陵区	350	30.8	25.3	82.2	3.3～92.7
		高港区	372	24.8	17.2	69.3	7.2～59.9
		姜堰区	499	23.1	18.6	80.4	2.5～62.7
		兴化市	1 397	25.0	20.3	81.3	7.5～79.2

（续）

省份 （垦区）	属地	下辖区域 （单位）	样本数 （个）	平均值 （mg/kg）	标准差	变异系数 （％）	5％～95％范围 （mg/kg）
江苏省	泰州市	靖江市	774	21.4	9.7	45.2	8.5～38.0
		泰兴市	982	30.2	17.9	59.1	8.0～68.0
	宿迁市	宿城区	573	21.2	18.9	89.3	1.7～58.2
		宿豫区	1 273	37.8	26.7	70.5	6.6～91.8
		沭阳县	1 072	31.0	22.2	71.5	7.2～79.3
		泗阳县	875	19.3	12.9	67.2	5.4～41.2
		泗洪县	1 039	25.0	18.7	74.8	5.0～62.9

县级土壤有效磷

省份（垦区）	属地	下辖区域（单位）	样本数（个）	平均值（mg/kg）	标准差	变异系数（%）	5%～95%范围（mg/kg）
浙江省	杭州市	上城区	376	49.7	38.3	77.0	11.2～126.9
		西湖区	32	35.6	36.9	103.8	9.2～88.9
		萧山区	688	46.7	43.7	93.5	4.0～131.7
		余杭区	553	38.7	60.1	155.4	1.8～194.8
		富阳区	2 107	45.8	59.7	130.4	4.0～193.0
		临安区	436	35.6	51.8	145.5	4.6～158.8
		桐庐县	793	47.0	50.2	106.9	1.3～151.7
		淳安县	615	52.8	34.8	65.9	20.0～109.9
		建德市	779	51.0	61.8	121.2	1.9～188.9
	宁波市	海曙区	246	59.8	71.4	119.4	3.2～230.1
		江北区	268	38.1	44.2	116.0	2.7～134.3
		北仑区	517	89.3	71.7	80.3	16.2～259.5
		镇海区	140	53.7	68.3	127.0	3.3～192.2
		鄞州区	1 177	59.6	57.4	96.4	4.7～176.1
		奉化区	825	56.6	68.5	121.1	4.1～228.2
		象山县	147	41.1	51.3	124.7	2.2～123.1
		宁海县	875	51.9	66.3	127.8	2.0～227.3
		余姚市	525	32.7	48.1	147.2	2.3～124.6
		慈溪市	1 515	41.9	42.3	101.1	7.2～132.0
	温州市	鹿城区	169	42.0	58.1	138.4	1.9～145.3
		龙湾区	138	73.3	73.8	100.7	10.2～262.2
		瓯海区	180	103.4	90.3	87.4	5.8～271.8
		永嘉县	152	62.1	58.3	93.9	1.9～180.2
		平阳县	425	46.6	62.9	135.1	1.7～189.3
		苍南县	840	48.9	64.9	132.7	2.5～197.2
		文成县	717	43.5	52.8	121.4	3.5～150.3
		泰顺县	665	46.5	52.6	113.1	3.8～170.5
		瑞安市	423	55.7	62.1	111.5	1.8～198.0
		乐清市	448	24.0	37.4	156.0	3.1～64.5
	嘉兴市	南湖区	1 225	79.1	69.5	87.9	9.9～230.9
		秀洲区	606	48.5	56.6	116.7	8.7～171.6
		嘉善县	824	52.9	67.0	126.6	2.7～214.0
		海盐县	1 491	38.9	49.0	126.0	2.5～151.1
		海宁市	742	33.8	41.1	121.6	4.7～108.2

省份 （垦区）	属地	下辖区域 （单位）	样本数 （个）	平均值 （mg/kg）	标准差	变异系数 （%）	5%～95%范围 （mg/kg）
浙江省	嘉兴市	平湖市	1 139	42.1	52.6	125.0	2.1～151.2
		桐乡市	482	44.2	47.1	106.6	2.9～152.0
	湖州市	吴兴区	2 146	39.2	50.6	129.2	3.2～151.8
		南浔区	670	31.3	39.3	125.4	2.5～119.9
		德清县	1 001	30.6	42.6	139.2	1.4～109.0
		长兴县	1 715	29.8	52.9	177.4	1.1～151.0
		安吉县	1 865	27.7	45.6	164.6	2.2～129.8
	绍兴市	越城区	325	33.4	34.0	101.7	2.6～90.9
		柯桥区	465	54.1	57.2	105.9	3.1～184.3
		上虞区	1 172	22.7	28.6	126.0	1.9～84.9
		新昌县	410	56.7	66.6	117.5	1.5～198.9
		诸暨市	4 258	16.5	32.1	194.8	1.5～58.4
		嵊州市	32	23.5	16.9	72.1	7.1～56.6
	金华市	婺城区	1 284	102.4	83.6	81.6	5.8～213.1
		金东区	2 326	137.2	69.4	50.6	6.6～181.0
		武义县	1 953	19.5	32.7	167.8	5.5～91.5
		浦江县	802	33.4	41.2	123.2	5.6～120.3
		磐安县	1 290	96.6	82.5	85.4	5.6～216.3
		兰溪市	3 496	38.0	62.6	164.8	5.6～176.9
		义乌市	1 142	48.5	68.8	141.7	5.6～178.9
		东阳市	1 355	48.2	59.3	123.1	5.7～176.4
		永康市	1 300	23.3	36.3	155.7	5.6～95.7
	衢州市	柯城区	536	121.6	105.9	87.0	5.2～299.9
		衢江区	184	55.3	65.2	118.0	4.5～214.6
		常山县	175	50.6	74.5	147.2	3.3～237.4
		开化县	349	38.5	49.8	129.3	3.1～145.5
		龙游县	3 022	30.5	50.7	166.2	1.4～140.2
		江山市	788	42.8	59.8	139.6	1.1～173.1
	舟山市	定海区	161	36.0	61.7	171.1	2.1～204.4
		普陀区	155	57.1	62.9	110.0	3.4～189.3
		岱山县	156	84.5	73.3	86.8	3.1～234.0
	台州市	椒江区	428	66.4	67.3	101.3	3.6～213.2
		黄岩区	380	73.1	72.9	99.7	2.6～243.1

省份 （垦区）	属地	下辖区域 （单位）	样本数 （个）	平均值 （mg/kg）	标准差	变异系数 （%）	5%~95%范围 （mg/kg）
浙江省	台州市	路桥区	305	55.2	59.0	106.9	2.7~190.0
		天台县	1 000	47.6	51.9	109.2	2.5~150.9
		仙居县	1 321	54.5	56.7	104.0	7.0~170.0
		温岭市	1 368	67.8	67.3	99.2	4.3~223.6
		临海市	653	59.8	60.7	101.5	5.0~186.6
		玉环市	125	64.7	62.5	96.5	4.3~194.4
	丽水市	莲都区	755	83.0	75.2	90.6	2.4~229.8
		青田县	1 027	79.8	68.5	85.9	8.3~215.0
		缙云县	737	51.3	57.2	111.5	3.2~185.9
		遂昌县	1 250	41.3	37.7	91.3	4.8~120.3
		松阳县	533	81.7	83.9	102.7	2.5~253.4
		云和县	84	87.9	79.3	90.2	6.2~270.7
		庆元县	948	63.7	66.7	104.9	2.8~210.9
		景宁畲族自治县	521	92.5	74.1	80.1	6.2~234.0
		龙泉市	877	59.8	60.2	100.7	4.5~185.0

县级土壤有效磷

省份 （垦区）	属地	下辖区域 （单位）	样本数 （个）	平均值 （mg/kg）	标准差	变异系数 （%）	5%～95%范围 （mg/kg）
安徽省	合肥市	包河区	266	37.9	19.8	52.3	10.5～73.9
		长丰县	1 163	14.9	11.0	73.9	4.2～38.0
		肥东县	1 190	21.1	15.4	72.8	6.4～58.4
		肥西县	1 136	16.1	13.0	80.7	2.8～43.6
		庐江县	669	12.1	11.9	98.3	2.8～37.0
		巢湖市	844	16.0	10.2	63.4	5.3～34.7
	芜湖市	湾沚区	1 113	18.3	11.9	65.1	4.6～40.2
		繁昌区	382	11.8	9.6	80.8	1.4～32.6
		南陵县	415	13.8	10.4	74.8	3.2～36.1
		无为市	809	13.5	12.4	91.8	1.6～38.7
	蚌埠市	淮上区	354	31.3	16.1	51.5	11.6～62.5
		怀远县	2 072	42.8	20.8	48.7	11.0～77.2
		五河县	2 130	22.4	11.0	49.3	7.9～41.6
		固镇县	1 508	30.2	14.7	48.8	8.8～57.2
	淮南市	潘集区	604	26.4	13.9	52.6	4.1～54.3
		凤台县	1 356	20.1	9.1	45.6	7.6～35.6
		寿县	2 020	21.6	10.3	47.6	10.4～40.5
	马鞍山市	当涂县	279	12.8	5.5	42.7	6.0～23.1
		含山县	850	11.2	7.0	62.5	3.6～24.6
		和县	1 446	19.1	15.9	83.3	2.6～54.5
	淮北市	濉溪县	1 652	26.3	17.2	65.3	6.7～63.4
	铜陵市	义安区	612	19.5	10.1	51.9	7.4～38.0
		枞阳县	1 336	14.8	8.2	55.1	4.8～30.1
	安庆市	怀宁县	784	13.6	7.4	54.3	5.4～25.7
		太湖县	1 460	25.8	20.4	79.0	4.6～71.2
		宿松县	1 287	20.0	14.0	69.9	5.7～51.8
		望江县	532	15.5	9.1	59.1	6.0～31.7
		岳西县	982	21.6	17.7	82.0	3.6～61.7
		桐城市	387	19.9	13.9	70.1	4.8～46.7
		潜山市	1 465	18.9	14.1	74.2	4.2～50.1
	黄山市	屯溪区	32	32.6	20.2	61.9	7.3～63.7
		黄山区	424	18.7	13.7	73.2	3.3～45.7
		徽州区	32	23.3	18.3	78.7	4.1～62.3
		歙县	1 521	27.7	22.0	79.3	2.7～71.8

省份 （垦区）	属地	下辖区域 （单位）	样本数 （个）	平均值 （mg/kg）	标准差	变异系数 （%）	5%～95%范围 （mg/kg）
安徽省	黄山市	休宁县	889	37.7	21.5	56.9	8.2～75.8
		黟县	477	19.9	17.1	85.7	2.3～59.9
		祁门县	1 409	17.6	19.2	109.2	0.8～61.5
	滁州市	南谯区	296	15.2	10.1	66.6	3.7～30.9
		来安县	473	12.7	8.0	63.4	2.7～29.9
		全椒县	804	14.9	8.7	58.5	4.3～28.6
		定远县	1 545	18.5	11.2	60.6	5.9～42.8
		凤阳县	1 549	13.4	8.5	63.7	3.8～30.1
		天长市	2 147	13.8	9.5	68.8	4.1～31.5
		明光市	1 862	22.9	15.2	66.6	4.6～51.9
	阜阳市	颍州区	408	21.7	3.6	16.6	16.5～28.0
		颍东区	168	24.8	6.6	26.6	15.9～38.1
		颍泉区	669	20.0	10.0	50.2	6.8～38.8
		临泉县	294	23.2	13.1	56.4	5.3～46.2
		太和县	1 762	18.6	12.5	67.6	4.5～45.0
		阜南县	490	38.6	19.1	49.5	10.1～72.9
		颍上县	254	24.3	8.5	35.1	12.0～39.5
		界首市	1 864	23.0	16.7	72.6	5.5～58.0
	宿州市	埇桥区	2 766	18.0	16.1	89.6	3.2～56.7
		砀山县	1 683	22.9	13.0	56.8	9.4～50.6
		萧县	1 292	16.5	12.9	77.8	4.8～44.8
		灵璧县	2 233	16.6	10.1	61.0	6.1～36.5
		泗县	1 596	18.1	13.9	76.9	4.4～45.4
	六安市	金安区	1 205	12.8	8.2	63.9	3.9～26.4
		裕安区	980	15.2	16.4	107.8	3.1～61.0
		叶集区	603	11.7	5.5	47.3	4.1～19.2
		霍邱县	3 817	18.5	5.9	32.1	9.8～28.2
		舒城县	1 370	13.2	3.9	29.6	8.0～21.3
		金寨县	295	12.0	11.2	93.7	3.5～32.7
		霍山县	1 172	17.9	14.1	78.9	3.2～47.6
	亳州市	谯城区	870	18.8	9.3	49.5	7.8～36.6
		涡阳县	1 545	19.6	11.2	57.0	6.4～38.4
		蒙城县	1 162	26.1	18.5	70.8	4.6～64.9

省份 （垦区）	属地	下辖区域 （单位）	样本数 （个）	平均值 （mg/kg）	标准差	变异系数 （%）	5%～95%范围 （mg/kg）
安徽省	亳州市	利辛县	940	23.6	16.1	68.1	9.8～66.3
	池州市	贵池区	957	16.8	13.3	79.0	2.6～45.2
		东至县	1 323	26.6	11.3	42.6	10.3～41.9
		石台县	51	22.0	11.1	50.5	5.8～38.0
		青阳县	424	10.6	7.3	68.9	4.3～26.9
	宣城市	宣州区	3 086	19.9	8.4	42.4	9.5～36.5
		郎溪县	658	11.2	10.5	93.9	2.5～32.0
		泾县	778	13.0	11.0	84.3	2.9～32.6
		绩溪县	486	18.9	14.6	77.0	2.4～48.9
		旌德县	282	19.1	14.3	74.7	5.3～53.0
		宁国市	429	21.8	11.9	54.6	7.9～44.0
		广德市	184	17.1	11.1	65.2	4.5～37.4

县级土壤有效磷

省份 （垦区）	属地	下辖区域 （单位）	样本数 （个）	平均值 （mg/kg）	标准差	变异系数 （%）	5%～95%范围 （mg/kg）
福建省	福州市	马尾区	37	66.6	34.4	51.7	14.3～120.4
		晋安区	223	35.3	35.8	101.5	1.8～111.5
		长乐区	432	45.8	34.3	74.9	3.3～113.7
		闽侯县	401	72.6	43.2	59.4	10.7～150.8
		连江县	606	28.1	27.5	97.6	3.6～91.4
		罗源县	468	28.0	29.4	104.8	2.8～96.1
		闽清县	941	46.1	34.7	75.4	5.4～115.4
		永泰县	189	47.2	39.1	82.9	2.4～120.2
		平潭县	40	31.5	17.5	55.7	10.4～61.9
		福清市	625	45.2	35.5	78.5	6.6～117.6
	莆田市	城厢区	609	50.9	36.2	71.2	7.5～130.0
		涵江区	131	59.0	43.7	74.0	7.0～138.6
		荔城区	691	50.3	36.6	72.7	4.7～118.8
		秀屿区	817	19.6	19.3	98.6	3.3～55.7
		仙游县	1 397	49.3	39.1	79.2	2.7～125.3
	三明市	三元区	724	57.3	42.0	73.2	3.4～137.3
		沙县区	431	32.8	32.7	99.5	2.8～110.2
		明溪县	355	31.7	20.2	63.7	6.2～69.1
		清流县	397	25.9	18.5	71.4	5.1～64.1
		宁化县	769	23.2	15.8	68.2	5.3～50.6
		大田县	187	51.0	41.1	80.6	6.8～141.9
		尤溪县	549	32.5	25.7	79.3	6.5～88.0
		将乐县	398	26.7	19.5	73.2	5.8～59.2
		泰宁县	660	31.4	21.6	68.9	5.1～71.7
		建宁县	352	34.0	23.4	68.6	2.9～74.9
		永安市	35	71.7	46.5	64.9	5.5～139.6
	泉州市	鲤城区	43	105.0	41.2	39.2	19.0～151.8
		丰泽区	40	99.4	46.5	46.8	12.0～152.1
		洛江区	96	55.6	34.4	61.9	13.0～118.6
		泉港区	208	35.8	28.1	78.6	4.6～90.5
		惠安县	420	30.7	23.4	76.3	5.1～80.0
		安溪县	541	26.8	25.7	95.8	2.5～83.3
		永春县	393	42.7	35.2	82.3	5.0～119.4
		德化县	428	41.1	38.3	93.2	4.0～133.3

省份（垦区）	属地	下辖区域（单位）	样本数（个）	平均值（mg/kg）	标准差	变异系数（%）	5%～95%范围（mg/kg）
福建省	泉州市	石狮市	142	45.1	30.2	66.8	9.0～103.8
		晋江市	138	63.2	40.0	63.3	1.8～127.6
		南安市	1 049	38.6	34.3	88.8	1.4～107.9
	漳州市	芗城区	134	51.5	34.2	66.4	6.6～113.1
		龙文区	55	53.0	36.4	68.6	9.7～108.2
		龙海区	281	97.4	39.2	40.2	28.4～149.4
		长泰区	335	62.0	44.3	71.4	1.8～139.5
		云霄县	776	43.0	35.7	83.0	4.4～123.0
		漳浦县	392	52.7	41.2	78.2	5.4～137.6
		诏安县	424	51.4	36.8	71.7	1.6～121.7
		东山县	193	37.1	25.3	68.3	6.0～84.4
		南靖县	222	68.0	51.8	76.2	1.1～153.0
		平和县	147	51.5	47.1	91.5	1.9～143.1
		华安县	471	40.9	34.8	85.0	2.6～112.6
	南平市	延平区	725	38.1	33.1	86.9	5.5～110.4
		建阳区	425	19.6	20.6	105.5	1.4～63.6
		顺昌县	595	22.3	20.9	93.8	2.8～60.3
		浦城县	1 196	20.2	20.2	99.8	2.4～53.3
		光泽县	274	19.2	15.3	79.7	4.3～51.8
		松溪县	514	28.8	29.3	101.7	2.5～87.6
		政和县	305	21.1	16.1	76.2	6.9～58.7
		邵武市	422	29.4	20.4	69.4	6.1～70.0
		武夷山市	535	21.7	24.5	112.5	2.7～71.7
		建瓯市	668	22.1	22.9	103.7	1.2～73.4
	龙岩市	新罗区	478	35.5	28.2	79.4	8.6～96.3
		永定区	1 406	36.6	25.3	69.3	0.9～83.3
		长汀县	357	45.4	24.4	53.8	23.4～97.8
		上杭县	570	42.1	27.5	65.2	7.5～92.6
		武平县	1 130	46.1	27.2	58.9	10.8～96.1
		连城县	491	41.2	31.8	77.3	5.3～102.6
		漳平市	828	46.4	31.8	68.5	4.3～105.9
	宁德市	蕉城区	751	40.7	37.2	91.4	1.7～124.8
		霞浦县	367	24.7	24.8	100.3	3.7～70.7

省份 （垦区）	属地	下辖区域 （单位）	样本数 （个）	平均值 （mg/kg）	标准差	变异系数 （%）	5%～95%范围 （mg/kg）
福建省	宁德市	古田县	483	40.1	35.0	87.4	2.1～113.9
		屏南县	354	34.6	28.8	83.2	5.0～93.0
		寿宁县	483	28.9	28.2	97.4	2.6～88.9
		周宁县	592	37.0	36.3	98.2	1.6～116.3
		柘荣县	427	46.1	28.9	62.7	6.8～99.9
		福安市	796	32.0	25.5	79.7	5.0～78.3
		福鼎市	266	11.9	13.1	110.2	2.3～38.4

县级土壤有效磷

省份 (垦区)	属地	下辖区域 (单位)	样本数 (个)	平均值 (mg/kg)	标准差	变异系数 (%)	5%～95%范围 (mg/kg)
江西省	南昌市	青山湖区	240	22.3	6.8	30.4	10.5～34.9
		新建区	1 626	20.4	10.7	52.5	6.3～41.2
		南昌县	1 544	18.8	11.7	62.0	5.4～41.3
		安义县	711	33.6	20.7	61.8	10.6～75.5
		进贤县	772	21.5	10.1	47.2	7.8～39.2
	景德镇市	昌江区	29	37.5	20.3	54.3	16.4～76.0
		浮梁县	1 094	18.7	10.3	54.9	5.7～35.4
		乐平市	50	12.9	9.0	69.4	2.0～26.4
	萍乡市	湘东区	342	32.2	14.0	43.6	13.9～58.3
		莲花县	362	31.0	18.8	60.8	9.4～66.2
		上栗县	976	14.7	14.2	96.8	4.7～52.0
		芦溪县	1 199	22.3	18.0	80.6	4.8～65.4
	九江市	濂溪区	26	15.7	14.3	91.1	2.8～49.4
		柴桑区	303	16.4	13.1	79.4	4.0～42.8
		武宁县	643	19.0	7.1	37.6	8.7～30.3
		修水县	449	19.1	12.5	65.4	4.2～42.1
		永修县	48	20.7	14.5	70.0	5.0～57.1
		德安县	429	17.7	10.9	61.7	4.5～32.8
		都昌县	531	23.4	13.5	57.6	3.2～44.2
		湖口县	1 148	22.4	15.3	68.5	6.7～53.7
		彭泽县	628	19.7	14.0	71.1	5.6～48.5
		瑞昌市	971	15.5	11.4	73.4	4.8～39.9
		共青城市	25	5.0	1.5	30.0	2.6～6.9
		庐山市	15	29.2	16.6	57.0	11.9～63.8
	新余市	渝水区	580	23.7	16.2	68.3	6.5～58.5
		分宜县	1 192	25.6	15.6	61.0	6.0～57.5
	鹰潭市	余江区	1 515	26.7	12.1	45.4	11.5～51.5
		贵溪市	300	25.0	9.3	37.3	12.0～42.0
	赣州市	赣县区	319	27.0	18.3	68.0	3.8～61.2
		信丰县	49	33.1	15.2	45.8	11.9～58.0
		大余县	354	28.6	15.8	55.2	6.2～57.9
		崇义县	126	34.1	20.1	58.9	11.0～68.9
		定南县	742	18.5	8.9	48.2	6.7～29.0
		全南县	321	22.0	5.9	26.7	13.0～30.4

省份（垦区）	属地	下辖区域（单位）	样本数（个）	平均值（mg/kg）	标准差	变异系数（%）	5%～95%范围（mg/kg）
江西省	赣州市	宁都县	245	40.8	20.7	50.6	12.3～80.8
		于都县	600	19.1	11.5	60.0	5.0～41.7
		兴国县	294	17.5	10.7	61.3	3.8～35.5
		会昌县	530	19.1	8.1	42.6	8.0～29.3
		寻乌县	719	20.2	7.7	38.4	9.3～31.6
		瑞金市	329	20.3	6.8	33.4	12.6～29.5
		龙南市	727	21.0	6.9	32.9	12.2～29.0
	吉安市	吉州区	1 124	20.1	11.0	54.8	7.1～40.6
		青原区	407	20.9	5.7	27.2	12.8～29.7
		吉安县	1 302	19.9	11.4	57.1	7.5～40.4
		吉水县	393	21.4	15.1	70.9	5.2～53.1
		峡江县	819	23.3	18.4	79.0	3.8～64.2
		新干县	319	39.5	12.5	31.6	20.3～61.2
		永丰县	917	24.0	13.6	56.6	7.7～48.8
		泰和县	368	20.5	5.9	28.6	10.4～30.3
		遂川县	446	24.2	17.4	71.8	3.9～60.0
		万安县	753	30.3	17.1	56.4	7.9～61.3
		安福县	822	30.5	16.9	55.5	13.3～67.9
		永新县	523	31.3	19.8	63.3	5.0～70.0
		井冈山市	486	23.6	11.6	49.2	8.1～42.1
	宜春市	袁州区	1 534	17.6	18.0	102.8	2.0～59.0
		奉新县	371	31.1	20.2	65.0	7.4～74.3
		万载县	247	10.0	11.0	109.8	1.3～32.0
		上高县	719	24.1	12.6	52.1	7.2～46.1
		宜丰县	370	17.9	11.4	63.5	6.7～35.3
		靖安县	616	24.5	15.0	61.2	8.0～56.2
		铜鼓县	307	18.1	12.3	68.2	4.4～42.5
		丰城市	1 411	21.2	15.3	72.3	4.9～51.8
		樟树市	596	29.8	18.5	61.9	6.0～66.9
		高安市	1 200	20.4	13.6	66.6	4.4～45.9
	抚州市	临川区	1 175	18.8	9.2	49.1	7.5～31.8
		东乡区	502	28.8	15.6	54.1	7.7～58.5
		南丰县	682	16.0	10.6	66.5	2.5～37.6

省份 （垦区）	属地	下辖区域 （单位）	样本数 （个）	平均值 （mg/kg）	标准差	变异系数 （%）	5%～95%范围 （mg/kg）
江西省	抚州市	崇仁县	740	25.1	12.2	48.6	10.1～50.1
		乐安县	354	22.2	6.2	27.7	12.4～31.4
		宜黄县	306	37.8	21.4	56.7	7.2～78.4
		资溪县	1 053	18.6	9.4	50.6	7.4～34.0
		广昌县	338	21.8	9.4	43.1	12.6～33.0
	上饶市	信州区	28	17.9	23.4	130.7	5.6～81.6
		广丰区	839	12.8	14.7	115.1	0.9～45.7
		广信区	468	11.3	11.1	98.8	1.0～31.4
		玉山县	1 113	26.7	17.0	63.9	7.2～64.0
		铅山县	508	21.5	9.5	44.3	7.3～38.5
		横峰县	260	3.5	2.5	72.4	1.4～7.7
		弋阳县	1 072	14.0	12.3	87.9	3.2～39.3
		余干县	1 197	27.4	13.8	50.4	9.1～53.2
		鄱阳县	29	20.9	11.9	56.7	10.8～50.3
		万年县	1 188	27.4	15.9	58.0	7.3～58.5
		婺源县	602	18.8	15.0	79.8	4.3～51.3
		德兴市	711	22.5	15.2	67.6	7.7～55.1

县级土壤有效磷

省份 （垦区）	属地	下辖区域 （单位）	样本数 （个）	平均值 （mg/kg）	标准差	变异系数 （%）	5%～95%范围 （mg/kg）
山东省	济南市	历城区	120	57.9	47.1	81.2	9.0～160.1
		商河县	1 375	29.5	19.3	65.5	7.9～59.9
		平阴县	1 474	41.2	37.8	91.8	6.8～99.4
		济阳区	947	66.2	81.2	122.5	7.5～267.8
		章丘区	1 032	29.3	24.0	81.9	7.0～64.8
		长清区	638	19.7	13.7	69.8	5.6～47.2
	青岛市	崂山区	61	140.9	48.7	34.5	37.2～215.8
		平度市	1 761	60.9	52.9	86.8	11.5～159.1
		胶南市	361	29.3	37.2	127.0	14.7～112.5
		胶州市	1 351	62.3	55.9	89.6	10.1～170.8
		莱西市	1 081	48.0	16.4	34.2	19.7～76.6
		黄岛区	545	27.2	24.2	89.1	9.6～83.6
		即墨区	1 128	73.0	59.7	81.9	9.7～192.1
	淄博市	临淄区	1 044	41.7	49.2	118.1	7.9～116.1
		博山区	350	51.6	43.2	83.6	8.0～140.0
		周村区	481	50.1	31.0	61.9	11.5～110.0
		张店区	200	42.1	33.2	78.9	7.5～105.3
		桓台县	1 935	29.0	18.8	64.6	8.4～63.9
		沂源县	673	71.6	58.6	81.9	11.7～190.0
		淄川区	1 076	33.7	30.6	90.8	5.0～92.7
		高青县	578	33.0	23.5	71.2	8.0～71.2
	枣庄市	台儿庄区	150	43.5	16.1	37.0	16.4～70.0
		山亭区	80	39.9	16.1	40.3	13.0～67.6
		峄城区	78	50.4	18.1	35.9	23.9～84.0
		市中区	34	31.9	13.6	42.5	12.7～52.4
		滕州市	200	54.4	50.3	92.4	14.0～175.3
		薛城区	73	45.1	24.8	55.0	17.0～75.0
	东营市	东营区	70	20.1	16.3	81.3	5.4～37.5
		利津县	796	27.8	20.4	73.3	7.0～66.0
		垦利区	240	31.4	27.8	88.5	8.5～91.3
		广饶县	150	41.2	59.1	143.5	7.0～191.4
		河口区	20	13.3	3.9	29.1	7.5～17.4
	烟台市	招远市	1 391	42.5	33.9	79.8	10.6～103.5

省份（垦区）	属地	下辖区域（单位）	样本数（个）	平均值（mg/kg）	标准差	变异系数（%）	5%～95%范围（mg/kg）
山东省	烟台市	栖霞市	595	58.1	42.8	73.6	14.1～147.5
		海阳市	1 057	52.0	42.4	81.5	12.0～130.0
		牟平区	704	58.6	35.1	59.8	15.6～121.0
		福山区	439	54.8	36.0	65.6	12.2～123.2
		莱州市	835	49.3	35.7	72.3	10.5～123.0
		蓬莱区	589	89.2	71.3	79.9	10.5～249.0
		龙口市	590	72.4	39.5	54.6	26.8～151.9
	潍坊市	临朐县	800	62.7	63.3	101.1	9.0～197.4
		坊子区	597	54.2	30.0	55.3	14.0～98.5
		安丘市	1 165	87.7	51.0	58.2	19.0～180.0
		寒亭区	350	45.7	40.0	87.5	12.0～98.0
		寿光市	771	96.3	100.6	104.5	10.0～283.0
		昌乐县	339	70.5	44.5	63.1	16.9～155.5
		昌邑市	1 200	52.4	30.4	58.0	14.0～107.5
		潍城区	120	37.3	19.6	52.5	9.3～70.1
		诸城市	1 090	57.3	29.3	51.2	13.8～110.6
		青州市	100	54.1	28.2	52.1	13.6～95.2
		高密市	200	42.2	22.9	54.4	10.4～74.1
	济宁市	兖州区	296	31.1	14.9	48.0	11.6～57.3
		任城区	500	52.3	23.5	44.9	20.0～87.8
		嘉祥县	1 055	24.1	20.1	83.5	7.9～52.0
		微山县	560	32.2	29.2	90.9	13.8～77.2
		曲阜市	739	53.9	30.5	56.5	16.0～108.0
		梁山县	995	25.7	17.1	66.8	8.8～55.0
		汶上县	908	47.8	25.9	54.2	10.5～87.9
		泗水县	495	54.8	40.2	73.3	11.5～138.0
		邹城市	636	44.5	30.2	67.8	10.6～97.5
		金乡县	649	37.4	16.5	44.0	17.2～65.0
		鱼台县	420	41.1	24.9	60.7	13.2～92.3
	泰安市	东平县	864	31.0	19.6	63.2	7.5～67.9
		宁阳县	784	54.1	29.6	54.8	19.7～105.0
		岱岳区	760	54.4	40.6	74.6	10.3～136.3

省份（垦区）	属地	下辖区域（单位）	样本数（个）	平均值（mg/kg）	标准差	变异系数（%）	5%～95%范围（mg/kg）
山东省	泰安市	新泰市	956	32.8	19.7	60.0	9.0～68.6
		泰山区	419	30.2	15.6	51.8	10.4～57.6
		肥城市	1 351	57.6	34.5	59.9	16.3～122.5
	威海市	乳山市	1 310	60.9	46.9	76.9	10.6～141.9
		文登区	764	74.1	45.0	60.7	20.8～163.3
		环翠区	30	43.7	18.3	41.8	20.3～72.5
		荣成市	719	56.3	31.9	56.6	14.0～116.8
	日照市	东港区	930	54.6	44.6	81.7	13.2～124.2
		岚山区	179	90.9	60.9	67.0	28.1～201.0
	莱芜市	莱城区	1 149	44.5	29.2	65.7	10.7～94.2
		钢城区	469	28.9	15.7	54.2	10.0～58.6
		高新区	57	25.3	11.8	46.8	11.4～43.6
	临沂市	临沭县	1 146	57.3	40.0	69.8	11.1～138.7
		兰山区	756	39.2	34.6	88.2	13.8～105.7
		平邑县	1 488	65.5	55.8	85.2	11.6～188.6
		沂南县	777	45.5	46.3	101.8	10.9～141.7
		沂水县	1 525	101.3	71.1	70.2	17.5～235.0
		河东区	621	61.9	48.7	78.7	12.7～159.2
		罗庄区	487	50.3	36.5	72.5	11.9～124.2
		兰陵县	1 626	40.6	36.5	89.9	8.1～112.2
		莒南县	1 165	51.7	26.8	51.8	17.8～99.4
		蒙阴县	616	36.5	30.4	83.3	7.5～99.3
		费县	1 359	45.9	43.7	93.3	9.8～21.2
		郯城县	1 044	49.1	44.5	90.6	14.2～109.3
	德州市	临邑县	961	28.5	26.3	92.0	8.1～62.3
		乐陵市	1 406	24.5	18.1	73.9	6.3～50.0
		夏津县	1 011	25.9	19.9	77.2	6.6～67.8
		宁津县	1 131	36.4	23.0	63.3	10.0～79.6
		平原县	1 356	28.6	25.2	88.4	8.0～77.4
		庆云县	730	31.2	21.0	67.1	7.4～71.4
		德城区	584	28.9	22.3	77.1	7.7～81.9
		武城县	1 160	24.0	9.8	40.7	13.2～42.1
		禹城市	1 447	27.8	15.4	55.4	8.1～53.8

（续）

省份 （垦区）	属地	下辖区域 （单位）	样本数 （个）	平均值 （mg/kg）	标准差	变异系数 （%）	5%～95%范围 （mg/kg）
山东省	德州市	陵城区	1 201	30.5	18.3	60.0	8.8～68.7
		齐河县	1 295	28.0	36.5	130.3	7.3～74.9
	聊城市	东昌府区	1 388	35.2	30.3	86.1	10.3～86.1
		东阿县	1 097	22.1	12.0	54.3	7.9～42.0
		临清市	1 286	35.4	22.5	63.5	12.1～78.6
		冠县	1 335	40.5	35.0	86.2	11.0～104.0
		茌平区	691	28.9	17.5	60.5	11.5～54.0
		莘县	1 344	46.6	46.5	99.8	9.1～148.1
		阳谷县	1 930	24.0	16.1	67.2	10.0～46.0
		高唐县	1 708	29.7	24.1	81.1	7.9～73.0
	滨州市	博兴县	936	28.4	21.8	76.7	9.0～62.2
		无棣县	860	22.3	21.3	95.8	5.9～57.0
		沾化区	658	25.0	21.3	85.4	5.8～66.7
		滨城区	769	28.7	24.5	85.2	9.0～76.2
		邹平市	481	26.6	13.0	48.9	12.4～52.3
		阳信县	513	33.4	25.8	77.3	8.7～81.8
	菏泽市	曹县	1 507	26.3	17.1	65.0	7.8～64.0
		成武县	1 215	26.5	12.2	46.0	8.6～47.6
		单县	1 406	24.1	14.8	61.6	8.0～50.8
		定陶区	368	23.1	21.6	93.5	7.0～52.8
		东明县	1 354	18.2	12.8	70.4	6.1～42.4
		巨野县	1 148	23.3	13.7	58.6	6.9～50.5
		鄄城县	1 274	28.7	15.3	53.2	9.1～58.0
		牡丹区	1 594	25.1	17.6	70.0	8.1～56.6
		郓城县	1 148	37.7	38.5	102.1	7.4～105.2

县级土壤有效磷

省份 （垦区）	属地	下辖区域 （单位）	样本数 （个）	平均值 （mg/kg）	标准差	变异系数 （%）	5%～95%范围 （mg/kg）
河南省	郑州市	上街区	38	15.2	11.3	74.1	5.5～39.0
		中原区	79	16.8	14.9	88.6	5.2～47.0
		中牟县	670	43.0	28.7	66.8	11.9～95.0
		二七区	23	32.6	32.7	100.2	4.1～76.2
		惠济区	128	28.2	23.8	84.4	5.6～74.7
		新密市	316	10.6	2.4	22.5	6.9～15.3
		新郑市	267	30.7	30.5	99.4	7.1～79.7
		登封市	129	23.4	27.3	116.5	6.0～56.7
		管城回族区	58	21.4	21.8	101.9	4.8～42.6
		荥阳市	559	12.2	8.0	65.0	6.3～21.7
		金水区	25	27.2	37.5	137.9	7.0～60.2
		巩义市	127	32.7	28.5	87.2	6.3～95.9
	开封市	兰考县	812	20.4	12.1	59.4	6.9～43.4
		尉氏县	447	15.9	8.4	52.5	7.4～26.4
		祥符区	476	18.5	8.6	46.5	7.4～36.3
		杞县	389	21.1	11.0	52.3	6.6～44.1
		禹王台区	63	31.9	25.9	81.0	9.7～84.1
		通许县	325	21.7	14.4	66.4	5.8～44.9
		金明区	93	18.0	16.3	90.7	4.9～41.3
		鼓楼区	55	30.9	19.4	62.8	7.3～64.2
		龙亭区	101	16.1	15.6	96.7	5.1～44.2
		顺河回族区	11	25.2	13.7	54.3	9.1～44.0
	洛阳市	伊川县	158	12.2	9.8	80.5	4.7～25.3
		偃师区	722	27.3	19.1	70.1	6.5～66.7
		孟津区	440	16.4	16.6	101.3	4.5～48.4
		嵩县	10	11.6	5.3	46.0	5.7～19.5
		新安县	483	22.1	25.4	115.2	4.8～71.0
		合并区	127	24.7	31.9	129.2	5.6～61.1
	平顶山市	卫东区	68	13.7	12.9	93.8	4.5～28.0
		叶县	534	36.1	30.3	84.0	12.6～97.6
		宝丰县	929	19.6	15.8	80.4	5.9～50.3
		新华区	103	13.8	7.6	54.9	4.5～26.7
		汝州市	925	26.1	19.0	72.9	6.4～63.8
		湛河区	163	18.7	15.3	81.6	5.0～54.1

省份 （垦区）	属地	下辖区域 （单位）	样本数 （个）	平均值 （mg/kg）	标准差	变异系数 （%）	5%～95%范围 （mg/kg）
河南省	平顶山市	舞钢市	97	48.1	29.4	61.1	15.5～102.3
		郏县	856	13.7	13.3	96.8	6.8～33.6
	安阳市	内黄县	859	18.1	7.5	41.7	6.8～29.9
		北关区	17	27.4	21.0	76.4	8.5～64.5
		安阳县	119	23.0	14.1	61.4	7.8～44.9
		林州市	447	22.3	22.2	99.4	5.2～59.2
		殷都区	38	23.0	16.0	69.4	5.7～57.1
		汤阴县	525	18.1	12.1	67.0	5.8～43.0
		滑县	1 142	24.0	27.7	115.3	6.8～63.8
		龙安区	40	16.9	13.5	80.2	7.3～39.2
	鹤壁市	山城区	15	30.3	22.4	73.9	7.7～67.0
		浚县	1 010	26.5	24.7	93.3	6.8～87.2
		淇县	523	25.1	13.1	52.1	8.7～43.3
		淇滨区	26	23.6	28.1	119.0	7.1～76.8
		鹤山区	23	27.9	25.6	91.8	7.5～57.9
	新乡市	卫辉市	317	18.1	13.2	72.6	6.2～39.9
		原阳县	232	23.2	22.0	94.5	5.9～58.5
		封丘县	459	20.6	13.6	66.0	8.9～48.1
		延津县	574	15.1	13.4	88.4	4.7～38.2
		新乡县	434	19.0	17.2	90.6	9.1～35.0
		获嘉县	669	37.4	42.0	112.4	7.7～145.0
		辉县市	661	21.4	13.2	61.8	6.5～46.3
		长垣市	609	23.2	18.2	78.6	6.0～61.8
		平原示范区	17	53.9	23.8	44.2	21.5～79.4
	焦作市	修武县	457	27.8	16.8	60.2	9.4～47.5
		博爱县	117	23.9	19.3	80.8	5.0～64.8
		孟州市	905	26.3	24.0	91.1	6.4～74.1
		山阳区	25	20.6	17.2	83.4	5.8～38.0
		武陟县	388	21.0	20.3	96.9	6.2～50.4
		沁阳市	936	23.5	20.6	87.4	7.1～55.4
		温县	678	23.0	17.4	75.7	5.7～52.7
		马村区	21	19.6	19.3	98.6	5.5～44.3

省份 （垦区）	属地	下辖区域 （单位）	样本数 （个）	平均值 （mg/kg）	标准差	变异系数 （%）	5%～95%范围 （mg/kg）
河南省	焦作市	高新区	91	31.8	24.5	77.1	8.4～79.1
	濮阳市	南乐县	781	19.6	16.4	83.6	6.7～50.8
		台前县	300	23.1	12.3	53.3	6.1～45.8
		清丰县	745	16.0	3.4	21.4	11.2～22.5
		濮阳县	1 413	16.4	3.9	23.9	10.1～24.2
		范县	304	16.9	8.7	51.7	5.9～34.2
		合并区	603	15.7	10.2	64.9	4.8～33.2
	许昌市	禹州市	296	17.3	18.1	104.9	5.1～45.2
		襄城县	844	20.7	15.3	73.9	5.5～51.6
		建安区	672	17.4	12.1	69.5	6.9～38.9
		鄢陵县	586	25.0	12.8	51.1	10.7～44.7
		长葛市	780	14.8	12.4	84.1	5.6～36.8
		魏都区	26	10.6	5.5	51.4	5.6～21.2
		东城区	263	12.0	8.1	67.4	4.8～28.8
		经济开发区	216	13.5	10.0	74.2	5.1～29.5
		示范区	74	16.3	4.7	28.5	10.3～24.7
	漯河市	临颍县	251	22.0	13.9	63.4	7.7～44.2
		召陵区	140	50.1	38.1	76.1	13.8～120.5
		舞阳县	473	39.5	40.8	103.4	7.9～101.2
		郾城区	345	22.8	21.6	94.7	8.5～55.7
		合并区	51	31.6	27.1	85.8	4.3～61.2
	三门峡市	卢氏县	255	19.5	15.6	79.9	6.0～51.9
		渑池县	914	20.2	11.6	57.5	7.7～39.2
		湖滨区	278	16.0	8.7	54.0	5.1～32.3
		灵宝市	606	20.9	16.7	79.8	5.5～49.9
		陕州区	495	19.3	22.1	114.6	4.6～62.7
		义马市	157	18.6	27.2	146.0	4.6～34.1
	南阳市	内乡县	415	26.4	18.5	70.1	12.7～63.1
		南召县	310	14.1	7.3	51.8	5.5～30.1
		卧龙区	408	25.1	11.9	47.5	13.7～50.3
		宛城区	487	54.9	29.0	52.8	21.6～101.8
		新野县	512	44.1	25.7	58.3	14.2～84.8
		方城县	503	37.2	43.6	117.2	7.0～124.6

省份 （垦区）	属地	下辖区域 （单位）	样本数 （个）	平均值 （mg/kg）	标准差	变异系数 （%）	5%～95%范围 （mg/kg）
河南省	南阳市	桐柏县	457	18.9	6.1	32.4	11.6～30.5
		淅川县	385	22.2	10.1	45.4	10.9～41.0
		西峡县	33	39.1	20.6	52.7	16.2～77.4
		邓州市	637	43.7	38.6	88.2	8.8～122.0
		镇平县	630	28.5	30.3	106.6	5.2～99.1
	商丘市	夏邑县	785	18.5	9.3	50.3	8.4～34.0
		宁陵县	333	21.2	10.2	48.3	13.0～32.9
		柘城县	869	19.3	10.6	54.9	7.1～35.6
		梁园区	200	24.1	15.2	62.8	8.3～52.8
		民权县	694	24.6	18.2	73.7	7.5～61.8
		永城市	1 385	18.6	8.0	43.1	8.6～31.4
		睢阳区	552	20.6	10.0	48.5	8.1～39.5
		虞城县	571	19.7	15.0	75.8	6.8～49.9
		睢县	559	25.8	16.3	63.1	10.5～57.4
		合并区	148	25.0	14.8	58.2	12.4～49.3
	信阳市	光山县	329	11.1	4.7	42.4	5.1～19.3
		平桥区	546	22.2	23.7	106.7	5.1～71.2
		息县	853	14.1	6.8	47.9	6.4～27.4
		新县	422	12.6	7.6	60.6	4.6～25.1
		浉河区	102	23.5	19.9	84.7	4.4～112.5
		淮滨县	490	17.5	5.6	31.7	11.1～26.6
		潢川县	481	19.0	15.9	84.0	6.3～40.6
		罗山县	883	17.0	11.0	64.7	5.0～35.5
		合并区	379	11.2	7.4	66.0	4.4～26.7
	周口市	商水县	306	15.9	9.7	61.0	6.6～36.6
		太康县	200	19.0	20.3	107.0	5.9～39.4
		扶沟县	769	26.2	14.8	56.4	10.9～51.8
		淮阳区	757	18.0	15.9	88.7	7.6～35.4
		西华县	435	16.2	9.6	59.3	5.9～39.0
		郸城县	198	23.8	31.1	130.5	4.8～100.7
		项城市	225	22.0	9.1	41.3	10.0～37.0
		鹿邑县	264	20.1	9.9	49.3	9.0～36.6
		合并区	1 699	19.3	9.2	47.5	7.8～33.7

省份 （垦区）	属地	下辖区域 （单位）	样本数 （个）	平均值 （mg/kg）	标准差	变异系数 （％）	5％～95％范围 （mg/kg）
河南省	驻马店市	上蔡县	660	17.8	10.5	58.8	7.2～36.8
		平舆县	502	33.7	14.3	42.4	12.1～61.7
		新蔡县	183	23.0	9.5	41.2	13.3～41.1
		正阳县	475	17.3	7.6	43.7	7.7～31.8
		汝南县	197	64.0	43.3	67.6	15.9～140.8
		泌阳县	1 063	27.6	16.5	59.6	8.9～61.4
		确山县	322	23.2	2.8	11.9	19.6～28.4
		西平县	311	28.6	5.7	19.9	19.5～39.3
		遂平县	309	41.7	33.0	79.3	10.9～110.7
		合并区	679	42.2	31.1	73.7	12.6～87.5
	济源市	济源示范区（省辖市）	689	22.0	15.9	72.6	6.1～49.4

县级土壤有效磷

省份 （垦区）	属地	下辖区域 （单位）	样本数 （个）	平均值 （mg/kg）	标准差	变异系数 （%）	5%～95%范围 （mg/kg）
湖北省	武汉市	东西湖区	788	38.5	34.6	89.8	16.4～125.3
		汉南区	70	34.5	44.2	128.4	7.1～140.4
		蔡甸区	171	42.1	39.6	94.1	6.0～120.3
		江夏区	983	20.9	15.1	72.3	7.8～47.0
		黄陂区	841	15.7	9.7	61.6	5.7～38.9
		新洲区	306	23.2	23.8	102.4	3.6～72.2
	黄石市	阳新县	1 208	13.6	11.2	82.2	5.0～32.0
	十堰市	郧阳区	1 037	14.9	13.0	87.2	2.2～32.4
		郧西县	543	13.9	7.1	51.0	5.2～23.9
		竹山县	987	11.9	10.2	86.2	4.1～27.1
		竹溪县	448	19.9	22.2	111.4	3.5～67.6
		房县	2 297	13.9	14.5	104.1	3.3～39.2
		丹江口市	392	11.6	9.8	85.1	3.1～30.8
	宜昌市	远安县	287	15.4	9.5	61.7	5.2～32.8
		兴山县	167	30.9	14.6	47.2	12.5～54.5
		秭归县	1 016	40.9	43.6	106.6	3.2～131.2
		长阳土家族自治县	309	35.9	17.5	48.7	5.3～49.9
		宜都市	1 421	26.5	27.7	104.6	4.0～91.5
		当阳市	1 014	18.0	8.5	47.3	8.6～36.3
		枝江市	340	17.1	8.4	49.1	7.2～31.7
	襄阳市	襄城区	102	19.0	22.5	118.7	3.5～69.6
		樊城区	100	13.7	10.9	79.6	4.5～30.6
		襄州区	892	25.0	22.9	91.5	4.9～73.3
		南漳县	958	15.9	16.0	101.1	3.8～40.1
		谷城县	975	12.5	14.0	111.9	2.6～35.9
		保康县	365	20.0	17.5	87.4	3.7～45.1
		老河口市	206	23.3	12.5	53.4	6.5～44.1
		枣阳市	420	11.3	6.1	54.6	2.9～23.3
		宜城市	752	15.5	10.9	70.4	3.5～36.4
	鄂州市	华容区	427	14.7	7.0	47.9	6.6～28.3
	荆门市	掇刀区	12	23.6	32.0	135.6	12.5～66.4
		沙洋县	1 476	17.6	12.9	73.3	3.5～43.0
		钟祥市	1 746	22.6	16.9	74.5	6.3～50.4
		京山市	613	17.2	13.2	76.8	5.2～40.2

省份 （垦区）	属地	下辖区域 （单位）	样本数 （个）	平均值 （mg/kg）	标准差	变异系数 （%）	5%～95%范围 （mg/kg）
湖北省	孝感市	孝南区	489	16.6	10.4	62.5	5.2～34.2
		孝昌县	1 186	16.6	11.6	69.6	4.6～39.7
		大悟县	525	17.1	17.1	100.1	4.1～56.5
		云梦县	2 128	22.5	9.7	43.2	9.4～39.9
		应城市	274	18.8	26.5	141.0	4.6～59.8
		安陆市	1 710	24.0	21.7	90.4	4.6～67.4
		汉川市	1 264	24.0	19.9	82.8	6.5～64.7
	荆州市	沙市区	1 791	16.8	17.4	103.9	2.5～50.3
		荆州区	5 048	14.4	11.1	77.1	4.7～31.4
		公安县	1 097	16.4	15.7	95.4	5.8～35.7
		江陵县	363	14.9	9.3	62.6	5.8～30.6
		石首市	1 703	17.4	8.7	50.2	7.1～33.5
		洪湖市	765	15.3	11.1	72.5	5.0～35.4
		松滋市	1 665	14.7	12.0	82.1	4.5～30.8
		监利市	1 010	15.4	9.8	63.9	5.0～32.6
	黄冈市	麻城市	1 522	10.1	4.3	42.7	4.3～17.7
	咸宁市	咸安区	949	11.0	4.7	43.0	5.8～21.0
		嘉鱼县	214	21.2	18.1	85.6	4.8～58.9
		通城县	289	12.6	9.5	75.4	5.4～31.3
		崇阳县	374	23.6	22.0	93.4	6.5～73.9
		通山县	1 098	14.6	15.9	108.3	4.4～49.9
		赤壁市	27	13.2	7.1	53.4	4.3～26.2
	随州市	曾都区	644	16.7	18.2	108.6	4.4～41.9
		随县	597	15.0	10.2	68.4	6.1～26.4
		广水市	864	12.3	11.0	89.5	2.6～34.6
	恩施土家族 苗族自治州	巴东县	488	27.8	22.0	79.2	4.4～78.8
		宣恩县	595	34.3	26.4	77.1	7.6～86.7
		咸丰县	671	50.7	32.5	64.1	8.0～97.6
		来凤县	315	21.5	14.2	66.2	6.2～46.4
	省直管 行政单位	仙桃市	1 862	15.8	9.3	58.8	5.1～35.2
		潜江市	3 691	21.2	16.1	76.2	6.9～48.7
		天门市	1 960	31.8	27.7	87.3	5.3～83.7
		神农架林区	283	19.1	16.4	86.0	5.1～65.0

县级土壤有效磷

省份 （垦区）	属地	下辖区域 （单位）	样本数 （个）	平均值 （mg/kg）	标准差	变异系数 （%）	5%～95%范围 （mg/kg）
湖南省	长沙市	望城区	217	14.0	26.1	186.1	1.6～49.0
		长沙县	255	18.3	13.0	70.8	4.2～40.2
		宁乡市	709	23.3	17.9	77.2	3.4～53.6
	株洲市	茶陵县	379	40.2	42.3	105.3	6.9～148.4
		醴陵市	1 277	20.5	27.2	132.2	4.5～75.0
	湘潭市	湘乡市	759	15.8	13.9	87.9	3.0～38.2
		韶山市	272	18.1	20.0	110.8	3.8～45.8
	衡阳市	衡阳县	967	13.9	9.9	71.6	3.7～32.5
		衡山县	712	32.1	41.4	128.8	4.6～144.3
		衡东县	538	22.7	30.9	136.2	4.0～87.9
		祁东县	700	23.5	23.6	100.5	3.6～54.2
		耒阳市	1 075	18.5	25.4	137.5	2.1～68.5
	邵阳市	新邵县	990	18.3	15.2	83.2	3.6～46.1
		邵阳县	425	22.5	19.7	87.4	7.3～51.1
		隆回县	1 354	31.3	24.8	79.2	8.3～76.4
		洞口县	742	20.2	24.2	119.8	5.8～57.4
		绥宁县	457	27.7	21.4	77.2	8.4～64.9
		新宁县	98	14.8	9.6	65.1	5.2～33.5
		城步苗族自治县	504	28.3	21.4	75.4	9.7～62.9
		武冈市	1 121	19.8	14.6	73.7	6.1～48.0
		邵东市	935	18.2	12.5	68.7	6.0～35.9
	岳阳市	云溪区	244	21.7	30.1	138.7	3.0～74.5
		岳阳县	637	21.9	25.7	117.3	3.1～71.1
		华容县	995	17.7	13.1	74.3	3.9～37.9
		湘阴县	821	21.5	19.4	90.4	3.2～49.0
		平江县	912	22.9	17.5	76.5	6.7～45.6
		屈原管理区	437	15.1	9.1	60.6	3.1～27.2
		汨罗市	1 045	22.0	18.0	82.0	4.3～57.0
		临湘市	651	15.9	9.4	59.0	5.3～32.7
	常德市	鼎城区	38	30.6	25.9	84.8	8.5～60.3
		安乡县	707	15.9	7.5	47.2	6.1～27.8
		汉寿县	1 490	21.0	13.7	65.3	5.6～41.6
		澧县	950	12.5	15.9	126.8	2.4～33.7
		临澧县	757	16.3	11.6	71.2	4.0～36.8

省份 （垦区）	属地	下辖区域 （单位）	样本数 （个）	平均值 （mg/kg）	标准差	变异系数 （%）	5%～95%范围 （mg/kg）
湖南省	常德市	桃源县	2 553	13.0	13.8	105.8	3.0～38.4
		石门县	718	29.2	35.1	120.4	6.4～112.5
		津市市	131	15.3	14.7	95.5	2.2～43.6
	张家界市	永定区	627	23.8	23.3	98.1	4.5～70.5
		慈利县	1 171	14.1	16.1	114.4	3.1～38.8
		桑植县	712	16.7	16.6	99.8	2.7～51.1
	益阳市	资阳区	1 798	31.6	14.9	47.2	10.0～57.1
		赫山区	767	27.7	29.7	107.3	5.3～82.6
		南县	198	26.6	13.8	51.8	11.8～55.7
		桃江县	867	18.4	16.1	87.6	4.7～43.5
		安化县	901	22.4	22.2	99.2	3.6～66.5
		沅江市	365	25.5	14.2	55.6	10.8～48.6
	郴州市	北湖区	302	47.4	42.7	90.1	7.4～137.1
		桂阳县	865	37.4	23.1	61.9	8.8～75.0
		永兴县	727	19.5	22.6	116.0	2.3～59.5
		临武县	434	22.1	20.8	94.1	3.5～51.2
		汝城县	951	28.0	28.9	103.2	5.2～76.8
		安仁县	16	8.9	2.5	28.6	6.0～13.4
		资兴市	166	30.2	36.8	121.8	2.8～118.0
	永州市	零陵区	753	16.4	20.3	123.9	3.1～49.9
		冷水滩区	818	13.6	15.5	113.7	3.1～34.0
		东安县	1 197	22.8	20.9	91.5	4.2～55.2
		道县	167	22.2	30.7	138.8	2.1～70.6
		江永县	693	32.3	33.5	103.6	4.0～95.5
		宁远县	549	21.7	21.3	98.0	3.5～64.6
		蓝山县	14	34.1	5.7	16.8	27.0～42.8
		新田县	472	27.1	18.9	69.6	7.0～63.7
		祁阳市	959	13.9	9.9	71.2	4.7～29.1
	怀化市	沅陵县	950	17.4	18.6	106.8	3.3～45.8
		辰溪县	716	22.8	20.6	90.7	3.0～61.7
		溆浦县	1 059	28.1	29.1	103.5	4.4～91.6
		会同县	519	37.8	37.9	100.3	6.0～116.0
		麻阳苗族自治县	264	21.0	24.6	117.5	2.4～62.2

（续）

省份 （垦区）	属地	下辖区域 （单位）	样本数 （个）	平均值 （mg/kg）	标准差	变异系数 （%）	5%～95%范围 （mg/kg）
湖南省	怀化市	靖州苗族侗族自治县	147	24.1	28.0	116.2	2.0～77.3
		通道侗族自治县	392	37.8	29.1	77.0	6.1～96.2
		洪江市	999	33.3	37.1	111.7	4.9～109.3
	娄底市	娄星区	335	17.7	13.9	79.0	6.2～42.6
		双峰县	927	23.3	20.8	89.1	6.1～66.1
		新化县	483	25.4	34.3	135.1	1.9～103.7
		冷水江市	450	20.9	20.2	96.5	4.2～64.4
		涟源市	439	15.5	12.8	82.6	4.5～42.8
	湘西土家族 苗族自治州	吉首市	615	27.3	30.9	113.3	3.4～81.2
		泸溪县	630	19.9	26.2	131.4	2.9～68.7
		凤凰县	771	30.1	32.6	108.6	4.0～101.0
		花垣县	227	24.5	26.1	106.3	2.9～70.9
		保靖县	467	26.6	32.5	122.5	3.1～94.3
		永顺县	908	30.9	33.0	106.6	4.0～96.9
		龙山县	947	38.4	31.2	81.3	5.3～93.5

县级土壤有效磷

省份 (垦区)	属地	下辖区域 (单位)	样本数 (个)	平均值 (mg/kg)	标准差	变异系数 (%)	5%～95%范围 (mg/kg)
广东省	广州市	白云区	556	131.6	47.2	35.9	42.7～200.2
		黄埔区	41	88.4	65.0	73.6	3.6～193.0
		番禺区	314	84.1	30.2	35.9	39.4～134.6
		花都区	393	49.7	44.1	88.8	3.5～148.3
		南沙区	329	98.6	53.6	54.4	21.0～191.6
		增城区	349	83.0	49.0	59.1	17.6～176.0
	韶关市	武江区	48	39.4	39.3	99.9	2.0～101.5
		浈江区	58	33.0	32.8	99.3	5.4～94.5
		曲江区	175	40.5	44.1	108.8	8.1～127.1
		始兴县	449	40.2	26.3	65.4	6.5～82.4
		仁化县	310	27.9	26.9	96.4	6.0～72.0
		翁源县	470	73.2	40.5	55.3	14.5～146.6
		乳源瑶族自治县	774	38.5	29.8	77.4	9.5～102.2
		新丰县	450	36.1	36.7	101.5	6.1～109.5
		乐昌市	207	39.9	38.8	97.4	3.8～127.1
		南雄市	278	45.6	33.0	72.3	8.5～102.4
	珠海市	斗门区	125	43.6	39.5	90.7	10.5～141.8
		金湾区	101	37.4	25.7	68.6	11.0～85.4
	汕头市	潮阳区	81	37.2	29.8	80.0	8.0～89.2
		潮南区	100	38.0	35.7	94.1	7.9～95.9
	佛山市	南海区	88	107.4	54.5	50.7	33.2～193.1
		三水区	52	103.8	51.4	49.6	41.3～199.6
		高明区	576	88.7	55.0	62.0	13.0～188.0
	江门市	蓬江区	164	77.9	39.7	51.0	20.7～143.9
		江海区	166	95.9	39.2	40.8	38.7～164.4
		新会区	419	50.6	41.0	81.1	12.3～130.8
		台山市	925	42.4	31.7	74.7	9.2～102.9
		开平市	1 053	53.2	35.2	66.1	13.8～128.3
		鹤山市	444	58.5	29.1	49.7	20.3～117.0
		恩平市	175	41.3	26.7	64.6	10.7～103.8
	湛江市	坡头区	30	56.8	36.4	64.0	12.6～124.7

省份（垦区）	属地	下辖区域（单位）	样本数（个）	平均值（mg/kg）	标准差	变异系数（%）	5%～95%范围（mg/kg）
广东省	湛江市	麻章区	132	53.1	32.5	61.2	13.2～111.4
		遂溪县	563	77.3	56.8	73.5	8.7～179.4
		徐闻县	281	58.9	51.8	88.1	4.7～165.3
		廉江市	381	33.9	35.3	104.2	1.7～107.3
		雷州市	878	49.3	43.7	88.6	5.9～142.3
		吴川市	239	39.9	32.3	80.7	7.4～98.6
	茂名市	电白区	637	41.0	35.0	85.4	6.4～115.9
		高州市	1 156	59.9	47.3	79.0	3.3～150.7
		化州市	1 416	40.5	35.5	87.6	5.5～115.7
		信宜市	1 017	64.8	47.3	73.0	13.0～164.7
	肇庆市	鼎湖区	29	60.7	39.2	64.6	18.7～107.2
		高要区	531	57.3	42.1	73.4	10.4～140.1
		广宁县	70	49.9	26.7	53.4	15.1～87.3
		怀集县	650	21.2	12.2	57.5	7.4～46.5
		封开县	239	26.3	23.8	90.4	5.8～71.1
		德庆县	848	40.5	27.1	66.9	9.9～91.8
		四会市	101	43.0	26.3	61.3	11.3～91.0
	惠州市	惠城区	276	62.3	44.4	71.2	11.1～150.8
		惠阳区	936	52.6	32.7	62.2	21.3～113.0
		博罗县	703	76.1	51.5	67.7	11.0～179.5
		惠东县	917	57.8	42.2	73.0	9.0～136.0
		龙门县	534	35.5	27.4	77.4	7.2～84.4
	梅州市	梅县区	160	40.9	35.6	87.0	5.2～125.6
		大埔县	148	37.2	30.0	80.7	7.2～100.6
		丰顺县	490	27.6	19.1	69.1	4.7～61.8
		五华县	646	35.7	29.3	81.9	11.9～91.6
		平远县	1 048	34.6	23.7	68.5	12.3～99.3
		蕉岭县	360	69.8	47.6	68.2	10.9～163.9
		兴宁市	574	59.5	51.7	87.0	4.4～159.5
	汕尾市	海丰县	298	41.3	30.9	74.9	10.3～90.8
		陆丰市	268	40.0	31.4	78.5	6.8～101.4
	河源市	紫金县	71	46.8	43.6	93.3	9.0～150.8
		龙川县	629	34.6	26.7	77.0	7.3～82.6

省份 （垦区）	属地	下辖区域 （单位）	样本数 （个）	平均值 （mg/kg）	标准差	变异系数 （%）	5%～95%范围 （mg/kg）
	河源市	连平县	432	34.5	27.1	78.7	6.7～87.2
		和平县	66	30.9	34.9	112.9	1.8～99.6
		东源县	376	29.2	25.3	86.7	5.2～70.9
	阳江市	江城区	293	22.6	18.8	83.2	4.7～60.8
		阳东区	892	24.3	22.2	91.1	4.9～70.8
		阳西县	280	25.2	22.2	88.3	3.4～72.3
		阳春市	386	37.0	30.6	82.8	6.7～98.0
	清远市	清城区	196	43.6	37.6	86.2	7.5～127.9
		清新区	154	41.5	31.4	75.6	6.7～109.4
		佛冈县	103	32.5	28.2	86.6	4.6～72.8
		阳山县	346	31.0	23.8	76.7	6.3～78.1
		连山壮族瑶族自治县	320	31.2	28.2	90.1	7.8～83.6
		连南瑶族自治县	172	22.8	21.2	93.4	1.2～70.5
		英德市	445	53.5	41.3	77.2	10.0～143.2
		连州市	630	39.2	40.1	102.3	3.8～134.5
	东莞市	市辖区	387	84.6	51.8	61.3	12.6～183.0
	中山市	市辖区	208	82.9	57.2	68.9	12.4～189.0
	潮州市	湘桥区	19	82.3	62.5	76.0	9.6～165.7
		潮安区	113	34.2	39.3	114.8	4.8～119.5
		饶平县	160	64.8	49.6	76.5	7.1～164.6
	揭阳市	榕城区	28	40.7	36.5	89.7	7.2～82.6
		揭东区	346	40.0	23.9	59.7	15.6～93.3
		揭西县	39	47.0	30.2	64.3	7.6～92.6
		惠来县	643	36.2	35.8	98.8	3.5～115.3
		普宁市	104	59.3	43.2	72.9	8.5～142.0
	云浮市	云城区	87	33.3	31.4	94.2	2.1～91.8
		云安区	121	45.9	38.2	83.2	12.0～118.8
		新兴县	489	29.5	23.2	78.8	10.2～77.3
		郁南县	501	25.4	15.3	60.1	10.5～48.8
		罗定市	859	29.6	28.6	96.6	3.6～86.1

县级土壤有效磷

省份 (垦区)	属地	下辖区域 (单位)	样本数 (个)	平均值 (mg/kg)	标准差	变异系数 (%)	5%～95%范围 (mg/kg)
广西壮族 自治区	南宁市	兴宁区	111	34.4	23.0	67.0	5.2～74.8
		青秀区	128	28.3	23.1	81.8	4.4～75.9
		江南区	67	36.9	17.4	47.1	4.3～67.8
		西乡塘区	252	32.7	22.6	69.0	4.0～75.4
		良庆区	56	19.6	18.5	94.3	3.5～74.2
		邕宁区	67	15.0	15.0	100.4	6.5～54.4
		武鸣区	175	28.8	19.2	66.5	5.0～67.0
		隆安县	94	32.5	17.3	53.2	5.5～64.6
		马山县	148	31.6	24.9	78.9	4.7～80.4
		上林县	130	25.9	19.0	73.4	7.8～66.0
		宾阳县	114	29.6	19.8	66.8	4.9～67.3
		横州市	299	20.4	17.3	84.7	4.5～57.8
	柳州市	柳南区	202	17.6	10.6	60.2	4.7～34.4
		柳北区	276	26.2	17.5	66.6	5.5～65.2
		柳江区	222	32.5	20.4	62.8	9.3～71.7
		柳城县	490	28.6	19.1	66.6	4.7～67.4
		鹿寨县	161	22.8	15.8	69.3	7.6～57.9
		融安县	90	28.9	19.8	68.5	5.6～70.5
		融水苗族自治县	244	31.4	22.4	71.4	4.6～75.4
		三江侗族自治县	408	25.7	20.1	78.2	4.7～68.2
	桂林市	雁山区	12	32.5	15.5	47.8	11.0～54.1
		临桂区	119	29.4	17.7	60.3	7.0～62.0
		阳朔县	33	46.9	18.8	40.1	16.8～78.4
		灵川县	67	37.9	20.0	52.8	9.3～75.4
		全州县	205	22.2	13.9	62.8	6.4～49.7
		兴安县	73	34.1	20.8	61.0	9.7～71.3
		永福县	65	40.0	17.1	42.8	17.3～70.5
		灌阳县	57	24.9	14.1	56.8	7.3～51.3
		龙胜各族自治县	18	36.6	20.4	55.8	8.5～66.4
		资源县	36	36.2	22.2	61.4	10.6～77.3
		平乐县	56	30.7	20.4	66.6	5.2～65.7
		恭城瑶族自治县	16	35.6	16.5	46.4	12.5～61.3
		荔浦市	67	35.8	22.8	63.8	9.1～73.4
	梧州市	龙圩区	60	22.7	13.1	57.6	6.5～47.0

省份（垦区）	属地	下辖区域（单位）	样本数（个）	平均值（mg/kg）	标准差	变异系数（%）	5%～95%范围（mg/kg）
广西壮族自治区	梧州市	苍梧县	31	15.5	9.8	63.6	5.0～31.6
		藤县	126	29.2	21.1	72.2	4.6～70.4
		蒙山县	15	39.4	23.5	59.6	14.4～76.1
		岑溪市	101	27.3	16.3	59.9	5.5～53.4
	北海市	海城区	11	44.5	20.5	46.2	9.0～68.4
		银海区	30	43.8	13.1	29.9	22.0～70.4
		铁山港区	28	31.3	17.7	56.5	6.4～56.0
		合浦县	209	33.9	20.9	61.8	6.6～78.4
	防城港市	防城区	64	27.7	22.0	79.4	5.9～78.0
		上思县	87	5.2	0.6	12.5	4.3～6.3
	钦州市	钦南区	70	18.4	15.5	84.6	4.1～42.3
		钦北区	70	15.5	17.9	115.8	4.6～62.4
		灵山县	120	17.4	17.7	101.8	4.4～59.0
		浦北县	102	39.2	21.6	55.0	6.9～75.4
	贵港市	港北区	56	24.3	18.6	76.7	6.2～65.8
		港南区	352	26.5	18.6	70.2	5.4～67.9
		覃塘区	91	21.5	19.3	89.9	4.8～72.6
		平南县	414	23.3	19.5	83.6	4.8～67.3
		桂平市	321	26.8	19.6	73.2	4.7～69.2
	玉林市	玉州区	33	41.5	20.2	48.8	12.7～76.5
		福绵区	30	20.9	13.9	66.4	5.0～41.5
		容县	79	31.1	22.7	73.2	4.5～79.7
		陆川县	50	24.9	17.3	69.6	7.8～62.6
		博白县	107	31.6	15.9	50.4	7.9～58.4
		兴业县	51	28.8	19.0	66.1	5.2～68.4
		北流市	113	30.3	19.9	65.9	5.8～71.4
	百色市	右江区	110	14.7	17.4	118.4	2.4～55.9
		田阳区	55	22.8	22.0	96.2	4.2～73.6
		田东县	97	16.1	13.8	86.1	3.0～41.7
		德保县	60	17.5	12.4	70.9	4.4～47.4
		那坡县	41	12.4	14.5	116.8	2.6～38.8
		凌云县	22	20.3	22.5	110.9	2.9～74.9
		乐业县	75	17.0	17.0	100.2	2.6～53.2

省份（垦区）	属地	下辖区域（单位）	样本数（个）	平均值（mg/kg）	标准差	变异系数（%）	5%～95%范围（mg/kg）
广西壮族自治区	百色市	田林县	29	14.9	8.8	59.3	4.0～25.9
		西林县	62	12.8	12.7	99.0	2.9～42.8
		隆林各族自治县	54	24.9	21.1	84.5	2.5～66.2
		靖西市	100	19.6	17.4	88.6	2.5～57.6
		平果市	69	21.5	16.9	78.6	5.2～53.7
	贺州市	八步区	133	25.7	21.5	83.6	3.5～69.5
		平桂区	73	27.9	20.1	72.2	3.7～66.9
		昭平县	678	33.1	17.7	53.6	8.4～66.0
		钟山县	109	22.7	16.9	74.5	4.8～56.2
		富川瑶族自治县	511	37.3	21.8	58.5	7.2～78.2
	河池市	金城江区	45	28.1	23.1	82.3	2.8～67.7
		宜州区	644	30.6	21.1	69.0	5.7～76.9
		南丹县	73	19.7	16.6	84.3	5.2～56.7
		天峨县	38	16.3	13.5	83.3	7.2～46.9
		凤山县	60	11.5	8.3	72.4	5.3～31.9
		东兰县	62	22.2	16.4	73.8	4.5～52.3
		罗城仫佬族自治县	331	24.5	17.5	71.5	3.6～61.2
		环江毛南族自治县	558	19.4	15.3	79.0	5.1～55.0
		巴马瑶族自治县	133	14.6	12.4	85.0	3.9～44.4
		都安瑶族自治县	139	28.7	22.0	76.7	4.3～73.6
		大化瑶族自治县	41	27.1	23.6	87.3	3.0～80.7
	来宾市	兴宾区	733	23.5	21.2	90.0	3.5～70.0
		忻城县	165	27.0	20.0	74.1	7.3～70.4
		象州县	207	20.3	15.5	76.2	7.4～53.6
		武宣县	431	25.5	18.8	73.8	5.3～65.5
		金秀瑶族自治县	36	18.4	19.8	107.7	3.5～67.1
		合山市	41	28.7	21.9	76.5	9.0～73.1
	崇左市	江州区	215	27.8	21.3	76.6	5.0～73.9
		扶绥县	199	27.6	19.2	69.7	5.8～68.7
		宁明县	125	12.9	10.9	84.9	2.5～34.0
		龙州县	97	23.0	20.1	87.3	5.7～63.7
		天等县	70	28.4	19.5	68.5	5.3～65.8
		凭祥市	15	17.0	14.1	82.8	4.0～38.9

县级土壤有效磷

省份（垦区）	属地	下辖区域（单位）	样本数（个）	平均值（mg/kg）	标准差	变异系数（%）	5%～95%范围（mg/kg）
海南省	海口市	秀英区	2 027	130.1	118.2	90.8	4.1～373.6
		龙华区	1 963	26.9	28.2	104.8	0.8～71.9
		琼山区	176	48.2	61.0	126.5	2.0～131.0
		美兰区	807	72.6	85.5	117.9	2.9～256.3
	三亚市	海棠区	129	49.4	77.7	157.3	15.5～158.8
		吉阳区	86	48.0	68.8	143.4	10.0～138.4
		天涯区	285	50.8	54.9	108.2	11.6～165.0
		崖州区	201	46.7	57.9	123.9	14.0～188.0
	儋州市	市辖区	492	37.3	60.1	161.2	0.6～117.1
	省直管行政单位	五指山市	196	10.3	19.2	186.4	0.9～38.7
		琼海市	788	64.9	68.5	105.6	3.8～207.9
		文昌市	947	71.0	75.4	106.1	2.5～235.0
		万宁市	661	44.9	77.7	173.0	0.8～231.0
		东方市	100	37.3	44.2	118.3	3.5～139.1
		定安县	708	61.9	57.6	93.1	4.5～192.9
		屯昌县	652	36.4	55.0	151.2	1.1～144.9
		澄迈县	567	29.2	49.4	169.1	0.4～128.4
		临高县	802	40.4	67.3	166.7	0.6～189.9
		白沙黎族自治县	549	18.7	24.1	128.4	1.1～51.1
		昌江黎族自治县	357	34.4	49.6	144.3	2.7～97.1
		乐东黎族自治县	358	115.7	105.9	91.5	4.6～300.7
		陵水黎族自治县	320	41.8	58.2	139.3	1.3～160.3
		保亭黎族苗族自治县	509	28.5	49.0	172.2	1.0～134.6
		琼中黎族苗族自治县	158	14.5	33.5	230.5	0.9～56.9

县级土壤有效磷

省份 （垦区）	属地	下辖区域 （单位）	样本数 （个）	平均值 （mg/kg）	标准差	变异系数 （%）	5%～95%范围 （mg/kg）
重庆市	市辖区	万州区	814	25.8	29.4	114.2	1.9～95.3
		涪陵区	2 087	26.8	29.1	108.5	1.6～93.9
		大渡口区	157	23.9	26.8	112.2	2.7～87.3
		江北区	144	22.0	14.0	63.5	3.9～43.7
		沙坪坝区	377	41.9	33.7	80.5	4.0～111.7
		九龙坡区	208	55.0	38.7	70.3	5.0～121.2
		南岸区	161	30.2	29.6	98.1	2.8～96.8
		北碚区	835	36.3	25.7	70.8	5.4～87.9
		綦江区	726	22.7	25.8	113.7	2.2～81.2
		万盛区	361	22.3	24.3	109.0	2.0～72.4
		大足区	651	15.6	17.4	111.2	2.1～47.6
		渝北区	946	22.4	20.3	90.6	2.7～58.3
		巴南区	554	22.0	25.8	117.3	2.1～83.1
		黔江区	399	27.3	27.8	102.0	3.1～90.2
		长寿区	1 309	35.3	33.5	94.9	3.7～109.4
		江津区	697	15.8	22.4	141.9	1.4～59.6
		合川区	607	31.4	29.5	94.1	2.7～93.6
		永川区	318	29.9	35.0	117.0	1.5～109.0
		南川区	381	30.4	32.3	106.1	3.1～107.1
		璧山区	736	33.4	32.7	97.7	3.4～103.4
		铜梁区	1 293	30.7	29.6	96.4	3.3～92.6
		潼南区	1 550	20.1	22.3	110.7	3.0～74.6
		荣昌区	1 053	12.7	12.8	100.6	2.4～35.6
		开州区	1 265	22.8	21.7	95.3	2.7～68.9
		梁平区	1 752	16.3	19.1	117.4	2.7～53.7
		武隆区	585	32.1	29.6	92.1	3.6～96.7
	县	城口县	410	30.9	26.2	84.9	4.4～90.7
		丰都县	843	32.9	29.8	90.5	3.7～97.9
		垫江县	1 361	26.6	29.9	112.6	2.5～99.2
		忠县	1 683	23.4	26.6	113.8	2.6～85.4
		云阳县	768	18.6	22.1	118.5	2.7～68.1
		奉节县	1 165	27.8	26.0	93.6	4.2～86.2
		巫山县	543	12.4	14.4	115.9	2.3～40.6
		巫溪县	385	32.5	26.1	80.4	6.3～85.3

省份 （垦区）	属地	下辖区域 （单位）	样本数 （个）	平均值 （mg/kg）	标准差	变异系数 （%）	5%～95%范围 （mg/kg）
重庆市	县	石柱土家族自治县	494	27.9	27.6	99.1	2.5～81.6
		秀山土家族苗族自治县	1 103	22.5	23.0	102.0	2.4～73.3
		酉阳土家族苗族自治县	826	22.2	21.3	95.8	4.0～63.8
		彭水苗族土家族自治县	537	21.6	20.0	92.8	2.2～62.0

县级土壤有效磷

省份 （垦区）	属地	下辖区域 （单位）	样本数 （个）	平均值 （mg/kg）	标准差	变异系数 （%）	5%～95%范围 （mg/kg）
四川省	成都市	龙泉驿区	349	45.9	20.9	45.5	9.2～78.0
		青白江区	443	21.2	12.4	58.4	5.7～39.8
		新都区	455	21.4	9.9	46.0	8.2～39.4
		温江区	363	28.5	12.7	44.5	13.5～50.1
		双流区	170	28.3	19.9	70.5	6.1～70.7
		郫都区	88	31.0	20.8	66.9	6.7～74.5
		新津区	83	27.8	21.1	76.0	3.2～71.1
		金堂县	718	15.6	16.0	102.5	2.7～56.8
		大邑县	434	21.1	8.6	40.6	10.3～37.1
		蒲江县	690	30.3	15.5	51.1	7.0～57.9
		都江堰市	35	17.0	11.3	66.7	5.7～35.8
		彭州市	810	32.2	19.5	60.7	11.0～73.6
		邛崃市	504	28.8	19.9	69.3	4.4～70.2
		崇州市	779	21.7	11.0	50.7	4.7～39.3
		简阳市	534	13.7	13.3	97.7	2.7～41.4
	自贡市	自流井区	117	14.0	11.6	82.6	4.6～34.3
		贡井区	429	15.9	14.7	92.3	2.8～49.8
		大安区	468	13.7	12.9	93.5	2.4～41.0
		沿滩区	887	16.1	15.1	94.3	3.3～48.9
		荣县	931	23.5	19.7	84.0	3.2～68.7
		富顺县	107	13.2	13.3	101.0	3.6～39.6
	攀枝花市	仁和区	23	25.5	18.5	72.5	5.1～64.9
		米易县	815	27.3	15.6	57.0	7.9～59.7
		盐边县	299	23.6	20.5	86.9	2.2～69.9
	泸州市	江阳区	241	12.9	16.8	130.0	1.5～57.6
		纳溪区	662	18.8	15.1	80.4	3.5～52.4
		龙马潭区	446	12.8	13.9	108.8	2.5～43.7
		泸县	1 062	15.9	15.7	98.8	2.5～51.8
		合江县	764	10.9	12.2	111.9	1.7～38.1
		叙永县	1 294	22.3	20.0	89.6	2.0～65.7
		古蔺县	1 327	20.7	17.9	86.5	3.5～59.3
	德阳市	旌阳区	511	12.9	12.0	92.9	1.8～37.4
		罗江区	392	21.6	12.0	55.3	7.1～42.0
		中江县	1 301	13.9	11.5	83.2	3.4～36.0

省份 （垦区）	属地	下辖区域 （单位）	样本数 （个）	平均值 （mg/kg）	标准差	变异系数 （%）	5%～95%范围 （mg/kg）
四川省	德阳市	广汉市	892	21.7	11.7	54.0	5.6～42.6
		什邡市	339	41.4	19.8	47.9	12.8～79.0
		绵竹市	502	19.2	12.0	62.8	3.4～43.4
	绵阳市	涪城区	347	25.1	14.2	56.5	9.0～52.8
		游仙区	342	15.8	15.2	96.3	3.1～54.6
		安州区	359	14.3	11.7	81.6	4.7～38.8
		三台县	651	15.6	11.9	76.1	3.9～38.2
		盐亭县	189	11.3	8.8	77.3	3.3～28.3
		梓潼县	468	10.6	9.3	87.8	2.0～28.8
		北川羌族自治县	77	28.8	19.5	67.9	5.8～68.1
		平武县	272	18.4	17.7	96.3	2.8～57.3
		江油市	496	17.3	15.5	90.0	3.2～53.7
	广元市	利州区	350	10.8	13.3	123.2	1.6～38.4
		昭化区	59	13.6	13.3	98.1	3.5～37.3
		朝天区	379	21.4	9.9	46.1	9.1～37.1
		旺苍县	554	16.5	11.6	69.9	2.3～36.7
		青川县	48	22.8	20.3	88.9	4.4～67.9
		剑阁县	225	12.3	11.7	95.0	2.8～38.3
		苍溪县	735	9.2	11.4	124.6	1.8～33.4
	遂宁市	船山区	499	12.2	13.8	112.4	1.9～40.5
		安居区	740	9.4	9.6	102.4	2.2～30.5
		蓬溪县	852	11.3	6.6	58.5	4.2～21.2
		大英县	532	11.0	8.1	74.0	3.3～23.9
		射洪市	1 238	11.1	6.9	62.1	4.6～24.1
	内江市	市中区	448	14.7	14.8	100.8	2.1～48.3
		东兴区	377	19.1	16.6	87.0	3.6～54.1
		威远县	722	23.1	18.4	79.7	3.0～62.8
		资中县	1 399	20.3	17.3	85.2	2.5～58.2
		隆昌市	630	13.1	15.1	115.1	1.3～47.6
	乐山市	市中区	405	17.4	15.4	88.4	2.9～47.4
		沙湾区	51	25.0	19.3	77.3	5.4～60.0
		五通桥区	387	13.7	13.7	100.4	3.5～41.7
		金口河区	46	24.7	23.7	95.9	3.0～68.0

省份 （垦区）	属地	下辖区域 （单位）	样本数 （个）	平均值 （mg/kg）	标准差	变异系数 （%）	5%～95%范围 （mg/kg）
四川省	乐山市	犍为县	748	14.3	15.7	109.4	1.5～48.2
		井研县	544	19.5	20.5	105.0	2.9～70.8
		夹江县	95	14.7	15.8	107.8	1.9～45.7
		沐川县	146	18.2	17.0	93.5	1.8～57.4
		峨边彝族自治县	358	25.3	19.9	78.8	3.6～62.2
		马边彝族自治县	108	19.4	20.7	107.1	1.8～71.0
		峨眉山市	62	26.9	22.2	82.6	4.6～73.8
	南充市	顺庆区	437	15.2	14.3	94.3	2.9～47.0
		高坪区	1 210	14.0	11.9	84.9	2.7～36.3
		南部县	838	10.0	11.5	115.6	2.2～34.1
		营山县	530	10.4	10.2	98.3	2.0～25.6
		蓬安县	711	12.0	11.0	91.9	2.7～37.6
		仪陇县	518	10.1	8.4	82.8	2.6～25.6
		西充县	370	9.5	6.6	69.8	3.2～18.7
		阆中市	1 569	11.0	10.7	96.9	2.1～33.5
	眉山市	东坡区	1 146	18.6	13.7	73.7	3.4～43.1
		彭山区	165	25.9	12.6	48.6	5.1～40.5
		仁寿县	362	10.7	9.8	91.2	2.5～31.0
		洪雅县	423	15.7	10.5	66.9	3.6～38.3
		丹棱县	373	26.9	12.3	45.7	5.8～41.9
		青神县	58	24.6	16.8	68.4	4.3～53.5
	宜宾市	翠屏区	386	13.9	16.8	120.3	1.5～56.2
		叙州区	973	16.3	14.9	91.7	3.0～48.4
		南溪区	326	15.4	15.2	98.4	2.2～48.9
		江安县	276	9.5	11.0	116.1	1.1～27.7
		长宁县	312	17.0	17.0	100.1	1.7～53.6
		高县	396	16.2	13.4	82.7	4.0～45.7
		珙县	263	22.3	19.8	89.1	2.1～67.2
		筠连县	693	18.5	13.6	73.3	4.8～46.6
		兴文县	402	19.7	13.8	69.7	1.3～42.8
		屏山县	103	20.1	19.7	97.9	3.6～66.6
	广安市	广安区	755	17.6	15.4	87.5	2.3～51.0
		前锋区	416	22.6	18.3	81.2	4.9～62.1

省份 （垦区）	属地	下辖区域 （单位）	样本数 （个）	平均值 （mg/kg）	标准差	变异系数 （%）	5%～95%范围 （mg/kg）
四川省	广安市	岳池县	943	17.1	14.8	86.2	3.3～50.6
		武胜县	387	15.6	11.3	72.1	3.3～33.3
		邻水县	1 305	10.9	12.9	118.4	2.4～40.1
		华蓥市	98	15.5	17.7	113.9	1.3～55.7
	达州市	通川区	119	15.3	15.6	102.4	2.3～47.0
		达川区	920	20.3	18.2	89.8	2.7～61.0
		宣汉县	2 287	17.5	17.9	102.2	2.1～59.7
		开江县	511	20.4	19.1	93.3	2.5～62.9
		大竹县	997	19.7	20.6	104.9	1.6～66.1
		渠县	1 204	12.1	14.4	118.6	1.4～45.1
		万源市	622	19.2	17.5	91.2	2.3～55.4
	雅安市	雨城区	461	20.3	17.8	87.7	3.7～57.9
		名山区	413	24.3	15.4	63.1	8.5～57.8
		荥经县	50	23.4	21.0	89.6	5.7～70.3
		汉源县	995	26.1	10.8	41.4	9.7～35.4
		石棉县	69	31.4	24.0	76.4	4.5～79.3
		天全县	77	18.6	22.1	119.0	1.5～69.0
		芦山县	125	16.0	14.6	91.6	2.7～37.5
		宝兴县	72	26.5	24.8	93.7	2.9～76.3
	巴中市	巴州区	1 133	16.2	16.5	101.4	1.9～53.7
		恩阳区	766	14.1	14.6	103.4	1.8～46.8
		通江县	641	17.2	15.8	91.5	2.4～52.2
		南江县	863	13.8	14.7	106.7	1.5～43.7
		平昌县	1 184	12.4	14.2	114.4	1.7～45.4
	资阳市	雁江区	733	15.5	12.1	78.0	4.1～38.1
		安岳县	728	12.1	9.1	75.3	4.0～25.9
		乐至县	547	17.0	13.4	79.2	3.7～46.5
	阿坝藏族 羌族自治州	马尔康市	104	24.2	20.9	86.2	3.9～66.1
		汶川县	200	19.6	16.8	86.0	2.6～56.2
		理县	48	38.6	22.7	58.8	5.6～81.2
		茂县	94	40.6	18.8	46.3	14.5～75.7
		松潘县	154	39.0	21.6	55.3	6.4～76.2
		九寨沟县	82	16.4	8.7	53.4	6.9～29.6

省份 （垦区）	属地	下辖区域 （单位）	样本数 （个）	平均值 （mg/kg）	标准差	变异系数 （%）	5%～95%范围 （mg/kg）
四川省	阿坝藏族 羌族自治州	金川县	66	24.5	19.3	78.7	3.6～66.2
		小金县	129	30.7	19.8	64.5	7.0～72.6
		黑水县	138	17.1	15.9	92.7	2.5～55.7
		壤塘县	40	14.5	8.5	58.2	3.7～26.5
		阿坝县	53	9.2	5.7	62.3	2.2～18.0
		若尔盖县	52	12.7	8.6	67.8	4.8～29.0
	甘孜藏族 自治州	康定市	75	33.0	24.7	75.1	3.4～74.6
		泸定县	41	24.3	20.3	83.5	1.0～64.4
		丹巴县	33	20.8	20.2	97.1	5.1～68.9
		九龙县	44	31.3	24.2	77.3	5.7～72.6
		雅江县	47	27.0	18.3	68.1	4.3～59.7
		道孚县	66	19.0	17.2	90.7	1.4～52.6
		炉霍县	54	17.7	14.0	79.0	1.5～43.0
		甘孜县	106	21.4	15.7	73.1	2.4～54.6
		新龙县	30	10.4	7.3	70.1	1.9～19.8
		德格县	51	18.4	17.9	97.7	1.7～62.7
		白玉县	48	14.6	14.0	95.8	2.0～43.1
		石渠县	48	12.8	8.7	68.1	1.2～32.6
		色达县	15	10.4	9.1	88.0	1.1～30.6
		理塘县	59	18.1	20.7	114.3	2.6～72.1
		巴塘县	50	17.5	15.4	88.1	2.1～49.7
		乡城县	28	19.4	12.1	62.6	1.1～38.4
		稻城县	46	24.6	17.2	70.0	1.1～54.1
		得荣县	391	25.4	11.6	45.7	6.0～39.2
	凉山彝族 自治州	西昌市	681	29.8	19.6	65.7	6.7～75.4
		会理市	785	17.4	16.9	97.3	1.6～53.1
		木里藏族自治县	103	24.9	17.5	70.3	5.8～65.5
		盐源县	1 074	18.1	11.7	64.5	5.6～43.6
		德昌县	251	23.6	21.4	90.8	1.7～66.0
		会东县	486	20.8	17.9	86.2	3.2～61.9
		宁南县	433	23.9	18.0	75.3	2.7～59.5
		普格县	297	18.0	10.8	60.2	3.5～36.6
		布拖县	570	16.3	14.7	90.3	1.8～46.6

省份 （垦区）	属地	下辖区域 （单位）	样本数 （个）	平均值 （mg/kg）	标准差	变异系数 （%）	5%～95%范围 （mg/kg）
四川省	凉山彝族 自治州	金阳县	143	18.6	15.2	81.5	4.8～52.0
		昭觉县	347	19.0	18.5	97.5	1.8～63.9
		喜德县	190	16.3	6.2	37.9	6.7～25.7
		冕宁县	364	31.0	23.2	74.8	3.2～75.3
		越西县	754	25.3	14.4	57.0	7.5～52.8
		甘洛县	21	23.3	18.1	77.8	4.3～54.6
		美姑县	660	19.5	14.4	73.8	3.4～47.1
		雷波县	682	20.9	15.7	75.2	2.7～56.2

（续）

县级土壤有效磷

省份 （垦区）	属地	下辖区域 （单位）	样本数 （个）	平均值 （mg/kg）	标准差	变异系数 （%）	5%～95%范围 （mg/kg）
贵州省	贵阳市	花溪区	187	21.6	22.0	102.1	2.6～69.6
		乌当区	99	30.5	25.7	84.4	3.2～80.7
		白云区	38	22.3	23.7	106.4	2.9～75.5
		观山湖区	53	24.2	18.3	75.7	1.9～52.6
		开阳县	912	22.6	20.5	91.0	3.3～69.0
		息烽县	792	29.2	23.9	81.9	2.1～79.2
		修文县	780	18.8	19.5	103.7	1.7～61.8
		清镇市	595	21.4	19.4	90.9	3.1～64.0
	六盘水市	钟山区	69	18.1	20.1	111.1	1.5～58.8
		六枝特区	394	13.7	17.9	131.0	1.2～56.5
		水城区	545	15.2	18.5	121.9	1.5～56.9
		盘州市	153	14.5	15.0	103.8	1.7～49.5
	遵义市	红花岗区	72	26.8	18.9	70.8	7.4～70.2
		汇川区	67	34.9	19.6	56.1	9.8～79.0
		播州区	10	23.1	30.0	130.0	7.5～71.7
		桐梓县	148	21.2	21.2	100.2	3.4～73.7
		绥阳县	807	21.7	23.3	107.5	2.0～74.7
		正安县	108	25.0	21.5	86.1	3.6～69.2
		道真仡佬族苗族自治县	74	23.6	24.1	102.0	3.0～71.3
		务川仡佬族苗族自治县	26	27.1	27.4	101.2	2.4～92.9
		凤冈县	79	27.4	22.9	83.5	4.4～76.4
		湄潭县	71	35.2	25.6	72.6	9.4～82.3
		习水县	697	15.6	15.9	102.1	2.3～50.2
		仁怀市	78	29.3	21.8	74.4	7.7～72.8
	安顺市	西秀区	296	19.9	21.1	106.2	1.7～60.5
		平坝区	115	26.9	23.5	87.2	2.2～74.2
		普定县	109	15.2	15.8	103.6	1.1～41.6
		镇宁布依族苗族自治县	185	16.2	14.3	88.2	2.2～42.7
		关岭布依族苗族自治县	103	13.7	15.9	116.4	1.7～46.2
		紫云苗族布依族自治县	114	24.2	28.0	115.9	2.2～86.2
	毕节市	七星关区	111	29.7	24.3	81.9	3.6～82.3
		大方县	151	15.5	16.5	106.5	1.4～50.6
		金沙县	547	16.4	15.5	94.3	2.1～46.5
		纳雍县	130	17.3	19.8	114.1	1.6～45.3

省份 （垦区）	属地	下辖区域 （单位）	样本数 （个）	平均值 （mg/kg）	标准差	变异系数 （%）	5%～95%范围 （mg/kg）
贵州省	毕节市	赫章县	138	23.5	21.9	93.2	2.2～69.4
		黔西市	145	22.9	22.5	98.4	2.1～74.0
	铜仁市	碧江区	487	21.8	21.8	100.1	4.2～75.4
		万山区	57	11.0	10.9	99.5	1.3～34.8
		玉屏侗族自治县	64	13.8	6.9	50.2	3.5～28.0
		石阡县	578	19.1	19.6	102.6	2.6～65.5
		思南县	701	20.0	16.8	83.8	2.7～52.3
		印江土家族苗族自治县	339	19.0	8.4	44.4	8.2～36.1
		德江县	1 320	18.0	12.2	67.7	5.4～36.2
		松桃苗族自治县	1 158	19.9	13.8	69.4	7.1～48.0
	黔西南 布依族苗族 自治州	兴义市	833	24.8	17.9	72.4	3.0～62.9
		兴仁市	414	19.3	12.8	66.2	5.7～42.4
		普安县	1 000	19.5	10.5	54.2	4.9～37.2
		晴隆县	51	17.0	21.4	126.4	1.4～55.2
		贞丰县	74	19.5	18.8	96.8	2.1～57.7
		望谟县	916	20.9	19.2	91.8	3.2～60.8
		册亨县	355	18.6	18.4	98.8	3.2～55.0
		安龙县	76	32.4	26.4	81.6	3.2～91.5
	黔东南苗族 侗族自治州	凯里市	827	26.1	20.9	80.3	3.3～69.4
		黄平县	308	14.7	5.1	34.4	9.1～23.2
		施秉县	842	17.6	16.9	95.6	2.7～46.5
		三穗县	536	26.5	21.9	82.7	3.9～72.6
		镇远县	346	18.3	17.3	94.5	2.8～58.0
		岑巩县	766	16.8	11.8	70.3	3.6～39.4
		天柱县	392	27.1	19.6	72.4	6.1～66.1
		锦屏县	530	31.5	25.7	81.5	3.4～90.4
		剑河县	338	28.0	21.2	75.7	4.4～66.4
		台江县	684	20.1	17.4	86.9	4.4～57.3
		黎平县	389	19.2	13.0	67.5	4.8～45.6
		榕江县	490	39.9	24.7	62.0	9.4～84.4
		从江县	925	22.6	17.7	78.1	5.5～56.8
		麻江县	300	23.9	16.7	70.0	7.1～58.1

省份 （垦区）	属地	下辖区域 （单位）	样本数 （个）	平均值 （mg/kg）	标准差	变异系数 （%）	5%～95%范围 （mg/kg）
贵州省	黔东南苗族 侗族自治州	丹寨县	40	28.7	25.6	89.4	2.4～73.7
	黔南布依族 苗族自治州	都匀市	643	33.0	24.7	74.9	2.5～84.3
		福泉市	353	20.3	15.8	77.6	5.2～56.4
		荔波县	296	19.2	18.9	98.7	1.6～58.2
		贵定县	296	29.8	18.4	61.6	11.5～67.9
		瓮安县	196	23.8	17.9	75.4	5.3～62.8
		独山县	221	24.4	22.4	91.9	2.4～70.1
		平塘县	73	23.4	25.4	108.8	2.3～83.9
		罗甸县	602	19.6	16.5	84.3	2.6～57.2
		长顺县	422	19.8	13.8	69.8	5.3～50.4
		龙里县	47	37.0	30.4	82.2	4.5～96.0
		三都水族自治县	43	36.0	28.3	78.7	5.0～94.7

县级土壤有效磷

省份（垦区）	属地	下辖区域（单位）	样本数（个）	平均值（mg/kg）	标准差	变异系数（%）	5%～95%范围（mg/kg）
云南省	昆明市	盘龙区	21	58.8	30.7	52.3	16.9～106.1
		官渡区	15	61.5	41.9	68.1	12.6～130.1
		西山区	190	58.3	36.2	62.1	10.8～120.7
		东川区	274	38.1	28.4	74.7	8.1～96.2
		晋宁区	351	60.9	33.0	54.2	9.8～117.8
		富民县	177	43.2	29.2	67.6	10.9～97.0
		宜良县	50	71.6	34.5	48.2	23.7～126.3
		石林彝族自治县	1 325	34.2	27.6	80.8	3.4～91.6
		嵩明县	804	79.4	35.8	45.1	17.7～128.3
		禄劝彝族苗族自治县	410	38.4	25.7	67.0	8.0～90.2
		寻甸回族彝族自治县	140	39.5	26.8	67.7	10.4～103.0
		安宁市	133	69.2	34.4	49.7	14.4～118.1
	曲靖市	麒麟区	377	22.2	20.1	90.3	4.0～56.3
		沾益区	285	19.4	14.2	73.1	4.5～50.2
		马龙区	294	24.4	20.9	85.5	3.4～70.7
		陆良县	858	39.0	27.3	69.9	9.6～94.8
		师宗县	622	22.9	18.2	79.4	2.9～55.8
		罗平县	414	20.3	16.7	82.4	2.8～51.8
		富源县	432	16.3	11.8	72.3	5.2～35.1
		会泽县	718	31.1	22.5	72.5	6.7～78.0
		宣威市	629	27.3	20.8	76.0	6.4～66.0
	玉溪市	红塔区	195	54.2	29.7	54.7	12.0～103.1
		江川区	237	60.9	29.9	49.0	17.5～112.6
		通海县	584	80.1	27.3	34.1	34.0～125.9
		华宁县	353	46.6	33.8	72.6	2.8～112.7
		易门县	276	38.2	21.3	55.7	8.7～77.6
		峨山彝族自治县	925	24.3	20.7	85.3	3.0～67.2
		新平彝族傣族自治县	351	35.1	28.1	80.0	3.4～93.9
		元江哈尼族彝族傣族自治县	711	29.7	27.4	92.3	3.8～89.4
		澄江市	270	48.7	31.0	63.5	9.5～112.9
	保山市	隆阳区	1 276	39.6	26.8	67.8	5.9～89.1
		施甸县	270	26.4	21.3	80.7	3.2～68.0
		龙陵县	361	26.9	24.3	90.4	3.2～79.8
		昌宁县	314	40.6	29.8	73.4	7.0～102.4

省份（垦区）	属地	下辖区域（单位）	样本数（个）	平均值（mg/kg）	标准差	变异系数（%）	5%～95%范围（mg/kg）
云南省	保山市	腾冲市	546	28.5	24.0	83.9	2.8～77.1
	昭通市	昭阳区	903	28.2	21.9	77.7	4.4～73.2
		鲁甸县	972	19.7	14.8	75.0	4.8～42.9
		巧家县	574	26.1	22.5	86.1	3.5～76.6
		盐津县	275	16.6	14.9	90.3	3.2～40.3
		大关县	257	24.9	24.9	100.1	3.2～81.3
		永善县	394	20.9	17.6	84.6	4.8～58.3
		绥江县	336	11.1	11.0	98.6	2.0～29.7
		镇雄县	817	26.5	22.0	83.2	4.4～76.0
		彝良县	554	19.6	16.2	82.8	3.5～57.2
		威信县	619	18.2	15.0	82.3	3.3～44.4
		水富市	183	11.2	8.6	76.9	3.0～30.8
	丽江市	古城区	162	34.6	28.4	82.3	2.2～90.2
		玉龙纳西族自治县	403	44.0	27.3	62.1	9.5～93.1
		永胜县	769	26.9	24.8	92.1	3.2～77.7
		华坪县	429	22.8	21.5	94.7	2.5～70.3
		宁蒗彝族自治县	470	26.1	17.8	68.1	6.7～63.9
	普洱市	思茅区	434	15.7	17.6	112.1	1.7～54.3
		宁洱哈尼族彝族自治县	776	25.5	27.3	106.9	2.3～86.6
		墨江哈尼族自治县	733	28.2	26.6	94.4	2.4～76.7
		景东彝族自治县	614	32.9	26.1	79.4	4.1～85.4
		景谷傣族彝族自治县	783	23.3	22.1	94.6	4.2～72.0
		镇沅彝族哈尼族拉祜族自治县	458	19.8	20.8	105.2	1.6～70.0
		江城哈尼族彝族自治县	487	10.0	10.8	108.1	1.5～28.7
		孟连傣族拉祜族佤族自治县	453	18.4	20.6	112.0	2.1～67.5
		澜沧拉祜族自治县	1 147	18.7	19.7	105.1	2.0～64.3
		西盟佤族自治县	418	15.5	17.4	112.6	2.3～51.3
	临沧市	临翔区	443	34.6	25.8	74.4	5.3～82.0
		凤庆县	1 316	29.9	28.9	96.7	2.1～91.0
		云县	806	23.9	19.4	81.3	8.0～61.5
		永德县	406	26.5	24.7	93.2	4.1～85.0

省份 （垦区）	属地	下辖区域 （单位）	样本数 （个）	平均值 （mg/kg）	标准差	变异系数 （%）	5%～95%范围 （mg/kg）
云南省	临沧市	镇康县	681	15.0	17.1	114.0	1.9～50.3
		双江拉祜族佤族布朗族傣族自治县	405	24.2	22.3	92.1	3.6～71.2
		耿马傣族佤族自治县	646	19.5	19.8	101.6	1.7～60.6
		沧源佤族自治县	237	20.7	25.7	124.6	1.6～80.5
	楚雄彝族 自治州	楚雄市	664	19.6	21.0	107.0	3.0～67.3
		禄丰市	1 003	31.4	27.0	86.0	4.7～89.7
		双柏县	217	27.1	19.1	70.7	6.0～68.3
		牟定县	242	15.0	13.4	88.8	2.0～40.9
		南华县	260	24.6	21.4	86.7	5.0～65.1
		姚安县	29	38.9	26.0	66.9	10.4～78.2
		大姚县	423	28.2	14.1	49.9	14.3～51.0
		永仁县	231	25.3	9.5	37.4	14.8～41.8
		元谋县	548	41.5	27.6	66.5	8.2～102.5
		武定县	638	21.3	16.0	74.9	4.0～53.5
	红河哈尼族 彝族自治州	个旧市	198	35.1	27.9	79.6	6.6～91.9
		开远市	391	29.1	26.4	90.6	5.2～85.1
		蒙自市	313	42.6	34.3	80.6	6.6～116.2
		弥勒市	1 162	35.8	25.9	72.2	6.5～89.2
		屏边苗族自治县	203	20.0	16.0	80.1	5.0～51.2
		建水县	579	42.0	30.2	72.0	7.6～98.9
		石屏县	247	44.2	30.0	67.9	7.9～103.0
		泸西县	375	31.9	24.6	77.1	7.6～83.0
		元阳县	261	14.1	13.3	94.6	5.0～39.7
		红河县	513	18.9	20.6	108.9	2.3～58.9
		金平苗族瑶族傣族自治县	400	36.2	19.5	53.9	5.7～72.1
		绿春县	46	21.6	19.3	89.4	4.1～57.2
		河口瑶族自治县	308	27.4	24.3	88.7	5.7～78.1
	文山壮族 苗族自治州	文山市	588	30.0	21.1	70.3	6.1～73.7
		砚山县	825	27.5	23.6	85.7	4.5～81.3
		西畴县	269	31.9	20.9	65.5	8.0～71.6
		麻栗坡县	278	25.9	22.7	87.8	2.4～70.1
		马关县	136	23.0	21.1	91.5	3.4～76.7

省份 （垦区）	属地	下辖区域 （单位）	样本数 （个）	平均值 （mg/kg）	标准差	变异系数 （%）	5%～95%范围 （mg/kg）
云南省	文山壮族 苗族自治州	丘北县	665	21.0	19.9	95.0	1.0～60.6
		广南县	498	17.4	14.2	81.6	2.8～43.5
		富宁县	865	19.2	17.4	90.6	3.1～54.7
	西双版纳 傣族自治州	景洪市	251	15.3	16.9	110.8	1.0～53.9
		勐海县	529	16.8	20.1	120.1	1.8～62.5
		勐腊县	53	23.1	24.0	104.1	1.2～70.8
	大理白族 自治州	大理市	417	58.3	32.1	55.1	15.6～122.9
		漾濞彝族自治县	148	35.4	31.1	88.0	2.6～102.8
		祥云县	262	35.7	25.0	69.9	8.2～91.2
		宾川县	61	44.4	30.9	69.7	6.8～94.7
		弥渡县	250	32.2	17.0	52.8	17.4～59.5
		南涧彝族自治县	253	33.2	21.1	63.6	9.0～74.6
		巍山彝族回族自治县	386	36.5	25.5	69.7	8.7～89.0
		永平县	223	16.2	14.1	87.3	1.8～39.9
		云龙县	194	27.7	22.1	79.7	3.7～69.4
		洱源县	576	41.8	25.5	61.0	6.9～83.9
		剑川县	221	34.8	25.7	73.8	4.4～86.1
		鹤庆县	245	32.8	21.8	66.4	10.1～84.2
	德宏傣族景颇 族自治州	瑞丽市	32	38.1	22.6	59.3	4.3～70.3
		芒市	282	19.2	20.6	107.1	2.0～61.1
		梁河县	38	38.9	25.7	65.9	10.8～90.9
		盈江县	417	14.4	16.9	117.5	1.8～49.0
		陇川县	54	40.8	31.2	76.5	6.3～96.0
	怒江傈僳族 自治州	泸水市	649	25.1	23.1	91.9	4.0～78.8
		福贡县	18	24.5	17.2	70.1	6.6～51.9
		兰坪白族普米族自治县	114	33.1	27.2	82.2	4.0～87.5
	迪庆藏族 自治州	香格里拉市	332	31.8	25.2	79.3	4.1～76.4
		德钦县	126	34.4	27.7	80.7	3.8～89.2
		维西傈僳族自治县	383	22.1	15.8	71.4	4.3～53.1

县级土壤有效磷

省份 （垦区）	属地	下辖区域 （单位）	样本数 （个）	平均值 （mg/kg）	标准差	变异系数 （%）	5%～95%范围 （mg/kg）
西藏 自治区	拉萨市	堆龙德庆区	232	9.1	5.4	58.9	3.0～19.3
		达孜区	253	11.3	6.7	59.2	4.0～23.4
		林周县	1 267	8.8	7.3	82.2	2.4～22.7
		尼木县	365	14.6	9.3	63.4	5.0～31.4
		曲水县	810	14.6	8.7	59.7	4.7～30.1
		墨竹工卡县	842	17.5	10.2	58.1	6.6～38.1
	日喀则市	江孜县	1 019	9.9	7.0	70.8	3.0～22.9
		白朗县	835	9.2	6.7	72.9	2.4～22.4
	昌都市	卡若区	410	11.4	11.2	98.5	1.6～36.3
		江达县	521	19.8	11.9	60.1	6.6～46.0
		贡觉县	904	13.9	9.1	65.6	3.7～30.7
		丁青县	25	14.8	9.6	64.6	5.7～28.3
		察雅县	785	17.9	11.5	64.2	5.1～39.8
		八宿县	309	31.4	14.3	45.5	12.5～54.4
		左贡县	27	25.7	12.1	46.9	9.0～46.0
		芒康县	26	29.5	12.0	40.6	16.1～53.3
		洛隆县	706	17.3	11.5	66.5	4.3～42.1
		边坝县	446	14.5	9.3	64.3	5.9～33.6
	山南市	乃东区	13	13.0	9.7	75.1	5.2～29.6
		扎囊县	15	14.9	8.3	55.6	4.8～24.4
		贡嘎县	11	12.1	5.1	41.9	4.1～15.6
		桑日县	15	15.2	13.2	86.4	6.9～37.5
		琼结县	16	6.7	5.6	83.8	2.5～16.2
		隆子县	12	12.6	7.1	56.3	5.0～26.0

县级土壤有效磷

省份 （垦区）	属地	下辖区域 （单位）	样本数 （个）	平均值 （mg/kg）	标准差	变异系数 （%）	5%～95%范围 （mg/kg）
陕西省	西安市	周至县	436	28.4	14.4	50.7	8.7～56.2
		鄠邑区	246	22.9	14.3	62.3	7.2～54.5
		蓝田县	416	22.7	11.4	50.3	11.7～47.6
		长安区	141	27.5	15.6	56.5	9.6～58.9
		阎良区	153	34.5	14.2	41.1	13.7～59.6
		高陵区	105	28.5	12.8	44.9	11.3～53.2
		灞桥区	30	19.3	14.6	75.9	4.1～46.4
	铜川市	印台区	110	9.1	9.2	101.9	1.1～25.6
		宜君县	219	11.1	10.2	92.3	2.5～32.6
		耀州区	233	12.5	8.9	71.8	3.7～29.1
		王益区	28	13.1	13.5	103.1	3.0～39.8
	宝鸡市	凤县	30	23.5	12.5	53.0	9.0～43.2
		凤翔区	80	20.9	11.0	52.7	10.7～45.1
		千阳县	641	23.5	11.2	47.4	8.6～43.9
		太白县	34	25.2	11.4	45.2	7.3～41.8
		岐山县	202	24.5	7.5	30.6	13.8～36.4
		扶风县	233	27.0	13.0	48.2	6.5～46.0
		渭滨区	77	19.1	13.0	68.1	5.6～48.6
		眉县	49	36.1	18.7	51.9	15.2～75.9
		金台区	249	15.8	8.5	54.3	8.7～33.6
		陇县	100	16.4	10.4	63.0	8.4～36.1
		麟游县	383	16.3	11.9	72.9	3.6～41.1
	咸阳市	三原县	220	22.1	14.1	64.1	6.0～51.6
		乾县	290	22.6	12.8	56.7	9.8～50.4
		兴平市	220	25.1	14.7	58.5	9.3～56.3
		旬邑县	2 054	19.2	7.0	36.4	10.5～31.0
		武功县	738	28.8	9.0	31.4	18.0～44.5
		永寿县	340	16.1	7.5	46.6	7.1～28.3
		泾阳县	281	26.8	14.6	54.4	9.8～57.0
		淳化县	324	16.6	8.5	51.3	6.9～29.9
		礼泉县	855	25.7	14.0	54.6	8.1～52.8
		秦都区	631	28.4	9.2	32.2	16.4～45.8
		长武县	169	19.0	8.8	46.2	8.1～33.6
		彬州市	550	17.5	6.2	34.7	9.4～27.7

省份（垦区）	属地	下辖区域（单位）	样本数（个）	平均值（mg/kg）	标准差	变异系数（%）	5%～95%范围（mg/kg）
陕西省	咸阳市	杨凌区	21	30.8	17.2	56.1	12.3～60.0
	渭南市	临渭区	593	24.8	11.2	45.3	9.5～46.1
		华阴市	100	28.3	15.1	53.3	8.7～59.5
		合阳县	418	17.8	11.6	65.4	5.9～42.3
		大荔县	893	24.1	14.6	60.7	9.2～54.8
		富平县	471	26.2	15.0	57.2	7.7～54.5
		潼关县	202	17.4	10.4	60.0	6.0～37.5
		澄城县	1 100	17.1	11.8	68.8	4.8～42.5
		白水县	1 117	23.5	15.9	67.8	5.2～55.6
		蒲城县	913	21.2	12.1	56.8	9.7～48.7
		韩城市	351	21.9	15.7	71.5	5.2～55.2
		华州区	304	26.2	12.2	47.1	12.4～51.0
	延安市	吴起县	326	10.2	7.9	77.5	2.9～26.2
		子长市	161	11.3	11.9	105.3	1.5～35.6
		安塞区	177	6.7	8.6	128.1	0.9～24.8
		宜川县	132	14.7	15.0	101.7	1.2～47.5
		宝塔区	360	8.9	10.2	115.0	1.0～28.9
		富县	176	12.3	12.2	99.0	1.7～37.7
		延川县	180	9.2	11.7	127.2	1.2～40.7
		延长县	303	10.4	8.7	83.1	1.8～29.9
		志丹县	85	9.3	1.1	11.4	7.5～11.1
		洛川县	1 265	23.8	14.8	62.1	4.6～55.5
		黄陵县	496	13.6	6.9	50.6	4.1～24.1
		黄龙县	109	15.0	11.8	78.8	2.1～40.1
	汉中市	佛坪县	34	26.4	18.0	68.4	5.3～61.3
		勉县	494	17.4	9.0	51.6	5.3～32.3
		南郑区	374	19.4	11.3	58.5	6.7～39.7
		城固县	768	27.3	11.5	42.2	12.3～50.0
		宁强县	228	24.7	15.7	63.4	6.5～57.5
		汉台区	105	21.9	10.9	49.6	8.4～41.9
		洋县	358	15.9	9.3	58.2	5.6～34.4
		留坝县	54	28.4	18.0	63.6	6.2～59.2
		略阳县	269	22.6	12.0	52.9	6.5～44.9

省份 （垦区）	属地	下辖区域 （单位）	样本数 （个）	平均值 （mg/kg）	标准差	变异系数 （%）	5%～95%范围 （mg/kg）
陕西省	汉中市	西乡县	451	21.5	14.7	68.1	6.1～54.9
		镇巴县	296	20.1	12.8	63.4	4.9～44.4
	榆林市	榆阳区	187	15.2	15.1	99.6	1.5～51.1
		神木市	115	13.4	14.3	106.9	1.7～51.7
		靖边县	179	14.9	11.9	80.0	3.8～43.0
		清涧县	64	12.4	15.2	122.6	1.0～59.3
	安康市	岚皋县	30	31.8	16.2	51.0	13.1～62.0
		平利县	54	25.9	14.2	54.7	8.1～50.9
		旬阳县	645	16.6	12.2	73.2	2.6～40.6
		汉滨区	402	16.7	13.8	82.6	3.6～44.4
		汉阴县	70	23.5	13.8	58.8	7.7～54.1
		白河县	54	23.7	17.3	73.0	6.3～58.1
		石泉县	34	25.7	18.0	70.0	7.1～58.8
		宁陕县	33	28.6	17.5	61.2	9.2～61.5
		镇坪县	34	38.4	19.7	51.2	14.8～75.1
		紫阳县	76	18.3	13.2	72.4	6.6～43.3
	商洛市	丹凤县	145	27.9	13.5	48.5	7.7～50.8
		商南县	125	24.2	13.6	56.1	5.8～51.7
		商州区	280	25.0	14.8	59.1	8.1～56.5
		山阳县	350	16.8	11.9	70.8	1.5～40.9
		柞水县	84	29.1	15.2	52.0	10.2～55.9
		洛南县	374	20.2	13.1	64.7	3.0～46.3
		镇安县	208	14.2	12.1	85.2	2.6～39.8

县级土壤有效磷

省份 （垦区）	属地	下辖区域 （单位）	样本数 （个）	平均值 （mg/kg）	标准差	变异系数 （%）	5%～95%范围 （mg/kg）
甘肃省	兰州市	市辖区	910	21.9	13.3	60.5	4.0～52.0
		榆中县	639	32.2	21.1	65.5	7.5～75.6
		永登县	720	28.2	18.8	66.8	4.9～64.6
		皋兰县	840	20.7	9.9	47.8	4.1～33.8
		红古区	29	55.7	21.4	38.4	24.6～93.9
		七里河区	32	26.9	17.7	65.9	5.9～53.5
		西固区	30	40.6	23.3	57.3	11.7～76.0
	嘉峪关市	市辖区	230	22.2	13.9	62.4	8.0～51.4
	金昌市	永昌县	1 120	33.9	16.5	48.6	10.7～65.5
		金川区	467	25.3	13.1	51.7	10.8～51.6
	白银市	会宁县	1 564	12.1	6.9	57.2	6.8～26.8
		平川区	255	22.0	16.9	76.8	4.7～56.1
		景泰县	262	20.8	16.8	81.0	4.5～59.9
		靖远县	844	29.3	22.6	76.9	3.1～72.7
		白银区	56	38.0	20.5	53.9	11.3～75.3
	天水市	张家川回族自治县	2 608	24.4	13.2	54.0	8.9～47.2
		武山县	1 005	18.8	10.8	57.4	6.4～37.9
		清水县	854	20.3	14.7	72.2	4.7～52.0
		甘谷县	764	16.1	8.7	54.0	8.3～30.1
		秦安县	977	20.1	14.9	74.1	5.1～51.2
		秦州区	161	11.5	6.2	53.7	3.6～21.1
		麦积区	776	15.7	12.1	76.7	4.9～39.8
	武威市	凉州区	1 284	27.4	16.1	58.9	9.0～62.1
		古浪县	611	24.1	17.7	73.5	4.8～62.8
		天祝藏族自治县	91	44.6	27.2	61.0	10.0～93.7
		民勤县	640	30.1	16.1	53.6	10.5～64.2
	张掖市	临泽县	887	24.2	13.8	56.9	7.7～52.0
		山丹县	298	21.1	10.1	47.8	7.2～40.6
		肃南县	745	25.1	17.1	68.3	5.2～64.2
		民乐县	1 204	30.8	15.7	50.9	10.4～61.2
		甘州区	1 079	33.9	18.0	53.1	8.8～67.5
		高台县	1 548	19.0	11.4	59.9	6.2～41.2
	平凉市	华亭市	280	13.8	13.6	98.6	2.4～42.4
		崆峒区	1 007	14.6	10.5	72.3	2.9～34.2

省份 （垦区）	属地	下辖区域 （单位）	样本数 （个）	平均值 （mg/kg）	标准差	变异系数 （%）	5%～95%范围 （mg/kg）
甘肃省	平凉市	崇信县	33	17.4	14.9	85.2	3.8～53.0
		庄浪县	1 976	22.4	16.9	75.5	3.7～60.2
		泾川县	555	17.8	9.8	55.1	7.9～36.2
		灵台县	85	16.8	8.6	51.5	5.5～30.2
		静宁县	621	24.8	15.9	64.2	5.4～58.3
	酒泉市	瓜州县	472	24.3	15.1	62.1	7.4～54.3
		市辖区	207	19.3	9.2	47.5	6.1～32.5
		敦煌市	967	12.9	10.3	80.2	5.3～34.1
		玉门市	108	18.7	13.7	73.4	4.3～44.1
		肃州区	675	26.1	15.6	59.9	6.9～58.7
		金塔县	833	28.3	16.4	58.1	8.7～61.4
	庆阳市	华池县	820	11.1	8.4	75.3	1.7～22.9
		合水县	458	13.8	10.4	75.2	3.2～29.6
		宁县	416	21.1	12.4	58.8	6.2～46.0
		庆城县	937	23.4	20.6	88.0	3.2～70.1
		正宁县	323	22.5	12.7	56.4	7.6～45.6
		环县	1 310	10.0	8.2	82.4	2.2～23.5
		西峰区	560	13.6	9.2	68.0	5.4～29.5
		镇原县	1 418	16.1	10.4	64.8	5.4～34.4
	定西市	临洮县	994	25.4	13.1	51.7	8.1～51.6
		安定区	1 566	20.4	11.1	54.7	6.9～42.4
		岷县	920	40.4	15.7	38.9	16.6～70.0
		渭源县	803	21.9	15.6	71.0	5.8～54.9
		漳县	392	26.7	18.8	70.6	8.6～65.3
		通渭县	1 439	16.7	11.5	69.2	4.4～40.3
		陇西县	1 100	25.4	11.2	44.0	6.3～41.6
	陇南市	康县	66	29.6	18.4	62.2	7.0～64.2
		徽县	663	13.8	10.8	78.3	5.6～34.3
		成县	610	14.9	8.3	55.6	6.4～22.6
		文县	353	18.8	12.7	68.0	7.0～47.3
		武都区	737	28.2	18.2	64.5	5.6～64.3
		礼县	1 233	13.3	9.7	72.8	4.1～30.6
		西和县	404	17.7	11.9	67.5	4.7～39.9

省份 （垦区）	属地	下辖区域 （单位）	样本数 （个）	平均值 （mg/kg）	标准差	变异系数 （％）	5％～95％范围 （mg/kg）
甘肃省	陇南市	宕昌县	125	37.5	18.1	48.3	10.9～67.9
		两当县	60	15.0	11.7	77.8	5.6～36.3
	临夏回族 自治州	临夏县	647	25.0	16.6	66.5	4.9～60.7
		和政县	256	24.7	16.3	66.2	6.6～67.2
		广河县	155	33.6	23.3	69.2	4.9～77.0
		康乐县	290	27.6	17.6	63.9	6.7～63.9
		永靖县	620	21.9	16.6	75.9	4.4～59.1
		积石山保安族东 乡族撒拉族自治县	577	16.4	7.7	40.2	7.4～31.6
		东乡县	332	20.5	15.2	74.2	3.7～51.3
		临夏市	43	20.6	13.5	65.6	4.7～45.0
	甘南藏族 自治州	临潭县	192	30.2	17.0	56.2	9.8～69.5
		卓尼县	128	25.1	15.6	62.0	6.9～56.6
		合作市	232	12.4	9.7	78.2	1.3～30.7
		舟曲县	136	35.2	22.1	62.9	6.6～74.6
		迭部县	76	28.6	22.3	78.0	5.1～68.8
		碌曲县	36	16.4	11.2	67.9	5.1～29.8
		夏河县	120	19.0	13.3	69.9	5.6～47.7
	农场	山丹马场	447	43.3	10.5	24.2	27.1～60.6

县级土壤有效磷

省份 （垦区）	属地	下辖区域 （单位）	样本数 （个）	平均值 （mg/kg）	标准差	变异系数 （%）	5%～95%范围 （mg/kg）
青海省	西宁市	大通回族土族自治县	1 187	35.6	22.3	62.6	9.6～80.5
		湟中区	1 152	25.2	15.3	60.5	7.5～55.2
		湟源县	500	29.5	19.2	65.1	7.4～67.9
		城北区	340	46.9	19.6	41.8	23.0～88.9
	海东市	乐都区	843	50.4	23.8	47.1	15.4～93.3
		互助土族自治县	1 054	27.9	14.3	51.3	8.6～57.8
		化隆回族自治县	159	19.4	13.1	67.8	4.1～44.7
		平安区	118	33.6	19.5	58.0	11.0～63.0
		循化撒拉族自治县	546	33.9	15.1	44.5	10.6～57.8
		民和回族土族自治县	1 131	15.7	11.2	71.2	2.6～37.5
	海北藏族 自治州	刚察县	45	19.2	13.6	70.7	4.9～47.7
		祁连县	16	25.6	9.6	37.6	13.8～45.5
		门源回族自治县	578	29.1	17.4	59.6	9.0～66.2
	黄南藏族 自治州	同仁市	210	22.6	15.2	67.1	7.2～54.1
		尖扎县	40	13.4	10.8	80.6	2.1～34.6
	海南藏族 自治州	同德县	659	10.3	5.1	49.5	4.4～19.4
		贵德县	408	26.2	18.1	69.3	4.1～64.2
		共和县	176	18.0	13.2	73.2	1.6～44.8
		贵南县	457	18.0	12.2	67.8	4.0～39.0
	海西蒙古族 藏族自治州	乌兰县	209	28.9	17.6	60.9	8.0～69.6
		德令哈市	222	5.8	6.7	115.2	1.1～21.0
		格尔木市	267	33.5	19.9	59.3	7.3～74.8
		都兰县	360	28.7	19.3	67.2	6.9～68.4

县级土壤有效磷

省份 （垦区）	属地	下辖区域 （单位）	样本数 （个）	平均值 （mg/kg）	标准差	变异系数 （%）	5%～95%范围 （mg/kg）
宁夏回族 自治区	银川市	兴庆区	481	29.5	25.7	87.0	5.9～85.9
		永宁县	209	20.6	15.6	75.9	3.2～55.0
		灵武市	406	37.2	22.2	59.7	6.5～77.1
		西夏区	75	41.4	27.8	67.3	10.6～99.6
		金凤区	66	25.2	25.3	100.4	5.0～79.7
	石嘴山市	平罗县	364	21.9	15.3	70.0	5.4～53.5
		惠农区	38	25.3	17.0	66.9	8.7～56.2
	吴忠市	利通区	439	35.4	23.5	66.4	5.0～76.3
		同心县	647	20.2	16.6	82.3	3.7～54.8
		盐池县	539	12.3	11.9	97.4	3.0～31.9
		青铜峡市	1 381	30.0	20.8	69.4	7.0～74.3
		红寺堡区	472	18.8	14.2	75.2	3.9～47.6
	固原市	原州区	1 168	19.9	16.0	80.2	3.8～52.1
		彭阳县	475	19.7	18.0	91.3	4.9～55.9
		隆德县	516	23.8	18.1	76.0	5.1～64.5
	中卫市	中宁县	565	38.1	29.5	77.3	3.8～101.4
		沙坡头区	475	32.7	23.8	73.0	4.7～78.3
		海原县	596	19.3	14.6	76.0	4.2～50.6

县级土壤有效磷

省份 （垦区）	属地	下辖区域 （单位）	样本数 （个）	平均值 （mg/kg）	标准差	变异系数 （%）	5%～95%范围 （mg/kg）
新疆维吾尔自治区	乌鲁木齐市	乌鲁木齐县	90	23.1	16.4	70.9	5.7～59.0
		达坂城区	118	25.2	16.6	66.0	6.7～62.8
		高新区	76	29.5	13.1	44.6	11.0～51.0
		米东区	694	36.8	16.7	45.4	12.0～61.3
		天山区	21	7.1	2.7	37.8	5.4～8.8
	克拉玛依市	克拉玛依区	39	20.3	9.5	46.8	6.5～35.3
	吐鲁番市	高昌区	433	14.8	14.1	95.7	2.2～47.9
		鄯善县	77	22.0	15.4	70.2	4.8～53.3
		托克逊县	419	11.4	13.6	119.2	1.3～44.2
	哈密市	巴里坤哈萨克自治县	1 984	19.3	12.8	66.1	3.6～45.7
		伊吾县	306	22.1	10.8	48.8	10.3～43.2
		伊州区	706	20.2	13.7	67.5	5.3～50.1
	昌吉回族自治州	吉木萨尔县	620	16.4	8.7	53.2	5.5～33.3
		呼图壁县	488	22.1	12.7	57.4	7.2～47.8
		奇台县	1 429	16.9	10.8	64.2	5.2～39.3
		昌吉市	1 371	14.7	9.4	64.2	4.2～32.5
		木垒哈萨克自治县	862	16.1	11.5	71.5	5.6～38.6
		玛纳斯县	620	21.3	10.3	48.0	7.0～40.7
		阜康市	541	18.5	11.7	63.1	4.9～40.7
	博尔塔拉蒙古自治州	博乐市	397	20.6	11.5	55.6	7.0～43.4
		温泉县	959	18.7	10.3	55.0	7.0～39.0
		精河县	292	26.2	14.7	56.0	8.2～56.4
	巴音郭楞蒙古自治州	且末县	128	18.8	8.5	45.2	7.4～34.3
		博湖县	151	35.9	17.1	47.6	12.1～65.1
		和硕县	171	21.6	14.6	67.4	5.9～52.0
		和静县	896	20.8	11.8	56.5	4.2～44.2
		尉犁县	1 314	25.6	13.5	52.8	8.8～52.9
		库尔勒市	705	22.6	14.9	65.9	7.7～54.1
		焉耆回族自治县	609	22.3	13.5	60.6	7.4～51.9
		若羌县	191	24.7	13.5	54.5	10.0～52.1
		轮台县	589	14.9	8.9	59.8	4.7～30.9
	阿克苏地区	阿克苏市	179	26.3	17.2	65.5	5.4～61.9
		阿瓦提县	166	24.8	13.5	54.4	7.5～45.7
		拜城县	144	9.8	7.1	73.0	3.6～20.6

省份（垦区）	属地	下辖区域（单位）	样本数（个）	平均值（mg/kg）	标准差	变异系数（%）	5%～95%范围（mg/kg）
新疆维吾尔自治区	阿克苏地区	柯坪县	39	18.1	14.4	79.8	3.8～45.8
		库车市	160	18.6	11.1	59.6	6.5～38.0
		沙雅县	150	23.3	11.8	50.5	8.3～45.4
		温宿县	165	22.4	14.5	65.0	6.0～54.7
		乌什县	97	32.7	12.5	38.1	8.6～50.2
		新和县	81	11.2	8.2	73.0	3.5～26.2
	喀什地区	伽师县	770	16.2	9.1	56.4	4.5～33.1
		叶城县	342	16.1	11.5	71.8	5.2～38.7
		喀什市	146	28.7	19.2	66.8	5.8～62.7
		塔什库尔干塔吉克自治县	21	13.3	7.9	62.4	4.1～25.2
		岳普湖县	156	23.5	13.0	55.4	8.1～49.9
		巴楚县	713	19.8	13.6	68.4	4.3～49.2
		泽普县	190	24.6	15.0	61.1	5.8～56.2
		疏勒县	302	27.7	15.9	57.3	8.0～57.5
		疏附县	187	29.7	16.9	56.8	7.0～61.4
		英吉沙县	135	20.4	13.6	66.7	5.4～48.9
		莎车县	900	17.5	10.5	60.0	5.3～37.2
		麦盖提县	273	26.3	14.7	56.0	8.3～57.4
	和田地区	洛浦县	43	26.8	18.6	69.2	6.0～60.2
	伊犁哈萨克自治州	伊宁县	1 500	18.0	12.4	69.1	5.5～43.5
		伊宁市	426	8.2	9.0	109.5	1.6～24.0
		奎屯市	28	17.2	9.6	55.8	7.9～30.7
		察布查尔锡伯自治县	866	16.2	14.2	87.7	2.5～45.0
		尼勒克县	1 007	13.1	9.4	72.0	3.6～31.1
		巩留县	1 057	21.5	12.5	58.4	6.8～48.0
		新源县	354	21.3	12.6	59.3	6.5～48.9
		昭苏县	803	25.6	17.4	68.0	7.0～62.0
		特克斯县	606	16.7	11.2	67.5	5.8～45.7
		霍城县	164	15.3	11.5	75.0	5.7～41.0
		霍尔果斯市	19	14.8	7.2	48.7	6.3～28.2
	塔城地区	乌苏市	239	20.7	10.5	50.7	8.2～39.2
		和布克赛尔蒙古自治县	40	21.6	11.0	50.9	6.9～36.8
		塔城市	1 431	9.1	8.1	89.4	2.0～25.7

省份 （垦区）	属地	下辖区域 （单位）	样本数 （个）	平均值 （mg/kg）	标准差	变异系数 （％）	5％～95％范围 （mg/kg）
新疆 维吾尔 自治区	塔城地区	沙湾市	350	13.0	10.2	78.1	2.0～32.5
		额敏县	225	15.9	9.4	59.3	6.5～35.9
	阿勒泰地区	吉木乃县	290	17.9	7.8	43.5	5.9～32.3
		哈巴河县	324	16.3	11.7	71.8	5.0～41.0
		富蕴县	305	13.1	4.8	36.9	6.7～21.5
		布尔津县	308	14.0	6.3	45.3	6.0～26.0
		福海县	588	14.3	10.2	71.5	4.4～34.5
		阿勒泰市	70	16.2	10.5	64.5	4.7～37.3

四、速效钾

区域土壤速效钾

地区	样本数 （个）	平均值 （mg/kg）	标准差	变异系数 （%）	5%～95%范围 （mg/kg）
全国	2 155 732	154.1	75.4	48.96	53.0～286.0
华北区	384 110	162.6	85.9	53.52	66.0～320.0
东北区	943 187	170.5	61.1	35.81	79.0～281.0
华东区	309 965	123.8	71.2	57.54	37.0～263.0
华南区	182 415	105.7	63.4	59.98	29.0～231.0
西南区	201 277	128.3	73.4	57.23	42.0～280.0
西北区	134 778	182.1	87.1	47.81	74.0～358.0

省级土壤速效钾

省份	样本数（个）	平均值（mg/kg）	标准差	变异系数（%）	5%～95%范围（mg/kg）
北京市	11 996	236.1	188.8	79.97	64.0～666.0
天津市	8 192	240.8	129.9	53.94	89.0～509.0
河北省	82 012	148.9	71.3	47.91	65.0～274.0
山西省	41 381	167.1	87.2	52.20	65.0～341.0
内蒙古自治区	79 023	154.8	57.7	37.27	71.0～261.0
辽宁省	46 845	94.1	24.7	26.23	53.0～133.0
吉林省	108 249	133.0	38.1	28.63	69.0～192.0
黑龙江省	788 093	179.8	60.5	33.64	87.0～286.0
上海市	3 099	147.9	80.6	54.53	56.0～331.1
江苏省	65 570	141.9	72.8	51.30	54.0～289.5
浙江省	70 120	131.1	81.3	62.00	40.0～295.0
安徽省	82 735	130.0	65.8	50.62	43.0～264.0
福建省	35 633	91.4	66.4	72.69	23.0～232.0
江西省	52 808	102.1	49.6	48.60	34.0～195.0
山东省	100 885	165.8	87.5	52.76	64.0～336.0
河南省	60 621	157.5	84.8	53.86	65.0～325.0
湖北省	60 977	121.4	60.6	49.93	46.0～240.0
湖南省	56 273	113.2	65.1	57.49	42.0～248.0
广东省	36 041	86.5	60.6	70.09	20.0～215.5
广西壮族自治区	15 285	85.4	49.1	57.46	24.0～184.0
海南省	13 839	70.4	45.0	63.90	18.0～156.0
重庆市	30 081	123.8	68.1	55.05	43.0～270.0
四川省	79 831	111.5	54.2	48.60	42.0～221.0
贵州省	28 532	139.6	71.1	50.94	52.0～286.0
云南省	53 461	152.3	88.7	58.22	43.0～335.0
西藏自治区	9 372	140.7	94.3	67.01	36.0～341.0
陕西省	28 136	177.9	87.3	49.09	65.0～356.0
甘肃省	53 343	178.8	76.5	42.81	82.0～335.0
青海省	10 707	177.4	91.9	51.80	68.0～360.0
宁夏回族自治区	8 912	152.0	65.3	42.95	68.0～287.4
新疆维吾尔自治区	33 680	199.1	101.0	50.71	76.0～403.0

地市级土壤速效钾

省份 （垦区）	下辖区域 （单位）	样本数 （个）	平均值 （mg/kg）	标准差	变异系数 （%）	5%～95%范围 （mg/kg）
北京市	市辖区	11 996	236.1	188.8	79.97	64.0～666.0
天津市	市辖区	8 192	240.8	129.9	53.94	89.0～509.0
河北省	石家庄市	10 431	131.5	73.2	55.65	56.6～261.0
	唐山市	6 679	139.5	75.1	53.79	57.0～281.0
	秦皇岛市	2 329	121.7	67.9	55.55	50.8～265.0
	邯郸市	9 065	155.0	53.6	34.56	79.1～258.2
	邢台市	8 872	143.0	70.2	49.10	59.0～270.0
	保定市	10 636	138.0	68.5	49.61	64.0～263.8
	张家口市	7 676	162.7	71.0	43.74	76.5～284.6
	承德市	5 568	159.4	69.2	43.39	70.0～271.0
	沧州市	8 617	150.5	58.8	39.07	79.0～256.0
	廊坊市	6 040	175.8	83.6	47.55	77.0～305.6
	衡水市	6 099	160.6	82.1	51.10	70.0～299.0
山西省	太原市	4 166	142.9	69.4	48.57	62.0～262.0
	阳泉市	1 342	148.4	69.6	46.92	63.0～271.0
	长治市	5 446	179.4	74.0	41.28	90.0～315.1
	晋城市	1 762	173.4	64.5	37.21	95.0～301.0
	朔州市	2 617	115.4	53.1	46.05	59.0～209.0
	晋中市	1 317	172.7	80.7	46.71	82.0～314.0
	运城市	9 859	219.6	100.4	45.73	86.0～412.0
	忻州市	8 132	129.4	69.3	53.53	57.0～255.0
	临汾市	3 156	185.9	83.2	44.76	88.0～349.5
	吕梁市	3 584	136.2	75.4	55.36	48.0～290.0
内蒙古自治区	呼和浩特市	3 472	134.4	58.4	43.43	57.0～251.0
	包头市	5 551	127.5	49.2	38.60	62.0～234.0
	赤峰市	13 077	146.8	49.8	33.94	75.0～241.0
	通辽市	9 995	142.1	52.6	37.01	66.0～244.0
	鄂尔多斯市	2 488	131.9	55.5	42.12	60.0～246.0
	呼伦贝尔市	14 729	196.6	52.6	26.77	107.0～277.0
	巴彦淖尔市	7 326	170.2	57.8	33.96	80.0～270.0
	乌兰察布市	8 218	142.1	52.9	37.24	70.0～245.0
	兴安盟	10 655	158.8	56.5	35.59	75.0～262.0
	锡林郭勒盟	2 630	130.1	53.9	41.45	57.0～236.0
	阿拉善盟	882	175.3	57.4	32.74	90.0～270.0

省份 （垦区）	下辖区域 （单位）	样本数 （个）	平均值 （mg/kg）	标准差	变异系数 （%）	5%～95%范围 （mg/kg）
辽宁省	沈阳市	3 558	96.6	25.4	26.32	54.0～133.0
	大连市	4 554	82.6	25.2	30.47	48.0～128.0
	鞍山市	1 464	99.7	23.9	23.99	58.0～135.0
	抚顺市	2 493	88.0	25.2	28.60	51.0～131.0
	本溪市	2 460	91.5	22.3	24.35	55.0～131.0
	丹东市	3 329	92.7	24.6	26.55	52.0～132.0
	锦州市	3 908	89.9	25.2	28.05	50.0～131.0
	营口市	1 657	96.4	24.0	24.86	56.0～133.0
	阜新市	2 749	91.5	23.3	25.46	55.0～131.0
	辽阳市	3 768	102.2	22.3	21.84	60.1～134.0
	盘锦市	1 960	99.1	27.9	28.15	51.0～136.0
	铁岭市	5 499	95.7	22.9	23.88	59.0～133.0
	朝阳市	6 204	106.1	22.5	21.18	64.0～136.0
	葫芦岛市	3 242	96.0	22.8	23.73	60.0～132.0
吉林省	长春市	22 503	144.9	31.0	21.38	94.0～190.0
	吉林市	12 470	125.3	39.3	31.36	68.0～198.0
	四平市	14 034	129.5	33.8	26.11	74.0～184.0
	辽源市	12 425	119.5	41.0	34.33	60.0～190.0
	通化市	10 642	123.0	40.2	32.72	63.0～193.0
	白山市	3 930	126.9	42.0	33.10	63.0～200.0
	松原市	7 855	149.7	39.1	26.16	75.0～204.0
	白城市	16 322	135.3	35.6	26.33	78.0～189.0
	延边朝鲜族自治州	8 068	136.0	37.9	27.87	66.3～189.0
黑龙江省	哈尔滨市	72 721	170.1	57.1	33.55	83.0～270.0
	齐齐哈尔市	78 044	181.9	65.0	35.77	85.0～288.0
	鸡西市	26 212	177.8	56.8	31.96	90.0～278.0
	鹤岗市	17 842	135.8	50.0	36.80	65.0～236.0
	双鸭山市	17 719	189.9	67.9	35.73	80.0～300.0
	大庆市	27 942	172.4	52.9	30.70	92.0～269.0
	伊春市	9 928	177.9	58.7	33.02	87.0～282.0
	佳木斯市	60 943	165.6	59.6	36.00	74.0～273.0
	七台河市	7 706	167.0	49.5	29.63	92.0～259.0
	牡丹江市	25 430	140.6	54.9	39.03	67.0～255.0

省份 （垦区）	下辖区域 （单位）	样本数 （个）	平均值 （mg/kg）	标准差	变异系数 （%）	5%～95%范围 （mg/kg）
黑龙江省	黑河市	43 332	189.6	58.0	30.59	97.0～285.0
	绥化市	84 717	196.7	47.9	24.37	119.0～278.0
	大兴安岭地区	8 539	158.5	67.7	42.72	59.0～277.0
北大荒农垦集团有限公司	宝泉岭分公司	38 490	154.0	55.0	35.71	78.0～262.0
	北安分公司	44 964	205.9	54.3	26.36	123.0～298.0
	哈尔滨有限公司	2 149	163.7	53.7	32.82	90.0～265.4
	红兴隆分公司	49 286	198.1	63.0	31.83	103.0～303.0
	建三江分公司	69 552	177.2	59.0	33.31	92.0～287.0
	九三分公司	37 964	215.0	58.9	27.40	123.0～310.0
	牡丹江分公司	48 755	166.8	59.8	35.87	82.0～280.0
	齐齐哈尔分公司	9 887	240.0	42.8	17.83	169.0～312.0
	绥化分公司	5 971	166.0	37.9	22.83	115.0～240.0
上海市	市辖区	3 099	147.9	80.6	54.53	56.0～331.1
江苏省	南京市	4 571	139.3	63.4	45.53	65.0～270.5
	无锡市	2 474	131.0	68.5	52.29	54.0～282.0
	徐州市	6 772	144.9	68.2	47.08	58.0～273.4
	常州市	3 057	143.6	68.6	47.77	62.0～275.0
	苏州市	3 955	134.6	54.0	40.12	63.0～231.0
	南通市	6 361	108.7	50.6	46.53	50.0～201.0
	连云港市	3 870	199.0	98.8	49.62	60.0～380.0
	淮安市	5 818	173.9	86.8	49.92	51.0～343.0
	盐城市	9 956	152.2	70.5	46.33	66.0～297.0
	扬州市	5 819	120.3	57.0	47.35	36.0～220.0
	镇江市	3 306	110.8	54.9	49.60	49.0～213.8
	泰州市	4 712	123.0	57.2	46.47	50.0～233.0
	宿迁市	4 899	153.8	81.6	53.07	50.0～310.0
浙江省	杭州市	6 430	113.3	76.5	67.53	36.0～266.0
	宁波市	6 160	158.9	97.8	61.59	45.0～368.0
	温州市	4 210	112.2	78.5	70.01	32.0～281.0
	嘉兴市	6 401	171.2	88.2	51.52	69.0～364.0
	湖州市	7 307	123.7	82.6	66.74	41.0～304.0
	绍兴市	6 685	120.3	62.6	52.04	46.0～243.8
	金华市	14 954	133.1	58.3	43.77	54.0～200.0

省份 （垦区）	下辖区域 （单位）	样本数 （个）	平均值 （mg/kg）	标准差	变异系数 （%）	5%～95%范围 （mg/kg）
浙江省	衢州市	5 112	109.2	74.0	67.79	42.0～271.0
	舟山市	461	185.4	103.8	55.98	55.0～393.0
	台州市	5 521	155.6	105.5	67.81	44.0～377.0
	丽水市	6 879	104.9	77.0	73.40	24.0～260.0
安徽省	合肥市	5 671	136.4	61.6	45.17	55.0～260.0
	芜湖市	2 718	100.3	49.2	49.04	42.0～194.0
	蚌埠市	6 417	159.2	57.9	36.40	82.8～273.0
	淮南市	3 955	149.1	62.3	41.79	77.0～280.0
	马鞍山市	2 586	124.8	50.5	40.47	57.0～221.0
	淮北市	1 615	175.6	72.6	41.35	75.0～310.3
	铜陵市	1 946	107.4	51.7	48.14	47.0～211.0
	安庆市	7 093	82.4	55.8	67.76	24.0～200.0
	黄山市	5 120	88.7	56.1	63.31	30.0～203.1
	滁州市	8 651	133.4	52.5	39.38	62.0～231.0
	阜阳市	5 779	181.9	61.7	33.91	98.0～297.0
	宿州市	9 302	155.0	63.8	41.14	73.0～283.0
	六安市	9 471	108.6	57.5	52.92	40.0～231.0
	亳州市	4 517	180.6	59.7	33.05	102.0～295.2
	池州市	1 976	102.4	57.4	56.04	36.0～215.0
	宣城市	5 918	93.2	44.2	47.42	41.0～180.0
福建省	福州市	3 979	95.7	71.8	75.01	24.0～249.0
	莆田市	3 629	101.4	73.3	72.23	22.0～257.0
	三明市	4 889	88.7	62.1	70.00	24.0～218.0
	泉州市	3 918	95.8	73.7	76.89	21.0～251.1
	漳州市	3 687	105.2	76.6	72.74	21.0～270.7
	南平市	5 698	84.0	55.7	66.28	24.0～195.0
	龙岩市	5 290	88.2	56.6	64.15	28.0～208.0
	宁德市	4 543	80.2	64.0	79.83	20.0～221.8
江西省	南昌市	4 858	115.0	56.4	49.01	26.0～221.0
	景德镇市	1 160	105.7	48.4	45.83	46.0～208.0
	萍乡市	3 087	98.2	59.2	60.23	11.3～209.0
	九江市	5 103	106.3	47.0	44.21	45.0～199.0
	新余市	1 761	96.6	49.2	50.98	37.0～198.0

（续）

省份 （垦区）	下辖区域 （单位）	样本数 （个）	平均值 （mg/kg）	标准差	变异系数 （%）	5%～95%范围 （mg/kg）
江西省	鹰潭市	1 821	122.3	32.9	26.92	63.0～170.0
	赣州市	5 377	101.0	45.2	44.73	38.0～184.0
	吉安市	8 840	97.0	47.9	49.43	35.0～190.0
	宜春市	7 449	93.1	51.3	55.07	30.0～198.0
	抚州市	5 149	111.9	45.1	40.34	47.0～194.6
	上饶市	8 113	98.0	48.3	49.29	35.6～185.0
山东省	济南市	5 586	212.3	102.8	48.41	92.0～395.0
	青岛市	6 288	149.2	95.1	63.69	55.0～342.0
	淄博市	6 337	192.6	90.0	46.74	94.0～357.6
	枣庄市	615	178.0	56.2	31.56	104.0～276.0
	东营市	1 276	159.2	82.1	51.56	53.0～314.6
	烟台市	6 220	157.8	97.7	61.89	58.0～350.3
	潍坊市	6 732	195.1	94.3	48.34	83.0～374.0
	济宁市	7 253	173.2	78.7	45.30	72.0～328.0
	泰安市	5 134	144.4	74.6	51.66	62.0～293.0
	威海市	2 823	127.1	73.2	57.60	52.0～274.1
	日照市	1 109	127.3	90.4	71.07	44.0～295.5
	莱芜市	1 675	156.3	73.9	47.30	71.0～300.7
	临沂市	11 550	140.7	85.4	60.65	50.0～306.0
	德州市	12 282	190.2	85.2	44.79	85.0～359.0
	聊城市	10 779	167.1	76.2	45.60	80.0～320.0
	滨州市	4 217	177.3	81.5	45.98	79.0～330.0
	菏泽市	11 014	139.6	66.1	47.35	68.0～277.0
河南省	郑州市	2 419	151.3	78.1	51.60	64.0～295.6
	开封市	2 772	155.5	95.5	61.40	59.0～320.0
	洛阳市	1 940	216.8	103.3	47.68	114.0～444.2
	平顶山市	3 675	147.5	77.2	52.34	70.0～293.0
	安阳市	3 187	145.1	76.1	52.44	60.0～289.0
	鹤壁市	1 597	192.6	90.0	46.72	86.0～374.0
	新乡市	3 982	160.0	97.1	60.72	57.0～355.5
	焦作市	3 618	213.9	98.8	46.21	90.0～413.0
	濮阳市	4 146	117.3	51.5	43.87	64.0～213.0
	许昌市	3 757	146.7	60.2	41.03	84.0～266.0

省份 （垦区）	下辖区域 （单位）	样本数 （个）	平均值 （mg/kg）	标准差	变异系数 （%）	5%～95%范围 （mg/kg）
河南省	漯河市	1 209	238.7	131.0	54.89	90.0～481.2
	三门峡市	2 705	186.3	78.9	42.35	103.4～333.4
	南阳市	4 777	157.6	70.9	45.00	65.0～293.0
	商丘市	6 096	169.8	77.4	45.55	78.0～309.0
	信阳市	4 498	96.1	43.1	44.82	45.0～168.0
	周口市	4 853	174.4	94.6	54.22	76.0～392.3
	驻马店市	4 701	127.8	49.2	38.47	72.0～220.0
	济源示范区	689	195.3	87.3	44.73	90.0～362.7
湖北省	武汉市	3 025	122.7	67.8	55.27	43.0～270.0
	黄石市	1 197	98.4	47.7	48.41	40.0～190.2
	十堰市	5 687	120.3	58.6	48.75	45.0～232.0
	宜昌市	4 522	130.0	68.5	52.66	48.0～270.0
	襄阳市	4 745	154.4	62.3	40.38	67.2～275.0
	鄂州市	422	135.6	67.1	49.45	48.0～258.9
	荆门市	3 834	132.8	61.0	45.95	55.0～247.3
	孝感市	7 553	115.7	53.6	46.30	53.0～221.0
	荆州市	13 693	124.9	59.4	47.60	49.0～236.4
	黄冈市	1 519	65.6	25.3	38.65	32.0～120.0
	咸宁市	2 873	103.2	54.0	52.30	29.0～207.4
	随州市	2 106	102.9	49.5	48.10	40.0～196.8
	恩施土家族苗族自治州	2 043	130.8	71.3	54.51	46.1～279.9
	省直管行政单位	7 758	112.9	54.9	48.60	44.0～217.0
湖南省	长沙市	1 214	116.2	67.3	57.91	42.0～250.3
	株洲市	1 642	85.3	58.4	68.43	29.1～203.0
	湘潭市	1 029	103.1	54.3	52.67	40.0～217.0
	衡阳市	4 017	112.5	61.3	54.51	44.0～244.0
	邵阳市	6 593	100.8	55.5	55.07	40.0～212.0
	岳阳市	5 855	109.6	58.0	52.94	45.0～229.0
	常德市	7 256	115.9	65.4	56.42	45.0～247.0
	张家界市	2 509	103.1	58.0	56.26	42.0～225.6
	益阳市	4 890	128.0	58.1	45.35	52.0～228.0
	郴州市	3 443	130.2	75.7	58.14	40.0～280.0
	永州市	5 713	97.4	57.4	58.95	37.0～217.0

省份（垦区）	下辖区域（单位）	样本数（个）	平均值（mg/kg）	标准差	变异系数（%）	5%～95%范围（mg/kg）
湖南省	怀化市	5 028	94.5	60.2	63.72	32.0～219.0
	娄底市	2 568	126.1	74.9	59.37	49.0～285.7
	湘西土家族苗族自治州	4 516	130.7	77.9	59.59	44.0～295.0
广东省	广州市	2 041	146.6	76.0	51.87	33.0～285.0
	韶关市	3 106	82.9	53.2	64.20	24.0～194.0
	深圳市	10	177.7	60.0	33.74	81.4～244.8
	珠海市	214	152.5	69.9	45.81	47.0～271.4
	汕头市	200	91.0	60.3	66.25	26.0～196.5
	佛山市	801	102.7	67.6	65.83	27.0～237.9
	江门市	3 254	93.4	64.1	68.58	22.0～235.3
	湛江市	2 503	81.7	64.4	78.91	15.0～226.5
	茂名市	4 320	69.9	52.3	74.87	13.0～179.0
	肇庆市	2 458	64.0	39.7	62.00	22.0～140.0
	惠州市	3 342	87.9	60.9	69.26	18.0～210.0
	梅州市	3 408	98.4	59.8	60.81	28.0～218.0
	汕尾市	578	78.3	56.5	72.13	19.0～197.0
	河源市	1 586	70.6	51.7	73.29	22.0～187.0
	阳江市	1 859	59.3	41.6	70.13	15.0～141.0
	清远市	2 301	101.8	66.0	64.82	27.0～242.0
	东莞市	384	134.1	69.0	51.45	48.3～274.0
	中山市	181	153.8	78.1	50.77	37.0～287.0
	潮州市	293	82.0	55.1	67.19	22.0～195.8
	揭阳市	1 149	73.5	50.7	69.00	13.0～176.6
	云浮市	2 053	77.7	45.9	59.09	25.0～165.4
广西壮族自治区	南宁市	1 757	90.0	47.9	53.23	29.0～179.0
	柳州市	2 489	79.7	52.1	65.40	14.4～179.0
	桂林市	952	88.9	47.0	52.87	34.0～183.0
	梧州市	355	85.8	44.5	51.89	33.0～176.0
	北海市	321	66.5	43.7	65.68	20.0～164.0
	防城港市	162	65.3	42.1	64.53	19.0～151.3
	钦州市	376	67.0	40.3	60.13	20.0～149.2
	贵港市	1 273	86.8	51.6	59.41	23.0～195.0
	玉林市	482	76.6	47.5	62.05	22.0～171.9

省份（垦区）	下辖区域（单位）	样本数（个）	平均值（mg/kg）	标准差	变异系数（%）	5%～95%范围（mg/kg）
广西壮族自治区	百色市	804	80.3	45.3	56.43	29.0～176.0
	贺州市	1 652	88.7	54.8	61.81	24.0～201.0
	河池市	2 269	86.3	45.9	53.19	31.0～180.0
	来宾市	1 660	90.7	48.7	53.64	30.0～182.0
	崇左市	733	94.3	46.3	49.13	34.0～189.0
海南省	海口市	4 978	109.3	67.7	61.95	28.9～254.1
	三亚市	702	100.8	62.5	62.00	30.0～217.8
	儋州市	495	73.6	76.8	104.39	12.7～191.0
	省直管行政单位	7 664	68.5	58.4	85.37	14.0～174.0
重庆市	市辖区	20 021	126.8	68.9	54.32	44.0～273.0
	县	10 060	117.7	66.2	56.26	41.0～261.0
四川省	成都市	6 775	100.0	49.9	49.94	38.0～198.0
	自贡市	2 970	108.5	55.8	51.40	38.0～219.5
	攀枝花市	1 163	117.2	61.1	52.18	36.1～241.0
	泸州市	5 778	121.1	57.5	47.49	46.0～236.0
	德阳市	3 834	85.3	42.9	50.33	35.0～168.0
	绵阳市	3 266	95.2	45.3	47.55	39.0～181.8
	广元市	2 364	114.4	45.2	39.52	52.0～201.8
	遂宁市	3 754	124.0	51.9	41.82	54.0～226.0
	内江市	3 696	102.1	49.3	48.23	41.0～203.0
	乐山市	3 021	114.8	59.1	51.48	38.0～241.0
	南充市	6 339	107.7	48.8	45.36	45.0～205.0
	眉山市	2 558	97.0	48.7	50.22	38.0～193.0
	宜宾市	4 457	107.1	53.8	50.21	39.0～217.0
	广安市	3 843	111.7	51.7	46.31	48.0～220.9
	达州市	7 124	111.0	50.9	45.90	45.0～213.0
	雅安市	2 373	106.9	54.2	50.72	38.0～209.0
	巴中市	4 574	114.2	52.1	45.59	49.0～220.0
	资阳市	1 897	151.5	45.1	29.75	91.0～243.2
	阿坝藏族羌族自治州	1 114	136.2	64.2	47.17	43.0～253.2
	甘孜藏族自治州	1 130	151.8	60.3	39.71	59.9～269.0
	凉山彝族自治州	7 801	122.4	60.8	49.64	43.0～241.0
贵州省	贵阳市	3 436	160.0	76.6	47.89	60.0～317.2

（续）

省份 （垦区）	下辖区域 （单位）	样本数 （个）	平均值 （mg/kg）	标准差	变异系数 （%）	5%～95%范围 （mg/kg）
贵州省	六盘水市	1 152	173.2	81.0	46.76	64.0～330.0
	遵义市	2 290	119.3	63.9	53.51	44.4～253.5
	安顺市	1 017	172.0	68.8	39.99	76.8～306.2
	毕节市	1 195	161.4	75.6	46.84	67.0～316.3
	铜仁市	4 770	125.2	55.4	44.30	60.0～237.6
	黔西南布依族苗族自治州	3 412	147.3	76.2	51.74	58.0～306.0
	黔东南苗族侗族自治州	7 945	108.1	66.0	61.04	30.0～243.0
	黔南布依族苗族自治州	3 315	116.3	66.1	56.84	40.0～250.9
云南省	昆明市	3 944	188.6	94.0	49.84	62.0～368.0
	曲靖市	4 424	164.9	84.4	51.20	56.0～334.0
	玉溪市	3 757	184.7	95.4	51.65	52.0～369.0
	保山市	2 618	187.1	87.6	46.83	63.0～359.0
	昭通市	5 769	125.3	75.5	60.28	39.0～280.0
	丽江市	2 002	172.7	95.2	55.14	47.0～364.0
	普洱市	6 379	129.6	78.9	60.85	38.0～293.0
	临沧市	4 779	151.5	87.2	57.56	48.0～333.1
	楚雄彝族自治州	4 163	147.5	78.3	53.13	50.0～307.0
	红河哈尼族彝族自治州	5 239	155.0	92.3	59.54	40.0～340.0
	文山壮族苗族自治州	4 047	130.0	82.6	63.50	37.0～300.0
	西双版纳傣族自治州	908	134.3	83.5	62.20	39.0～297.3
	大理白族自治州	3 241	158.3	89.4	56.46	49.0～337.0
	德宏傣族景颇族自治州	610	110.7	81.8	73.92	22.5～277.6
	怒江傈僳族自治州	774	132.9	83.1	62.51	41.0～316.0
	迪庆藏族自治州	807	133.9	98.1	73.26	28.0～348.1
西藏自治区	拉萨市	3 790	101.1	57.5	56.85	35.0～211.0
	日喀则市	1 858	74.7	45.9	61.48	28.0～165.3
	昌都市	3 631	217.3	92.4	42.51	80.0～385.0
	林芝市	11	106.4	70.4	66.16	62.7～251.6
	山南市	82	81.5	53.2	65.29	27.5～203.7
陕西省	西安市	1 527	194.7	81.7	41.97	89.0～369.0
	铜川市	590	179.0	75.5	42.16	97.9～340.8
	宝鸡市	2 078	192.8	73.6	38.18	101.0～335.8
	咸阳市	6 693	205.2	81.7	39.80	100.0～375.0

省份 （垦区）	下辖区域 （单位）	样本数 （个）	平均值 （mg/kg）	标准差	变异系数 （%）	5%～95%范围 （mg/kg）
陕西省	渭南市	6 462	221.5	89.2	40.28	100.0～390.0
	延安市	3 791	149.7	74.4	49.70	68.7～310.0
	汉中市	3 431	107.7	49.9	46.38	41.0～195.0
	榆林市	566	109.4	64.4	58.85	47.2～238.7
	安康市	1 432	145.1	83.4	57.45	40.0～311.3
	商洛市	1 566	120.5	51.0	42.32	60.0～202.1
甘肃省	兰州市	3 200	190.1	76.4	40.18	89.0～340.0
	嘉峪关市	230	92.3	50.0	54.14	37.0～195.8
	金昌市	1 587	180.5	79.3	43.92	82.0～345.0
	白银市	2 981	193.0	70.4	36.45	94.0～333.4
	天水市	7 145	182.5	80.7	44.24	69.0～350.1
	武威市	2 626	190.7	81.8	42.90	86.9～359.0
	张掖市	5 761	181.0	75.2	41.53	86.0～334.0
	平凉市	4 557	202.9	82.2	40.49	97.0～368.0
	酒泉市	3 262	141.9	62.0	43.68	71.0～264.0
	庆阳市	6 242	174.6	74.6	42.73	76.0～324.0
	定西市	7 214	171.5	70.3	40.99	89.0～317.0
	陇南市	4 251	161.4	66.6	41.26	83.0～299.9
	临夏回族自治州	2 920	168.5	71.8	42.62	77.0～312.6
	甘南藏族自治州	920	240.8	91.3	37.90	101.9～396.0
	农场	447	201.3	63.6	31.60	115.2～303.0
青海省	西宁市	3 179	172.1	95.7	55.59	67.0～365.0
	海东市	3 851	182.4	86.3	47.32	80.0～351.2
	海北藏族自治州	669	152.6	91.2	59.77	46.0～339.7
	黄南藏族自治州	250	270.4	103.2	38.16	116.3～440.1
	海南藏族自治州	1 700	194.2	94.0	48.43	75.0～384.0
	海西蒙古族藏族自治州	1 058	136.5	66.5	48.74	51.0～253.0
宁夏回族自治区	银川市	1 237	154.4	71.9	46.53	53.0～300.0
	石嘴山市	402	154.2	56.3	36.49	80.0～274.8
	吴忠市	3 478	141.2	60.0	42.53	66.0～260.7
	固原市	2 159	172.9	71.9	41.57	85.0～323.1
	中卫市	1 636	155.5	63.1	40.57	77.9～291.2
新疆维吾尔自治区	乌鲁木齐市	1 018	212.3	91.8	43.25	90.0～389.0

省份 （垦区）	下辖区域 （单位）	样本数 （个）	平均值 （mg/kg）	标准差	变异系数 （％）	5％～95％范围 （mg/kg）
新疆维吾尔自治区	克拉玛依市	44	163.9	81.6	49.78	70.1～326.0
	吐鲁番市	929	202.6	92.5	45.64	84.0～377.8
	哈密市	2 996	175.6	94.2	53.48	75.7～389.6
	昌吉回族自治州	5 931	264.0	108.9	41.23	114.0～482.8
	博尔塔拉蒙古自治州	1 648	242.1	116.2	48.01	91.0～460.0
	巴音郭楞蒙古自治州	4 754	160.0	76.3	47.70	67.0～312.1
	阿克苏地区	1 181	157.6	76.9	48.82	66.0～311.5
	喀什地区	4 135	139.8	70.1	50.12	67.0～273.1
	和田地区	44	153.7	76.1	49.52	80.9～337.6
	伊犁哈萨克自治州	6 830	205.4	96.0	46.73	78.0～393.0
	塔城地区	2 285	220.4	96.2	43.70	92.0～401.1
	阿勒泰地区	1 885	202.3	100.6	49.70	78.0～418.0

县级土壤速效钾

省份 （垦区）	属地	下辖区域 （单位）	样本数 （个）	平均值 （mg/kg）	标准差	变异系数 （%）	5%～95%范围 （mg/kg）
北京市	市辖区	房山区	1 575	208.1	171.5	82.40	62.1～611.9
		通州区	1 445	194.1	114.2	58.84	69.1～435.0
		昌平区	2 452	409.2	234.9	57.40	99.8～863.0
		大兴区	713	227.7	160.1	70.32	59.0～557.6
		顺义区	487	227.3	155.2	68.26	96.2～560.9
		怀柔区	2 066	150.0	109.7	73.09	45.0～396.0
		平谷区	1 243	242.3	186.4	76.91	59.0～640.0
		密云区	1 191	153.1	109.9	71.82	62.0～373.4
		延庆区	824	197.0	145.7	73.93	76.0～495.4

县级土壤速效钾

省份 （垦区）	属地	下辖区域 （单位）	样本数 （个）	平均值 （mg/kg）	标准差	变异系数 （%）	5%～95%范围 （mg/kg）
天津市	市辖区	东丽区	140	395.2	156.5	39.6	161.4～655.8
		西青区	306	275.0	111.4	40.5	134.7～492.3
		津南区	362	287.7	116.3	40.4	179.0～517.7
		北辰区	163	280.2	133.7	47.7	126.0～583.0
		武清区	2 188	192.9	95.1	49.3	88.0～370.0
		宝坻区	783	194.0	88.9	45.9	79.9～354.1
		滨海新区大港	353	286.2	163.7	42.4	169.3～698.9
		滨海新区汉沽	148	538.5	134.1	24.9	336.3～754.0
		滨海新区塘沽	38	517.5	143.8	27.7	283.4～698.6
		宁河区	1 067	297.6	114.6	38.5	149.0～520.1
		静海区	1 961	235.7	114.0	48.4	84.0～452.8
		蓟州区	683	157.1	82.2	52.3	66.7～319.4

县级土壤速效钾

省份（垦区）	属地	下辖区域（单位）	样本数（个）	平均值（mg/kg）	标准差	变异系数（%）	5%～95%范围（mg/kg）
河北省	石家庄市	井陉县	480	147.4	45.4	30.78	98.1～240.0
		元氏县	730	115.5	46.5	40.22	55.0～196.7
		平山县	341	104.9	47.7	45.50	58.8～185.0
		新乐市	623	96.1	40.7	42.34	54.0～162.0
		新华区	179	119.9	39.0	32.55	57.8～180.1
		无极县	522	115.5	45.7	39.58	66.0～204.0
		晋州市	492	109.7	54.9	50.06	40.0～220.0
		栾城区	480	222.1	129.4	58.28	94.0～516.5
		正定县	1 258	106.3	48.6	45.78	49.0～211.2
		深泽县	480	126.9	52.4	41.26	58.0～234.3
		灵寿县	425	114.7	63.2	55.06	53.0～220.2
		藁城区	1 146	158.0	75.0	47.45	69.0～280.8
		行唐县	510	86.4	33.5	38.79	49.2～150.0
		赞皇县	360	116.7	73.7	63.14	50.0～248.9
		赵县	487	170.6	68.9	40.40	96.8～297.0
		辛集市（省直管）	816	149.6	91.8	61.34	58.0～336.4
		长安区	107	134.1	30.3	22.59	92.9～191.0
		高邑县	459	137.7	43.2	31.35	86.8～206.0
		鹿泉区	536	170.9	105.3	61.62	70.0～414.5
	唐山市	丰南区	786	155.4	69.0	44.38	66.0～279.8
		丰润区	380	96.7	50.5	52.17	50.0～194.7
		乐亭县	482	148.2	72.5	48.90	67.0～284.2
		古冶区	65	100.0	44.7	44.70	47.0～175.0
		曹妃甸区	480	240.2	98.9	41.17	89.0～435.3
		开平区	65	119.8	54.7	45.67	66.1～207.6
		滦南县	955	140.8	63.0	44.73	66.0～263.0
		滦州市	640	154.7	90.0	58.17	58.0～315.2
		玉田县	518	179.8	61.1	33.97	90.6～286.1
		路北区	35	123.8	28.2	22.82	97.1～176.5
		路南区	35	183.0	32.0	17.46	110.5～216.5
		迁安市	490	99.7	44.6	44.69	48.0～188.0
		迁西县	540	106.7	40.5	38.01	54.0～188.3
		遵化市	1 158	112.5	60.2	53.46	53.0～230.0
		芦台开发区	50	301.9	69.9	23.15	223.0～401.0

省份 （垦区）	属地	下辖区域 （单位）	样本数 （个）	平均值 （mg/kg）	标准差	变异系数 （%）	5%～95%范围 （mg/kg）
河北省	秦皇岛市	卢龙县	140	93.4	40.2	43.09	48.9～160.3
		抚宁县	481	156.6	89.0	56.81	54.2～333.8
		昌黎县	191	102.9	36.9	35.87	60.0～169.1
		青龙满族自治县	1 100	124.1	66.5	53.07	48.5～251.2
		合并区	417	91.6	26.8	29.29	50.0～139.1
	邯郸市	临漳县	880	126.4	36.7	29.03	101.0～159.0
		大名县	840	159.8	32.5	20.35	118.0～201.0
		广平县	441	156.2	43.4	27.80	90.0～225.0
		成安县	480	187.6	61.1	32.55	107.0～291.7
		曲周县	500	176.9	60.0	33.94	79.5～285.0
		武安市	480	154.4	52.2	33.80	87.0～260.0
		永年县	517	160.2	56.0	34.96	89.0～268.0
		涉县	741	150.9	27.7	18.37	110.9～192.0
		磁县	444	139.9	51.2	36.63	63.0～239.0
		肥乡区	401	177.9	46.0	25.78	95.6～251.2
		邯山区	241	142.8	47.9	33.54	75.0～228.4
		邯郸县	402	126.9	46.4	36.57	73.0～206.4
		邱县	656	177.2	58.4	32.94	91.8～281.2
		馆陶县	955	155.1	63.6	40.98	61.2～262.0
		魏县	568	156.8	71.0	45.26	77.0～280.0
		鸡泽县	400	139.2	50.1	36.00	58.8～239.4
		冀南新区	119	154.5	55.1	35.67	92.0～266.5
	邢台市	临城县	440	116.1	38.6	33.27	65.0～181.4
		临西县	480	127.1	49.6	39.05	84.2～230.4
		任泽区	484	195.3	59.4	30.43	96.0～286.4
		内丘县	391	147.3	44.6	30.26	77.2～230.0
		南和区	540	138.3	85.9	62.11	46.0～316.0
		南宫市	574	125.8	45.3	36.06	71.0～226.4
		威县	560	150.4	56.0	37.23	75.0～250.0
		宁晋县	519	141.6	62.2	43.91	54.5～254.5
		巨鹿县	364	141.2	67.0	47.45	63.8～269.5
		平乡县	928	170.6	61.4	35.98	80.0～280.0
		广宗县	390	134.8	57.7	42.76	60.0～244.6

省份 （垦区）	属地	下辖区域 （单位）	样本数 （个）	平均值 （mg/kg）	标准差	变异系数 （%）	5%～95%范围 （mg/kg）
河北省	邢台市	新河县	40	173.0	97.1	56.15	80.8～374.5
		柏乡县	791	159.2	107.2	67.33	74.0～402.9
		桥东区	20	165.9	56.5	34.06	78.8～280.3
		桥西区	20	137.7	42.1	30.54	89.8～192.8
		沙河市	510	134.6	71.7	53.27	50.0～267.2
		清河县	420	102.4	80.8	78.97	34.0～259.0
		邢台县	740	116.6	45.6	39.13	66.3～208.4
		隆尧县	446	135.9	57.2	42.09	60.0～260.0
		大曹庄管理区	30	185.9	51.2	27.52	108.5～262.3
		经开区	130	147.2	62.6	42.51	66.6～274.4
		襄都区	25	173.2	68.3	39.43	93.6～246.4
		高新区	30	221.7	109.2	49.28	112.0～479.9
	保定市	博野县	440	164.2	84.9	51.73	76.0～331.2
		唐县	481	142.7	60.0	42.06	77.0～233.0
		安国市	414	146.1	66.8	45.73	70.0～279.7
		安新县	120	202.8	48.1	23.71	109.9～278.5
		定兴县	474	128.2	59.3	46.25	61.0～230.0
		定州市（省直管）	635	110.3	60.3	54.68	54.4～203.8
		容城县	479	126.1	46.8	37.13	73.0～214.4
		徐水区	479	118.9	58.3	49.03	53.0～224.0
		易县	507	130.9	49.8	38.04	77.0～223.1
		曲阳县	440	119.3	51.9	43.50	58.0～217.0
		望都县	500	163.3	63.1	38.67	91.0～294.3
		涞水县	781	120.6	52.1	43.22	65.0～204.0
		涞源县	493	141.2	57.4	40.66	84.0～261.2
		涿州市	684	148.2	116.5	78.58	57.0～432.4
		清苑区	540	141.1	69.8	49.44	61.2～266.0
		满城区	486	144.4	60.6	41.95	82.0～262.8
		蠡县	480	126.3	38.6	30.57	74.3～198.1
		阜平县	480	104.1	62.7	60.25	48.0～218.0
		雄县	403	167.3	63.0	37.66	80.8～284.5
		顺平县	380	132.6	61.4	46.33	73.0～253.5
		高碑店市	500	147.1	50.4	34.25	90.4～243.3

省份（垦区）	属地	下辖区域（单位）	样本数（个）	平均值（mg/kg）	标准差	变异系数（%）	5%～95%范围（mg/kg）
河北省	保定市	高阳县	440	184.1	81.4	44.22	92.9～350.3
	张家口市	万全区	940	170.7	59.7	34.98	85.0～274.5
		宣化区	800	170.6	74.3	43.87	81.5～322.1
		尚义县	679	145.9	64.2	44.04	65.6～258.5
		崇礼区	546	211.6	91.3	43.15	102.3～402.0
		康保县	722	133.9	46.9	35.87	81.6～217.4
		张北县	480	181.4	89.6	49.42	80.0～337.2
		怀安县	460	160.1	63.2	39.50	79.0～270.7
		怀来县	742	155.2	67.2	43.28	58.2～283.0
		沽源县	460	150.5	61.0	40.52	76.0～248.0
		涿鹿县	490	189.7	99.7	52.53	69.0～361.8
		蔚县	345	139.0	55.4	39.87	80.0～230.0
		赤城县	646	170.7	52.3	30.66	95.0～257.5
		阳原县	366	129.4	42.7	33.03	83.0～212.0
	承德市	丰宁满族自治县	473	173.0	57.5	33.26	72.1～255.7
		兴隆县	400	125.6	55.9	44.49	64.9～221.4
		双桥区	81	144.7	44.0	30.43	88.0～204.0
		双滦区	237	147.4	56.1	38.08	75.7～235.1
		围场满族蒙古族自治县	497	207.4	88.2	42.51	79.0～378.5
		宽城满族自治县	510	122.2	57.8	47.29	53.0～234.6
		平泉市	841	159.9	79.9	49.96	68.0～298.1
		承德县	580	147.1	68.2	46.35	77.9～257.0
		滦平县	1 120	185.7	52.5	28.26	100.0～270.0
		隆化县	639	143.8	49.8	34.64	71.0～235.2
		高新区	57	139.4	97.7	70.11	59.8～410.8
		鹰手营子矿区	105	115.7	39.7	34.37	65.2～170.9
		御道口牧场管理区	28	142.7	80.6	56.46	82.3～261.4
	沧州市	东光县	400	155.3	63.1	40.61	77.0～271.0
		任丘市	443	103.3	44.8	43.42	62.0～200.9
		南皮县	467	171.2	40.4	23.61	111.0～231.5
		吴桥县	1 041	176.1	60.1	34.15	100.4～270.0
		孟村回族自治县	430	129.4	34.1	26.39	90.0～190.0
		沧县	480	157.1	57.5	36.57	85.0～248.0

省份 （垦区）	属地	下辖区域 （单位）	样本数 （个）	平均值 （mg/kg）	标准差	变异系数 （%）	5%～95%范围 （mg/kg）
河北省	沧州市	河间市	448	131.4	62.8	47.81	59.0～242.0
		泊头市	950	171.3	52.8	30.85	110.0～276.6
		海兴县	300	103.9	8.0	7.74	90.0～110.5
		献县	938	134.8	61.3	45.46	67.3～254.8
		盐山县	462	142.0	41.9	29.50	94.0～230.9
		肃宁县	910	151.5	79.6	52.54	77.0～288.6
		青县	392	135.8	42.7	31.45	85.0～218.0
		黄骅市	756	166.3	45.6	27.42	101.0～259.0
		南大港产业园区	100	185.9	24.9	13.37	147.9～227.2
		中捷产业园区	100	142.4	12.5	8.81	123.0～162.1
	廊坊市	三河市	480	192.5	138.0	71.70	61.1～513.5
		固安县	491	160.7	80.3	49.93	74.0～318.8
		大厂回族自治县	482	140.8	47.5	33.76	79.0～221.0
		大城县	840	180.2	52.6	29.21	101.1～275.0
		安次区	545	208.0	62.3	29.94	92.0～278.1
		广阳区	440	137.2	39.1	28.51	88.8～198.0
		文安县	483	151.7	48.6	32.04	90.0～242.0
		永清县	1 359	184.7	74.3	40.22	85.7～309.0
		霸州市	440	180.4	151.8	84.18	40.0～590.0
		香河县	480	199.2	90.3	45.32	85.9～370.0
	衡水市	冀州区	480	153.3	71.0	46.34	71.0～282.7
		安平县	480	146.1	67.9	46.46	61.1～274.8
		故城县	481	140.1	65.5	46.79	66.7～272.2
		景县	692	174.0	50.1	28.80	100.5～242.1
		枣强县	808	153.2	50.8	33.14	87.0～251.0
		桃城区	814	136.5	76.6	56.14	61.0～278.0
		武强县	500	185.0	72.2	39.02	93.8～295.6
		武邑县	414	165.7	82.1	49.56	76.0～319.0
		深州市	503	149.8	53.6	35.75	87.6～231.2
		阜城县	180	207.2	96.6	46.62	93.0～408.5
		饶阳县	647	195.9	152.6	77.89	50.0～520.0
		滨湖新区	55	126.7	33.8	26.66	88.7～176.6
		开发区	45	195.3	45.5	23.30	126.4～254.8

县级土壤速效钾

省份 （垦区）	属地	下辖区域 （单位）	样本数 （个）	平均值 （mg/kg）	标准差	变异系数 （%）	5%～95%范围 （mg/kg）
山西省	太原市	万柏林区	50	123.0	59.8	48.61	67.0～247.0
		古交市	392	142.3	69.0	48.52	73.0～265.2
		娄烦县	967	101.7	50.3	49.51	56.0～207.8
		小店区	548	185.7	85.7	46.12	67.0～312.0
		尖草坪区	319	151.0	58.7	38.87	81.0～259.0
		晋源区	515	145.0	77.5	53.45	56.0～259.8
		杏花岭区	50	107.7	28.2	25.90	82.0～143.4
		清徐县	694	160.9	65.2	40.54	78.0～266.4
		阳曲县	631	147.7	46.8	31.68	89.5～207.0
	阳泉市	平定县	696	151.6	56.0	36.94	78.0～255.4
		盂县	646	144.5	81.5	56.40	54.0～281.2
	长治市	壶关县	57	181.0	73.0	40.33	113.4～274.8
		平顺县	22	187.3	70.5	37.63	110.4～346.9
		武乡县	1 260	173.5	56.8	32.73	95.0～274.0
		沁县	2 463	160.9	69.2	43.01	87.0～288.0
		沁源县	157	144.4	51.8	35.90	72.7～213.0
		潞城区	105	233.6	70.7	30.29	128.8～350.4
		襄垣县	36	179.3	75.3	42.03	94.0～315.0
		郊区	54	231.2	96.4	41.70	124.1～391.1
		长子县	367	236.5	74.5	31.52	135.0～367.8
		黎城县	601	210.8	91.7	43.51	100.0～392.0
		屯留区	324	209.6	62.8	29.95	123.0～313.0
	晋城市	沁水县	144	163.7	62.6	38.24	87.5～301.8
		泽州县	514	167.9	59.4	35.39	86.0～282.6
		阳城县	195	180.8	81.5	45.06	90.7～355.2
		陵川县	215	192.8	82.8	42.93	93.7～351.4
		高平市	694	171.3	54.8	32.00	106.0～269.0
	朔州市	右玉县	173	104.2	39.4	37.84	63.0～172.6
		山阴县	218	156.6	94.6	60.42	56.0～351.8
		平鲁区	279	107.1	65.6	61.26	47.0～232.8
		应县	229	148.2	60.4	40.75	73.0～257.0
		怀仁县	1 464	112.8	40.1	35.57	63.0～190.0
		朔城区	254	99.1	35.2	35.57	52.7～160.1
	晋中市	左权县	333	167.0	85.7	51.29	83.0～350.4

省份 （垦区）	属地	下辖区域 （单位）	样本数 （个）	平均值 （mg/kg）	标准差	变异系数 （%）	5%～95%范围 （mg/kg）
山西省	晋中市	平遥县	237	143.2	65.8	45.94	64.0～259.4
		昔阳县	207	177.0	105.2	59.45	83.0～442.6
		榆社县	212	179.3	68.6	38.27	100.0～291.3
		灵石县	124	205.8	73.3	35.61	116.2～347.3
		祁县	204	185.5	61.3	33.04	94.1～296.9
	运城市	万荣县	743	253.7	107.7	42.43	109.2～463.9
		临猗县	2 258	181.4	82.0	45.17	73.0～347.3
		垣曲县	475	207.1	100.0	48.29	98.3～435.8
		夏县	501	192.0	81.7	42.56	68.0～346.0
		平陆县	1 008	231.0	104.5	45.27	81.0～399.0
		新绛县	531	267.8	118.0	44.09	93.0～468.0
		永济市	851	249.2	96.1	38.55	113.0～415.0
		河津市	362	212.2	73.5	34.62	119.0～350.0
		盐湖区	797	216.0	99.9	46.27	80.0～413.2
		稷山县	1 012	218.3	95.0	43.52	90.0～407.2
		绛县	521	192.9	77.8	40.30	113.0～349.2
		芮城县	691	273.8	116.3	42.50	111.0～484.8
		闻喜县	109	268.2	86.9	32.39	126.0～394.2
	忻州市	五寨县	375	128.6	67.3	52.32	62.7～263.0
		代县	629	109.1	44.4	40.69	60.0～187.0
		保德县	41	120.5	41.9	34.74	74.0～188.0
		偏关县	1 469	85.5	39.2	45.83	47.0～158.0
		原平市	1 026	111.5	51.3	46.01	61.0～202.0
		宁武县	366	139.2	64.1	46.05	65.0～250.0
		定襄县	785	154.7	72.6	46.95	75.0～300.8
		忻府区	2 138	169.7	72.1	42.46	86.0～299.7
		神池县	718	120.9	58.7	48.56	62.0～237.8
		繁峙县	500	135.0	93.9	69.53	49.2～319.8
		静乐县	85	144.4	77.8	53.92	66.0～310.8
	临汾市	侯马市	544	268.4	85.1	31.70	150.0～430.0
		古县	129	142.0	47.3	33.34	88.2～227.8
		吉县	92	258.1	125.5	48.62	113.2～501.8
		尧都区	77	236.5	92.6	39.16	92.4～378.0

省份 （垦区）	属地	下辖区域 （单位）	样本数 （个）	平均值 （mg/kg）	标准差	变异系数 （%）	5%～95%范围 （mg/kg）
山西省	临汾市	曲沃县	182	221.0	80.6	36.46	105.0～368.0
		洪洞县	261	207.1	53.7	25.91	126.0～288.0
		浮山县	77	186.1	71.3	38.28	93.2～320.2
		翼城县	177	223.8	85.1	38.04	114.0～375.6
		蒲县	1 585	143.3	48.4	33.81	81.0～234.0
		隰县	32	175.6	77.8	44.32	81.7～321.4
	吕梁市	临县	421	99.8	59.1	59.25	45.0～197.8
		交口县	120	143.6	49.7	34.61	89.0～249.2
		兴县	634	123.0	64.2	52.15	57.0～231.4
		孝义市	571	172.5	69.1	40.09	85.0～308.5
		文水县	168	220.5	100.6	45.62	79.8～399.9
		柳林县	174	129.2	57.2	44.28	75.7～232.6
		汾阳市	1 496	128.8	74.5	57.88	41.0～281.0

县级土壤速效钾

省份 （垦区）	属地	下辖区域 （单位）	样本数 （个）	平均值 （mg/kg）	标准差	变异系数 （%）	5%～95%范围 （mg/kg）
内蒙古 自治区	呼和浩特市	和林格尔县	844	126.0	49.6	39.35	59.3～226.4
		土默特左旗	646	134.8	66.1	49.00	52.0～267.9
		托克托县	507	137.7	57.1	41.49	61.0～248.0
		武川县	648	132.2	55.6	42.05	59.0～243.3
		清水河县	444	120.6	50.7	42.06	53.0～229.7
		赛罕区	383	197.7	55.0	27.83	113.0～275.8
	包头市	东河区	139	166.0	50.7	30.55	92.8～247.4
		九原区	155	137.2	52.4	38.18	63.3～223.0
		固阳县	1 670	126.3	53.2	42.12	61.0～242.0
		土默特右旗	2 221	126.9	39.3	31.00	74.0～198.4
		昆都仑区	74	104.4	54.0	51.70	48.1～213.8
		石拐区	138	111.5	44.4	39.80	56.0～208.6
		达尔罕茂明安联合旗	973	133.5	58.8	44.10	57.6～251.3
		青山区	42	129.7	69.6	53.67	48.4～245.7
		高新区	139	99.5	47.7	47.89	48.7～207.4
	赤峰市	元宝山区	212	166.4	42.9	25.77	109.0～245.7
		克什克腾旗	1 169	146.8	49.4	33.67	81.0～243.3
		喀喇沁旗	952	165.0	44.7	27.12	97.0～252.0
		宁城县	1 146	174.7	55.2	31.58	86.0～268.0
		巴林右旗	864	126.4	45.5	36.02	70.0～215.0
		巴林左旗	741	148.2	50.9	34.36	75.0～231.0
		市辖区	102	178.2	50.1	28.11	105.1～257.0
		敖汉旗	2 589	129.9	46.8	36.00	56.0～208.0
		松山区	1 532	146.8	41.6	28.31	96.0～232.0
		林西县	552	163.4	48.5	29.65	94.0～248.0
		红山区	133	169.1	46.3	27.37	113.3～244.8
		翁牛特旗	1 769	138.0	49.6	35.94	70.0～238.0
		阿鲁科尔沁旗	1 316	147.6	46.6	31.53	78.0～234.0
	通辽市	奈曼旗	1 666	131.3	50.3	38.27	70.0～239.3
		库伦旗	1 187	110.4	44.6	40.43	50.0～202.0
		开鲁县	1 317	153.7	54.9	35.75	73.3～258.8
		扎鲁特旗	685	151.4	49.5	32.67	80.4～246.7
		科尔沁区	1 246	163.8	52.0	31.72	82.6～262.0
		科尔沁左翼中旗	2 232	151.7	46.9	30.88	84.0～243.0

省份 （垦区）	属地	下辖区域 （单位）	样本数 （个）	平均值 （mg/kg）	标准差	变异系数 （％）	5％～95％范围 （mg/kg）
内蒙古 自治区	通辽市	科尔沁左翼后旗	1 662	133.0	53.7	40.39	57.0～236.0
	鄂尔多斯市	东胜区	55	133.0	46.2	34.76	82.0～210.0
		乌审旗	242	109.1	47.4	43.43	56.0～207.9
		伊金霍洛旗	163	102.8	52.3	50.91	51.2～233.6
		准格尔旗	434	126.3	48.6	38.45	66.4～225.2
		杭锦旗	423	146.2	60.0	41.03	62.0～261.0
		达拉特旗	668	147.1	60.8	41.33	65.0～264.9
		鄂托克前旗	341	131.0	43.0	32.85	74.0～216.0
		鄂托克旗	162	115.9	52.7	45.47	53.0～228.0
	呼伦贝尔市	扎兰屯市	2 039	175.1	54.0	30.82	90.0～265.0
		新巴尔虎右旗	40	199.1	49.0	24.59	143.7～283.8
		新巴尔虎左旗	365	218.9	45.3	20.68	134.9～279.4
		根河市	40	207.3	47.0	22.65	147.5～280.6
		海拉尔区	190	185.4	41.1	22.17	110.0～255.5
		满洲里市	40	178.4	59.1	33.13	99.3～265.9
		牙克石市	1 453	226.7	38.8	17.11	162.9～283.0
		莫力达瓦达斡尔族自治旗	3 906	199.3	49.6	24.89	116.0～277.0
		鄂伦春自治旗	2 149	206.2	53.5	25.96	110.0～282.0
		鄂温克族自治旗	80	207.7	50.9	24.48	122.8～290.3
		阿荣旗	2 466	174.0	51.8	29.74	91.0～262.4
		陈巴尔虎旗	500	215.3	47.8	22.19	127.0～280.0
		额尔古纳市	1 461	225.2	34.1	15.14	170.0～280.0
	巴彦淖尔市	临河区	1 662	176.6	58.0	32.84	83.2～274.7
		乌拉特中旗	567	168.3	55.5	32.96	82.4～270.0
		乌拉特前旗	1 529	164.7	61.8	37.50	70.8～270.0
		乌拉特后旗	605	170.7	60.5	35.48	80.0～280.0
		五原县	1 365	177.2	55.1	31.12	89.5～269.3
		杭锦后旗	1 231	167.8	53.8	32.04	81.0～263.7
		磴口县	367	155.3	54.8	35.30	74.6～254.2
	乌兰察布市	丰镇市	887	132.4	40.4	30.52	76.0～210.0
		兴和县	763	140.7	49.0	34.80	72.0～229.7
		凉城县	771	113.8	43.1	37.90	63.0～209.0
		化德县	881	127.0	51.5	40.54	57.6～223.8

省份 （垦区）	属地	下辖区域 （单位）	样本数 （个）	平均值 （mg/kg）	标准差	变异系数 （%）	5%～95%范围 （mg/kg）
内蒙古 自治区	乌兰察布市	卓资县	348	177.5	51.9	29.22	90.1～270.0
		商都县	1 479	148.7	55.2	37.15	75.0～255.0
		四子王旗	1 232	140.4	57.1	40.65	68.0～255.4
		察哈尔右翼中旗	585	153.5	50.5	32.88	84.0～250.3
		察哈尔右翼前旗	459	171.0	47.5	27.76	95.0～254.5
		察哈尔右翼后旗	742	147.7	51.1	34.58	77.0～241.0
		集宁区	71	180.2	60.2	33.39	81.9～266.3
	兴安盟	乌兰浩特市	410	152.0	47.5	31.27	85.8～241.0
		兴安盟农牧场管理局	489	146.5	48.2	32.89	77.0～240.7
		扎赉特旗	2 802	170.5	56.7	33.24	81.0～266.0
		盟辖区	244	117.6	33.7	28.66	59.0～166.5
		科尔沁右翼中旗	2 524	143.4	56.8	39.61	65.0～253.0
		科尔沁右翼前旗	2 446	168.4	59.7	35.46	78.0～273.0
		突泉县	1 618	159.5	47.6	29.83	83.7～244.0
		阿尔山市	122	243.8	49.7	20.37	152.6～293.0
	锡林郭勒盟	东乌珠穆沁旗	94	151.3	61.1	40.40	67.0～271.0
		乌拉盖管理区	205	164.8	45.8	27.78	87.0～237.2
		多伦县	962	123.7	54.2	43.76	57.0～230.0
		太仆寺旗	897	121.0	51.0	42.20	57.0～227.0
		正蓝旗	152	142.0	43.0	30.27	87.0～234.2
		正镶白旗	102	154.9	56.0	36.14	74.0～259.0
		苏尼特右旗	34	141.8	52.1	36.71	71.4～233.2
		西乌珠穆沁旗	48	95.4	45.0	47.18	55.0～183.0
		锡林浩特市	123	148.5	47.7	32.14	77.0～236.4
		镶黄旗	13	178.0	63.4	35.63	94.5～256.9
	阿拉善盟	阿拉善右旗	24	186.7	40.0	21.41	131.0～249.0
		阿拉善左旗	810	176.2	58.2	33.04	80.0～270.0
		额济纳旗	48	152.9	44.9	29.35	90.5～225.8

县级土壤速效钾

省份 （垦区）	属地	下辖区域 （单位）	样本数 （个）	平均值 （mg/kg）	标准差	变异系数 （%）	5%～95%范围 （mg/kg）
辽宁省	沈阳市	浑南区	296	134.8	2.1	1.58	132.0～138.0
		于洪区	91	110.1	16.5	14.97	77.8～133.0
		康平县	321	98.7	21.1	21.34	60.0～133.0
		新民市	510	109.8	18.4	16.73	80.0～130.0
		苏家屯区	711	112.6	18.6	16.56	74.0～138.0
		辽中区	1 629	87.6	25.0	28.54	50.0～130.0
	大连市	庄河市	1 279	70.6	21.5	30.39	46.0～116.0
		旅顺口区	112	96.0	24.1	25.09	62.8～130.2
		普兰店区	723	79.3	23.8	30.03	51.0～124.8
		瓦房店市	1 435	84.5	24.5	29.03	50.0～130.0
		金普新区	1 005	94.9	23.8	25.03	54.0～133.0
	鞍山市	台安县	286	88.8	23.9	26.94	52.4～132.0
		岫岩满族自治县	491	91.7	22.7	24.76	55.0～131.0
		海城市	687	113.2	18.2	16.05	79.0～135.0
	抚顺市	抚顺县	814	90.9	25.0	27.48	52.0～133.4
		新宾满族自治县	1 087	82.1	23.9	29.14	51.0～128.0
		清原满族自治县	429	99.5	24.4	24.49	55.0～133.7
		顺城区	86	98.5	25.0	25.35	52.8～132.2
		东洲区	77	94.6	24.3	25.67	59.0～131.0
	本溪市	本溪满族自治县	717	88.3	25.3	28.61	50.4～132.0
		桓仁满族自治县	1 603	93.5	20.4	21.88	59.0～130.0
		市辖区	140	82.3	25.0	30.34	51.0～129.7
	丹东市	东港市	1 845	100.0	22.2	22.23	60.2～134.0
		凤城市	579	91.7	23.6	25.70	55.6～130.0
		宽甸满族自治县	905	80.8	24.5	30.34	48.0～127.0
	锦州市	义县	1 791	83.3	26.0	31.15	48.0～129.0
		凌海市	967	98.6	22.0	22.27	65.0～134.0
		北镇市	681	87.6	22.2	25.32	52.0～120.0
		太和区	62	107.0	21.5	20.13	73.0～136.0
		松山新区	63	104.1	19.9	19.14	71.5～134.6
		黑山县	279	104.6	20.9	20.00	68.4～133.0
		滨海新区	61	95.7	25.9	27.08	58.0～133.0
	营口市	大石桥市	1 053	98.4	23.3	23.63	59.0～133.0
		鲅鱼圈区	604	92.4	24.9	26.96	53.0～135.3

省份 （垦区）	属地	下辖区域 （单位）	样本数 （个）	平均值 （mg/kg）	标准差	变异系数 （%）	5%～95%范围 （mg/kg）
辽宁省	阜新市	彰武县	200	79.5	23.8	29.87	49.9～120.1
		清河门区	101	78.4	16.4	20.97	57.9～108.2
		阜新蒙古族自治县	2 408	93.6	23.0	24.52	57.0～132.0
		海州区	20	83.1	18.8	22.60	56.8～109.8
		新邱区	20	65.1	11.6	17.80	51.1～81.9
	辽阳市	太子河区	293	111.5	14.2	12.73	88.0～132.0
		灯塔市	1 163	102.1	21.8	21.34	63.0～134.0
		辽阳县	2 312	100.1	23.8	23.78	57.0～135.0
	盘锦市	大洼区	760	111.4	22.9	20.60	58.4～133.1
		盘山县	900	92.4	26.9	29.09	48.0～135.0
		双台子区	150	128.5	6.6	5.17	119.2～136.0
		兴隆台区	150	127.5	8.8	6.92	112.0～138.0
	铁岭市	开原市	1 601	83.6	20.2	24.19	56.0～124.0
		昌图县	1 140	102.1	20.5	20.07	65.0～134.0
		西丰县	987	107.3	21.1	19.65	66.2～134.8
		调兵山市	376	107.2	14.2	13.29	85.0～130.0
		铁岭县	1 320	101.0	22.6	22.40	60.0～135.0
		清河区	67	113.6	15.9	14.03	87.3～133.0
	朝阳市	凌源市	1 209	108.6	21.1	19.45	64.2～136.0
		北票市	1 346	101.2	23.2	22.90	59.3～136.0
		喀喇沁左翼蒙古族自治县	665	114.2	18.1	15.87	80.5～136.0
		建平县	1 477	103.2	24.2	23.42	60.0～134.0
		朝阳县	1 210	110.2	20.0	18.20	72.8～136.0
	葫芦岛市	兴城市	964	87.7	22.7	25.90	54.0～126.0
		建昌县	744	105.4	20.9	19.86	65.0～133.0
		绥中县	1 534	97.8	21.3	21.80	65.8～133.0

县级土壤速效钾

省份 （垦区）	属地	下辖区域 （单位）	样本数 （个）	平均值 （mg/kg）	标准差	变异系数 （%）	5%~95%范围 （mg/kg）
吉林省	长春市	榆树市	2 740	150.2	28.0	18.64	100.0~198.0
		双阳区	1 873	132.2	28.8	21.77	89.0~174.2
		德惠市	10 457	145.9	28.9	19.82	100.0~188.0
		农安县	3 184	156.3	31.4	20.11	97.0~204.0
		长春市	700	149.9	34.4	22.96	94.0~204.0
		九台区	3 549	136.7	34.4	25.18	79.9~192.7
	吉林市	磐石市	3 909	118.4	34.4	29.04	70.0~177.0
		永吉县	1 203	123.8	37.9	30.58	67.0~196.0
		舒兰市	1 880	130.1	38.3	29.48	75.0~199.0
		蛟河市	2 558	139.6	40.2	28.80	78.0~206.0
		桦甸市	2 920	119.7	42.0	35.12	58.0~198.0
	四平市	伊通满族自治县	4 295	143.3	28.8	20.10	95.0~187.0
		公主岭市	1 731	126.5	29.1	23.00	83.0~180.0
		双辽市	3 048	118.4	34.0	28.69	64.7~177.0
		梨树县	4 960	126.8	35.5	28.02	68.0~184.5
	辽源市	东丰县	2 234	155.3	34.6	22.31	98.0~211.0
		东辽县	9 406	112.8	38.5	34.17	57.0~182.0
		辽源市	785	141.5	41.6	29.39	68.0~206.0
	通化市	梅河口市（省直管）	2 395	129.2	38.2	29.55	74.0~196.0
		柳河县	1 018	116.7	38.4	32.93	65.0~185.0
		通化县	2 966	117.4	39.0	33.24	62.0~187.4
		辉南县	3 518	127.2	41.4	32.53	60.0~196.0
		集安市	745	115.7	43.6	37.67	53.6~191.0
	白山市	临江市	1 452	149.0	32.4	21.74	97.0~203.0
		长白朝鲜族自治县	700	101.1	35.9	35.55	56.0~170.0
		浑江区	388	135.5	35.9	26.48	83.0~201.0
		抚松县	1 032	111.5	40.5	36.31	60.0~194.0
		江源区	358	152.8	40.8	26.71	93.0~211.9
	松原市	宁江区	2 641	170.5	30.1	17.67	105.0~206.0
		乾安县	1 591	145.8	31.6	21.67	96.0~201.0
		扶余市	701	140.2	39.0	27.79	78.2~199.0
		前郭尔罗斯蒙古族自治县	1 479	133.5	39.4	29.50	59.0~197.0
		松原市	942	134.4	44.4	33.03	67.0~179.0
		长岭县	501	136.5	46.8	34.30	55.0~204.1

省份 （垦区）	属地	下辖区域 （单位）	样本数 （个）	平均值 （mg/kg）	标准差	变异系数 （％）	5％～95％范围 （mg/kg）
吉林省	白城市	白城市	2 570	135.2	34.8	25.77	83.0～198.0
		洮北区	3 325	141.6	35.1	24.78	79.0～189.0
		洮南市	10 427	133.3	35.7	26.82	78.0～187.0
	延边朝鲜族 自治州	敦化市	5 839	144.7	30.2	20.88	90.0～187.0
		珲春市	824	98.2	37.3	37.95	51.0～173.0
		延吉市	688	156.5	37.9	24.23	93.0～209.0
		图们市	717	120.5	44.6	36.96	54.0～198.1

县级土壤速效钾

省份 （垦区）	属地	下辖区域 （单位）	样本数 （个）	平均值 （mg/kg）	标准差	变异系数 （％）	5％～95％范围 （mg/kg）
黑龙江省	哈尔滨市	市辖区	800	184.0	56.0	30.45	86.0～277.9
		依兰县	11 456	169.9	51.8	30.49	93.0～261.0
		双城区	4 027	206.7	48.8	23.62	125.0～286.5
		呼兰区	4 936	206.7	43.0	20.79	141.0～282.0
		宾县	13 646	185.5	51.1	27.52	107.0～268.0
		尚志市	7 830	163.4	53.3	32.63	89.0～266.0
		巴彦县	3 006	193.8	51.6	26.61	111.0～283.5
		延寿县	7 275	159.1	63.3	39.76	72.0～274.0
		方正县	6 756	120.3	41.7	34.68	69.0～198.7
		木兰县	1 900	135.7	51.9	38.23	67.0～242.7
		通河县	4 013	138.5	49.0	35.40	70.0～213.0
		道外区	195	193.1	44.4	23.01	127.3～272.0
		阿城区	5 513	184.7	57.1	30.91	98.0～285.0
		道里区	141	222.9	48.4	21.71	142.7～291.0
		南岗区	391	158.5	55.2	34.80	84.6～257.2
		平房区	10	203.9	64.2	31.47	133.8～282.0
		松北区	728	180.0	38.5	21.42	124.9～262.0
		香坊区	98	220.8	43.6	19.74	160.1～289.9
	齐齐哈尔市	依安县	8 286	260.9	30.0	11.48	205.2～297.0
		克东县	1 546	258.9	31.4	12.13	196.0～296.0
		克山县	2 007	219.0	44.5	20.33	148.0～289.0
		富裕县	6 147	177.8	60.5	34.02	82.0～280.0
		拜泉县	3 101	227.3	42.1	18.50	157.0～292.0
		梅里斯达斡尔族区	7 112	153.7	50.5	32.84	82.0～256.0
		泰来县	12 032	157.8	56.7	35.91	84.0～272.0
		甘南县	1 802	219.6	51.8	23.56	132.0～293.0
		讷河市	11 021	242.2	48.8	20.14	142.0～297.0
		龙江县	20 606	174.2	58.2	33.40	88.0～276.0
		昂昂溪区	768	119.2	51.8	43.46	57.0～236.0
		富拉尔基区	758	125.8	35.9	28.51	90.0～205.0
		建华区	743	89.1	26.5	29.71	52.0～129.0
		龙沙区	598	113.7	43.3	38.11	68.0～226.0
		碾子山区	758	155.9	51.0	32.75	66.0～242.8
		铁锋区	759	116.8	41.2	35.22	67.0～188.6

省份 （垦区）	属地	下辖区域 （单位）	样本数 （个）	平均值 （mg/kg）	标准差	变异系数 （%）	5%～95%范围 （mg/kg）
黑龙江省	鸡西市	密山市	13 242	146.8	54.0	36.78	72.1～252.9
		虎林市	4 503	178.8	49.4	27.61	108.0～270.0
		鸡东县	5 675	193.4	56.2	29.08	101.0～286.0
		城子河区	256	185.1	57.7	31.14	95.2～278.8
		滴道区	989	168.4	61.6	36.61	78.3～280.0
		恒山区	454	179.7	61.2	34.04	84.0～282.7
		鸡冠区	589	166.1	60.3	36.34	80.0～278.3
		梨树区	189	191.6	62.1	32.40	89.3～286.0
		麻山区	315	152.7	57.3	37.53	70.0～268.3
	鹤岗市	东山区	1 660	178.7	46.7	26.60	110.4～259.3
		绥滨县	5 901	136.4	52.0	38.08	67.2～239.0
		萝北县	10 199	129.2	45.0	34.84	61.0～211.0
		兴安区	82	180.1	45.9	24.59	109.5～256.9
	双鸭山市	宝清县	3 606	222.2	68.7	30.93	102.0～300.0
		集贤县	8 305	208.4	54.2	26.01	117.0～292.0
		饶河县	4 201	140.8	58.7	41.71	64.0～250.2
		宝山区	209	167.9	45.1	26.85	97.6～252.7
		尖山区	429	172.7	57.4	33.25	86.0～277.5
		岭东区	342	186.0	63.4	34.11	88.1～289.5
		四方台区	627	196.3	56.8	28.92	100.0～288.0
	大庆市	大同区	3 554	149.1	47.9	32.10	90.0～248.0
		杜尔伯特蒙古族自治县	6 940	144.9	49.5	34.18	77.0～240.0
		林甸县	3 099	239.9	38.7	16.13	169.0～294.0
		肇州县	1 800	226.5	35.7	15.76	165.0～285.0
		肇源县	10 754	176.4	41.8	23.70	109.0～250.0
		红岗区	448	169.6	39.2	23.12	106.0～246.0
		龙凤区	198	171.6	51.9	30.23	95.8～261.2
		让胡路区	1 077	162.5	44.4	27.29	90.0～249.0
		萨尔图区	72	163.3	52.9	32.38	97.1～256.5
	伊春市	嘉荫县	4 454	165.1	61.9	37.48	76.0～277.0
		铁力市	2 712	188.2	41.9	22.68	124.0～265.7
		大箐山县	168	142.2	54.5	38.27	79.4～265.3
		南岔县	1 010	170.2	59.9	35.17	87.5～278.0

省份 （垦区）	属地	下辖区域 （单位）	样本数 （个）	平均值 （mg/kg）	标准差	变异系数 （%）	5%～95%范围 （mg/kg）
黑龙江省	伊春市	汤旺县	271	206.1	47.6	23.19	130.4～276.7
		乌翠区	139	215.4	46.3	21.66	156.0～295.4
		丰林县	405	206.5	53.9	26.08	118.2～287.2
		金林区	148	230.4	41.8	18.19	162.1～290.8
		伊美区	309	163.4	41.5	25.66	101.3～240.3
		友好区	312	215.0	52.1	24.21	124.0～289.0
	佳木斯市	同江市	6 250	155.2	65.3	42.08	61.0～275.0
		富锦市	24 408	181.4	62.3	34.37	82.0～283.0
		抚远市	4 871	157.0	60.1	38.32	72.0～270.0
		桦南县	11 300	162.6	57.3	35.25	66.0～262.5
		汤原县	7 518	148.7	43.6	29.33	84.0～229.0
		郊区	6 596	156.0	53.3	34.20	82.0～260.0
	七台河市	茄子河区	1 400	167.3	54.0	32.29	86.0～268.0
		新兴区	1 005	152.0	52.8	34.74	82.0～265.0
		勃利县	5 300	169.6	47.1	27.80	97.0～256.0
	牡丹江市	东宁市	4 657	124.3	51.1	41.12	61.0～230.0
		宁安市	5 303	190.0	62.8	33.06	82.2～285.0
		林口县	6 611	127.6	51.9	40.69	64.0～234.0
		海林市	4 944	138.9	31.0	22.35	94.0～192.0
		穆棱市	529	150.1	56.5	37.65	75.0～261.0
		爱民区	30	102.9	33.0	32.06	65.1～149.2
		东安区	113	171.5	57.8	33.69	76.8～257.1
		绥芬河市	602	209.6	42.9	20.47	153.0～287.0
		西安区	607	171.8	56.8	33.06	89.0～273.9
		阳明区	2 034	127.0	54.2	42.66	59.0～241.1
	黑河市	五大连池市	4 641	201.5	53.9	26.77	110.0～285.2
		北安市	8 074	236.2	50.3	21.30	128.0～295.0
		嫩江市	7 348	186.2	54.4	29.19	98.0～278.0
		孙吴县	3 119	188.8	52.8	27.97	103.0～280.0
		爱辉区	12 529	188.0	58.1	30.92	90.0～283.0
		逊克县	7 621	157.0	45.9	29.21	93.0～247.0
	绥化市	兰西县	11 789	209.8	42.5	20.25	139.0～280.0
		北林区	9 160	183.7	39.4	21.35	122.8～252.7

省份（垦区）	属地	下辖区域（单位）	样本数（个）	平均值（mg/kg）	标准差	变异系数（%）	5%～95%范围（mg/kg）
黑龙江省	绥化市	安达市	5 415	203.5	51.7	25.41	118.0～287.0
		庆安县	6 558	174.9	43.5	24.85	109.0～257.0
		明水县	5 997	237.1	34.8	14.69	178.0～291.0
		望奎县	4 924	196.2	44.1	22.46	132.0～276.0
		海伦市	13 701	206.7	38.3	18.51	146.0～275.0
		绥棱县	4 366	153.5	42.7	27.82	108.0～236.0
		肇东市	17 992	189.3	52.7	27.82	106.0～279.0
		青冈县	4 815	211.3	42.8	20.24	145.0～282.3
	大兴安岭地区	加格达奇区	1 937	176.4	64.6	36.62	75.5～282.0
		呼玛县	5 378	134.5	64.4	47.89	55.6～263.5
		漠河市	30	160.2	3.7	2.34	153.5～165.6
		松岭区	663	222.0	42.2	19.01	156.0～289.0
		塔河县	531	183.4	45.8	24.55	117.5～262.0
北大荒农垦集团有限公司	宝泉岭分公司	二九〇分公司	3 311	128.3	36.4	28.39	78.0～195.0
		共青农场	3 128	162.3	57.2	35.24	82.0～274.5
		军川农场	4 586	169.7	66.9	39.43	76.0～293.0
		名山农场	2 723	180.1	55.2	30.65	103.0～286.0
		宝泉岭农场	4 228	164.4	51.9	31.58	90.0～261.0
		延军农场	2 935	141.9	50.5	35.59	75.0～241.4
		新华农场	3 959	125.0	45.6	36.47	68.0～215.0
		普阳农场	4 089	186.2	47.8	25.68	111.0～272.0
		梧桐河农场	2 379	151.1	52.0	34.43	79.0～250.0
		江滨分公司	3 243	133.4	40.9	30.69	73.0～205.0
		绥滨农场	3 806	146.5	50.2	34.24	75.0～239.0
		汤原农场	63	162.4	52.5	32.33	89.1～241.8
		依兰农场	40	219.3	43.8	19.98	168.6～283.8
	北安分公司	二龙山农场	3 462	212.3	56.7	26.72	118.1～302.0
		建设农场	3 475	251.3	38.9	15.46	178.0～306.0
		引龙河农场	3 607	185.2	45.3	24.45	120.0～272.0
		格球山农场	2 926	228.7	40.8	17.82	161.0～297.0
		红星农场	3 593	165.4	33.1	20.02	124.0～233.0
		红色边疆农场	4 720	203.9	65.8	32.28	95.0～305.0
		襄河农场	4 184	204.5	56.3	27.52	123.0～307.0

省份 （垦区）	属地	下辖区域 （单位）	样本数 （个）	平均值 （mg/kg）	标准差	变异系数 （%）	5%～95%范围 （mg/kg）
北大荒农垦集团有限公司	北安分公司	赵光农场	3 589	228.0	47.1	20.65	149.0～303.0
		逊克农场	3 997	174.3	38.8	22.29	119.0～249.0
		锦河农场	960	201.0	58.0	28.85	107.0～298.0
		长水河农场	3 035	182.3	33.0	18.09	133.0～243.0
		龙镇农场	4 340	235.6	52.6	22.32	123.0～306.0
		龙门农场	543	157.4	42.4	26.92	91.0～231.9
		尾山农场	2 533	227.6	41.8	18.35	163.0～298.0
	哈尔滨有限公司	红旗农场	2 149	163.7	53.7	32.82	90.0～265.4
	红兴隆分公司	二九一农场	4 929	241.7	59.0	24.42	133.3～317.0
		五九七农场	3 766	248.1	47.1	18.99	163.0～316.0
		八五三农场	7 878	186.3	58.4	31.33	102.0～286.0
		八五二农场	4 235	189.1	57.3	30.32	110.0～292.0
		北兴农场	3 897	165.5	35.4	21.38	111.0～225.0
		友谊农场	11 555	241.2	54.2	22.45	139.0～313.0
		双鸭山农场	1 835	203.8	61.0	29.93	97.0～302.0
		宝山农场	788	201.7	52.3	25.94	117.0～287.2
		曙光农场	1 452	171.8	54.1	31.51	93.2～274.0
		江川农场	2 570	154.7	45.0	29.11	88.0～235.0
		红旗岭农场	2 503	160.1	57.7	36.05	81.0～273.0
		饶河农场	3 878	159.7	47.5	29.74	91.0～245.0
	建三江分公司	七星农场	6 211	175.2	59.3	33.87	93.0～289.0
		二道河农场	2 785	191.7	58.1	30.28	105.0～296.0
		八五九农场	5 457	186.8	61.7	33.02	96.0～295.0
		创业农场	3 792	186.1	52.3	28.10	100.0～274.0
		前哨农场	4 171	161.1	56.9	35.30	76.0～274.0
		前进农场	4 331	199.2	59.2	29.72	113.0～304.0
		前锋农场	6 546	197.5	62.3	31.56	98.0～302.0
		勤得利农场	6 720	181.6	56.1	30.87	96.0～285.0
		大兴农场	6 198	142.4	42.4	29.77	83.0～221.5
		洪河农场	3 645	190.3	52.5	27.60	106.0～282.0
		浓江农场	4 680	165.4	63.0	38.09	76.0～285.0
		红卫农场	3 311	173.8	50.1	28.82	104.0～272.5

省份 （垦区）	属地	下辖区域 （单位）	样本数 （个）	平均值 （mg/kg）	标准差	变异系数 （%）	5%～95%范围 （mg/kg）
北大荒农垦集团有限公司	建三江分公司	胜利农场	4 492	160.6	55.8	34.75	85.1～271.0
		青龙山农场	3 646	172.3	59.8	34.71	92.0～290.0
		鸭绿河农场	3 567	191.5	58.3	30.44	105.0～295.0
	九三分公司	七星泡农场	4 613	248.7	44.1	17.72	172.0～314.0
		大西江农场	1 588	214.2	49.9	23.31	153.0～298.0
		嫩北农场	3 722	222.9	43.1	19.32	153.0～299.0
		嫩江农场	5 757	300.0	18.9	6.29	269.0～323.0
		尖山农场	3 149	212.7	47.4	22.29	139.0～296.0
		山河农场	3 111	243.1	51.0	21.00	151.0～312.0
		建边农场	4 206	251.9	42.7	16.97	173.0～316.0
		红五月农场	3 249	150.9	38.7	25.65	99.0～223.0
		荣军农场	3 519	157.4	36.3	23.04	103.0～217.0
		鹤山农场	4 791	199.0	39.8	19.98	139.0～263.0
		哈拉海农场	259	216.3	54.5	25.20	124.0～283.0
	牡丹江分公司	云山农场	5 164	148.3	46.4	31.28	91.0～245.0
		八五〇农场	4 296	139.9	52.7	37.65	70.0～242.0
		八五一一农场	2 825	180.4	59.8	33.16	82.3～285.0
		八五七农场	5 294	166.9	54.4	32.58	90.0～270.0
		八五五农场	4 634	134.1	49.8	37.12	63.0～228.0
		八五八农场	3 608	169.9	59.1	34.81	83.0～286.5
		八五六分公司	4 916	160.2	58.7	36.66	77.9～276.0
		八五四农场	7 051	160.6	55.0	34.26	80.0～268.0
		兴凯湖分公司	4 744	215.6	63.2	29.31	114.0～312.0
		宁安农场	1 169	217.9	61.1	28.02	111.0～310.0
		庆丰分公司	3 165	193.5	43.3	22.40	108.0～253.0
		海林农场	821	206.5	57.7	27.92	116.4～303.0
		八五一〇农场	1 068	193.3	64.5	33.38	96.0～297.0
	齐齐哈尔分公司	克山农场	4 379	233.6	44.2	18.93	159.0～304.0
		查哈阳农场	5 508	246.6	40.2	16.32	186.0～317.0
	绥化分公司	嘉荫农场	2 845	160.3	36.7	22.89	110.0～232.0
		海伦农场	1 070	171.6	36.4	21.20	123.5～243.0
		红光农场	974	160.2	34.3	21.42	116.0～224.0
		绥棱农场	1 082	180.9	40.7	22.50	123.0～256.0

县级土壤速效钾

省份 （垦区）	属地	下辖区域 （单位）	样本数 （个）	平均值 （mg/kg）	标准差	变异系数 （%）	5%～95%范围 （mg/kg）
上海市	市辖区	闵行区	24	181.1	71.0	39.21	108.3～275.8
		宝山区	10	208.1	64.4	30.93	130.4～310.4
		嘉定区	290	151.6	77.1	50.85	68.4～336.2
		浦东新区	20	270.8	94.4	34.88	127.0～364.1
		金山区	350	165.6	80.4	48.56	45.3～340.0
		松江区	341	162.8	63.5	38.98	92.0～275.0
		青浦区	157	149.2	48.0	32.15	92.8～224.2
		奉贤区	124	173.8	71.3	41.02	98.2～305.9
		崇明区	1 783	136.9	84.2	61.54	52.0～341.9

县级土壤速效钾

省份（垦区）	属地	下辖区域（单位）	样本数（个）	平均值（mg/kg）	标准差	变异系数（%）	5%～95%范围（mg/kg）
江苏省	南京市	浦口区	495	160.4	68.6	42.74	80.0～300.0
		江宁区	1 173	149.1	67.7	45.45	75.0～288.2
		六合区	778	146.9	57.9	39.41	75.0～261.0
		溧水区	691	131.7	57.8	43.92	65.5～253.0
		高淳区	1 434	123.5	59.0	47.78	58.0～238.3
	无锡市	锡山区	78	123.8	46.3	37.38	66.6～210.4
		惠山区	73	166.8	117.0	70.11	55.2～403.2
		江阴市	1 492	119.4	61.2	51.24	49.6～249.9
		宜兴市	831	149.1	71.9	48.21	68.0～312.0
	徐州市	贾汪区	376	99.3	51.4	51.75	54.0～164.2
		铜山区	1 286	154.5	60.4	39.12	66.0～261.0
		丰县	847	130.5	61.5	47.11	62.3～251.7
		沛县	1 039	122.5	64.4	52.53	44.0～239.1
		睢宁县	1 024	141.5	73.7	52.08	53.0～284.7
		新沂市	939	148.0	62.2	42.01	70.9～263.0
		邳州市	1 261	177.4	70.2	39.57	83.0～302.0
	常州市	新北区	310	107.3	49.4	46.01	52.0～229.4
		武进区	979	168.9	76.2	45.13	88.0～338.0
		金坛区	995	147.3	62.3	42.26	74.7～265.6
		溧阳市	773	121.3	58.7	48.37	47.0～219.0
	苏州市	相城区	77	146.7	50.7	34.53	101.0～233.0
		吴江区	629	144.6	50.7	35.03	71.0～229.8
		常熟市	1 054	135.8	51.0	37.55	68.0～223.3
		张家港市	740	110.7	56.4	50.99	51.0～217.0
		昆山市	657	134.6	44.7	33.23	83.0～204.2
		太仓市	798	145.9	58.3	39.96	72.0～267.2
	南通市	通州区	1 391	116.8	51.3	43.93	56.0～207.0
		海门区	460	115.6	63.2	54.64	48.0～231.1
		如东县	808	121.0	49.7	41.07	64.0～206.0
		启东市	1 077	119.5	56.0	46.84	52.8～223.0
		如皋市	1 328	83.1	38.3	46.06	39.0～151.6
		海安市	1 297	107.1	41.5	38.74	60.0～182.0
	连云港市	海州区	525	272.3	84.9	31.18	132.2～420.0
		赣榆区	978	131.7	80.0	60.76	45.0～305.0

省份 （垦区）	属地	下辖区域 （单位）	样本数 （个）	平均值 （mg/kg）	标准差	变异系数 （%）	5%～95%范围 （mg/kg）
江苏省	连云港市	东海县	972	157.1	74.3	47.27	65.6～303.4
		灌云县	859	270.5	80.5	29.75	157.0～414.1
		灌南县	536	211.6	79.2	37.45	95.0～351.5
	淮安市	淮安区	608	217.7	88.6	40.71	79.0～373.0
		淮阴区	651	118.2	67.9	57.44	48.0～257.0
		洪泽区	1 401	211.1	77.2	36.59	131.0～368.0
		涟水县	1 360	117.7	78.3	66.52	35.0～278.0
		盱眙县	1 106	170.5	64.1	37.63	88.2～287.8
		金湖县	692	228.8	69.7	30.46	120.6～354.4
	盐城市	亭湖区	717	205.1	74.2	36.18	104.0～337.2
		盐都区	910	155.5	63.1	40.59	76.0～278.5
		大丰区	1 707	147.9	58.7	39.66	67.3～252.0
		响水县	925	203.2	110.0	54.12	52.0～377.0
		滨海县	1 138	159.6	57.1	35.74	91.0～271.1
		阜宁县	1 371	103.4	27.1	26.17	68.0～158.0
		射阳县	1 251	159.6	52.6	32.93	89.0～257.0
		建湖县	660	198.4	59.1	29.78	125.0～316.0
		东台市	1 277	103.9	41.8	40.23	51.0～176.4
	扬州市	邗江区	586	63.3	54.8	86.58	9.2～163.0
		江都区	1 124	99.6	42.2	42.40	48.0～182.0
		宝应县	1 304	169.7	50.3	29.61	101.0～260.0
		仪征市	1 866	108.2	43.6	40.26	58.0～186.0
		高邮市	939	136.0	48.5	35.70	73.0～219.2
	镇江市	京口区	64	105.5	39.9	37.79	63.0～198.5
		丹徒区	562	131.5	62.1	47.26	65.0～244.8
		丹阳市	1 112	94.2	47.0	49.88	36.0～182.0
		扬中市	785	107.7	41.1	38.18	58.2～178.0
		句容市	783	122.9	64.5	52.49	56.0～267.6
	泰州市	海陵区	376	148.8	72.9	49.00	41.8～270.5
		高港区	374	107.1	55.3	51.63	44.0～202.1
		姜堰区	611	123.9	65.5	52.84	40.0～255.5
		兴化市	1 567	153.8	45.4	29.52	93.0～236.7
		靖江市	774	82.6	27.5	33.25	51.0～130.3

省份 （垦区）	属地	下辖区域 （单位）	样本数 （个）	平均值 （mg/kg）	标准差	变异系数 （％）	5％～95％范围 （mg/kg）
江苏省	泰州市	泰兴市	1 010	102.1	47.8	46.85	46.4～189.2
	宿迁市	宿城区	594	116.1	68.9	59.32	41.0～255.0
		宿豫区	1 289	141.6	73.7	52.06	56.0～286.0
		沭阳县	1 132	198.7	84.7	42.63	82.0～354.9
		泗阳县	868	106.7	62.1	58.21	36.4～228.0
		泗洪县	1 016	181.8	72.6	39.92	85.0～325.2

县级土壤速效钾

省份（垦区）	属地	下辖区域（单位）	样本数（个）	平均值（mg/kg）	标准差	变异系数（%）	5%～95%范围（mg/kg）
浙江省	杭州市	上城区	379	97.2	59.3	61.07	34.0～196.2
		西湖区	36	116.0	71.6	61.75	38.0～233.8
		萧山区	701	105.1	67.0	63.77	40.0～237.0
		余杭区	557	119.4	86.1	72.16	39.8～298.2
		富阳区	2 109	108.4	78.5	72.41	34.0～273.0
		临安区	438	113.4	84.9	74.84	38.0～313.0
		桐庐县	791	107.4	74.6	69.52	30.5～264.5
		淳安县	615	138.4	60.3	43.60	82.0～234.0
		建德市	804	122.5	80.7	65.93	34.2～273.0
	宁波市	海曙区	271	186.8	98.0	52.49	64.0～383.5
		江北区	210	158.8	96.5	60.78	53.9～372.5
		北仑区	532	143.9	81.4	56.58	60.0～309.4
		镇海区	95	321.3	129.4	40.27	123.7～493.6
		鄞州区	1 200	186.0	85.8	46.13	79.0～360.2
		奉化区	908	125.9	71.8	57.03	35.0～258.0
		象山县	106	236.2	125.2	53.00	98.8～459.8
		宁海县	882	149.4	121.3	81.20	31.0～384.9
		余姚市	471	124.4	67.7	54.44	47.5～249.5
		慈溪市	1 485	158.0	93.9	59.41	57.0～369.0
	温州市	鹿城区	172	94.8	68.5	72.26	37.0～246.4
		龙湾区	130	254.3	93.6	36.82	107.4～411.9
		瓯海区	205	147.1	93.6	63.61	44.0～324.0
		永嘉县	157	83.6	57.0	68.14	26.0～186.4
		平阳县	430	116.1	80.9	69.69	32.0～293.0
		苍南县	849	110.9	68.1	61.41	35.0～253.2
		文成县	722	88.8	52.7	59.30	28.1～180.9
		泰顺县	676	88.7	61.9	69.80	28.0～202.8
		瑞安市	426	120.2	84.3	70.16	31.0～311.2
		乐清市	443	136.1	86.1	63.24	40.2～310.6
	嘉兴市	南湖区	1 251	225.5	91.3	40.47	103.0～395.0
		秀洲区	610	154.9	53.2	34.33	85.0～234.5
		嘉善县	834	180.7	85.1	47.11	93.0～380.7
		海盐县	1 467	139.9	76.5	54.69	65.3～294.0
		海宁市	725	164.2	91.3	55.57	65.0～358.8

省份 （垦区）	属地	下辖区域 （单位）	样本数 （个）	平均值 （mg/kg）	标准差	变异系数 （%）	5%～95%范围 （mg/kg）
浙江省	嘉兴市	平湖市	1 090	153.7	75.6	49.18	42.0～276.5
		桐乡市	424	180.6	108.6	60.11	61.0～429.3
	湖州市	吴兴区	2 137	124.2	82.9	66.76	40.0～308.6
		南浔区	661	151.9	80.0	52.62	65.0～338.0
		德清县	962	159.2	88.9	55.86	54.0～351.0
		长兴县	1 674	112.6	84.2	74.81	37.0～293.8
		安吉县	1 873	105.0	68.8	65.50	39.0～254.0
	绍兴市	越城区	326	173.0	81.1	46.89	75.2～336.0
		柯桥区	467	149.4	75.5	50.53	47.0～281.8
		上虞区	1 169	104.4	57.9	55.48	36.4～211.6
		新昌县	422	107.4	79.7	74.15	27.0～276.7
		诸暨市	4 269	119.2	55.3	46.37	54.0～225.2
		嵊州市	32	61.7	17.7	28.73	39.6～90.0
	金华市	婺城区	1 308	137.6	61.5	44.71	57.0～225.0
		金东区	2 340	126.3	52.2	41.28	54.0～199.0
		武义县	1 953	111.5	53.1	47.62	51.0～194.0
		浦江县	801	96.6	44.9	46.46	53.0～176.0
		磐安县	1 247	131.7	82.2	62.39	52.0～281.0
		兰溪市	3 504	159.3	44.7	28.07	64.2～200.0
		义乌市	1 146	149.9	56.8	37.91	59.0～226.0
		东阳市	1 355	92.6	46.9	50.63	51.0～187.0
		永康市	1 300	154.5	44.9	29.03	56.0～198.1
	衢州市	柯城区	550	174.7	104.1	59.57	59.0～389.0
		衢江区	185	145.0	89.9	61.98	52.8～336.8
		常山县	180	139.8	67.4	48.24	64.0～259.2
		开化县	349	100.3	53.9	53.78	41.4～208.4
		龙游县	3 054	90.5	57.8	63.86	42.0～201.0
		江山市	794	124.2	75.4	60.69	41.0～282.3
	舟山市	定海区	165	141.8	90.3	63.70	49.0～307.4
		普陀区	153	223.2	99.3	44.50	85.0～416.4
		岱山县	143	195.4	105.2	53.86	55.2～419.7
	台州市	椒江区	411	221.5	99.5	44.91	80.0～400.0
		黄岩区	395	118.7	62.3	52.49	39.0～244.2

省份 （垦区）	属地	下辖区域 （单位）	样本数 （个）	平均值 （mg/kg）	标准差	变异系数 （%）	5%～95%范围 （mg/kg）
浙江省	台州市	路桥区	290	242.0	111.2	45.97	95.2～466.3
		三门县	12	199.0	108.7	54.60	100.0～345.0
		天台县	1 035	107.9	80.2	74.34	40.0～280.0
		仙居县	1 330	93.1	39.9	42.81	43.0～174.1
		温岭市	1 335	217.4	113.8	52.36	65.7～435.3
		临海市	607	161.8	109.0	67.32	36.3～372.0
		玉环市	106	231.8	103.6	44.71	88.8～432.8
	丽水市	莲都区	760	116.5	82.3	70.64	24.0～275.2
		青田县	1 036	105.4	91.3	86.62	20.0～291.0
		缙云县	746	157.1	93.7	59.62	35.2～326.0
		遂昌县	1 246	81.1	41.4	51.10	32.0～158.8
		松阳县	568	113.9	80.2	70.38	30.0～288.2
		云和县	86	91.5	78.0	85.26	23.0～242.5
		庆元县	964	96.7	76.5	79.10	16.0～255.8
		景宁畲族自治县	549	91.1	62.0	68.03	22.0～218.2
		龙泉市	924	97.4	60.0	61.61	28.0～205.0

县级土壤速效钾

省份（垦区）	属地	下辖区域（单位）	样本数（个）	平均值（mg/kg）	标准差	变异系数（%）	5%～95%范围（mg/kg）
安徽省	合肥市	包河区	461	183.3	82.1	44.82	60.0～326.0
		长丰县	1 187	138.2	51.2	37.05	58.6～226.0
		肥东县	1 258	137.2	51.8	37.76	68.0～235.0
		肥西县	1 111	151.3	66.3	43.86	64.5～288.5
		庐江县	814	99.2	54.1	54.56	44.0～205.7
		巢湖市	840	123.6	50.7	41.01	56.0～209.0
	芜湖市	湾沚区	1 124	94.0	43.8	46.62	39.0～182.8
		繁昌区	371	104.1	64.3	61.73	46.0～259.0
		南陵县	416	105.7	47.5	44.96	43.8～191.0
		无为市	807	104.1	48.0	46.11	42.0～193.7
	蚌埠市	淮上区	354	177.7	57.1	32.15	106.6～296.0
		怀远县	2 412	160.3	61.7	38.48	79.0～285.0
		五河县	2 120	151.8	54.9	36.20	82.0～267.0
		固镇县	1 531	163.4	54.5	33.36	85.0～269.0
	淮南市	潘集区	583	225.6	73.2	32.46	96.0～337.9
		凤台县	1 349	157.9	52.4	33.20	84.4～260.0
		寿县	2 023	121.2	41.2	34.02	72.0～199.9
	马鞍山市	当涂县	279	89.0	28.1	31.55	52.0～140.1
		含山县	841	119.9	41.1	34.30	64.0～196.0
		和县	1 466	134.5	55.1	40.93	53.0～235.8
	淮北市	濉溪县	1 615	175.6	72.6	41.35	75.0～310.3
	铜陵市	义安区	613	83.0	33.2	40.01	49.0～150.0
		枞阳县	1 333	118.6	54.7	46.16	46.0～221.0
	安庆市	怀宁县	784	81.0	35.8	44.18	37.0～150.0
		太湖县	1 471	77.4	57.8	74.59	30.0～212.5
		宿松县	1 289	103.1	60.3	58.43	36.0～230.4
		望江县	532	80.2	41.4	51.66	45.0～160.4
		岳西县	1 139	73.2	64.9	88.79	13.9～228.0
		桐城市	391	121.0	64.4	53.24	42.0～246.0
		潜山市	1 487	67.9	42.0	61.82	23.3～151.0
	黄山市	屯溪区	38	110.7	77.9	70.40	28.7～261.2
		黄山区	422	104.8	53.3	50.88	39.0～208.0
		徽州区	40	66.9	41.0	61.26	23.0～111.3
		歙县	1 635	86.2	55.8	64.72	29.0～200.0

省份 （垦区）	属地	下辖区域 （单位）	样本数 （个）	平均值 （mg/kg）	标准差	变异系数 （%）	5%～95%范围 （mg/kg）
安徽省	黄山市	休宁县	1 055	76.6	43.9	57.31	35.0～153.3
		黟县	502	86.0	60.7	70.56	23.0～208.0
		祁门县	1 428	96.6	60.8	62.97	31.0～220.6
	滁州市	南谯区	297	140.5	48.8	34.70	79.8～237.8
		来安县	468	140.4	48.4	34.43	73.4～230.0
		全椒县	801	140.0	59.4	42.46	57.0～243.0
		定远县	1 555	135.4	51.4	37.98	62.0～226.0
		凤阳县	1 544	122.8	52.0	42.36	58.0～220.0
		天长市	2 130	132.2	45.8	34.65	71.0～220.0
		明光市	1 856	136.3	58.0	42.54	58.0～246.0
	阜阳市	颍州区	408	125.4	15.6	12.42	108.0～158.0
		颍东区	168	203.6	38.2	18.78	152.0～281.0
		颍泉区	652	167.4	55.7	33.26	97.6～283.9
		临泉县	293	132.2	35.8	27.07	82.0～194.2
		太和县	1 676	225.2	53.1	23.59	139.8～317.0
		阜南县	530	148.8	39.8	26.72	89.4～223.0
		颍上县	242	173.1	61.4	35.47	89.0～307.6
		界首市	1 810	176.5	61.0	34.55	91.4～293.5
	宿州市	埇桥区	2 633	162.9	65.5	40.20	76.0～291.8
		砀山县	1 699	127.8	45.4	35.55	66.0～205.0
		萧县	1 252	158.8	68.9	43.35	66.0～282.0
		灵璧县	2 180	153.7	63.3	41.17	75.0～286.0
		泗县	1 538	170.1	65.4	38.44	85.9～294.0
	六安市	金安区	1 203	105.5	54.1	51.35	35.1～206.9
		裕安区	1 019	84.5	44.2	52.35	36.0～173.5
		叶集区	600	104.0	33.8	32.53	62.0～170.0
		霍邱县	3 799	137.7	58.2	42.24	79.0～285.0
		舒城县	1 367	79.1	37.4	47.28	44.0～154.0
		金寨县	300	71.5	54.5	76.21	17.0～173.3
		霍山县	1 183	84.5	52.6	62.27	30.0～194.8
	亳州市	谯城区	776	234.4	62.1	26.48	128.0～336.0
		涡阳县	1 527	180.6	57.8	31.98	100.0～284.7
		蒙城县	1 183	155.8	46.2	29.65	100.0～249.0

省份（垦区）	属地	下辖区域（单位）	样本数（个）	平均值（mg/kg）	标准差	变异系数（%）	5%～95%范围（mg/kg）
安徽省	亳州市	利辛县	1 031	168.7	48.1	28.53	103.0～257.0
	池州市	贵池区	1 007	98.3	62.5	63.52	32.0～239.4
		东至县	492	101.7	45.4	44.64	45.0～169.9
		石台县	51	123.5	76.3	61.82	56.5～306.0
		青阳县	426	110.3	53.3	48.35	52.0～203.8
	宣城市	宣州区	3 087	88.6	31.4	35.41	46.0～145.0
		郎溪县	658	97.6	41.2	42.20	47.0～176.4
		泾县	770	89.0	54.5	61.24	32.0～196.6
		绩溪县	500	80.7	50.1	62.11	29.0～189.3
		旌德县	292	81.6	56.2	68.82	27.6～189.7
		宁国市	427	146.0	51.4	35.17	69.0～238.0
		广德市	184	103.0	47.6	46.18	46.0～198.5

县级土壤速效钾

省份（垦区）	属地	下辖区域（单位）	样本数（个）	平均值（mg/kg）	标准差	变异系数（%）	5%～95%范围（mg/kg）
福建省	福州市	马尾区	40	161.4	75.2	46.55	53.8～275.4
		晋安区	224	100.8	58.4	57.93	33.0～209.7
		长乐区	426	126.6	78.7	62.20	29.0～284.8
		闽侯县	462	123.4	80.7	65.40	26.0～275.7
		连江县	602	80.3	57.2	71.28	26.0～184.0
		罗源县	487	77.6	66.8	86.16	20.0～230.1
		闽清县	936	82.5	56.7	68.71	25.0～190.8
		永泰县	146	103.3	73.4	71.04	27.0～243.2
		平潭县	40	59.7	48.6	81.42	23.8～173.8
		福清市	616	97.3	84.4	86.78	22.0～299.2
	莆田市	城厢区	603	115.9	70.3	60.67	35.1～270.8
		涵江区	117	117.3	79.5	67.76	26.6～263.6
		荔城区	687	128.3	75.4	58.79	28.3～270.0
		秀屿区	807	65.2	52.7	80.93	14.0～170.4
		仙游县	1 415	101.6	74.8	73.61	25.0～265.6
	三明市	三元区	770	104.5	73.3	70.20	29.0～252.0
		沙县区	432	94.4	68.5	72.58	20.6～248.3
		明溪县	351	71.3	44.1	61.80	28.0～159.0
		清流县	399	52.1	39.7	76.20	18.0～144.3
		宁化县	770	73.7	41.4	56.18	28.0～149.0
		大田县	193	114.4	76.9	67.22	31.6～269.0
		尤溪县	539	111.5	64.9	58.23	30.0～230.0
		将乐县	396	87.3	54.0	61.92	23.0～187.2
		泰宁县	655	98.5	61.5	62.48	28.0～214.0
		建宁县	348	69.8	56.3	80.68	14.0～188.0
		永安市	36	121.3	88.9	73.30	33.0～296.8
	泉州市	鲤城区	51	184.0	108.7	59.08	35.0～346.0
		丰泽区	56	143.6	80.7	56.22	39.0～313.2
		洛江区	94	94.3	74.2	78.68	29.0～258.3
		泉港区	203	103.8	73.2	70.50	25.1～236.7
		惠安县	713	102.0	79.6	78.03	20.0～260.2
		安溪县	550	75.7	43.8	57.90	26.4～162.6
		永春县	438	79.1	63.2	79.89	19.0～210.6
		德化县	473	128.7	82.7	64.29	24.0～272.8

省份 （垦区）	属地	下辖区域 （单位）	样本数 （个）	平均值 （mg/kg）	标准差	变异系数 （%）	5%～95%范围 （mg/kg）
福建省	泉州市	石狮市	140	106.8	92.9	86.95	20.0～307.2
		晋江市	133	123.2	84.0	68.18	27.4～297.2
		南安市	1 067	81.5	63.5	77.99	18.3～208.7
	漳州市	芗城区	130	131.4	84.4	64.22	26.4～305.3
		龙文区	53	147.0	96.2	65.47	41.4～330.2
		龙海区	289	194.7	87.3	44.81	48.2～325.6
		长泰区	351	123.2	75.4	61.23	34.0～273.0
		云霄县	785	102.6	61.1	59.53	34.0～232.6
		漳浦县	407	87.0	75.6	86.94	13.0～257.0
		诏安县	442	70.0	60.9	86.94	14.0～216.9
		东山县	191	60.1	47.7	79.41	17.0～165.5
		南靖县	327	114.2	75.6	66.17	25.3～264.3
		平和县	234	128.1	71.4	55.74	39.3～270.7
		华安县	478	79.4	56.1	70.68	20.8～194.1
	南平市	延平区	732	87.0	65.9	75.71	20.0～221.0
		建阳区	419	95.4	55.7	58.39	29.0～200.0
		顺昌县	603	73.7	56.0	75.99	17.0～190.9
		浦城县	1 232	80.1	46.1	57.52	28.0～161.5
		光泽县	275	92.7	50.9	54.92	33.0～194.3
		松溪县	519	83.1	51.4	61.83	31.0～185.0
		政和县	305	109.5	43.6	39.77	47.8～188.8
		邵武市	423	64.9	48.1	74.14	20.0～158.5
		武夷山市	539	80.7	52.2	64.69	29.9～187.5
		建瓯市	651	90.5	68.5	75.63	20.5～266.0
	龙岩市	新罗区	491	122.5	70.3	57.36	34.5～255.5
		永定区	1 405	70.0	33.5	47.81	34.0～133.0
		长汀县	372	88.2	52.8	59.91	40.0～182.9
		上杭县	571	74.2	55.2	74.41	23.0～193.5
		武平县	1 132	92.5	56.1	60.66	29.0～209.5
		连城县	487	92.3	63.5	68.73	29.0～224.0
		漳平市	832	100.2	63.6	63.45	29.0～226.0
	宁德市	蕉城区	705	92.2	73.9	80.10	17.3～254.6
		霞浦县	361	74.3	69.5	93.61	14.0～224.0

省份 （垦区）	属地	下辖区域 （单位）	样本数 （个）	平均值 （mg/kg）	标准差	变异系数 （%）	5%～95%范围 （mg/kg）
福建省	宁德市	古田县	485	72.2	57.9	80.19	22.0～185.6
		屏南县	354	83.4	57.1	68.50	29.0～200.1
		寿宁县	484	66.0	48.1	72.93	23.2～156.4
		周宁县	602	79.3	62.8	79.23	20.0～211.8
		柘荣县	424	105.4	68.5	65.03	27.0～250.5
		福安市	783	82.3	65.1	79.12	21.0～221.8
		福鼎市	265	44.6	24.4	54.69	22.0～94.6

县级土壤速效钾

省份（垦区）	属地	下辖区域（单位）	样本数（个）	平均值（mg/kg）	标准差	变异系数（%）	5%～95%范围（mg/kg）
江西省	南昌市	青山湖区	240	111.2	42.3	38.01	48.0～181.0
		新建区	1 591	115.5	47.1	40.78	54.0～200.0
		南昌县	1 502	117.7	50.8	43.13	52.0～217.0
		安义县	796	72.9	60.7	83.32	11.0～201.2
		进贤县	729	155.6	53.0	34.09	74.4～247.2
	景德镇市	昌江区	29	113.2	45.4	40.10	57.0～177.6
		浮梁县	1 084	104.6	47.8	45.68	46.0～205.5
		乐平市	47	125.8	60.2	47.87	35.9～230.1
	萍乡市	湘东区	342	88.0	44.1	50.06	28.0～177.0
		莲花县	361	108.8	52.6	48.33	36.0～217.0
		上栗县	1 178	77.4	65.6	84.82	5.0～202.0
		芦溪县	1 206	118.3	49.9	42.16	50.2～216.0
	九江市	濂溪区	29	79.7	50.7	63.69	34.0～149.2
		柴桑区	301	121.3	54.7	45.12	45.0～220.0
		武宁县	646	104.4	38.4	36.75	48.2～171.0
		修水县	447	139.5	49.3	35.34	74.0～231.4
		永修县	48	117.2	35.3	30.13	57.4～161.6
		德安县	425	98.5	39.1	39.70	48.0～176.8
		都昌县	535	75.4	35.9	47.61	39.0～161.8
		湖口县	1 159	101.8	39.3	38.56	47.0～177.3
		彭泽县	620	116.6	57.9	49.67	37.0～220.0
		瑞昌市	942	106.1	45.0	42.41	50.0～202.9
		共青城市	25	107.8	25.4	23.60	67.0～139.8
		庐山市	16	145.2	45.8	31.55	72.2～211.8
	新余市	渝水区	584	105.3	51.0	48.43	42.0～202.9
		分宜县	1 177	92.3	47.8	51.79	36.0～189.2
	鹰潭市	余江区	1 521	128.7	28.6	22.23	77.0～171.0
		贵溪市	300	90.0	34.4	38.24	45.0～141.0
	赣州市	赣县区	318	56.2	32.3	57.54	25.0～125.7
		信丰县	49	93.9	44.1	46.91	42.8～190.0
		大余县	352	93.4	48.6	52.08	42.0～186.3
		崇义县	134	94.7	37.5	39.63	47.3～161.0
		定南县	706	129.3	51.4	39.77	63.0～237.8
		全南县	321	118.6	35.4	29.84	66.0～177.0

省份 （垦区）	属地	下辖区域 （单位）	样本数 （个）	平均值 （mg/kg）	标准差	变异系数 （%）	5%～95%范围 （mg/kg）
江西省	赣州市	宁都县	314	75.5	44.9	59.41	18.0～165.7
		于都县	603	111.9	48.4	43.26	43.1～208.0
		兴国县	293	79.0	27.5	34.85	36.0～125.4
		会昌县	528	99.5	34.9	35.09	55.0～151.3
		寻乌县	709	102.4	41.6	40.56	45.4～174.6
		瑞金市	329	100.0	32.7	32.67	53.4～163.0
		龙南市	721	102.0	38.2	37.42	50.0～169.0
	吉安市	吉州区	1 125	80.0	38.0	47.48	32.2～149.0
		青原区	406	106.0	37.3	35.15	48.2～171.0
		吉安县	1 302	95.3	39.9	41.83	36.0～167.0
		吉水县	392	65.1	36.6	56.23	21.0～130.5
		峡江县	858	127.8	55.5	43.46	44.0～225.0
		新干县	320	142.7	31.2	21.84	102.0～195.0
		永丰县	917	74.6	32.7	43.84	30.0～129.0
		泰和县	368	113.8	39.2	34.44	61.0～193.0
		遂川县	464	70.2	36.3	51.68	26.0～140.8
		万安县	756	89.1	47.5	53.35	30.0～179.5
		安福县	912	108.5	56.3	51.89	42.0～229.0
		永新县	531	107.9	55.7	51.61	39.0～213.5
		井冈山市	489	107.9	39.4	36.52	44.0～175.0
	宜春市	袁州区	1 575	86.0	50.1	58.24	27.0～190.0
		奉新县	342	73.1	36.7	50.23	36.0～132.8
		万载县	220	140.2	60.0	42.82	53.9～255.0
		上高县	714	108.4	47.5	43.82	52.0～204.4
		宜丰县	371	93.8	35.1	37.41	42.5～151.5
		靖安县	630	104.9	45.4	43.28	42.0～179.5
		铜鼓县	317	97.4	47.5	48.81	36.0～186.0
		丰城市	1 483	108.5	55.1	50.78	38.0～221.0
		樟树市	596	112.2	53.3	47.53	44.0～220.2
		高安市	1 201	54.3	25.4	46.75	20.0～98.0
	抚州市	临川区	1 151	122.0	38.8	31.80	67.0～189.0
		东乡区	506	144.8	55.7	38.44	62.0～242.0
		南丰县	689	107.5	39.2	36.49	51.0～179.2

省份 （垦区）	属地	下辖区域 （单位）	样本数 （个）	平均值 （mg/kg）	标准差	变异系数 （%）	5%～95%范围 （mg/kg）
江西省	抚州市	崇仁县	738	96.3	34.6	35.95	43.8～155.0
		乐安县	353	110.8	45.5	41.04	39.0～185.8
		宜黄县	320	128.5	54.9	42.77	47.9～238.0
		资溪县	1 051	93.3	42.0	45.07	42.0～174.5
		广昌县	341	114.3	33.8	29.60	63.0～165.0
	上饶市	信州区	30	108.6	49.9	45.95	41.5～173.1
		广丰区	836	101.9	48.2	47.26	40.0～201.0
		广信区	450	98.8	48.4	49.05	36.4～198.0
		玉山县	1 151	83.5	50.8	60.88	7.0～171.5
		铅山县	512	102.1	36.5	35.75	51.0～157.4
		横峰县	260	94.1	23.9	25.40	61.0～139.0
		弋阳县	1 083	85.2	50.7	59.47	37.0～183.0
		余干县	1 204	111.7	53.4	47.85	37.0～186.0
		鄱阳县	29	126.2	59.8	47.40	61.4～246.6
		万年县	1 210	104.4	47.8	45.82	43.0～201.0
		婺源县	630	93.6	39.0	41.64	40.4～165.0
		德兴市	718	102.5	41.9	40.84	53.0～185.4

县级土壤速效钾

省份 （垦区）	属地	下辖区域 （单位）	样本数 （个）	平均值 （mg/kg）	标准差	变异系数 （%）	5%～95%范围 （mg/kg）
山东省	济南市	历城区	120	556.6	109.2	19.63	327.4～688.1
		商河县	1 375	227.8	95.1	41.76	102.0～412.4
		平阴县	1 474	205.5	80.1	39.01	109.0～367.0
		济阳区	947	235.8	126.0	53.44	80.6～489.2
		章丘区	1 032	179.8	80.6	44.84	81.9～329.1
		长清区	638	173.3	64.3	37.09	89.3～290.3
	青岛市	崂山区	61	258.0	108.4	42.03	103.5～482.6
		平度市	1 761	163.6	95.6	58.45	61.0～358.0
		胶南市	361	139.0	99.2	71.40	45.0～345.0
		胶州市	1 351	187.7	118.9	63.33	58.0～436.0
		莱西市	1 081	117.0	49.0	41.86	61.0～221.1
		黄岛区	545	115.9	78.7	67.91	51.0～292.0
		即墨区	1 128	127.8	76.8	60.07	49.7～284.3
	淄博市	临淄区	1 044	195.5	84.7	43.33	97.0～345.2
		博山区	350	161.7	80.5	49.76	84.0～282.8
		周村区	481	162.7	61.2	37.64	86.6～284.0
		张店区	200	185.7	69.4	37.39	105.4～317.1
		桓台县	1 935	203.6	74.8	36.76	97.0～345.2
		沂源县	673	252.7	141.5	56.00	91.0～554.5
		淄川区	1 076	153.8	53.2	34.62	96.1～249.9
		高青县	578	203.8	109.5	53.76	94.0～339.0
	枣庄市	台儿庄区	150	191.7	43.9	22.90	126.0～267.7
		山亭区	80	183.2	54.7	29.83	114.0～286.2
		峄城区	78	172.4	46.0	26.67	120.4～266.5
		市中区	34	139.1	44.1	31.70	89.0～218.0
		滕州市	200	175.2	66.8	38.12	93.9～276.0
		薛城区	73	175.5	54.4	31.02	112.8～276.0
	东营市	东营区	70	154.5	99.7	64.53	52.6～378.8
		利津县	796	145.8	71.3	48.92	47.7～277.4
		垦利区	240	175.8	83.7	47.58	70.0～316.0
		广饶县	150	203.5	101.6	49.94	114.8～451.0
		河口区	20	129.2	38.1	29.52	79.7～193.5
	烟台市	招远市	1 391	125.2	78.2	62.48	55.0～265.5
		栖霞市	595	199.2	114.4	57.41	76.0～471.7

（续）

省份 （垦区）	属地	下辖区域 （单位）	样本数 （个）	平均值 （mg/kg）	标准差	变异系数 （%）	5%～95%范围 （mg/kg）
山东省	烟台市	海阳市	1 057	138.2	78.6	56.91	53.0～280.4
		牟平区	704	168.7	91.9	54.48	63.0～339.0
		福山区	439	208.3	116.0	55.70	71.0～426.0
		莱山区	15	185.5	29.7	16.01	149.8～232.5
		莱州市	835	128.9	74.8	58.00	51.0～283.0
		蓬莱区	589	160.0	85.2	53.25	63.1～351.8
		龙口市	590	216.1	120.9	55.93	83.6～480.5
	潍坊市	临朐县	800	215.3	126.7	58.84	80.0～481.2
		坊子区	597	162.0	75.2	46.45	72.5～314.7
		安丘市	1 165	203.7	89.2	43.82	92.7～384.5
		寒亭区	350	217.0	72.2	33.28	117.5～347.5
		寿光市	771	246.2	135.7	55.10	94.2～539.0
		昌乐县	339	186.2	73.4	39.44	99.7～316.0
		昌邑市	1 200	200.7	70.1	34.95	96.0～300.0
		潍城区	120	169.1	54.8	32.41	88.0～274.5
		诸城市	1 090	159.5	75.1	47.07	74.0～295.0
		青州市	100	208.4	78.2	37.52	117.0～344.2
		高密市	200	159.4	59.7	37.48	83.0～277.1
	济宁市	任城区	500	178.9	85.2	47.65	85.3～355.4
		嘉祥县	1 055	183.1	71.9	39.25	88.0～318.0
		微山县	560	165.7	56.0	33.82	109.0～284.8
		曲阜市	739	120.8	67.8	56.07	59.6～235.8
		梁山县	995	181.9	74.6	41.00	81.0～326.1
		汶上县	908	166.5	73.0	43.87	74.5～316.6
		泗水县	495	138.4	65.4	47.23	53.0～252.9
		邹城市	636	152.6	78.1	51.22	56.7～313.5
		金乡县	649	231.4	79.0	34.15	119.4～383.0
		鱼台县	420	243.5	73.4	30.13	127.3～370.0
	泰安市	东平县	864	178.1	78.4	44.00	80.6～334.8
		宁阳县	784	116.3	46.6	40.10	50.0～208.1
		岱岳区	760	151.7	87.4	57.66	66.0～322.4
		新泰市	956	127.9	76.8	60.04	59.0～289.3
		泰山区	419	98.1	40.1	40.94	50.0～179.0

省份（垦区）	属地	下辖区域（单位）	样本数（个）	平均值（mg/kg）	标准差	变异系数（%）	5%～95%范围（mg/kg）
山东省	泰安市	肥城市	1 351	161.1	68.5	42.54	81.0～297.0
	威海市	乳山市	1 310	130.7	78.4	60.00	52.0～289.7
		文登区	764	132.3	74.8	56.53	51.0～270.4
		环翠区	30	86.7	23.1	26.67	50.0～119.7
		荣成市	719	116.6	60.6	51.98	52.0～239.0
	日照市	东港区	930	127.2	88.8	69.76	44.0～292.0
		岚山区	179	127.4	99.2	77.90	52.0～315.4
	莱芜市	莱城区	1 149	170.3	73.5	43.15	84.8～303.2
		钢城区	469	141.7	68.0	49.62	65.9～292.9
		高新区	57	100.7	32.4	32.18	60.0～156.0
	临沂市	临沭县	1 146	124.0	113.2	91.28	43.0～381.3
		兰山区	756	103.1	51.1	49.55	55.0～166.0
		平邑县	1 488	110.5	71.4	64.61	37.0～264.9
		沂南县	777	155.6	75.8	48.70	80.0～325.1
		沂水县	1 525	205.9	90.2	43.81	70.0～367.5
		河东区	621	147.8	72.2	48.84	55.3～291.5
		罗庄区	487	152.4	68.3	44.85	63.0～269.0
		兰陵县	1 626	172.7	89.6	51.90	65.0～340.0
		莒南县	1 165	102.3	50.3	49.21	52.0～191.0
		蒙阴县	616	163.1	96.8	59.35	50.8～356.4
		费县	1 359	118.9	65.0	54.50	45.5～244.2
		郯城县	1 044	116.1	61.8	53.27	52.0～232.0
	德州市	临邑县	961	194.3	101.5	52.24	73.9～407.0
		乐陵市	1 406	193.2	73.1	37.86	84.0～320.1
		夏津县	1 011	166.2	69.8	42.01	95.0～321.1
		宁津县	1 131	193.6	85.6	44.24	72.0～356.0
		平原县	1 356	162.1	62.2	38.39	71.6～277.6
		庆云县	730	205.9	80.2	38.94	106.0～369.9
		德城区	584	230.0	78.3	34.06	120.9～360.0
		武城县	1 160	147.4	71.8	48.74	83.0～330.8
		禹城市	1 447	204.6	90.1	44.05	82.0～371.0
		陵城区	1 201	229.6	90.4	39.37	117.0～389.0
		齐河县	1 295	189.6	89.5	47.21	86.4～360.0

（续）

省份（垦区）	属地	下辖区域（单位）	样本数（个）	平均值（mg/kg）	标准差	变异系数（%）	5%~95%范围（mg/kg）
山东省	聊城市	东昌府区	1 388	175.8	76.9	43.76	82.0~340.0
		东阿县	1 097	177.7	52.6	29.59	121.0~271.0
		临清市	1 286	163.5	72.1	44.07	74.0~304.0
		冠县	1 335	161.4	67.3	41.72	78.0~292.0
		茌平区	691	162.9	68.5	42.08	72.0~284.0
		莘县	1 344	190.8	101.5	53.18	80.0~416.3
		阳谷县	1 930	148.4	65.7	44.29	92.0~300.4
		高唐县	1 708	164.2	81.6	49.73	68.0~327.8
	滨州市	博兴县	936	199.8	72.7	36.37	98.0~332.0
		无棣县	860	161.0	86.6	53.75	66.0~338.9
		沾化区	658	191.7	88.0	45.91	84.0~362.8
		滨城区	769	177.5	69.6	39.23	86.0~286.0
		邹平市	481	165.2	98.8	59.79	68.0~406.0
		阳信县	513	157.6	63.0	39.98	86.0~286.0
	菏泽市	东明县	1 354	149.5	54.5	36.45	69.0~231.7
		单县	1 406	119.0	43.4	36.45	69.0~199.0
		定陶区	368	175.0	73.8	42.17	84.0~314.0
		巨野县	1 148	127.1	56.9	44.77	76.0~262.0
		成武县	1 215	132.3	44.6	33.74	76.6~217.0
		曹县	1 507	124.7	52.3	41.98	66.0~225.4
		牡丹区	1 594	167.3	91.9	54.95	66.5~346.0
		郓城县	1 148	136.7	69.3	50.70	63.0~271.4
		鄄城县	1 274	146.1	76.1	52.12	63.1~316.0

县级土壤速效钾

省份 （垦区）	属地	下辖区域 （单位）	样本数 （个）	平均值 （mg/kg）	标准差	变异系数 （%）	5%～95%范围 （mg/kg）
河南省	郑州市	上街区	38	232.7	86.6	37.23	91.2～380.8
		中原区	79	141.5	60.4	42.67	76.9～262.0
		中牟县	670	135.5	64.7	47.77	52.0～254.7
		二七区	23	103.0	43.9	42.65	76.0～184.6
		惠济区	128	145.6	84.4	57.96	61.4～319.1
		新密市	316	123.1	27.0	21.96	91.8～186.0
		新郑市	267	184.2	120.3	65.29	82.0～480.0
		登封市	129	128.3	40.5	31.59	83.0～213.0
		管城回族区	58	76.9	38.4	49.92	50.9～129.6
		荥阳市	559	168.6	66.4	39.41	94.0～298.1
		金水区	25	249.0	115.5	46.41	83.2～414.2
		巩义市	127	210.3	107.6	51.17	86.0～423.7
	开封市	兰考县	812	129.1	62.3	48.23	59.0～250.5
		尉氏县	447	161.8	84.9	52.45	86.0～339.0
		祥符区	476	276.0	172.7	62.58	104.9～617.2
		杞县	389	160.7	61.6	38.36	72.4～258.4
		禹王台区	63	110.3	59.8	54.21	51.5～233.2
		通许县	325	168.8	80.8	47.89	79.2～337.5
		金明区	93	110.8	73.8	66.59	38.0～258.4
		顺河回族区	11	118.5	43.5	36.67	76.5～198.0
		鼓楼区	55	67.6	26.1	38.59	36.0～108.8
		龙亭区	101	114.4	50.3	43.99	50.0～209.0
	洛阳市	伊川县	158	189.4	70.5	37.22	115.1～321.5
		偃师区	722	267.4	118.6	44.37	139.0～540.5
		孟津区	440	176.4	73.4	41.60	109.0～329.2
		嵩县	10	112.8	23.2	20.60	79.4～140.1
		新安县	483	200.5	89.3	44.55	117.0～386.2
		合并区	127	182.6	67.1	36.74	100.8～298.3
	平顶山市	卫东区	68	87.9	35.9	40.87	50.6～132.4
		叶县	534	113.2	41.0	36.22	60.0～185.4
		宝丰县	929	167.9	73.6	43.80	86.0～292.0
		新华区	103	98.1	46.5	47.41	50.5～168.6
		汝州市	925	200.0	87.7	43.82	95.0～373.0
		湛河区	163	85.7	34.5	40.25	45.1～153.0

省份 （垦区）	属地	下辖区域 （单位）	样本数 （个）	平均值 （mg/kg）	标准差	变异系数 （%）	5%～95%范围 （mg/kg）
河南省	平顶山市	舞钢市	97	124.7	50.7	40.65	71.6～214.0
		郏县	856	116.3	55.8	48.00	79.0～219.0
	安阳市	内黄县	859	142.0	86.2	60.71	49.0～325.0
		北关区	17	161.8	62.8	38.8	79.2～276.4
		安阳县	119	170.1	72.8	42.78	84.9～303.6
		林州市	447	129.7	48.7	37.54	68.0～220.1
		殷都区	38	193.9	76.5	39.47	97.6～342.6
		汤阴县	525	156.9	60.6	38.58	78.4～254.5
		滑县	1 142	143.6	82.7	57.6	65.0～318.0
		龙安区	40	142.2	31.2	21.91	110.7～209.1
	鹤壁市	山城区	15	159.0	65.0	40.87	87.8～266.3
		浚县	1 010	169.2	76.1	44.99	80.6～325.4
		淇县	523	239.7	95.1	39.65	110.9～374.0
		淇滨区	26	195.7	118.9	60.74	95.0～435.8
		鹤山区	23	170.2	97.6	57.36	96.5～405.3
	新乡市	卫辉市	317	197.4	92.0	46.59	100.0～393.3
		原阳县	232	163.3	102.9	63.02	52.9～369.0
		封丘县	459	286.0	180.7	63.19	83.9～630.6
		延津县	574	84.3	45.2	53.54	43.0～167.2
		新乡县	434	129.9	42.2	32.49	79.0～198.6
		获嘉县	669	201.1	89.5	44.51	94.3～384.7
		辉县市	661	152.1	62.3	40.96	62.0～256.0
		长垣市	609	145.1	81.5	56.20	64.0～291.8
		牧野区	10	231.7	121.7	52.53	102.4～397.4
		平原示范区	17	229.6	98.3	42.81	92.4～386.4
	焦作市	修武县	457	217.7	61.9	28.42	114.6～296.0
		博爱县	117	232.6	115.2	49.52	110.8～473.3
		孟州市	905	199.6	87.2	43.68	97.0～374.3
		山阳区	25	159.2	79.0	49.65	62.8～248.0
		武陟县	388	171.1	90.5	52.91	63.1～331.6
		沁阳市	936	259.6	119.2	45.91	110.1～502.7
		温县	670	211.0	96.6	44.96	85.0～410.9
		马村区	21	171.6	36.8	21.44	127.0～237.0

省份 （垦区）	属地	下辖区域 （单位）	样本数 （个）	平均值 （mg/kg）	标准差	变异系数 （%）	5%～95%范围 （mg/kg）
河南省	焦作市	高新区	91	197.5	81.9	41.44	91.1～362.0
	濮阳市	南乐县	781	117.9	65.7	55.75	53.0～247.4
		台前县	300	189.3	88.9	46.96	81.0～356.1
		清丰县	745	100.4	27.2	27.10	65.0～138.0
		濮阳县	1 413	118.9	27.4	23.04	80.6～169.0
		范县	304	101.0	37.2	36.80	60.0～168.7
		合并区	603	106.1	46.2	43.54	55.0～202.0
	许昌市	禹州市	296	148.5	72.7	48.97	86.0～281.0
		襄城县	844	147.3	49.3	33.46	87.3～243.0
		建安区	672	139.8	49.6	35.49	88.8～236.8
		鄢陵县	586	192.9	88.7	45.98	82.0～360.0
		长葛市	780	132.8	40.5	30.50	83.0～215.1
		魏都区	26	112.3	19.8	17.64	84.5～144.8
		东城区	263	107.4	23.1	21.53	77.0～153.9
		经济开发区	216	138.1	41.1	29.75	92.0～223.3
		示范区	74	153.8	33.5	21.75	114.3～222.1
	漯河市	临颍县	251	197.3	119.1	60.39	92.7～536.7
		召陵区	140	166.2	44.8	26.93	98.9～236.2
		舞阳县	473	121.6	38.0	31.23	71.0～192.9
		郾城区	345	333.1	107.6	32.31	123.2～493.8
	三门峡市	卢氏县	255	184.0	74.5	40.50	98.7～320.2
		渑池县	914	181.0	49.4	27.32	116.2～261.8
		湖滨区	278	150.6	39.7	26.34	95.0～207.0
		灵宝市	606	199.6	97.0	48.58	97.3～390.0
		陕州区	495	213.8	108.1	50.57	98.4～451.7
		义马市	157	148.1	40.4	27.26	92.2～218.6
	南阳市	内乡县	415	158.5	54.6	34.47	76.0～260.8
		南召县	310	58.1	25.1	43.28	31.0～114.5
		卧龙区	408	164.4	42.6	25.89	112.2～249.8
		宛城区	487	203.2	82.0	40.36	115.0～369.3
		新野县	512	154.7	59.8	38.62	70.0～255.0
		方城县	503	129.7	49.8	38.42	75.0～222.9
		桐柏县	457	112.2	30.1	26.80	64.8～159.3

省份 （垦区）	属地	下辖区域 （单位）	样本数 （个）	平均值 （mg/kg）	标准差	变异系数 （%）	5%～95%范围 （mg/kg）
河南省	南阳市	淅川县	385	251.6	79.3	31.52	143.0～385.4
		西峡县	33	166.2	46.4	27.89	114.8～241.8
		邓州市	637	168.0	52.0	30.92	94.0～253.0
		镇平县	630	141.7	61.4	43.32	72.0～268.0
	商丘市	夏邑县	785	234.5	96.0	40.94	120.0～438.0
		宁陵县	333	103.7	35.3	34.10	52.8～165.0
		柘城县	869	161.3	61.8	38.33	83.0～268.0
		梁园区	200	198.0	97.4	49.19	89.6～398.0
		民权县	694	148.9	84.1	56.52	53.0～306.4
		永城市	1 385	168.0	56.0	33.32	100.0～278.8
		睢阳区	552	153.5	54.4	35.43	85.0～250.5
		虞城县	571	169.1	79.6	47.06	87.5～331.0
		睢县	559	170.0	67.7	39.82	83.0～288.3
		合并区	148	171.6	95.5	54.90	88.4～336.2
	信阳市	光山县	329	100.5	44.1	43.90	54.0～178.6
		平桥区	546	128.5	62.8	48.87	60.0～234.6
		息县	853	85.9	26.2	30.51	52.0～138.0
		新县	422	76.6	37.7	49.21	35.8～153.3
		浉河区	115	111.1	64.3	57.86	45.0～265.1
		淮滨县	490	94.2	34.3	36.39	40.0～157.0
		潢川县	481	91.1	45.4	49.78	41.0～161.3
		罗山县	883	103.4	35.4	34.22	60.0～159.1
		合并区	379	77.9	23.6	30.28	55.0～105.2
	周口市	商水县	306	120.7	32.3	26.80	80.0～165.0
		太康县	200	201.1	92.2	45.85	87.9～372.2
		扶沟县	769	175.8	101.5	57.77	66.0～382.0
		淮阳区	757	178.9	74.1	41.39	94.0～335.0
		西华县	435	126.4	31.0	24.56	80.0～180.0
		郸城县	198	197.6	74.8	37.87	115.0～355.8
		项城市	225	137.3	24.2	17.65	103.0～178.0
		鹿邑县	264	246.6	81.9	33.22	155.3～374.2
		合并区	1 099	188.6	114.5	60.71	69.9～461.3
	驻马店市	上蔡县	660	157.9	51.6	32.71	92.0～261.0

省份 （垦区）	属地	下辖区域 （单位）	样本数 （个）	平均值 （mg/kg）	标准差	变异系数 （％）	5％～95％范围 （mg/kg）
河南省	驻马店市	平舆县	502	134.7	42.8	31.81	87.1～217.7
		新蔡县	183	153.1	49.2	32.14	92.1～234.9
		正阳县	475	100.5	30.3	30.16	62.0～153.7
		汝南县	197	127.2	44.6	35.08	76.0～203.8
		泌阳县	1 063	105.7	37.0	34.95	69.0～170.5
		确山县	322	125.8	16.3	12.98	97.0～151.0
		西平县	311	117.2	18.4	15.68	87.5～145.5
		遂平县	309	158.7	77.0	48.52	77.4～297.0
		合并区	679	117.2	49.5	42.19	61.0～207.3
	济源市	济源示范区（省辖市）	689	195.3	87.3	44.73	90.0～362.7

县级土壤速效钾

省份（垦区）	属地	下辖区域（单位）	样本数（个）	平均值（mg/kg）	标准差	变异系数（%）	5%～95%范围（mg/kg）
湖北省	武汉市	东西湖区	721	160.0	58.0	36.26	120.0～316.0
		汉南区	68	157.0	74.9	47.68	59.7～322.6
		蔡甸区	126	170.5	89.6	52.57	56.2～341.5
		江夏区	969	119.5	61.2	51.18	46.0～237.2
		黄陂区	837	90.9	58.9	64.76	41.0～218.0
		新洲区	304	105.0	64.9	61.80	34.0～242.4
	黄石市	阳新县	1 197	98.4	47.7	48.41	40.0～190.2
	十堰市	郧阳区	1 039	150.6	67.3	44.68	45.0～269.0
		郧西县	543	117.6	47.4	40.34	48.1～196.9
		竹山县	980	99.9	39.4	39.41	50.0～170.0
		竹溪县	436	124.6	74.5	59.80	36.8～283.5
		房县	2 301	113.5	51.1	45.01	46.0～203.0
		丹江口市	388	129.6	75.1	57.94	36.0～269.3
	宜昌市	远安县	287	124.7	60.3	48.36	62.0～260.0
		兴山县	167	103.1	40.5	39.28	51.5～178.5
		秭归县	1 024	133.2	79.4	59.63	35.0～291.0
		长阳土家族自治县	274	145.6	70.5	48.42	52.0～284.4
		宜都市	1 421	118.7	68.6	57.81	46.0～266.0
		当阳市	1 009	151.7	62.3	41.06	77.0～280.0
		枝江市	340	108.8	38.2	35.11	55.0～175.1
	襄阳市	襄城区	102	163.9	61.8	37.73	77.2～288.4
		樊城区	100	119.6	43.2	36.18	80.8～192.1
		襄州区	893	170.0	54.8	32.23	97.0～277.0
		南漳县	944	150.2	57.8	38.50	81.0～263.5
		谷城县	969	127.8	63.9	50.01	48.0～259.0
		保康县	362	179.8	79.9	44.45	79.0～335.7
		老河口市	200	189.9	55.7	29.33	113.9～297.6
		枣阳市	435	159.5	45.1	28.30	98.0～250.0
		宜城市	740	154.0	60.7	39.41	69.0～273.0
	鄂州市	华容区	422	135.6	67.1	49.45	48.0～258.9
	荆门市	掇刀区	12	112.1	15.5	13.79	95.6～134.4
		沙洋县	1 474	118.4	60.2	50.84	48.0～238.3
		钟祥市	1 736	141.1	60.4	42.78	55.0～245.5
		京山市	612	144.4	58.7	40.64	75.0～262.4

省份（垦区）	属地	下辖区域（单位）	样本数（个）	平均值（mg/kg）	标准差	变异系数（%）	5%～95%范围（mg/kg）
湖北省	孝感市	孝南区	489	102.4	44.7	43.69	54.0～180.0
		孝昌县	1 174	111.6	58.5	52.41	47.0～228.0
		大悟县	525	88.8	27.7	31.23	51.0～143.0
		云梦县	2 129	104.0	36.3	34.90	55.0～172.4
		应城市	272	119.5	55.5	46.41	56.0～226.0
		安陆市	1 703	110.2	46.6	42.25	51.0～195.9
		汉川市	1 261	162.2	65.4	40.30	63.0～284.0
	荆州市	沙市区	1 843	108.9	58.6	53.87	37.0～217.9
		荆州区	5 286	137.3	55.3	40.25	56.0～236.0
		公安县	1 092	122.0	61.4	50.36	53.0～253.0
		江陵县	362	138.5	61.2	44.16	52.2～264.9
		石首市	1 697	108.0	55.6	51.46	43.0～220.0
		洪湖市	764	98.2	49.4	50.32	43.0～183.4
		松滋市	1 640	125.9	63.4	50.40	49.0～256.1
		监利市	1 009	134.2	64.9	48.34	52.0～254.0
	黄冈市	麻城市	1 519	65.6	25.3	38.65	32.0～120.0
	咸宁市	咸安区	949	107.8	37.9	35.17	62.0～192.0
		嘉鱼县	213	125.5	50.4	40.17	65.2～212.4
		通城县	290	105.1	44.6	42.46	47.0～173.0
		崇阳县	375	144.9	68.6	47.34	59.5～292.3
		通山县	1 022	78.0	50.4	64.61	26.0～172.0
		赤壁市	24	117.6	64.4	54.75	72.3～275.0
	随州市	曾都区	644	108.5	49.3	45.44	49.0～200.0
		随县	595	103.5	55.2	53.30	35.4～202.0
		广水市	867	98.3	44.9	45.68	42.0～185.7
	恩施土家族苗族自治州	巴东县	481	113.6	64.7	56.95	38.0～257.0
		宣恩县	579	164.8	78.7	47.73	70.0～325.2
		咸丰县	671	131.9	63.6	48.19	53.5～263.5
		来凤县	312	91.7	50.5	55.10	33.6～189.8
	省直管行政单位	仙桃市	1 860	109.8	47.5	43.24	46.0～192.0
		潜江市	3 655	111.6	60.6	54.28	38.0～227.0
		天门市	1 962	116.6	49.5	42.44	58.0～217.0
		神农架林区	281	125.2	55.9	44.59	50.0～240.0

县级土壤速效钾

省份 (垦区)	属地	下辖区域 (单位)	样本数 (个)	平均值 (mg/kg)	标准差	变异系数 (%)	5%～95%范围 (mg/kg)
湖南省	长沙市	望城区	249	96.1	54.7	56.95	39.4～191.8
		长沙县	255	142.1	73.8	51.93	45.0～269.3
		宁乡市	710	113.9	66.0	57.95	41.0～243.1
	株洲市	茶陵县	387	106.8	60.1	56.22	38.0～225.2
		醴陵市	1 255	78.7	56.3	71.49	28.0～191.0
	湘潭市	湘乡市	758	112.3	57.1	50.89	42.0～237.0
		韶山市	271	77.4	34.2	44.20	40.0～132.0
	衡阳市	衡阳县	969	99.6	47.4	47.59	40.0～186.2
		衡山县	719	100.8	57.2	56.68	45.0～228.2
		衡东县	542	104.3	60.2	57.70	37.0～232.0
		祁东县	682	137.9	78.6	57.02	51.1～297.9
		耒阳市	1 105	119.9	57.4	47.86	49.0～234.0
	邵阳市	新邵县	984	103.9	59.6	57.32	40.0～226.0
		邵阳县	420	100.4	48.3	48.13	37.0～193.2
		隆回县	1 339	123.2	64.0	51.89	46.0～250.0
		洞口县	737	102.8	52.1	50.68	45.0～214.6
		绥宁县	454	87.9	52.5	59.71	33.7～189.3
		新宁县	98	77.9	33.2	42.62	41.0～114.8
		城步苗族自治县	502	91.3	53.5	58.59	36.0～196.0
		武冈市	1 118	90.8	50.6	55.75	37.0～189.1
		邵东市	941	89.4	41.4	46.33	47.0～168.0
	岳阳市	云溪区	258	110.5	59.9	54.26	48.8～225.5
		岳阳县	664	94.5	46.8	49.51	41.0～182.0
		华容县	974	130.7	71.7	54.83	55.0～290.7
		湘阴县	868	123.1	58.6	47.62	51.0～235.3
		平江县	919	99.5	45.9	46.16	38.9～170.1
		屈原管理区	450	80.8	46.6	57.71	41.0～183.7
		汨罗市	1 055	105.4	54.7	51.85	45.0～215.3
		临湘市	667	116.4	55.5	47.70	55.0～225.1
	常德市	鼎城区	38	104.4	65.0	62.23	68.0～201.2
		安乡县	707	136.8	59.3	43.38	52.3～240.4
		汉寿县	1 483	135.2	65.9	48.77	51.0～247.0
		澧县	857	153.4	91.6	59.69	44.0～342.0
		临澧县	763	112.1	57.5	51.33	48.0～235.9

省份 （垦区）	属地	下辖区域 （单位）	样本数 （个）	平均值 （mg/kg）	标准差	变异系数 （%）	5%～95%范围 （mg/kg）
湖南省	常德市	桃源县	2 565	90.5	45.4	50.17	39.0～182.8
		石门县	721	99.3	52.3	52.66	46.0～191.0
		津市市	122	154.3	83.4	54.05	59.3～329.0
	张家界市	永定区	631	112.2	51.2	45.65	48.0～213.0
		慈利县	1 163	100.6	59.7	59.35	39.1～227.9
		桑植县	715	99.1	60.0	60.56	44.0～228.9
	益阳市	资阳区	1 797	139.3	49.1	35.21	60.0～214.0
		赫山区	753	139.5	64.8	46.45	53.6～259.8
		南县	196	123.7	48.9	39.54	56.0～223.0
		桃江县	870	108.9	52.3	48.02	47.4～206.5
		安化县	911	110.7	63.8	57.62	39.0～248.5
		沅江市	363	139.8	63.9	45.71	61.0～281.0
	郴州市	北湖区	295	131.2	71.1	54.17	60.0～267.9
		桂阳县	853	174.6	77.5	44.39	65.0～315.4
		永兴县	734	148.7	67.9	45.68	57.0～275.0
		临武县	437	105.1	53.7	51.14	44.4～210.0
		汝城县	936	93.3	66.8	71.60	32.0～248.0
		安仁县	16	80.4	25.6	31.85	55.0～129.8
		资兴市	172	99.8	61.0	61.11	40.6～224.7
	永州市	零陵区	758	96.6	59.0	61.10	36.0～217.2
		冷水滩区	822	80.8	50.2	62.16	30.1～166.9
		东安县	1 208	108.8	56.8	52.21	43.4～228.3
		道县	182	104.0	71.2	68.52	36.0～272.6
		江永县	698	97.2	55.1	56.66	37.8～212.0
		宁远县	599	90.1	57.5	63.83	29.9～207.2
		蓝山县	14	127.3	42.6	33.47	48.2～170.4
		新田县	469	138.1	77.9	56.39	52.0～308.0
		祁阳市	963	81.3	30.6	37.70	39.0～139.9
	怀化市	沅陵县	989	101.3	55.3	54.57	38.0～223.6
		辰溪县	722	95.7	58.7	61.36	35.0～216.8
		溆浦县	1 008	86.2	64.7	75.08	28.0～215.6
		会同县	497	107.3	64.8	60.39	34.0～235.8
		麻阳苗族自治县	267	102.7	56.5	55.03	44.6～214.4

省份 （垦区）	属地	下辖区域 （单位）	样本数 （个）	平均值 （mg/kg）	标准差	变异系数 （%）	5%～95%范围 （mg/kg）
湖南省	怀化市	靖州苗族侗族自治县	150	103.5	48.6	46.93	43.4～198.0
		通道侗族自治县	393	74.4	46.2	62.09	29.0～170.6
		洪江市	1 002	93.4	63.2	67.72	32.1～227.0
	娄底市	娄星区	332	73.7	33.9	46.05	37.0～146.3
		双峰县	922	110.4	56.8	51.45	50.1～236.0
		新化县	487	117.2	69.6	59.40	53.0～282.6
		冷水江市	449	120.1	53.3	44.35	53.4～223.0
		涟源市	378	229.0	76.6	33.46	87.0～355.0
	湘西土家族 苗族自治州	吉首市	621	122.1	66.7	54.65	45.0～258.0
		泸溪县	620	100.6	71.6	71.19	38.0～263.1
		凤凰县	762	131.5	85.1	64.71	41.1～318.9
		花垣县	228	136.2	63.0	46.25	62.7～248.3
		保靖县	472	133.5	76.2	57.08	50.6～295.0
		永顺县	882	152.9	88.6	57.93	48.0～338.0
		龙山县	931	131.8	68.1	51.67	48.0～266.0

县级土壤速效钾

省份 (垦区)	属地	下辖区域 (单位)	样本数 (个)	平均值 (mg/kg)	标准差	变异系数 (%)	5%～95%范围 (mg/kg)
广东省	广州市	白云区	649	167.1	76.8	45.97	43.4～292.0
		黄埔区	52	129.4	82.6	63.82	22.6～291.3
		番禺区	309	153.7	56.3	36.61	71.0～243.8
		花都区	377	123.3	67.1	54.48	25.8～250.2
		南沙区	308	180.0	72.1	40.05	69.4～295.0
		增城区	346	100.3	71.6	71.39	15.2～248.0
	韶关市	武江区	44	91.1	64.5	70.78	20.0～202.0
		浈江区	56	70.6	41.9	59.37	23.5～149.8
		曲江区	174	93.9	67.2	71.56	31.0～262.0
		始兴县	445	89.0	51.2	57.48	30.0～201.4
		仁化县	307	66.1	49.2	74.38	19.0～179.7
		翁源县	371	79.3	42.4	53.47	27.0～159.0
		乳源瑶族自治县	777	80.6	51.9	64.40	22.0～187.0
		新丰县	454	76.6	44.6	58.24	25.6～175.0
		乐昌市	204	82.8	59.5	71.89	22.2～225.7
		南雄市	274	108.0	64.3	59.50	28.6～227.0
	深圳市	坪山区	10	195.3	49.0	25.11	118.9～249.6
	珠海市	斗门区	119	134.9	66.7	49.42	33.7～257.2
		金湾区	95	174.6	67.8	38.83	70.0～289.5
	汕头市	龙湖区	11	68.4	44.6	65.21	32.0～148.0
		潮阳区	78	101.8	56.3	55.35	28.8～197.9
		潮南区	101	78.1	52.9	67.76	25.0～186.0
		澄海区	10	148.8	98.5	66.19	41.9～290.9
	佛山市	南海区	88	133.1	70.1	52.68	31.2～255.0
		三水区	48	147.1	64.6	43.91	60.8～260.9
		高明区	665	95.4	65.2	68.33	26.0～231.4
	江门市	蓬江区	163	114.2	65.1	57.02	35.2～249.9
		江海区	156	205.0	66.6	32.49	94.2～303.2
		新会区	395	93.7	53.0	56.61	30.0～202.8
		台山市	899	94.6	68.0	71.84	22.0～241.0
		开平市	1 021	88.8	57.2	64.44	19.0～196.0
		鹤山市	447	64.3	36.0	55.94	21.0～119.7
		恩平市	173	69.5	41.6	59.92	21.6～147.8
	湛江市	坡头区	28	59.0	42.6	72.16	20.4～136.9

（续）

省份（垦区）	属地	下辖区域（单位）	样本数（个）	平均值（mg/kg）	标准差	变异系数（%）	5%～95%范围（mg/kg）
广东省	湛江市	麻章区	130	65.5	56.2	85.72	17.4～200.7
		遂溪县	577	90.1	70.8	78.65	17.8～257.8
		徐闻县	256	114.2	78.5	68.75	21.0～271.5
		廉江市	389	49.2	39.5	80.33	13.0～114.2
		雷州市	884	89.0	62.8	70.58	15.0～214.8
		吴川市	239	63.4	46.1	72.65	16.0～150.1
	茂名市	电白区	644	67.8	49.9	73.61	15.0～165.7
		高州市	1 171	75.7	51.7	68.31	21.0～186.0
		化州市	1 455	54.0	48.6	89.97	7.0～156.9
		信宜市	1 050	86.7	53.1	61.30	27.0～202.5
	肇庆市	鼎湖区	30	65.6	67.3	102.66	16.4～216.9
		高要区	533	62.8	42.8	68.16	23.0～141.8
		广宁县	60	96.0	69.2	72.13	29.0～257.0
		怀集县	649	61.5	32.0	52.08	23.0～108.2
		封开县	239	42.3	27.2	64.39	17.0～98.1
		德庆县	846	70.9	39.0	55.10	28.0～145.0
		四会市	101	61.2	36.4	59.50	18.0～132.0
	惠州市	惠城区	265	98.6	61.6	62.51	32.2～231.2
		惠阳区	925	106.5	66.7	62.65	12.0～222.4
		博罗县	716	84.0	62.7	74.64	18.0～224.8
		惠东县	917	82.0	51.3	62.59	23.0～188.2
		龙门县	519	64.9	51.3	79.13	16.0～167.0
	梅州市	梅县区	154	98.2	56.7	57.78	38.0～224.0
		大埔县	148	72.9	50.2	68.92	24.0～180.6
		丰顺县	489	51.8	31.1	60.10	21.0～117.4
		五华县	640	80.3	42.5	52.91	30.0～158.0
		平远县	1 047	128.5	49.3	38.35	53.0～216.0
		蕉岭县	362	93.2	59.2	63.56	29.0～215.8
		兴宁市	568	113.5	78.0	68.71	25.0～270.6
	汕尾市	城区	16	77.3	69.1	89.41	22.2～199.2
		海丰县	294	80.8	58.8	72.79	19.0～197.0
		陆丰市	268	75.7	53.1	70.17	19.0～192.6
	河源市	源城区	10	73.4	27.4	37.31	28.0～102.0

省份（垦区）	属地	下辖区域（单位）	样本数（个）	平均值（mg/kg）	标准差	变异系数（%）	5%～95%范围（mg/kg）
广东省	河源市	紫金县	72	81.8	51.0	62.38	24.7～164.6
		龙川县	629	84.3	58.9	69.88	26.0～213.8
		连平县	431	66.8	52.5	78.65	19.0～182.0
		和平县	66	73.4	43.7	59.58	16.8～138.0
		东源县	378	49.5	26.3	53.22	21.0～97.7
	阳江市	江城区	292	51.7	41.2	79.76	10.0～135.3
		阳东区	892	74.8	43.4	58.02	20.0～158.0
		阳西县	280	36.4	25.5	70.13	11.0～88.2
		阳春市	395	46.4	32.7	70.49	16.0～121.0
	清远市	清城区	194	88.4	66.9	75.72	23.0～237.4
		清新区	148	66.8	53.0	79.36	18.0～174.7
		佛冈县	104	56.9	46.7	82.02	19.2～157.2
		阳山县	340	95.3	62.7	65.81	28.0～224.6
		连山壮族瑶族自治县	314	129.2	65.1	50.39	30.0～252.0
		连南瑶族自治县	171	74.1	45.2	61.02	25.5～160.5
		英德市	451	91.3	53.4	58.43	29.0～199.5
		连州市	579	128.6	71.4	55.53	40.0～270.0
	东莞市	市辖区	384	134.1	69.0	51.45	48.3～274.0
	中山市	市辖区	181	153.8	78.1	50.77	37.0～287.0
	潮州市	湘桥区	19	83.2	55.8	67.00	22.0～184.0
		潮安区	113	77.5	53.1	68.58	21.2～190.2
		饶平县	161	85.0	56.4	66.42	22.0～201.0
	揭阳市	榕城区	28	119.6	58.4	48.85	40.1～215.6
		揭东区	343	87.9	37.6	42.79	42.1～167.7
		揭西县	40	73.3	55.5	75.73	16.0～173.3
		惠来县	638	62.8	52.6	83.64	9.0～179.1
		普宁市	100	78.9	53.9	68.35	18.0～181.0
	云浮市	云城区	86	57.8	36.7	63.59	20.0～141.2
		云安区	128	67.4	52.7	78.19	23.4～183.3
		新兴县	490	64.6	42.9	66.41	23.5～150.5
		郁南县	501	85.9	35.0	40.70	26.0～132.0
		罗定市	848	84.0	50.3	59.96	28.0～189.6

县级土壤速效钾

省份（垦区）	属地	下辖区域（单位）	样本数（个）	平均值（mg/kg）	标准差	变异系数（%）	5%~95%范围（mg/kg）
广西壮族自治区	南宁市	兴宁区	130	76.8	48.5	63.13	24.4~165.5
		青秀区	151	76.5	40.8	53.33	26.5~161.0
		江南区	66	87.8	48.7	55.40	33.5~182.8
		西乡塘区	266	105.3	56.5	53.62	28.2~221.8
		良庆区	56	73.7	36.1	49.00	32.8~156.2
		邕宁区	66	78.5	39.8	50.69	34.2~166.0
		武鸣区	173	105.2	34.8	33.06	46.2~159.8
		隆安县	90	118.6	42.5	35.80	53.0~201.8
		马山县	191	66.7	38.5	57.66	23.0~144.0
		上林县	145	93.7	47.6	50.82	34.0~191.0
		宾阳县	133	111.4	49.7	44.59	45.2~204.8
		横州市	290	81.1	44.2	54.55	27.0~171.7
	柳州市	柳南区	204	96.0	55.6	57.89	23.2~180.4
		柳北区	283	116.5	40.1	34.39	41.1~186.8
		柳江区	237	100.2	52.8	52.75	39.8~201.2
		柳城县	749	72.4	56.1	77.44	11.0~178.6
		鹿寨县	173	82.8	41.1	49.67	36.0~176.4
		融安县	95	78.1	38.6	49.42	37.7~148.9
		融水苗族自治县	278	55.5	36.4	65.58	23.0~137.0
		三江侗族自治县	470	65.3	47.0	71.93	16.0~172.0
	桂林市	雁山区	14	84.1	53.3	63.36	36.1~173.2
		临桂区	136	86.0	49.6	57.64	28.8~193.5
		阳朔县	45	68.6	38.0	55.42	33.2~134.8
		灵川县	81	68.6	34.4	50.08	34.0~147.0
		全州县	199	100.4	44.5	44.33	37.9~183.3
		兴安县	73	66.8	36.9	55.24	32.0~144.4
		永福县	72	105.8	50.6	47.83	44.0~209.8
		灌阳县	59	88.0	50.4	57.27	35.8~188.5
		龙胜各族自治县	27	76.7	46.4	60.49	32.8~158.7
		资源县	65	114.4	54.1	47.25	41.2~219.8
		平乐县	57	96.1	46.2	48.02	37.6~188.6
		恭城瑶族自治县	18	88.1	46.0	52.21	46.4~160.4
		荔浦市	106	83.5	39.8	47.71	31.8~155.2
	梧州市	龙圩区	59	99.8	50.3	50.37	32.7~192.1

省份 （垦区）	属地	下辖区域 （单位）	样本数 （个）	平均值 （mg/kg）	标准差	变异系数 （%）	5%～95%范围 （mg/kg）
广西壮族 自治区	梧州市	苍梧县	31	53.8	18.9	35.12	28.0～84.0
		藤县	135	82.4	42.4	51.48	24.0～169.5
		蒙山县	18	97.7	56.3	57.59	42.5～209.1
		岑溪市	112	89.1	43.8	49.12	36.6～173.4
	北海市	海城区	16	103.8	61.7	59.43	31.8～219.2
		银海区	31	65.2	45.8	70.32	21.0～143.5
		铁山港区	28	59.0	35.9	60.93	20.1～88.2
		合浦县	246	65.1	42.0	64.44	19.0～149.2
	防城港市	防城区	75	53.4	34.3	64.21	18.0～120.6
		上思县	87	79.2	45.5	57.39	28.6～178.4
	钦州市	钦南区	70	54.9	31.0	56.40	17.4～114.8
		钦北区	70	72.5	35.8	49.43	27.8～141.1
		灵山县	120	71.8	37.0	51.49	26.0～136.1
		浦北县	116	65.9	48.9	74.26	16.0～178.8
	贵港市	港北区	56	83.0	49.5	59.71	25.8～185.2
		港南区	363	105.5	50.4	47.76	40.1～206.3
		覃塘区	86	82.2	45.9	55.89	27.2～172.5
		平南县	450	76.1	50.2	66.02	18.0～188.2
		桂平市	318	82.7	51.2	61.97	22.0～196.0
	玉林市	玉州区	36	75.4	40.9	54.25	23.5～154.5
		福绵区	30	103.5	47.4	45.75	37.7～175.8
		容县	87	70.6	45.1	63.95	24.6～150.1
		陆川县	50	66.6	33.7	50.52	32.9～134.5
		博白县	107	83.4	44.0	52.72	24.0～159.4
		兴业县	51	100.0	52.7	52.73	30.5～198.5
		北流市	121	62.8	50.2	79.93	18.0～189.0
	百色市	右江区	137	55.3	30.4	55.02	23.8～100.6
		田阳区	55	78.4	46.3	59.02	26.7～163.2
		田东县	97	92.3	45.9	49.79	37.0～183.0
		德保县	60	72.8	43.5	59.82	26.8～152.9
		那坡县	40	70.4	41.9	59.54	16.0～146.1
		凌云县	22	66.4	49.3	74.24	26.2～185.7
		乐业县	73	75.1	43.3	57.61	23.8～159.8

省份 （垦区）	属地	下辖区域 （单位）	样本数 （个）	平均值 （mg/kg）	标准差	变异系数 （%）	5%～95%范围 （mg/kg）
广西壮族 自治区	百色市	田林县	30	73.6	34.9	47.38	38.4～110.7
		西林县	66	108.9	45.5	41.74	40.2～185.8
		隆林各族自治县	55	120.1	52.5	43.69	59.4～220.5
		靖西市	100	80.2	38.5	48.02	36.0～171.4
		平果市	69	80.7	41.6	51.59	35.0～152.2
	贺州市	八步区	172	68.8	34.7	50.41	32.6～139.9
		平桂区	78	97.0	45.4	46.79	43.6～185.8
		昭平县	686	55.2	32.3	58.58	15.0～115.2
		钟山县	110	78.3	41.0	52.37	29.0～142.6
		富川瑶族自治县	606	133.1	52.2	39.18	50.2～223.2
	河池市	金城江区	67	65.1	36.5	56.06	18.6～124.1
		宜州区	693	94.1	46.5	49.44	35.6～186.0
		南丹县	80	86.0	41.6	48.33	32.8～160.1
		天峨县	35	64.9	25.6	39.39	33.1～112.0
		凤山县	59	59.9	28.1	46.84	19.8～109.8
		东兰县	66	70.2	32.9	46.78	32.2～132.5
		罗城仫佬族自治县	373	85.5	48.0	56.20	31.6～189.4
		环江毛南族自治县	571	93.1	46.1	49.51	33.0～185.0
		巴马瑶族自治县	143	63.4	37.9	59.83	22.2～127.0
		都安瑶族自治县	140	83.5	49.7	59.49	32.0～191.3
		大化瑶族自治县	42	76.2	36.0	47.22	28.0～138.9
	来宾市	兴宾区	816	80.6	44.1	54.77	27.8～167.0
		忻城县	176	73.3	45.4	61.92	23.8～157.2
		象州县	204	92.3	46.1	49.95	35.2～183.4
		武宣县	380	117.2	47.8	40.81	42.0～201.1
		金秀瑶族自治县	34	96.1	53.3	55.43	37.3～202.1
		合山市	50	107.3	59.5	55.39	26.2～200.6
	崇左市	江州区	230	106.8	45.6	42.71	47.4～192.1
		扶绥县	196	106.9	48.7	45.57	39.8～207.2
		宁明县	125	71.1	38.2	53.66	24.0～142.6
		龙州县	97	78.4	34.7	44.25	38.8～145.4
		大新县	70	70.8	30.8	50.51	28.4～151.6
		凭祥市	15	104.5	58.9	56.35	40.0～200.3

县级土壤速效钾

省份 （垦区）	属地	下辖区域 （单位）	样本数 （个）	平均值 （mg/kg）	标准差	变异系数 （%）	5%～95%范围 （mg/kg）
海南省	海口市	秀英区	2 028	98.9	75.5	76.30	16.0～272.0
		龙华区	1 967	124.5	65.6	52.70	50.0～257.4
		琼山区	176	82.9	51.6	62.33	31.8～191.0
		美兰区	807	104.1	43.6	41.82	41.0～180.0
	三亚市	海棠区	129	90.2	44.5	49.29	31.6～173.0
		吉阳区	86	83.9	46.7	55.70	27.8～150.0
		天涯区	286	105.4	68.4	64.91	29.2～225.2
		崖州区	201	108.3	67.5	62.29	34.0～233.0
	儋州市	市辖区	495	73.6	76.8	104.39	12.7～191.0
	省直管 行政单位	五指山市	195	68.0	47.0	69.09	20.0～152.9
		琼海市	786	70.3	49.4	70.30	19.0～161.5
		文昌市	946	49.8	53.2	106.89	8.0～152.8
		万宁市	661	59.8	45.2	75.60	16.0～143.0
		东方市	100	75.6	57.8	76.48	17.9～166.9
		定安县	705	87.6	51.1	58.36	31.0～188.8
		屯昌县	649	61.8	50.3	81.36	16.0～142.2
		澄迈县	560	103.4	92.3	89.28	17.0～302.0
		临高县	810	66.4	64.6	97.32	12.0～179.5
		白沙黎族自治县	544	67.0	53.9	80.40	18.0～170.0
		昌江黎族自治县	358	71.8	51.9	72.29	21.8～157.0
		乐东黎族自治县	358	81.9	53.6	65.45	29.7～193.6
		陵水黎族自治县	323	53.1	45.5	85.56	12.0～147.6
		保亭黎族苗族自治县	510	57.6	55.2	95.79	13.0～144.5
		琼中黎族苗族自治县	159	65.0	56.5	86.89	20.0～167.1

县级土壤速效钾

省份 （垦区）	属地	下辖区域 （单位）	样本数 （个）	平均值 （mg/kg）	标准差	变异系数 （%）	5%～95%范围 （mg/kg）
重庆市	市辖区	万州区	842	104.9	53.4	50.88	38.0～203.9
		涪陵区	2 232	105.5	59.6	56.52	37.0～229.0
		大渡口区	172	123.5	58.0	46.94	47.6～234.2
		江北区	146	106.8	45.2	42.31	48.8～191.8
		沙坪坝区	407	144.6	62.6	43.29	59.3～256.8
		九龙坡区	193	172.6	88.8	51.44	53.8～317.0
		南岸区	169	112.6	59.2	52.57	45.0～237.6
		北碚区	915	142.2	66.6	46.86	40.7～275.0
		綦江区	746	124.2	60.2	48.50	49.0～247.8
		万盛区	355	115.1	60.1	52.21	42.7～234.3
		大足区	647	150.2	57.6	38.33	70.0～262.4
		渝北区	938	112.1	66.2	59.06	36.0～252.2
		巴南区	576	124.9	68.5	54.87	48.8～265.0
		黔江区	401	114.2	64.8	56.71	45.0～258.0
		长寿区	1 209	146.8	80.8	55.04	40.0～300.0
		江津区	753	126.8	67.0	52.88	44.6～258.0
		合川区	632	129.0	57.9	44.89	54.0～240.2
		永川区	315	171.3	74.8	43.68	68.4～312.9
		南川区	364	146.2	71.1	48.64	59.2～295.0
		璧山区	725	171.9	88.7	51.63	55.2～312.8
		铜梁区	1 150	165.5	81.6	49.27	59.0～319.0
		潼南区	1 512	131.6	63.9	48.57	43.0～252.9
		荣昌区	1 084	101.4	52.0	51.22	43.0～210.0
		开州区	1 174	122.4	71.6	58.46	42.0～280.0
		梁平区	1 764	102.2	47.8	46.74	44.0～193.0
		武隆区	600	122.5	67.6	55.22	45.9～258.1
	县	城口县	411	93.2	52.9	56.79	34.0～201.0
		丰都县	782	139.2	74.6	53.59	52.0～300.0
		垫江县	1 452	106.6	54.3	50.93	41.0～213.0
		忠县	1 587	136.7	78.2	57.18	43.0～308.7
		云阳县	766	107.6	54.0	50.22	44.2～200.0
		奉节县	1 190	111.7	69.4	62.19	29.0～250.5
		巫山县	545	123.5	60.0	48.58	53.2～245.8
		巫溪县	398	131.9	62.3	47.23	56.8～264.7

省份 （垦区）	属地	下辖区域 （单位）	样本数 （个）	平均值 （mg/kg）	标准差	变异系数 （%）	5%～95%范围 （mg/kg）
重庆市	县	石柱土家族自治县	468	120.6	64.1	53.13	43.0～252.6
		秀山土家族苗族自治县	1 124	98.5	51.9	52.68	42.0～196.5
		酉阳土家族苗族自治县	802	131.5	73.9	56.19	45.0～285.0
		彭水苗族土家族自治县	535	107.8	56.0	51.96	43.0～231.6

（续）

县级土壤速效钾

省份 （垦区）	属地	下辖区域 （单位）	样本数 （个）	平均值 （mg/kg）	标准差	变异系数 （%）	5%～95%范围 （mg/kg）
四川省	成都市	龙泉驿区	380	82.8	51.9	62.73	26.0～190.0
		青白江区	448	104.3	45.9	43.97	48.4～185.0
		新都区	459	83.8	37.2	44.38	43.0～157.0
		温江区	372	73.0	44.3	60.67	38.0～179.9
		双流区	190	123.9	62.8	50.68	44.0～260.5
		郫都区	114	96.0	60.3	62.77	27.0～217.1
		新津区	90	92.8	55.6	59.94	32.4～216.4
		金堂县	721	107.9	53.3	49.37	40.0～224.0
		大邑县	431	85.0	43.4	51.02	46.0～173.0
		蒲江县	723	107.6	36.0	33.44	45.0～159.9
		都江堰市	39	45.1	24.5	54.42	21.0～94.0
		彭州市	923	104.1	52.0	49.97	34.1～209.0
		邛崃市	585	105.8	57.5	54.38	32.2～225.2
		崇州市	771	98.8	43.9	44.40	42.5～183.5
		简阳市	529	118.3	49.0	41.45	55.0～224.2
	自贡市	自流井区	115	130.0	56.7	43.65	55.0～248.6
		贡井区	475	87.4	45.7	52.24	35.7～177.6
		大安区	406	84.6	48.6	57.44	36.2～196.0
		沿滩区	898	114.7	48.2	42.04	44.0～206.2
		荣县	975	113.7	60.4	53.14	36.0～234.3
		富顺县	101	173.4	54.2	31.27	78.0～261.0
	攀枝花市	仁和区	24	117.0	56.5	48.30	54.3～220.2
		米易县	896	107.6	55.3	51.46	36.0～217.2
		盐边县	243	152.5	68.7	45.01	56.1～278.6
	泸州市	江阳区	245	114.1	57.7	50.59	37.4～220.6
		纳溪区	655	119.5	53.5	44.77	48.0～224.0
		龙马潭区	455	99.2	50.8	51.15	35.0～212.0
		泸县	1 025	125.1	54.4	43.51	50.2～228.0
		合江县	832	102.7	53.2	51.87	35.0～212.7
		叙永县	1 333	125.2	59.2	47.32	49.6～249.0
		古蔺县	1 233	136.2	59.5	43.70	56.0～253.0
	德阳市	旌阳区	492	79.5	53.5	67.21	18.0～200.4
		罗江区	394	84.3	39.8	47.25	49.0～174.0
		中江县	1 156	97.3	45.9	47.23	45.0～185.0

省份（垦区）	属地	下辖区域（单位）	样本数（个）	平均值（mg/kg）	标准差	变异系数（%）	5%～95%范围（mg/kg）
四川省	德阳市	广汉市	896	72.8	25.3	34.75	37.0～118.5
		什邡市	389	92.0	37.9	41.16	48.4～163.4
		绵竹市	507	81.4	47.2	57.97	35.0～183.7
	绵阳市	涪城区	356	114.6	44.9	39.22	58.8～203.0
		游仙区	349	107.4	41.2	38.38	55.4～184.4
		安州区	360	70.5	41.7	59.16	30.0～155.2
		三台县	658	100.3	45.0	44.90	42.0～183.1
		盐亭县	184	87.9	49.6	56.39	31.3～196.5
		梓潼县	477	93.1	35.2	37.77	51.0～159.4
		北川羌族自治县	103	109.2	63.7	58.35	38.2～232.7
		平武县	277	75.6	50.0	66.13	21.0～177.4
		江油市	502	96.7	38.0	39.33	51.0～173.0
	广元市	利州区	351	101.9	55.3	54.26	39.0～214.5
		昭化区	54	131.2	48.4	36.85	69.0～210.4
		朝天区	377	126.9	35.9	28.27	80.8～201.2
		旺苍县	562	105.3	45.6	43.33	50.0～185.8
		青川县	47	90.4	35.8	39.55	39.3～158.8
		剑阁县	225	111.8	47.5	42.52	57.4～205.8
		苍溪县	748	122.0	39.7	32.51	76.0～203.0
	遂宁市	船山区	463	136.2	58.3	42.77	53.1～255.6
		安居区	708	148.8	50.8	34.14	76.7～250.3
		蓬溪县	842	116.2	36.5	31.46	69.1～186.0
		大英县	517	116.0	59.8	51.60	30.8～228.2
		射洪市	1 224	113.9	49.7	43.62	55.0～217.0
	内江市	市中区	457	111.1	45.9	41.33	54.0～205.4
		东兴区	368	139.1	50.6	36.36	69.0～230.6
		威远县	774	91.4	38.0	41.53	44.0～165.3
		资中县	1 445	97.1	50.7	52.22	36.0～207.0
		隆昌市	652	98.9	49.0	49.60	38.0～193.4
	乐山市	市中区	438	111.5	61.8	55.44	27.0～235.9
		沙湾区	51	144.6	67.4	46.64	59.5～264.0
		五通桥区	389	114.8	51.0	44.44	48.4～229.8
		金口河区	51	153.8	61.9	40.22	75.5～264.5

省份（垦区）	属地	下辖区域（单位）	样本数（个）	平均值（mg/kg）	标准差	变异系数（%）	5%～95%范围（mg/kg）
四川省	乐山市	犍为县	829	103.9	57.8	55.67	31.4～220.6
		井研县	525	129.6	59.7	46.07	57.0～253.4
		夹江县	99	96.5	46.6	48.32	35.0～192.4
		沐川县	145	113.4	61.1	53.85	41.4～220.8
		峨边彝族自治县	308	120.3	61.5	51.11	43.4～256.0
		马边彝族自治县	122	105.6	45.1	42.69	42.1～187.9
		峨眉山市	64	123.5	63.0	51.00	52.0～251.6
	南充市	顺庆区	418	132.8	47.7	35.93	61.0～216.4
		高坪区	1 221	87.3	41.1	47.04	36.0～163.0
		嘉陵区	162	178.3	50.9	28.55	101.0～265.0
		南部县	823	99.8	53.4	53.51	42.0～215.7
		营山县	531	100.4	44.3	44.15	45.0～186.5
		蓬安县	694	131.5	48.0	36.50	63.0～224.1
		仪陇县	521	101.3	40.7	40.22	55.0～184.0
		西充县	370	102.5	34.3	33.41	55.0～157.6
		阆中市	1 599	109.0	45.7	41.93	54.0～199.1
	眉山市	东坡区	1 155	101.3	51.1	50.40	37.0～199.3
		彭山区	163	98.7	40.5	41.01	50.0～170.0
		仁寿县	362	117.1	50.0	42.67	56.0～216.0
		洪雅县	434	84.2	43.4	51.51	35.0～169.3
		丹棱县	375	80.8	36.2	44.76	40.0～142.3
		青神县	69	83.7	59.4	71.01	24.8～220.4
	宜宾市	翠屏区	459	101.0	58.2	57.62	33.0～229.1
		叙州区	1 027	106.5	51.3	48.18	35.3～203.7
		南溪区	342	108.3	52.1	48.13	36.0～197.9
		江安县	428	91.8	48.6	52.99	35.0～182.9
		长宁县	351	97.1	39.3	40.45	44.0～160.5
		高县	362	140.4	58.5	41.66	63.0～260.0
		珙县	304	108.0	55.3	51.23	39.3～211.1
		筠连县	642	123.4	54.2	43.92	53.0～224.0
		兴文县	433	81.3	38.4	47.20	40.0～153.2
		屏山县	109	120.2	63.7	53.01	37.0～233.6
	广安市	广安区	769	106.3	53.6	50.44	43.4～218.0

省份（垦区）	属地	下辖区域（单位）	样本数（个）	平均值（mg/kg）	标准差	变异系数（%）	5%～95%范围（mg/kg）
四川省	广安市	前锋区	331	131.1	55.9	42.67	61.5～236.0
		岳池县	937	110.7	47.4	42.84	48.0～194.0
		武胜县	395	108.9	42.9	39.39	54.0～195.3
		邻水县	1 330	110.7	53.6	48.42	50.4～230.1
		华蓥市	81	126.1	53.0	42.05	63.0～249.0
	达州市	通川区	128	130.4	45.1	34.60	65.0～221.0
		达川区	999	103.2	43.6	42.27	47.0～186.0
		宣汉县	2 358	105.3	52.0	49.38	40.0～213.0
		开江县	539	124.9	51.9	41.56	50.0～220.0
		大竹县	1 211	118.6	54.8	46.16	45.0～224.0
		渠县	1 251	105.6	45.5	43.05	50.5～199.5
		万源市	638	124.4	52.8	42.46	55.8～227.3
	雅安市	雨城区	479	84.7	50.2	59.21	27.0～195.3
		名山区	450	124.6	56.6	45.37	44.4～229.0
		荥经县	59	100.8	52.4	52.00	36.3～211.1
		汉源县	998	110.0	50.4	45.82	40.0～193.1
		石棉县	92	116.1	66.0	56.90	37.1～234.0
		天全县	92	114.7	52.8	46.08	59.0～224.4
		芦山县	127	108.8	52.0	47.83	47.2～212.5
		宝兴县	76	81.0	50.5	62.33	28.8～188.8
	巴中市	巴州区	1 161	117.7	49.7	42.22	56.0～218.0
		恩阳区	785	112.6	49.4	43.85	51.2～213.6
		通江县	642	123.3	52.3	42.44	52.0～224.9
		南江县	960	97.0	51.0	52.55	38.0～206.0
		平昌县	1 026	121.8	53.7	44.09	56.2～236.0
	资阳市	雁江区	684	155.2	45.3	29.21	93.0～242.7
		安岳县	695	151.0	46.3	30.66	87.4～245.3
		乐至县	518	147.3	42.7	28.98	94.0～239.3
	阿坝藏族羌族自治州	马尔康市	96	161.0	66.0	41.00	59.8～270.0
		汶川县	224	88.5	53.3	60.18	31.2～195.2
		理县	47	132.1	63.2	47.87	34.9～267.5
		茂县	93	121.5	47.6	39.20	50.2～189.4
		松潘县	156	136.0	56.8	41.78	58.8～250.0

省份（垦区）	属地	下辖区域（单位）	样本数（个）	平均值（mg/kg）	标准差	变异系数（%）	5%～95%范围（mg/kg）
四川省	阿坝藏族羌族自治州	九寨沟县	72	153.8	58.3	37.88	78.6～245.2
		金川县	51	204.9	59.2	28.90	75.0～286.0
		小金县	146	132.2	52.1	39.40	70.0～238.8
		黑水县	105	141.6	66.2	46.74	46.6～257.0
		壤塘县	42	162.2	40.5	24.94	106.5～226.9
		阿坝县	50	178.8	57.5	32.17	99.4～263.1
		若尔盖县	32	196.3	54.0	27.49	114.0～274.0
	甘孜藏族自治州	康定市	65	157.3	66.9	42.53	60.2～262.6
		泸定县	42	103.5	49.1	47.47	39.0～170.0
		丹巴县	29	154.0	59.5	38.63	53.2～264.4
		九龙县	30	147.1	62.3	42.34	48.0～265.8
		雅江县	35	160.6	66.3	41.28	70.9～267.7
		道孚县	56	175.7	65.7	37.38	75.2～278.0
		炉霍县	44	168.2	61.4	36.50	83.3～264.4
		甘孜县	110	144.0	58.7	40.73	58.0～268.4
		新龙县	24	185.8	64.0	34.45	87.4～279.8
		德格县	46	153.7	69.9	45.52	71.0～269.8
		白玉县	48	156.9	62.1	39.57	91.0～265.9
		石渠县	41	146.9	65.0	44.25	72.0～272.0
		色达县	12	205.2	50.6	24.66	136.2～278.4
		理塘县	51	186.8	75.4	40.36	71.0～285.0
		巴塘县	41	168.1	57.8	34.36	85.0～269.0
		乡城县	26	188.4	66.5	35.30	90.0～281.5
		稻城县	47	180.0	58.4	32.46	76.2～270.7
		得荣县	383	135.9	44.1	32.42	55.0～197.0
	凉山彝族自治州	西昌市	770	107.4	52.5	48.91	42.0～229.1
		会理市	779	122.2	56.0	45.83	51.0～238.1
		木里藏族自治县	84	154.1	64.6	41.91	73.4～279.4
		盐源县	1 007	140.4	58.6	41.71	58.3～251.0
		德昌县	313	90.0	53.6	59.59	29.6～193.8
		会东县	471	136.7	59.4	43.41	54.0～258.5
		宁南县	427	109.2	67.5	61.82	24.0～243.7
		普格县	287	135.6	57.0	41.99	59.3～265.2

省份 （垦区）	属地	下辖区域 （单位）	样本数 （个）	平均值 （mg/kg）	标准差	变异系数 （%）	5%～95%范围 （mg/kg）
四川省	凉山彝族 自治州	布拖县	509	142.7	63.0	44.16	58.0～254.0
		金阳县	104	172.9	63.4	36.66	73.3～282.9
		昭觉县	349	130.2	61.2	46.98	51.4～250.2
		喜德县	190	150.4	41.4	27.51	85.4～212.0
		冕宁县	467	101.6	58.3	57.39	33.3～228.7
		越西县	764	126.1	59.5	47.20	52.2～236.0
		甘洛县	24	145.6	71.0	48.74	58.4～252.0
		美姑县	631	100.2	56.2	56.10	34.0～222.0
		雷波县	625	111.2	59.0	53.11	38.0～230.8

县级土壤速效钾

省份 （垦区）	属地	下辖区域 （单位）	样本数 （个）	平均值 （mg/kg）	标准差	变异系数 （%）	5%～95%范围 （mg/kg）
贵州省	贵阳市	花溪区	192	149.4	76.1	50.91	58.0～312.3
		乌当区	105	136.2	63.4	46.55	57.2～258.6
		白云区	41	130.3	42.2	32.40	77.0～182.0
		观山湖区	56	169.3	73.6	43.49	77.5～308.8
		开阳县	895	154.5	69.3	44.90	69.0～292.3
		息烽县	854	138.4	76.2	55.08	49.0～298.7
		修文县	711	185.6	83.4	44.95	80.0～344.5
		清镇市	582	177.6	70.0	39.41	84.0～321.9
	六盘水市	钟山区	72	149.8	67.2	44.84	66.8～264.8
		六枝特区	347	178.7	84.4	47.25	56.3～336.8
		水城区	571	164.6	77.0	46.75	63.0～323.0
		盘州市	162	201.9	84.8	42.03	78.2～339.0
	遵义市	红花岗区	69	125.2	88.9	71.02	33.0～293.2
		汇川区	69	138.8	63.7	45.91	72.4～279.8
		播州区	11	112.2	36.7	32.72	74.0～164.5
		桐梓县	133	162.6	65.2	40.11	77.2～288.4
		绥阳县	858	111.9	52.7	47.10	61.0～227.0
		正安县	103	152.0	68.6	45.11	75.1～281.9
		道真仡佬族苗族自治县	74	185.8	68.6	36.91	102.6～334.5
		务川仡佬族苗族自治县	26	153.3	68.5	44.68	71.2～284.2
		凤冈县	85	151.1	74.9	49.57	60.8～314.0
		湄潭县	84	150.7	58.6	38.90	82.3～260.2
		习水县	696	95.1	54.5	57.31	34.0～205.5
		仁怀市	82	134.8	71.5	53.06	46.0～289.9
	安顺市	西秀区	301	191.7	66.2	34.53	97.0～315.0
		平坝区	117	181.5	70.5	38.83	87.0～308.0
		普定县	122	162.1	67.5	41.63	70.1～283.7
		镇宁布依族苗族自治县	230	167.1	71.4	42.77	65.2～306.6
		关岭布依族苗族自治县	97	172.5	55.4	32.15	92.8～265.6
		紫云苗族布依族自治县	150	140.5	63.9	45.46	65.9～271.0
	毕节市	七星关区	104	164.8	66.5	40.37	79.3～287.7
		大方县	175	132.0	52.7	39.94	63.7～219.3
		金沙县	518	157.6	79.3	50.32	62.8～321.2
		纳雍县	130	185.4	75.6	40.78	87.0～313.1

省份（垦区）	属地	下辖区域（单位）	样本数（个）	平均值（mg/kg）	标准差	变异系数（%）	5%～95%范围（mg/kg）
贵州省	毕节市	赫章县	140	159.3	78.9	49.53	66.6～323.3
		黔西市	128	191.8	72.9	38.03	100.4～336.7
	铜仁市	碧江区	500	122.9	66.4	54.05	52.0～272.0
		万山区	61	127.0	71.7	56.46	53.0～255.0
		玉屏侗族自治县	66	118.6	61.1	51.50	54.0～246.5
		石阡县	591	131.4	63.5	48.31	55.0～258.0
		思南县	685	131.7	64.7	49.10	55.2～262.0
		印江土家族苗族自治县	321	150.9	66.5	44.08	68.0～273.0
		德江县	1 353	116.5	46.8	40.22	62.0～205.0
		沿河土家族自治县	26	120.6	55.9	46.38	57.0～230.2
		松桃苗族自治县	1 167	122.5	39.6	32.32	80.3～201.0
	黔西南布依族苗族自治州	兴义市	750	165.3	70.7	42.79	74.4～307.5
		兴仁市	410	156.0	68.9	44.17	71.0～280.5
		普安县	811	166.3	88.3	53.08	64.0～330.5
		晴隆县	50	151.5	71.5	47.20	64.2～261.2
		贞丰县	66	155.5	73.8	47.48	66.2～297.2
		望谟县	904	122.0	66.1	54.18	41.0～267.5
		册亨县	353	110.6	56.5	51.14	48.6～220.0
		安龙县	68	186.1	77.7	41.76	92.8～330.8
	黔东南苗族侗族自治州	凯里市	828	131.5	65.5	49.82	50.0～264.0
		黄平县	308	120.3	18.6	15.44	94.0～152.6
		施秉县	892	135.8	72.8	53.62	55.0～302.4
		三穗县	553	123.0	63.6	51.65	50.6～251.0
		镇远县	336	167.9	74.1	44.12	73.0～322.5
		岑巩县	769	119.0	60.5	50.86	47.0～240.6
		天柱县	392	143.1	67.0	46.80	57.6～271.4
		锦屏县	668	84.6	50.6	59.82	29.0～185.0
		剑河县	348	92.6	52.4	56.58	34.4～209.3
		台江县	675	103.0	57.8	56.07	39.0～212.0
		黎平县	389	65.1	41.7	64.13	27.0～160.6
		榕江县	508	70.9	44.2	62.28	26.0～161.2
		从江县	936	54.0	37.0	68.55	18.0～125.2
		麻江县	298	142.0	67.1	47.27	59.8～282.6

省份（垦区）	属地	下辖区域（单位）	样本数（个）	平均值（mg/kg）	标准差	变异系数（%）	5%～95%范围（mg/kg）
贵州省	黔东南苗族侗族自治州	丹寨县	45	169.8	64.8	38.18	77.6～274.2
	黔南布依族苗族自治州	都匀市	727	101.5	60.6	59.72	35.3～226.1
		福泉市	352	164.2	62.9	38.28	89.6～283.3
		荔波县	301	95.7	61.6	64.34	39.0～222.0
		贵定县	305	100.1	55.3	55.26	37.2～209.6
		瓮安县	191	134.3	68.5	51.00	50.0～275.0
		独山县	231	104.8	62.7	59.89	38.5～224.0
		平塘县	74	125.8	89.2	70.88	29.2～321.4
		罗甸县	622	102.4	59.6	58.20	41.0～212.9
		长顺县	415	140.2	63.1	44.99	55.7～257.0
		龙里县	47	161.6	68.0	42.09	71.0～281.0
		三都水族自治县	50	122.0	63.2	51.84	56.0～259.4

县级土壤速效钾

省份 （垦区）	属地	下辖区域 （单位）	样本数 （个）	平均值 （mg/kg）	标准差	变异系数 （%）	5%～95%范围 （mg/kg）
云南省	昆明市	盘龙区	19	205.7	99.2	48.22	98.9～373.1
		西山区	190	166.3	88.2	53.00	59.4～338.2
		东川区	267	130.1	82.7	63.57	40.6～308.4
		晋宁区	330	194.7	93.5	48.05	76.0～370.1
		富民县	177	132.3	68.2	51.52	63.0～273.6
		宜良县	60	170.7	77.2	45.23	75.4～297.4
		石林彝族自治县	1 277	162.8	82.5	50.70	54.0～323.2
		嵩明县	1 019	241.6	87.7	36.30	102.9～390.0
		禄劝彝族苗族自治县	331	214.0	84.5	39.51	90.0～351.5
		寻甸回族彝族自治县	137	156.6	83.4	53.28	52.8～298.0
		安宁市	137	203.0	109.0	53.67	58.6～388.6
	曲靖市	麒麟区	350	179.7	84.5	47.02	61.0～340.1
		沾益区	276	178.9	74.7	41.74	82.8～330.2
		马龙区	298	149.2	78.9	52.88	46.0～300.0
		陆良县	881	173.3	79.6	45.96	64.0～327.0
		师宗县	594	171.3	86.1	50.24	59.0～341.4
		罗平县	391	152.6	85.4	55.95	56.0～325.0
		富源县	387	206.1	94.7	45.95	73.5～382.2
		会泽县	710	134.1	77.1	57.52	41.0～295.0
		宣威市	537	156.1	80.2	51.36	57.0～321.4
	玉溪市	红塔区	160	194.6	100.9	51.84	46.0～366.4
		江川区	219	223.7	89.1	39.82	85.9～372.2
		通海县	694	200.9	91.7	45.66	76.6～371.4
		华宁县	293	230.0	94.4	41.06	86.6～383.4
		易门县	261	187.6	79.2	42.22	83.0～341.0
		峨山彝族自治县	900	154.5	85.6	55.42	50.0～330.0
		新平彝族傣族自治县	331	167.6	100.0	59.64	37.5～369.0
		元江哈尼族彝族傣族自治县	663	168.5	99.9	59.28	43.0～373.7
		澄江市	236	220.2	86.8	39.44	89.8～377.0
	保山市	隆阳区	1 217	187.2	92.4	49.38	61.8～363.0
		施甸县	231	223.5	93.5	41.85	82.5～375.0
		龙陵县	345	144.7	80.1	55.37	47.0～305.0
		昌宁县	276	190.2	98.6	51.81	62.5～371.2
		腾冲市	549	196.8	58.0	29.45	84.0～271.8

省份 （垦区）	属地	下辖区域 （单位）	样本数 （个）	平均值 （mg/kg）	标准差	变异系数 （%）	5%～95%范围 （mg/kg）
云南省	昭通市	昭阳区	867	131.1	78.6	59.97	44.0～290.4
		鲁甸县	943	145.1	71.6	49.31	53.0～285.7
		巧家县	540	160.6	83.8	52.16	58.0～328.1
		盐津县	273	85.3	52.1	61.03	33.6～174.0
		大关县	254	132.5	70.8	53.43	60.0～297.4
		永善县	390	101.0	70.9	70.19	26.9～244.5
		绥江县	340	98.6	63.7	64.66	31.0～242.0
		镇雄县	826	116.3	66.1	56.86	43.0～252.0
		彝良县	538	120.7	74.2	61.47	31.8～277.2
		威信县	620	119.0	81.9	68.82	34.0～312.4
		水富市	178	116.6	65.8	56.45	42.0～252.4
	丽江市	古城区	128	225.8	95.2	42.15	83.3～379.2
		玉龙纳西族自治县	390	162.5	92.1	56.71	43.9～345.9
		永胜县	621	177.6	91.9	51.76	67.0～372.0
		华坪县	449	119.0	73.5	61.78	37.0～254.0
		宁蒗彝族自治县	414	216.8	92.2	42.51	79.6～386.7
	普洱市	思茅区	454	133.6	68.8	51.51	47.7～274.1
		宁洱哈尼族彝族自治县	758	120.7	72.0	59.64	35.0～268.3
		墨江哈尼族自治县	738	137.8	83.3	60.42	41.8～308.3
		景东彝族自治县	583	140.1	80.9	57.75	48.1～332.7
		景谷傣族彝族自治县	779	132.1	76.0	57.51	47.0～290.0
		镇沅彝族哈尼族 拉祜族自治县	456	138.3	87.6	63.30	41.0～328.0
		江城哈尼族彝族自治县	575	81.8	53.1	64.94	23.0～200.0
		孟连傣族拉祜族佤族自治县	444	116.0	66.6	57.42	42.0～266.0
		澜沧拉祜族自治县	1 182	145.7	86.6	59.42	41.1～319.0
		西盟佤族自治县	410	133.0	75.7	56.94	45.0～289.0
	临沧市	临翔区	418	146.4	92.7	63.33	40.0～361.6
		凤庆县	1 255	181.5	94.3	51.92	64.0～366.0
		云县	801	114.6	68.4	59.68	50.0～248.0
		永德县	391	177.1	80.0	45.19	73.0～335.5
		镇康县	670	153.1	78.1	51.00	57.0～314.0

省份 （垦区）	属地	下辖区域 （单位）	样本数 （个）	平均值 （mg/kg）	标准差	变异系数 （%）	5%～95%范围 （mg/kg）
云南省	临沧市	双江拉祜族佤族 布朗族傣族自治县	398	140.5	83.9	59.69	45.0～303.4
		耿马傣族佤族自治县	596	127.9	81.7	63.88	32.8～293.2
		沧源佤族自治县	250	157.3	81.5	51.83	57.0～317.8
	楚雄彝族 自治州	楚雄市	620	164.8	73.4	44.55	69.0～303.1
		禄丰市	986	151.5	82.8	54.64	48.0～323.0
		双柏县	220	140.9	75.7	53.74	51.0～291.8
		牟定县	243	116.6	63.8	54.70	40.1～235.9
		南华县	257	135.2	74.3	54.96	46.6～291.8
		姚安县	28	163.4	76.0	46.49	78.8～325.8
		大姚县	409	136.2	82.4	60.49	44.8～306.4
		永仁县	230	176.2	48.3	27.42	108.0～267.8
		元谋县	556	135.2	78.2	57.83	45.0～309.5
		武定县	614	150.2	82.1	54.64	47.0～315.4
	红河哈尼族 彝族自治州	个旧市	184	167.6	98.1	58.53	48.0～359.8
		开远市	485	151.4	88.1	58.18	36.2～318.8
		蒙自市	331	158.9	91.5	57.60	42.5～339.0
		弥勒市	1 205	167.5	96.0	57.31	48.0～350.8
		屏边苗族自治县	291	136.1	84.9	62.40	42.0～317.0
		建水县	546	185.1	92.2	49.82	61.2～358.5
		石屏县	248	172.6	94.7	54.86	48.1～343.2
		泸西县	323	212.2	84.0	39.61	96.0～385.6
		元阳县	304	125.3	77.9	62.13	37.0～279.7
		红河县	558	127.2	75.1	59.01	40.0～273.2
		金平苗族瑶族傣族自治县	413	99.3	77.4	77.98	14.6～264.8
		绿春县	46	98.3	62.2	63.31	39.2～233.2
		河口瑶族自治县	305	153.0	87.2	56.96	47.0～333.8
	文山壮族 苗族自治州	文山市	577	157.2	79.9	50.87	51.0～306.0
		砚山县	795	159.1	85.2	53.55	52.7～325.2
		西畴县	270	113.8	71.9	63.18	38.0～299.1
		麻栗坡县	274	101.0	81.9	81.13	20.0～290.0
		马关县	119	133.4	95.0	71.22	32.8～330.3
		丘北县	657	155.7	86.1	55.29	47.8～325.0

（续）

省份 （垦区）	属地	下辖区域 （单位）	样本数 （个）	平均值 （mg/kg）	标准差	变异系数 （%）	5%~95%范围 （mg/kg）
云南省	文山壮族 苗族自治州	广南县	490	117.5	73.9	62.90	44.0~271.1
		富宁县	865	86.6	56.8	65.52	28.0~196.8
	西双版纳 傣族自治州	景洪市	291	131.9	82.9	62.81	40.0~310.5
		勐海县	564	134.3	83.7	62.31	38.2~292.6
		勐腊县	53	146.7	85.6	58.36	41.6~309.2
	大理白族 自治州	大理市	498	120.2	79.7	66.33	33.0~273.2
		漾濞彝族自治县	154	148.0	88.1	59.51	54.6~317.8
		祥云县	258	148.2	81.9	55.25	49.8~312.0
		宾川县	56	223.3	97.1	43.50	84.2~399.0
		弥渡县	251	229.5	76.0	33.11	122.0~349.5
		南涧彝族自治县	227	185.0	99.3	53.68	58.0~371.7
		巍山彝族回族自治县	394	139.4	74.7	53.59	55.3~312.1
		永平县	227	136.5	86.3	63.23	45.3~304.7
		云龙县	189	170.4	90.5	53.14	55.4~366.4
		洱源县	563	150.4	86.3	57.34	51.1~330.7
		剑川县	197	182.7	88.9	48.65	62.2~339.0
		鹤庆县	227	182.2	81.1	44.48	85.3~338.7
	德宏傣族景 颇族自治州	瑞丽市	32	145.7	95.1	65.29	42.0~373.9
		芒市	280	106.2	78.2	73.63	15.0~261.4
		梁河县	38	173.3	101.7	58.67	49.9~384.8
		盈江县	204	91.2	68.6	75.21	27.0~243.2
		陇川县	56	141.2	88.2	62.44	40.0~338.8
	怒江傈僳族 自治州	泸水市	630	129.3	82.0	63.41	40.4~302.0
		福贡县	18	127.1	95.0	74.73	34.0~327.1
		贡山独龙族怒族自治县	11	154.9	122.0	78.74	36.5~358.5
		兰坪白族普米族自治县	115	151.1	81.1	53.64	51.0~317.0
	迪庆藏族 自治州	香格里拉市	306	188.3	99.4	52.81	56.0~378.5
		德钦县	112	159.0	97.2	61.13	44.6~351.8
		维西傈僳族自治县	389	83.9	67.1	79.91	22.4~229.6

县级土壤速效钾

省份 (垦区)	属地	下辖区域 (单位)	样本数 (个)	平均值 (mg/kg)	标准差	变异系数 (%)	5%~95%范围 (mg/kg)
西藏 自治区	拉萨市	堆龙德庆区	232	145.3	62.8	43.18	65.6~257.0
		达孜区	253	117.5	49.4	42.05	65.6~222.4
		林周县	1 274	121.6	54.1	44.50	55.0~220.7
		尼木县	366	135.5	65.4	48.28	57.0~253.5
		曲水县	813	71.7	39.8	55.48	31.0~149.4
		墨竹工卡县	852	66.8	37.8	56.67	31.0~140.3
	日喀则市	江孜县	1 021	71.6	42.6	59.56	30.0~167.0
		白朗县	837	78.6	49.4	62.91	26.8~160.6
	昌都市	卡若区	363	189.4	93.1	49.14	66.0~366.8
		江达县	435	217.6	96.3	44.24	75.0~390.0
		贡觉县	836	222.5	88.0	39.54	90.8~383.0
		丁青县	24	272.8	40.4	14.81	217.0~341.0
		察雅县	615	246.1	95.6	38.84	92.7~395.3
		八宿县	313	205.7	92.2	44.84	55.0~351.0
		左贡县	26	177.7	75.8	42.64	87.2~307.0
		芒康县	25	256.2	65.4	25.52	150.6~334.4
		洛隆县	640	206.4	88.7	42.98	83.0~376.1
		边坝县	354	209.3	86.8	41.46	95.0~381.7
	林芝市	察隅县	11	125.0	86.6	69.25	64.0~274.0
	山南市	乃东区	13	79.6	63.6	79.91	46.8~189.8
		扎囊县	15	70.1	20.0	28.54	46.5~106.2
		贡嘎县	11	110.6	76.9	69.51	60.0~247.0
		桑日县	15	78.5	37.4	47.58	39.1~159.0
		琼结县	16	50.9	25.7	50.46	26.0~94.5
		隆子县	12	115.3	64.8	56.20	49.6~234.2

县级土壤速效钾

省份 （垦区）	属地	下辖区域 （单位）	样本数 （个）	平均值 （mg/kg）	标准差	变异系数 （%）	5%～95%范围 （mg/kg）
陕西省	西安市	周至县	436	166.7	83.2	49.92	77.0～348.0
		鄠邑区	246	174.3	77.2	44.32	81.4～319.6
		蓝田县	416	188.3	41.2	21.89	140.0～266.9
		长安区	141	221.2	79.5	35.95	118.7～385.3
		阎良区	153	259.3	103.8	40.04	114.9～437.3
		高陵区	105	244.5	89.3	36.51	127.2～411.5
		灞桥区	30	235.9	86.9	36.83	143.2～398.0
	铜川市	印台区	110	170.2	74.7	43.89	88.0～297.0
		宜君县	219	192.3	81.6	42.47	99.6～371.4
		耀州区	233	169.9	68.1	40.06	99.4～314.2
		王益区	28	187.3	75.4	40.27	114.1～334.0
	宝鸡市	凤县	30	173.4	71.6	41.32	84.5～305.1
		凤翔区	80	190.0	70.0	36.84	110.8～320.1
		千阳县	641	204.1	58.1	28.46	118.0～300.0
		太白县	34	189.9	80.1	42.16	103.6～329.0
		岐山县	202	204.4	75.6	36.99	96.8～322.0
		扶风县	233	163.0	62.3	38.24	103.0～294.5
		渭滨区	77	169.1	50.6	29.94	106.0～263.7
		眉县	49	266.2	104.6	39.28	123.2～452.4
		金台区	249	196.7	77.4	39.35	117.6～366.0
		陇县	100	170.9	82.5	48.26	80.9～327.0
		麟游县	383	186.1	86.0	46.23	91.0～363.1
	咸阳市	三原县	220	236.5	97.1	41.07	113.1～415.2
		乾县	290	188.4	79.0	41.95	99.7～350.6
		兴平市	220	285.5	96.3	33.74	138.4～429.3
		旬邑县	2 054	221.3	85.1	38.43	100.0～375.7
		武功县	738	195.6	60.9	31.14	145.0～347.1
		永寿县	340	181.5	69.6	38.36	102.6～336.4
		泾阳县	281	256.3	84.7	33.04	134.6～409.8
		淳化县	324	174.6	60.0	34.36	89.2～273.9
		礼泉县	855	205.4	92.1	44.85	87.0～389.0
		秦都区	631	166.2	51.1	30.76	90.0～278.0
		长武县	169	226.1	74.4	32.88	126.3～370.5
		彬州市	550	171.7	47.5	27.34	119.9～275.6

省份 （垦区）	属地	下辖区域 （单位）	样本数 （个）	平均值 （mg/kg）	标准差	变异系数 （%）	5%～95%范围 （mg/kg）
陕西省	咸阳市	杨凌区	21	290.0	91.5	31.56	160.0～406.8
	渭南市	临渭区	593	239.0	89.0	37.24	137.0～423.2
		华阴市	100	244.0	106.2	43.51	95.0～423.0
		合阳县	418	232.1	76.6	33.01	129.6～370.0
		大荔县	893	203.5	106.8	52.48	85.3～412.8
		富平县	471	259.2	93.2	35.94	122.7～427.4
		潼关县	202	175.9	72.9	41.45	88.3～323.0
		澄城县	1 100	240.3	73.0	30.39	125.4～360.0
		白水县	1 117	193.4	90.9	47.02	80.0～380.0
		蒲城县	913	213.3	72.8	34.11	124.3～355.0
		韩城市	351	246.1	85.3	34.67	120.6～400.2
		华州区	304	217.9	89.2	40.94	94.2～378.4
	延安市	吴起县	326	114.8	54.3	47.31	60.0～212.8
		子长区	161	128.2	65.8	51.32	68.0～251.5
		安塞区	177	116.1	47.3	40.77	66.8～213.8
		宜川县	132	179.5	98.2	54.70	59.8～345.8
		宝塔区	360	131.7	66.2	50.28	67.0～254.6
		富县	176	162.3	83.8	51.60	77.6～356.2
		延川县	201	131.5	78.1	59.34	50.0～303.6
		延长县	303	144.1	63.1	43.80	72.9～266.4
		志丹县	85	92.2	8.2	8.91	81.2～107.0
		洛川县	1 265	241.2	83.3	34.54	120.0～400.0
		黄陵县	496	152.2	36.2	23.77	105.0～208.0
		黄龙县	109	183.8	72.6	39.49	82.4～314.0
	汉中市	佛坪县	34	99.3	52.3	52.66	43.0～197.5
		勉县	494	98.9	36.2	36.57	47.0～159.0
		南郑区	374	100.9	47.0	46.60	46.0～186.0
		城固县	768	112.1	31.4	27.99	57.0～156.0
		宁强县	228	100.7	55.4	55.05	35.4～205.5
		汉台区	105	105.3	42.1	40.02	50.0～171.4
		洋县	358	121.4	53.1	43.77	53.9～209.2
		留坝县	54	123.2	69.7	56.57	45.6～233.3
		略阳县	269	130.7	58.1	44.42	53.0～238.8

省份（垦区）	属地	下辖区域（单位）	样本数（个）	平均值（mg/kg）	标准差	变异系数（%）	5%～95%范围（mg/kg）
陕西省	汉中市	西乡县	451	105.1	65.5	62.27	34.5～231.6
		镇巴县	296	90.0	53.4	59.38	34.0～190.0
	榆林市	榆阳区	187	105.3	68.6	65.09	42.0～247.5
		神木市	115	112.2	61.5	54.81	57.7～236.2
		靖边县	179	100.3	50.7	50.51	53.9～209.1
		清涧县	85	133.7	78.1	58.42	68.3～281.5
	安康市	岚皋县	30	165.6	90.6	54.68	50.8～327.6
		平利县	54	81.1	48.2	59.36	29.0～154.5
		旬阳市	645	183.6	85.6	46.61	67.0～339.1
		汉滨区	402	119.3	67.5	56.55	36.1～243.9
		汉阴县	70	117.5	42.4	36.10	62.5～197.7
		白河县	54	78.9	51.8	65.60	13.0～156.2
		石泉县	34	189.4	67.3	35.56	83.2～291.3
		宁陕县	33	131.1	61.3	46.76	61.0～236.6
		镇坪县	34	102.0	70.5	69.09	31.0～196.5
		紫阳县	76	76.1	39.4	51.77	33.7～147.1
	商洛市	丹凤县	145	115.7	38.1	32.95	57.0～174.0
		商南县	125	123.3	40.1	32.57	64.3～174.5
		商州区	280	124.0	49.4	39.86	61.9～215.1
		山阳县	350	121.2	56.0	46.20	57.0～199.8
		柞水县	84	111.3	49.2	44.26	54.0～185.9
		洛南县	374	132.1	56.5	42.77	69.3～230.7
		镇安县	208	99.6	43.6	43.79	56.4～161.0

县级土壤速效钾

省份 （垦区）	属地	下辖区域 （单位）	样本数 （个）	平均值 （mg/kg）	标准差	变异系数 （%）	5%～95%范围 （mg/kg）
甘肃省	兰州市	市辖区	910	157.2	68.0	43.26	75.0～293.0
		榆中县	639	180.9	73.3	40.55	92.4～329.6
		永登县	720	239.4	78.8	32.93	120.0～400.2
		皋兰县	840	189.6	57.4	30.30	112.1～297.8
		红古区	29	151.8	67.3	44.31	82.0～298.8
		七里河区	32	240.4	88.3	36.73	97.4～388.0
		西固区	30	294.3	109.2	37.10	131.2～433.7
	嘉峪关市	市辖区	230	92.3	50.0	54.14	37.0～195.8
	金昌市	永昌县	1 120	181.1	85.1	46.98	77.0～361.0
		金川区	467	179.7	70.9	39.47	93.7～315.3
	白银市	会宁县	1 564	193.7	53.0	27.34	120.0～295.0
		平川区	255	218.4	90.4	41.40	101.0～384.5
		景泰县	262	216.7	78.0	35.98	107.5～354.6
		靖远县	844	173.2	80.5	46.46	67.7～323.0
		白银区	56	255.1	98.9	38.76	136.8～425.0
	天水市	张家川回族自治县	2 608	169.8	97.1	57.16	35.0～375.0
		武山县	1 005	167.3	62.5	37.35	92.0～299.0
		清水县	854	199.4	78.4	39.33	102.5～358.5
		甘谷县	764	183.4	39.4	21.51	128.0～244.0
		秦安县	977	211.7	85.8	40.50	95.0～362.8
		秦州区	161	178.4	56.2	31.50	98.0～265.0
		麦积区	776	184.1	68.9	37.40	88.0～312.0
	武威市	凉州区	1 284	186.4	78.5	42.13	89.0～351.7
		古浪县	611	229.4	90.3	39.38	104.4～395.6
		天祝藏族自治县	91	225.8	91.2	40.40	119.8～402.4
		民勤县	640	163.4	64.9	39.73	77.9～287.2
	张掖市	临泽县	887	148.2	63.3	42.73	75.0～279.4
		山丹县	298	251.4	91.2	36.29	119.0～406.2
		肃南县	745	206.8	87.2	42.16	87.0～365.0
		民乐县	1 204	196.6	76.6	38.98	96.0～344.0
		甘州区	1 079	175.4	70.0	39.91	89.8～328.0
		高台县	1 548	167.1	58.1	34.80	88.0～276.0
	平凉市	华亭市	280	220.2	98.4	44.70	97.0～412.0
		崆峒区	1 007	174.2	76.8	44.07	81.0～332.9

省份 （垦区）	属地	下辖区域 （单位）	样本数 （个）	平均值 （mg/kg）	标准差	变异系数 （%）	5%～95%范围 （mg/kg）
甘肃省	平凉市	崇信县	33	215.6	87.8	40.72	136.3～432.9
		庄浪县	1 976	217.5	84.6	38.88	108.4～382.7
		泾川县	555	205.5	51.4	25.01	125.3～292.8
		灵台县	85	214.3	66.4	30.99	124.1～333.9
		静宁县	621	192.4	86.5	44.94	90.0～365.3
	酒泉市	瓜州县	472	169.8	88.4	52.08	64.8～352.0
		市辖区	207	156.5	60.2	38.44	80.1～260.9
		敦煌市	967	127.6	44.3	34.70	75.0～219.8
		玉门市	108	128.6	77.3	60.07	46.3～298.5
		肃州区	675	166.6	70.1	42.05	86.9～316.2
		金塔县	833	127.9	45.3	35.44	75.5～205.1
	庆阳市	华池县	820	146.2	69.7	47.63	45.0～283.0
		合水县	458	195.2	66.0	33.83	96.0～305.0
		宁县	416	226.7	76.5	33.74	127.4～367.2
		庆城县	937	184.1	77.2	41.92	82.0～321.6
		正宁县	323	198.2	78.4	39.55	104.0～363.3
		环县	1 310	142.8	74.3	52.02	62.0～293.5
		西峰区	560	199.4	69.9	35.04	106.0～350.0
		镇原县	1 418	178.4	59.5	33.34	106.0～302.2
	定西市	临洮县	994	174.6	68.8	39.43	96.0～328.0
		安定区	1 566	184.7	69.5	37.66	102.0～312.0
		岷县	920	158.1	55.6	35.16	89.0～270.1
		渭源县	803	155.4	75.5	48.61	72.0～312.5
		漳县	392	179.4	84.3	46.95	77.0～339.4
		通渭县	1 439	171.0	72.5	42.37	88.0～312.0
		陇西县	1 100	170.8	67.5	39.54	99.0～320.0
	陇南市	康县	66	168.0	40.2	23.91	112.0～237.3
		徽县	663	160.6	57.8	35.97	89.0～267.2
		成县	610	135.4	39.0	28.79	83.0～187.0
		文县	353	144.6	57.8	39.97	76.9～251.8
		武都区	737	155.9	69.8	44.74	70.3～285.8
		西和县	404	195.4	60.7	31.07	101.0～324.0
		宕昌县	125	200.1	90.3	45.14	84.6～376.9

省份 （垦区）	属地	下辖区域 （单位）	样本数 （个）	平均值 （mg/kg）	标准差	变异系数 （%）	5%～95%范围 （mg/kg）
甘肃省	陇南市	礼县	1 233	166.6	74.6	44.80	85.0～330.0
		两当县	60	193.8	69.0	35.59	117.7～339.6
	临夏回族 自治州	东乡族自治县	332	177.5	77.8	43.85	85.0～332.3
		临夏县	647	144.6	62.2	43.01	76.0～270.9
		和政县	256	175.3	83.5	47.66	68.1～344.5
		广河县	155	197.7	83.3	42.15	89.2～330.9
		康乐县	290	175.1	80.8	46.17	69.4～329.2
		永靖县	620	186.5	72.6	38.94	82.0～320.0
		积石山保安族东乡族 撒拉族自治县	577	155.8	47.5	31.19	96.0～252.0
		临夏市	43	187.5	73.4	39.17	82.0～310.6
	甘南藏族 自治州	临潭县	192	259.8	92.4	35.58	101.5～410.5
		卓尼县	128	229.0	90.8	39.66	94.0～383.8
		合作市	232	256.4	88.1	34.35	116.4～395.8
		舟曲县	136	195.2	77.8	39.83	84.3～363.7
		迭部县	76	252.4	103.6	41.04	79.0～397.5
		碌曲县	36	253.1	89.7	35.43	107.2～382.4
		夏河县	120	236.7	86.0	36.34	119.0～379.3
	农场	山丹马场	447	201.3	63.6	31.60	115.2～303.0

县级土壤速效钾

省份 (垦区)	属地	下辖区域 (单位)	样本数 (个)	平均值 (mg/kg)	标准差	变异系数 (%)	5%～95%范围 (mg/kg)
青海省	西宁市	大通回族土族自治县	1 187	162.1	96.9	59.76	64.0～363.0
		湟中区	1 152	166.0	90.9	54.79	75.0～365.0
		湟源县	500	164.0	103.2	62.94	51.0～376.0
		城北区	340	239.1	64.6	27.00	135.0～342.0
	海东市	乐都区	843	187.8	83.0	44.18	82.2～342.8
		互助土族自治县	1 054	151.3	63.4	41.93	89.0～288.0
		化隆回族自治县	159	153.3	85.0	55.43	66.0～332.0
		平安区	118	231.9	108.9	46.97	94.0～436.2
		循化撒拉族自治县	546	259.7	78.4	30.20	126.8～395.8
		民和回族土族自治县	1 131	170.1	83.9	49.31	73.0～340.0
	海北藏族 自治州	刚察县	45	184.3	116.5	63.24	61.0～405.0
		海晏县	30	106.9	39.0	36.45	53.7～173.3
		祁连县	16	258.5	132.9	51.40	130.0～493.0
		门源回族自治县	578	148.2	84.4	56.94	42.0～332.0
	黄南藏族 自治州	同仁市	210	276.2	99.0	35.86	125.9～438.6
		尖扎县	40	237.9	120.8	50.80	109.7～442.9
	海南藏族 自治州	共和县	176	149.6	86.6	57.90	54.1～290.3
		同德县	659	184.1	78.7	42.73	86.0～344.2
		贵德县	408	208.3	99.7	47.88	80.2～439.2
		贵南县	457	214.5	105.1	49.00	78.0～412.8
	海西蒙古族 藏族自治州	乌兰县	209	175.1	80.5	45.97	62.6～346.0
		德令哈市	222	98.9	41.3	41.79	49.0～172.2
		格尔木市	267	120.1	71.9	59.85	39.0～253.0
		都兰县	360	148.7	47.9	32.19	87.3～236.7

县级土壤速效钾

省份 (垦区)	属地	下辖区域 (单位)	样本数 (个)	平均值 (mg/kg)	标准差	变异系数 (%)	5%~95%范围 (mg/kg)
宁夏回族 自治区	银川市	兴庆区	481	157.2	77.3	49.18	50.0~307.5
		永宁县	209	176.3	69.5	39.40	83.3~315.5
		灵武市	406	155.2	58.1	37.44	74.0~267.5
		西夏区	75	165.0	79.4	48.11	60.3~323.0
		金凤区	66	82.7	60.7	73.39	33.2~181.8
	石嘴山市	平罗县	364	153.3	56.6	36.88	80.0~278.0
		惠农区	38	162.8	53.5	32.87	98.8~244.6
	吴忠市	利通区	439	139.1	53.9	38.72	68.0~229.0
		同心县	647	166.8	67.3	40.32	89.0~316.8
		盐池县	539	144.8	53.1	36.64	77.3~249.0
		青铜峡市	1 381	146.6	54.8	37.37	80.0~253.1
		红寺堡区	472	91.1	43.7	47.98	49.5~168.0
	固原市	原州区	1 168	175.2	59.9	34.18	98.8~296.0
		彭阳县	475	162.2	76.5	47.17	78.3~328.5
		隆德县	516	181.2	73.1	40.32	94.5~339.0
	中卫市	中宁县	565	152.1	68.4	45.00	63.0~295.0
		沙坡头区	475	155.9	58.9	37.78	86.7~286.1
		海原县	596	158.3	61.0	38.51	83.0~286.4

县级土壤速效钾

省份 （垦区）	属地	下辖区域 （单位）	样本数 （个）	平均值 （mg/kg）	标准差	变异系数 （%）	5%～95%范围 （mg/kg）
新疆维吾尔自治区	乌鲁木齐市	乌鲁木齐县	90	237.7	100.8	42.43	132.1～463.3
		达坂城区	118	172.5	91.5	53.03	79.7～365.0
		高新区	76	313.8	104.3	33.24	156.0～476.0
		米东区	694	201.2	74.2	36.89	90.0～328.0
		天山区	21	362.3	196.9	54.36	114.8～568.1
	克拉玛依市	克拉玛依区	39	171.9	82.9	48.23	70.4～332.3
	吐鲁番市	高昌区	433	202.8	85.7	42.26	94.0～359.7
		鄯善县	77	175.8	88.1	50.11	83.4～340.8
		托克逊县	419	208.0	100.0	48.09	66.6～406.7
	哈密市	伊州区	706	191.3	96.6	50.40	68.5～361.3
		巴里坤哈萨克自治县	1 984	158.3	59.2	37.50	88.5～276.1
		伊吾县	306	381.7	143.0	37.65	75.9～548.6
	昌吉回族自治州	吉木萨尔县	620	258.7	105.2	40.68	140.0～489.0
		呼图壁县	488	290.6	128.9	44.37	121.4～508.8
		奇台县	1 429	303.6	110.5	36.40	133.2～509.4
		昌吉市	1 371	247.0	106.3	43.03	117.0～465.0
		木垒哈萨克自治县	862	266.9	68.5	25.65	178.3～400.8
		玛纳斯县	620	219.6	106.8	48.61	85.0～439.0
		阜康市	541	233.6	112.8	48.27	82.0～454.8
	博尔塔拉蒙古自治州	博乐市	397	307.6	118.6	38.58	138.4～528.6
		温泉县	959	208.5	96.5	46.27	90.2～389.9
		精河县	292	268.3	130.2	48.52	80.0～495.0
	巴音郭楞蒙古自治州	且末县	128	133.9	41.4	30.95	62.3～196.0
		博湖县	151	103.9	51.8	49.84	54.0～204.5
		和硕县	171	198.1	116.2	58.64	72.4～419.0
		和静县	896	127.2	44.3	34.82	61.4～198.0
		尉犁县	1 314	150.2	65.3	43.50	68.0～270.0
		库尔勒市	705	206.0	90.6	43.96	88.0～371.0
		焉耆回族自治县	609	155.9	75.9	48.64	64.0～308.9
		若羌县	191	127.6	56.2	44.06	60.4～199.6
		轮台县	589	196.1	73.3	37.38	89.0～333.7
	阿克苏地区	阿克苏市	179	143.7	75.5	52.52	57.2～293.6
		阿瓦提县	166	155.4	67.7	43.57	76.0～300.6
		拜城县	144	171.4	85.4	49.84	63.0～328.2

省份（垦区）	属地	下辖区域（单位）	样本数（个）	平均值（mg/kg）	标准差	变异系数（%）	5%～95%范围（mg/kg）
新疆维吾尔自治区	阿克苏地区	柯坪县	39	168.6	70.4	41.72	97.0～267.0
		库车市	160	176.2	72.6	41.20	89.0～295.6
		沙雅县	150	144.0	57.7	40.06	72.0～239.5
		温宿县	165	149.2	87.5	58.62	60.0～326.3
		乌什县	97	144.8	77.1	53.24	62.2～313.7
		新和县	81	181.0	88.4	48.85	93.1～349.4
	喀什地区	伽师县	770	142.3	54.7	38.46	76.0～246.5
		叶城县	342	106.4	45.4	42.69	60.0～199.2
		喀什市	146	112.9	45.5	40.34	59.1～200.0
		塔什库尔干塔吉克自治县	21	177.9	79.2	45.56	105.1～315.9
		岳普湖县	156	121.5	48.4	39.87	67.1～206.4
		巴楚县	713	171.3	88.5	51.67	71.0～361.0
		泽普县	190	136.7	63.9	46.75	73.3～252.7
		疏勒县	302	141.0	82.4	58.47	64.0～316.1
		疏附县	187	129.8	77.4	59.58	61.3～250.1
		英吉沙县	135	154.3	76.8	49.76	70.6～276.9
		莎车县	900	137.3	68.3	49.73	66.8～275.3
		麦盖提县	273	123.1	47.7	38.71	69.0～218.4
	和田地区	洛浦县	43	154.1	76.9	49.93	80.5～340.8
	伊犁哈萨克自治州	伊宁县	1 500	206.1	90.0	43.65	88.0～390.0
		伊宁市	426	198.6	75.4	37.96	105.0～341.3
		奎屯市	28	286.4	137.1	47.88	118.8～542.4
		察布查尔锡伯自治县	866	242.3	119.7	49.39	84.0～478.8
		尼勒克县	1 007	212.8	65.6	30.84	124.0～324.0
		巩留县	1 057	159.5	84.8	53.16	62.2～326.0
		新源县	354	195.9	100.0	51.03	77.6～404.4
		昭苏县	803	263.9	93.0	35.24	140.0～447.9
		特克斯县	606	146.2	78.5	53.70	58.0～308.8
		霍城县	164	208.6	77.4	37.09	118.9～360.2
		霍尔果斯市	19	195.5	77.1	39.45	102.3～331.3
	塔城地区	乌苏市	239	289.2	121.0	41.86	93.8～497.8
		和布克赛尔蒙古自治县	40	266.2	91.5	34.39	120.0～415.3
		塔城市	1 431	231.0	84.1	36.39	101.2～381.0

省份 （垦区）	属地	下辖区域 （单位）	样本数 （个）	平均值 （mg/kg）	标准差	变异系数 （%）	5%～95%范围 （mg/kg）
新疆维 吾尔 自治区	塔城地区	沙湾市	350	125.2	40.8	32.54	81.0～219.0
		额敏县	225	220.6	98.1	44.47	99.6～423.0
	阿勒泰地区	吉木乃县	290	170.0	50.4	29.65	103.8～264.8
		哈巴河县	324	285.3	138.2	48.45	118.0～546.0
		富蕴县	305	195.5	53.0	27.12	118.0～289.0
		布尔津县	308	171.9	25.8	15.01	139.7～203.0
		福海县	588	188.4	117.4	62.33	52.0～428.4
		阿勒泰市	70	286.6	80.3	28.02	150.5～396.7

五、 pH

区域土壤pH

地区	样本数 （个）	平均值	标准差	变异系数 （%）	5%～95%范围
全国	2 171 108	6.5	1.2	18.11	4.9～8.4
华北区	384 109	7.6	0.9	11.84	5.5～8.5
东北区	943 187	6.3	0.9	14.29	5.1～8.2
华东区	311 682	6.0	1.1	18.81	4.6～8.1
华南区	185 160	6.0	1.1	17.50	4.6～8.0
西南区	212 192	6.4	1.2	18.90	4.6～8.3
西北区	134 778	8.2	0.5	6.10	7.4～8.7

省级土壤 pH

省份	样本数（个）	平均值	标准差	变异系数（%）	5%～95%范围
北京市	11 996	7.6	0.6	7.89	6.6～8.5
天津市	8 192	8.1	0.4	4.94	7.5～8.6
河北省	81 882	7.9	0.6	7.59	6.7～8.6
山西省	41 382	8.2	0.3	3.66	7.8～8.7
内蒙古自治区	79 023	7.7	1.0	12.99	5.7～8.8
辽宁省	46 845	6.1	0.9	14.75	4.7～7.8
吉林省	108 249	6.3	1.1	17.46	4.8～8.3
黑龙江省	788 093	6.1	0.8	13.11	5.2～7.8
上海市	3 267	7.4	0.8	11.37	5.8～8.4
江苏省	64 797	7.1	1.0	14.70	5.3～8.4
浙江省	70 648	5.7	0.9	15.40	4.5～7.5
安徽省	84 877	6.2	1.1	17.75	4.7～8.2
福建省	35 592	5.2	0.6	12.17	4.3～6.5
江西省	52 501	5.2	0.5	9.65	4.5～6.2
山东省	100 962	7.2	1.0	13.89	5.2～8.4
河南省	60 672	7.5	1.0	13.33	5.3～8.5
湖北省	61 677	6.6	1.0	15.43	5.0～8.2
湖南省	56 888	6.0	1.0	16.92	4.7～7.9
广东省	36 372	5.4	0.6	11.73	4.4～6.6
广西壮族自治区	16 345	5.8	1.1	18.77	4.4～7.9
海南省	13 878	5.4	0.8	14.04	4.2～6.7
重庆市	31 756	6.3	1.3	20.28	4.6～8.4
四川省	83 396	6.7	1.2	17.99	4.8～8.4
贵州省	29 796	6.0	1.0	17.07	4.6～7.9
云南省	57 349	6.2	1.1	18.26	4.6～8.0
西藏自治区	9 895	7.9	0.6	7.29	6.8～8.6
陕西省	28 136	7.9	0.8	10.13	6.0～8.7
甘肃省	53 343	8.3	0.3	3.61	7.7～8.7
青海省	10 707	8.1	0.3	3.70	7.5～8.5
宁夏回族自治区	8 912	8.4	0.3	3.57	7.9～8.9
新疆维吾尔自治区	33 680	8.1	0.3	3.70	7.5～8.6

地市级土壤 pH

省份 （垦区）	下辖区域 （单位）	样本数 （个）	平均值	标准差	变异系数 （%）	5%～95%范围
北京市	市辖区	11 996	7.6	0.6	7.89	6.6～8.5
天津市	市辖区	8 192	8.1	0.4	4.94	7.5～8.6
河北省	石家庄市	10 431	7.9	0.4	5.30	7.0～8.4
	唐山市	6 679	7.1	0.7	9.40	5.8～8.1
	秦皇岛市	2 329	6.6	0.7	10.50	5.6～7.9
	邯郸市	9 005	8.0	0.3	3.80	7.5～8.5
	邢台市	8 802	8.0	0.4	5.20	7.3～8.6
	保定市	10 636	8.0	0.4	4.50	7.4～8.5
	张家口市	7 676	8.1	0.4	4.40	7.5～8.6
	承德市	5 568	7.2	0.5	7.40	6.5～8.1
	沧州市	8 617	8.2	0.3	3.80	7.6～8.7
	廊坊市	6 040	8.2	0.4	5.30	7.4～8.9
	衡水市	6 099	8.2	0.3	4.10	7.6～8.6
山西省	太原市	4 166	8.4	0.3	3.80	7.8～8.8
	阳泉市	1 342	8.3	0.3	4.00	7.8～8.9
	长治市	5 446	8.1	0.2	2.30	7.8～8.4
	晋城市	1 762	7.8	0.4	5.60	7.0～8.4
	朔州市	2 617	8.3	0.3	3.40	7.7～8.7
	晋中市	1 317	8.2	0.3	3.50	7.8～8.6
	运城市	9 859	8.3	0.3	3.20	7.9～8.7
	忻州市	8 132	8.2	0.2	2.60	7.9～8.5
	临汾市	3 156	8.1	0.2	2.50	7.8～8.5
	吕梁市	3 584	8.4	0.3	3.20	8.0～8.8
内蒙古自治区	呼和浩特市	3 472	8.4	0.4	4.80	7.8～9.0
	包头市	5 551	8.2	0.3	4.00	7.7～8.7
	赤峰市	13 077	8.2	0.6	7.10	7.0～8.8
	通辽市	9 995	8.1	0.6	7.90	6.9～8.7
	鄂尔多斯市	2 488	8.5	0.3	3.70	8.0～9.0
	呼伦贝尔市	14 729	6.2	0.6	9.20	5.3～7.1
	巴彦淖尔市	7 326	8.5	0.4	4.10	7.9～9.1
	乌兰察布市	8 218	8.3	0.3	4.00	7.8～8.8
	兴安盟	10 655	7.2	0.9	12.30	5.8～8.5
	锡林郭勒盟	2 630	7.6	0.6	7.90	6.5～8.4
	阿拉善盟	882	8.1	0.5	5.80	7.1～8.7

省份 （垦区）	下辖区域 （单位）	样本数 （个）	平均值	标准差	变异系数 （%）	5%～95%范围
辽宁省	沈阳市	3 558	6.0	0.9	15.80	4.6～7.8
	大连市	4 554	6.0	0.8	12.70	4.8～7.4
	鞍山市	1 464	6.1	0.6	9.50	5.1～7.2
	抚顺市	2 493	5.4	0.7	12.80	4.5～6.9
	本溪市	2 460	5.9	0.8	13.40	4.6～7.3
	丹东市	3 329	5.6	0.6	10.50	4.6～6.5
	锦州市	3 908	6.2	0.9	14.20	4.8～7.8
	营口市	1 657	6.3	0.9	15.10	4.9～7.8
	阜新市	2 749	6.2	0.8	12.40	5.0～7.6
	辽阳市	3 768	5.8	0.7	11.60	4.9～7.0
	盘锦市	1 960	7.3	0.6	7.70	6.3～8.0
	铁岭市	5 499	5.8	0.8	13.70	4.6～7.2
	朝阳市	6 204	7.2	0.7	10.40	5.7～8.0
	葫芦岛市	3 242	5.7	0.8	13.10	4.7～7.2
吉林省	长春市	22 503	6.3	0.9	13.40	5.1～7.9
	吉林市	12 470	5.4	0.6	10.20	4.6～6.4
	四平市	14 034	6.7	0.9	12.80	5.4～8.1
	辽源市	12 425	5.6	0.5	8.50	4.8～6.4
	通化市	10 642	5.3	0.6	10.80	4.4～6.3
	白山市	3 930	5.7	0.6	10.90	4.9～6.9
	松原市	7 855	7.2	0.6	8.50	6.3～8.3
	白城市	16 322	8.0	0.5	6.20	7.0～8.6
	延边朝鲜族自治州	8 068	5.7	0.5	8.30	4.8～6.3
黑龙江省	哈尔滨市	72 721	6.0	0.6	9.80	5.2～6.9
	齐齐哈尔市	78 044	6.8	0.8	12.30	5.5～8.0
	鸡西市	26 212	5.9	0.5	7.70	5.2～6.6
	鹤岗市	17 842	5.9	0.5	8.50	5.2～6.7
	双鸭山市	17 719	6.1	0.5	8.10	5.4～7.1
	大庆市	27 942	7.2	0.8	11.40	5.7～8.2
	伊春市	9 928	5.7	0.5	8.90	5.0～6.6
	佳木斯市	60 943	6.0	0.7	11.00	5.1～7.3
	七台河市	7 700	6.0	0.5	7.70	5.3～6.8
	牡丹江市	25 430	5.9	0.5	9.10	5.2～6.8

省份 （垦区）	下辖区域 （单位）	样本数 （个）	平均值	标准差	变异系数 （%）	5%～95%范围
黑龙江省	黑河市	43 332	5.7	0.4	6.20	5.1～6.2
	绥化市	84 717	6.8	0.9	12.90	5.4～8.1
	大兴安岭地区	8 539	5.8	0.3	5.90	5.2～6.3
北大荒农垦集团 有限公司	宝泉岭分公司	38 490	5.8	0.4	6.90	5.1～6.4
	北安分公司	44 964	5.7	0.4	7.10	5.0～6.3
	哈尔滨有限公司	2 149	6.8	1.1	15.90	5.4～8.6
	红兴隆分公司	49 286	6.4	0.9	13.60	5.3～8.0
	建三江分公司	69 552	5.8	0.5	8.20	5.1～6.6
	九三分公司	37 964	6.0	0.4	6.00	5.5～6.5
	牡丹江分公司	48 755	5.7	0.4	7.00	5.1～6.4
	齐齐哈尔分公司	9 887	6.7	0.7	11.00	5.8～8.2
	绥化分公司	5 971	5.7	0.2	4.40	5.3～6.1
上海市	市辖区	3 267	7.4	0.8	11.37	5.8～8.4
江苏省	南京市	4 755	6.2	0.8	12.41	5.0～7.6
	无锡市	2 530	6.2	0.8	12.39	5.1～7.7
	徐州市	6 821	7.4	1.0	13.84	5.1～8.5
	常州市	3 114	6.2	0.8	12.44	5.0～7.5
	苏州市	3 697	6.6	0.9	14.08	5.2～8.1
	南通市	5 996	7.8	0.6	7.30	6.8～8.5
	连云港市	4 289	7.0	1.2	17.02	5.0～8.5
	淮安市	6 073	7.0	1.1	15.54	5.1～8.3
	盐城市	9 943	7.7	0.7	9.69	6.0～8.5
	扬州市	4 951	6.6	1.0	14.63	5.3～8.1
	镇江市	3 324	6.7	1.0	14.45	5.3～8.1
	泰州市	4 268	7.0	0.8	11.14	5.8～8.2
	宿迁市	5 036	7.3	0.9	11.77	5.8～8.4
浙江省	杭州市	6 632	6.0	1.1	18.00	4.5～7.9
	宁波市	5 743	5.8	1.0	17.65	4.5～7.9
	温州市	4 241	5.3	0.7	13.49	4.4～6.8
	嘉兴市	6 839	6.3	0.7	10.50	5.2～7.3
	湖州市	7 486	5.9	0.8	13.15	4.7～7.3
	绍兴市	6 664	5.6	0.7	11.82	4.8～7.0
	金华市	14 972	5.4	0.8	14.76	4.4～7.2

省份 （垦区）	下辖区域 （单位）	样本数 （个）	平均值	标准差	变异系数 （％）	5％～95％范围
浙江省	衢州市	5 134	5.4	0.8	14.25	4.4～7.0
	舟山市	465	6.3	1.0	16.12	4.6～7.9
	台州市	5 551	5.6	1.0	17.51	4.4～7.8
	丽水市	6 921	5.3	0.6	11.21	4.3～6.3
安徽省	合肥市	5 548	5.9	0.8	12.78	4.7～7.1
	芜湖市	2 742	5.9	0.8	14.21	4.8～7.7
	蚌埠市	6 585	6.7	0.9	13.95	5.2～8.2
	淮南市	3 996	6.1	0.7	11.74	5.1～7.4
	马鞍山市	2 627	6.4	0.6	9.40	5.5～7.5
	淮北市	1 694	7.2	0.8	10.86	5.7～8.3
	铜陵市	1 947	5.8	0.9	15.68	4.8～7.9
	安庆市	7 167	5.5	0.8	14.34	4.7～7.3
	黄山市	5 213	5.1	0.8	15.81	3.9～6.7
	滁州市	8 719	6.0	0.9	14.37	4.8～7.8
	阜阳市	5 977	7.0	1.2	17.36	4.9～8.3
	宿州市	9 676	7.4	1.0	13.88	5.2～8.4
	六安市	9 505	5.7	0.5	9.51	4.8～6.5
	亳州市	4 715	6.8	1.1	15.73	5.1～8.3
	池州市	2 836	5.8	1.0	16.85	4.5～7.8
	宣城市	5 930	5.6	0.7	11.82	4.7～6.8
福建省	福州市	4 034	5.4	0.6	11.45	4.5～6.6
	莆田市	3 424	5.6	0.7	12.66	4.5～6.9
	三明市	4 942	5.1	0.4	8.49	4.5～5.8
	泉州市	3 869	5.3	0.9	16.35	3.9～6.7
	漳州市	3 719	5.5	0.8	14.58	4.1～6.8
	南平市	5 719	5.0	0.4	8.66	4.4～5.7
	龙岩市	5 312	5.2	0.5	9.66	4.5～6.2
	宁德市	4 573	5.2	0.6	10.78	4.3～6.2
江西省	南昌市	4 995	5.2	0.4	8.06	4.6～6.0
	景德镇市	1 164	5.0	0.5	9.69	4.4～6.0
	萍乡市	3 017	5.6	0.5	9.14	4.9～6.6
	九江市	4 632	5.5	0.6	11.36	4.6～6.6
	新余市	1 782	5.4	0.7	12.16	4.4～6.6

省份 （垦区）	下辖区域 （单位）	样本数 （个）	平均值	标准差	变异系数 （％）	5％～95％范围
江西省	鹰潭市	1 829	5.0	0.2	4.67	4.7～5.4
	赣州市	5 483	5.2	0.4	7.64	4.7～5.9
	吉安市	8 875	5.2	0.4	8.51	4.6～6.1
	宜春市	7 368	5.2	0.5	10.42	4.4～6.2
	抚州市	5 165	5.1	0.3	6.88	4.5～5.6
	上饶市	8 191	5.1	0.5	10.01	4.4～6.1
山东省	济南市	5 715	7.8	0.5	6.70	6.8～8.4
	青岛市	6 288	6.2	0.9	15.30	4.8～7.9
	淄博市	6 337	7.6	0.6	8.20	6.2～8.3
	枣庄市	615	6.3	0.8	12.80	5.1～7.6
	东营市	1 276	8.1	0.3	3.30	7.6～8.5
	烟台市	6 220	5.9	0.8	13.60	4.8～7.4
	潍坊市	6 732	7.0	0.9	12.90	5.3～8.1
	济宁市	7 253	7.4	0.9	11.30	5.6～8.3
	泰安市	5 134	6.7	0.9	12.70	5.2～8.2
	威海市	2 823	5.6	0.7	12.40	4.7～7.0
	日照市	1 109	5.4	0.6	11.80	4.7～6.9
	莱芜市	1 579	6.8	0.6	9.10	5.7～7.8
	临沂市	12 610	6.1	0.7	11.60	5.0～7.3
	德州市	12 282	8.0	0.3	3.60	7.5～8.5
	聊城市	10 779	8.1	0.3	3.50	7.5～8.4
	滨州市	4 217	8.1	0.4	4.40	7.5～8.6
	菏泽市	11 014	7.9	0.3	3.40	7.4～8.3
河南省	郑州市	2 419	7.9	0.5	6.00	7.0～8.4
	开封市	2 772	8.2	0.3	3.70	7.6～8.6
	洛阳市	1 940	8.0	0.4	5.40	7.2～8.5
	平顶山市	3 675	6.7	1.0	14.80	4.7～7.9
	安阳市	3 187	8.0	0.5	6.00	6.9～8.5
	鹤壁市	1 597	8.1	0.3	3.70	7.6～8.5
	新乡市	3 982	8.2	0.3	3.10	7.7～8.5
	焦作市	3 618	8.1	0.3	3.40	7.7～8.5
	濮阳市	4 146	8.3	0.2	2.10	8.0～8.6
	许昌市	3 757	7.8	0.5	6.90	6.8～8.5

省份 （垦区）	下辖区域 （单位）	样本数 （个）	平均值	标准差	变异系数 （％）	5％～95％范围
河南省	漯河市	1 260	6.8	1.0	14.90	5.0～8.2
	三门峡市	2 705	7.8	0.4	5.30	7.1～8.2
	南阳市	4 777	6.4	0.7	10.40	5.4～7.6
	商丘市	6 096	7.9	0.2	3.10	7.6～8.3
	信阳市	4 498	6.0	0.7	11.30	5.1～7.2
	周口市	4 853	8.0	0.5	6.10	7.1～8.5
	驻马店市	4 701	5.5	0.7	11.70	4.5～6.6
	济源示范区	689	8.0	0.3	3.50	7.6～8.3
湖北省	武汉市	3 169	5.9	0.9	14.82	4.8～7.8
	黄石市	1 210	6.2	1.1	18.00	4.3～7.8
	十堰市	5 735	6.7	1.0	15.10	5.2～8.4
	宜昌市	4 686	6.3	1.0	16.26	4.7～8.1
	襄阳市	4 798	6.4	0.8	12.94	4.9～7.7
	鄂州市	427	5.8	1.1	19.27	4.3～8.0
	荆门市	3 854	6.5	0.8	11.54	5.4～7.9
	孝感市	7 590	6.3	0.8	13.47	5.0～7.9
	荆州市	13 749	7.1	0.9	12.76	5.5～8.3
	黄冈市	1 521	5.3	0.5	8.73	4.5～6.1
	咸宁市	2 954	5.9	0.7	11.66	5.0～7.3
	随州市	2 108	6.2	0.6	9.82	5.2～7.2
	恩施土家族苗族自治州	2 073	5.6	1.0	17.89	4.2～7.4
	省直管行政单位	7 803	7.5	0.6	7.85	6.3～8.2
湖南省	长沙市	1 215	5.8	0.7	11.61	4.9～7.1
	株洲市	1 685	5.5	0.7	12.10	4.7～6.9
	湘潭市	1 036	5.5	0.6	10.57	4.8～6.7
	衡阳市	4 084	5.9	1.1	18.01	4.5～7.9
	邵阳市	6 645	6.1	0.9	14.54	4.9～7.8
	岳阳市	5 914	5.8	1.0	17.40	4.6～8.1
	常德市	7 387	6.0	1.0	16.89	4.6～8.0
	张家界市	2 529	6.3	1.1	16.77	4.8～8.0
	益阳市	4 929	5.8	1.0	16.57	4.6～7.7
	郴州市	3 535	6.3	1.1	17.36	4.7～8.0
	永州市	5 771	6.4	1.1	17.47	4.8～8.1

省份 （垦区）	下辖区域 （单位）	样本数 （个）	平均值	标准差	变异系数 （%）	5%～95%范围
湖南省	怀化市	5 137	5.6	0.8	14.79	4.6～7.5
	娄底市	2 642	6.2	0.9	13.92	5.0～7.8
	湘西土家族苗族自治州	4 379	6.1	1.1	17.87	4.7～8.1
广东省	广州市	2 360	5.5	0.7	13.29	4.3～6.8
	韶关市	3 086	5.5	0.6	10.58	4.7～6.6
	深圳市	10	6.0	0.6	10.24	5.2～6.8
	珠海市	220	5.9	0.7	11.52	4.7～6.9
	汕头市	219	5.7	0.6	11.32	4.6～6.7
	佛山市	859	5.2	0.7	13.97	4.2～6.6
	江门市	3 394	5.1	0.6	11.29	4.2～6.1
	湛江市	2 541	5.2	0.7	12.88	4.2～6.5
	茂名市	4 343	5.3	0.5	9.02	4.6～6.1
	肇庆市	2 467	5.3	0.6	11.00	4.5～6.3
	惠州市	3 346	5.5	0.6	10.85	4.5～6.6
	梅州市	3 373	5.6	0.6	10.72	4.7～6.7
	汕尾市	583	5.4	0.6	10.24	4.6～6.3
	河源市	1 584	5.3	0.4	8.13	4.8～6.2
	阳江市	1 859	5.4	0.5	9.56	4.6～6.4
	清远市	2 123	5.7	0.7	13.06	4.6～7.1
	东莞市	369	5.5	1.0	17.84	4.1～7.0
	中山市	221	6.0	0.8	12.61	4.7～7.2
	潮州市	295	5.6	0.7	11.75	4.6～6.7
	揭阳市	1 163	5.6	0.7	12.27	4.3～6.7
	云浮市	1 957	5.5	0.6	11.25	4.7～6.8
广西壮族自治区	南宁市	1 868	5.5	0.9	15.69	4.3～7.3
	柳州市	2 817	5.9	1.1	19.49	4.4～8.0
	桂林市	1 033	6.1	1.1	18.25	4.7～8.1
	梧州市	361	5.0	0.5	10.51	4.3～6.0
	北海市	327	5.2	0.6	11.83	4.3～6.2
	防城港市	163	5.3	0.7	12.34	4.4～6.4
	钦州市	377	5.1	0.6	10.88	4.4～6.1
	贵港市	1 322	5.6	0.9	15.40	4.5～7.4
	玉林市	489	5.4	0.6	11.85	4.5～6.7

省份 （垦区）	下辖区域 （单位）	样本数 （个）	平均值	标准差	变异系数 （％）	5％～95％范围
广西壮族自治区	百色市	841	6.3	0.9	15.04	4.9～8.0
	贺州市	1 821	6.2	1.2	19.97	4.7～8.1
	河池市	2 385	6.1	1.1	17.79	4.6～8.0
	来宾市	1 798	5.7	1.1	19.96	4.2～7.8
	崇左市	743	5.6	1.2	22.34	4.1～8.0
海南省	海口市	4 988	5.6	0.8	13.59	4.5～7.0
	三亚市	701	5.6	0.6	11.43	4.5～6.6
	儋州市	495	5.3	0.7	13.96	4.1～6.5
	省直管行政单位	7 694	5.2	0.7	13.99	4.1～6.4
重庆市	市辖区	21 198	6.3	1.3	20.40	4.6～8.3
	县	10 558	6.5	1.3	19.86	4.7～8.4
四川省	成都市	6 998	6.5	1.2	17.83	4.4～8.3
	自贡市	3 187	6.7	1.3	19.04	4.6～8.4
	攀枝花市	1 309	6.2	0.8	13.60	4.9～7.7
	泸州市	6 108	6.2	1.2	19.43	4.6～8.1
	德阳市	3 733	6.8	1.0	15.26	5.1～8.4
	绵阳市	3 307	7.1	1.0	13.48	5.4～8.3
	广元市	2 422	7.0	0.9	13.60	5.3～8.2
	遂宁市	3 869	7.9	0.6	6.93	7.0～8.5
	内江市	3 814	6.8	1.3	19.22	4.7～8.5
	乐山市	3 229	6.5	1.2	18.55	4.6～8.2
	南充市	6 467	7.5	1.0	12.73	5.5～8.5
	眉山市	2 632	6.4	1.1	17.09	4.6～8.3
	宜宾市	4 630	6.1	1.2	20.33	4.5～8.2
	广安市	4 056	6.3	1.1	16.88	4.8～8.1
	达州市	7 232	6.1	1.1	17.78	4.7～8.1
	雅安市	2 423	6.3	1.2	18.43	4.5～8.1
	巴中市	4 880	6.6	1.1	17.23	5.0～8.3
	资阳市	2 024	7.8	0.6	7.16	6.7～8.4
	阿坝藏族羌族自治州	1 284	7.6	0.9	12.11	5.4～8.5
	甘孜藏族自治州	1 321	7.7	0.7	9.71	6.1～8.5
	凉山彝族自治州	8 471	6.4	1.0	15.86	4.9～8.1
贵州省	贵阳市	3 682	6.3	1.1	17.27	4.6～8.1

（续）

省份 （垦区）	下辖区域 （单位）	样本数 （个）	平均值	标准差	变异系数 （%）	5%～95%范围
贵州省	六盘水市	1 300	6.1	1.0	16.96	4.5～7.9
	遵义市	2 349	6.1	1.0	16.83	4.6～7.9
	安顺市	1 085	6.1	0.9	15.35	4.7～7.7
	毕节市	1 306	6.0	1.0	16.14	4.6～7.7
	铜仁市	4 858	5.9	0.9	15.41	4.6～7.7
	黔西南布依族苗族自治州	3 782	6.4	1.0	14.91	4.9～7.9
	黔东南苗族侗族自治州	8 055	5.6	1.0	17.86	4.5～7.8
	黔南布依族苗族自治州	3 379	6.0	0.9	15.70	4.6～7.8
云南省	昆明市	4 595	6.5	1.1	17.50	4.7～8.1
	曲靖市	4 741	6.4	1.0	16.24	4.8～8.0
	玉溪市	4 255	6.6	1.2	18.38	4.7～8.2
	保山市	2 892	6.3	1.2	19.24	4.6～8.1
	昭通市	5 932	6.1	1.1	18.49	4.6～8.0
	丽江市	2 285	6.7	0.8	12.70	5.3～8.1
	普洱市	6 427	5.3	0.8	14.61	4.3～6.9
	临沧市	5 142	5.4	0.8	15.30	4.4～7.3
	楚雄彝族自治州	4 286	6.3	0.9	14.59	5.0～8.0
	红河哈尼族彝族自治州	5 680	6.3	1.1	18.03	4.5～8.0
	文山壮族苗族自治州	4 177	6.4	1.0	15.81	4.8～8.0
	西双版纳傣族自治州	957	5.3	0.6	11.73	4.5～6.5
	大理白族自治州	3 484	6.5	1.0	15.91	4.7～8.0
	德宏傣族景颇族自治州	844	5.5	0.9	16.66	4.3～7.6
	怒江傈僳族自治州	784	5.9	1.1	18.40	4.3～7.8
	迪庆藏族自治州	868	6.9	1.1	15.93	5.2～8.4
西藏自治区	拉萨市	3 760	7.6	0.5	7.01	6.8～8.5
	日喀则市	1 858	8.3	0.3	3.84	7.6～8.6
	昌都市	4 195	7.9	0.6	7.33	6.7～8.6
	山南市	82	7.4	0.5	6.61	6.7～8.3
陕西省	西安市	1 527	7.7	0.7	9.70	6.3～8.7
	铜川市	590	8.3	0.3	3.90	7.8～8.6
	宝鸡市	2 078	8.0	0.4	4.60	7.4～8.5
	咸阳市	6 693	8.2	0.3	3.50	7.7～8.6
	渭南市	6 462	8.3	0.3	3.30	7.8～8.7

（续）

省份 （垦区）	下辖区域 （单位）	样本数 （个）	平均值	标准差	变异系数 （%）	5%～95%范围
陕西省	延安市	3 791	8.3	0.3	4.10	7.7～8.8
	汉中市	3 431	6.5	0.7	11.50	5.6～8.0
	榆林市	566	8.3	0.3	3.60	7.7～8.7
	安康市	1 432	7.1	0.8	11.80	5.6～8.3
	商洛市	1 566	7.2	0.7	10.40	5.8～8.3
甘肃省	兰州市	3 200	8.2	0.2	2.90	7.9～8.7
	嘉峪关市	230	8.1	0.2	2.70	7.7～8.5
	金昌市	1 587	8.3	0.2	2.70	7.9～8.7
	白银市	2 981	8.4	0.2	2.40	8.1～8.8
	天水市	7 145	8.3	0.3	3.20	7.9～8.7
	武威市	2 626	8.4	0.3	3.00	8.0～8.9
	张掖市	5 761	8.4	0.3	3.70	7.9～8.8
	平凉市	4 557	8.3	0.3	3.40	7.8～8.7
	酒泉市	3 262	8.3	0.4	4.80	7.6～8.8
	庆阳市	6 242	8.3	0.3	3.80	7.6～8.7
	定西市	7 214	8.3	0.3	3.60	7.8～8.8
	陇南市	4 251	8.1	0.4	4.90	7.4～8.6
	临夏回族自治州	2 920	8.3	0.3	3.40	7.8～8.7
	甘南藏族自治州	920	8.3	0.3	3.20	7.8～8.7
	农场	447	8.3	0.1	1.70	8.1～8.5
青海省	西宁市	3 179	8.0	0.3	3.90	7.4～8.4
	海东市	3 851	8.1	0.3	3.30	7.6～8.5
	海北藏族自治州	669	8.0	0.2	2.90	7.7～8.4
	黄南藏族自治州	250	8.3	0.2	2.00	8.0～8.6
	海南藏族自治州	1 700	8.2	0.2	2.40	7.9～8.5
	海西蒙古族藏族自治州	1 058	8.3	0.3	3.50	7.8～8.7
宁夏回族自治区	银川市	1 237	8.2	0.3	3.70	7.8～8.8
	石嘴山市	402	8.4	0.3	3.50	7.9～8.9
	吴忠市	3 478	8.4	0.3	3.50	7.9～8.9
	固原市	2 159	8.4	0.3	4.00	7.8～8.9
	中卫市	1 636	8.5	0.3	3.60	8.0～8.9
新疆维吾尔自治区	乌鲁木齐市	1 018	7.6	0.4	5.80	6.9～8.3
	克拉玛依市	44	8.4	0.3	3.60	8.0～8.9

省份 （垦区）	下辖区域 （单位）	样本数 （个）	平均值	标准差	变异系数 （%）	5%～95%范围
新疆维吾尔自治区	吐鲁番市	929	8.3	0.3	4.10	7.7～8.8
	哈密市	2 996	8.0	0.3	3.00	7.7～8.5
	昌吉回族自治州	5 931	8.1	0.3	3.90	7.6～8.6
	博尔塔拉蒙古自治州	1 648	8.0	0.3	3.80	7.5～8.4
	巴音郭楞蒙古自治州	4 754	8.2	0.3	3.50	7.8～8.7
	阿克苏地区	1 181	8.2	0.3	3.40	7.7～8.6
	喀什地区	4 135	8.2	0.3	3.70	7.7～8.7
	和田地区	44	8.3	0.2	2.70	7.9～8.6
	伊犁哈萨克自治州	6 830	8.1	0.3	3.40	7.6～8.5
	塔城地区	2 285	8.2	0.2	2.90	7.8～8.6
	阿勒泰地区	1 885	7.8	0.5	5.90	7.1～8.5

县级土壤 pH

省份 （垦区）	属地	下辖区域 （单位）	样本数 （个）	平均值	标准差	变异系数 （%）	5%～95%范围
北京市	市辖区	房山区	1 575	7.6	0.3	4.20	7.1～8.1
		通州区	1 445	8.1	0.4	5.10	7.4～8.7
		昌平区	2 452	7.5	0.5	6.40	6.7～8.3
		大兴区	713	7.9	0.5	5.70	7.2～8.6
		怀柔区	2 066	7.3	0.6	7.90	6.3～8.3
		平谷区	1 243	7.5	0.5	6.70	6.6～8.2
		密云区	1 191	7.3	0.6	8.50	6.2～8.3
		延庆区	824	8.2	0.5	6.10	7.2～8.8

县级土壤 pH

省份 （垦区）	属地	下辖区域 （单位）	样本数 （个）	平均值	标准差	变异系数 （%）	5%～95%范围
天津市	市辖区	东丽区	140	8.3	0.3	4.00	7.7～8.8
		西青区	306	8.4	0.3	3.30	7.9～8.8
		津南区	362	8.0	0.3	4.10	7.5～8.6
		北辰区	163	8.2	0.3	3.50	7.7～8.6
		武清区	2 188	8.0	0.3	3.50	7.6～8.5
		宝坻区	783	8.0	0.3	3.70	7.6～8.5
		滨海新区大港	353	8.3	0.4	4.30	7.8～8.9
		滨海新区汉沽	148	8.3	0.4	4.10	7.9～8.7
		滨海新区塘沽	38	8.3	0.2	1.60	7.9～8.5
		宁河区	1 067	8.2	0.4	5.10	7.4～8.6
		静海区	1 961	8.3	0.3	3.30	7.8～8.7
		蓟州区	683	7.7	0.6	8.10	6.4～8.4

县级土壤 pH

省份（垦区）	属地	下辖区域（单位）	样本数（个）	平均值	标准差	变异系数（%）	5%～95%范围
河北省	石家庄市	井陉县	480	8.1	0.3	3.80	7.5～8.4
		元氏县	730	7.9	0.4	4.70	7.2～8.3
		平山县	341	8.0	0.2	2.20	7.8～8.2
		新乐市	623	7.6	0.5	6.50	6.7～8.2
		新华区	179	8.2	0.1	1.40	8.1～8.4
		无极县	522	7.9	0.3	3.40	7.5～8.3
		晋州市	492	8.2	0.2	2.10	7.8～8.4
		栾城区	480	7.6	0.4	4.90	7.0～8.1
		正定县	1 258	7.6	0.5	6.30	6.6～8.2
		深泽县	480	8.3	0.3	3.20	7.9～8.6
		灵寿县	425	7.9	0.5	6.20	6.9～8.4
		藁城区	1 146	7.7	0.3	4.10	7.2～8.3
		行唐县	510	7.5	0.4	5.50	6.8～8.2
		赞皇县	360	7.6	0.4	5.70	6.8～8.3
		赵县	487	7.9	0.2	2.70	7.6～8.3
		辛集市（省直管）	816	8.3	0.2	2.40	8.0～8.6
		长安区	107	8.2	0.2	2.20	8.0～8.4
		高邑县	459	8.0	0.3	3.40	7.4～8.3
		鹿泉区	536	7.8	0.3	3.70	7.3～8.3
	唐山市	丰南区	786	7.3	0.4	5.10	6.6～7.9
		丰润区	380	7.5	0.6	7.50	6.4～8.3
		乐亭县	482	7.4	0.6	7.60	6.3～8.1
		古冶区	65	6.7	0.5	8.10	5.7～7.5
		曹妃甸区	480	7.7	0.4	5.50	7.2～8.4
		开平区	65	6.8	0.5	6.80	6.0～7.5
		滦南县	955	7.0	0.7	9.40	5.9～8.1
		滦州市	640	6.7	0.7	11.20	5.6～8.0
		玉田县	518	7.4	0.6	7.90	6.4～8.3
		路北区	35	7.0	0.2	2.40	6.7～7.2
		路南区	35	7.2	0.1	1.90	7.0～7.4
		迁安市	490	6.4	0.5	8.10	5.6～7.2
		迁西县	540	6.8	0.8	11.10	5.7～8.1
		遵化市	1 158	7.0	0.5	7.30	6.1～7.8
		芦台开发区	50	8.0	0.3	4.20	7.5～8.5

省份 （垦区）	属地	下辖区域 （单位）	样本数 （个）	平均值	标准差	变异系数 （%）	5%～95%范围
河北省	秦皇岛市	卢龙县	140	6.6	0.9	13.80	5.5～8.2
		抚宁县	481	6.5	0.7	10.40	5.6～7.6
		昌黎县	191	6.7	0.8	12.20	5.6～8.0
		青龙满族自治县	1 100	6.7	0.6	9.90	5.7～7.9
		合并区	417	6.3	0.6	9.00	5.6～7.2
	邯郸市	肥乡县	341	8.2	0.3	3.20	7.8～8.6
		临漳县	880	8.1	0.2	2.30	7.9～8.4
		大名县	840	7.9	0.2	2.40	7.6～8.3
		广平县	441	8.2	0.2	2.40	7.9～8.5
		成安县	480	8.2	0.1	1.60	7.9～8.3
		曲周县	500	8.1	0.3	4.20	7.5～8.6
		武安市	480	7.7	0.4	4.80	7.5～8.5
		永年县	517	8.0	0.2	2.60	7.7～8.3
		涉县	741	7.9	0.3	3.90	7.5～8.4
		磁县	444	8.0	0.2	2.50	7.7～8.3
		邯山区	241	8.1	0.2	2.30	7.8～8.4
		邯郸县	402	8.0	0.2	2.40	7.7～8.3
		邱县	656	8.2	0.2	2.20	7.9～8.5
		馆陶县	955	8.3	0.3	4.10	7.7～8.8
		魏县	568	8.0	0.4	4.90	7.5～8.8
		鸡泽县	400	7.7	0.4	4.70	7.1～8.2
		冀南新区	119	8.0	0.1	1.70	7.8～8.2
	邢台市	临城县	440	7.9	0.3	3.80	7.3～8.3
		临西县	480	8.5	0.3	3.10	8.0～8.9
		任泽区	484	7.8	0.3	3.70	7.5～8.4
		内丘县	391	7.4	0.3	4.60	7.1～8.2
		南和区	540	7.9	0.4	4.60	7.3～8.4
		南宫市	574	7.7	0.3	4.40	7.1～8.2
		威县	560	8.4	0.2	2.90	8.0～8.8
		宁晋县	519	8.0	0.1	1.80	7.8～8.3
		巨鹿县	364	7.8	0.4	4.80	7.2～8.4
		平乡县	928	8.2	0.2	2.90	7.8～8.5
		广宗县	390	8.3	0.2	2.20	7.9～8.5

省份 （垦区）	属地	下辖区域 （单位）	样本数 （个）	平均值	标准差	变异系数 （%）	5%～95%范围
河北省	邢台市	新河县	40	8.6	0.2	2.00	8.3～8.8
		柏乡县	791	7.7	0.3	3.90	7.3～8.2
		沙河市	510	8.0	0.4	5.20	7.1～8.5
		清河县	420	7.8	0.4	4.90	7.4～8.6
		邢台县	740	8.1	0.1	1.80	7.8～8.3
		隆尧县	446	8.3	0.2	2.80	8.0～8.7
		经开区	130	8.3	0.1	1.40	8.1～8.5
		襄都区	25	8.3	0.2	1.90	8.1～8.6
		高新区	30	8.2	0.1	1.20	8.1～8.4
	保定市	博野县	440	8.2	0.2	2.60	7.9～8.5
		唐县	481	7.7	0.3	4.00	7.2～8.2
		安国市	414	8.1	0.2	2.30	7.8～8.3
		安新县	120	8.6	0.2	2.60	8.2～9.0
		定兴县	474	7.7	0.3	4.30	7.0～8.1
		定州市（省直管）	635	7.7	0.3	4.40	7.1～8.3
		容城县	479	8.2	0.2	1.90	7.9～8.4
		徐水区	479	7.9	0.3	4.40	7.3～8.4
		易县	507	8.1	0.3	3.80	7.5～8.5
		曲阳县	440	8.1	0.3	3.80	7.5～8.3
		望都县	500	8.0	0.2	3.00	7.6～8.4
		涞水县	781	8.0	0.3	3.50	7.4～8.3
		涞源县	493	8.1	0.2	3.00	7.6～8.4
		涿州市	684	8.1	0.2	2.90	7.7～8.5
		清苑区	540	8.3	0.2	2.10	8.0～8.5
		满城区	486	8.0	0.3	3.20	7.5～8.3
		蠡县	480	8.1	0.2	1.90	7.8～8.3
		阜平县	480	7.3	0.6	7.80	6.5～8.2
		雄县	403	8.5	0.2	2.50	8.1～8.8
		顺平县	380	8.0	0.2	2.10	7.8～8.1
		高碑店市	500	8.2	0.2	2.30	7.9～8.4
		高阳县	440	8.4	0.3	3.10	7.9～8.8
	张家口市	万全区	940	7.8	0.3	3.40	7.4～8.2
		宣化区	800	7.9	0.2	2.50	7.7～8.2

省份 （垦区）	属地	下辖区域 （单位）	样本数 （个）	平均值	标准差	变异系数 （％）	5％～95％范围
河北省	张家口市	尚义县	679	8.2	0.3	3.40	7.8～8.6
		崇礼区	546	8.1	0.4	4.70	7.4～8.6
		康保县	722	8.2	0.3	3.80	7.7～8.6
		张北县	480	8.3	0.4	4.70	7.6～8.9
		怀安县	460	8.4	0.4	4.30	7.8～8.9
		怀来县	742	8.1	0.4	4.90	7.3～8.8
		沽源县	460	8.0	0.4	5.00	7.3～8.5
		涿鹿县	490	8.3	0.2	2.80	7.9～8.6
		蔚县	345	8.4	0.2	2.50	8.1～8.6
		赤城县	646	8.3	0.2	2.20	8.0～8.5
		阳原县	366	8.4	0.2	2.30	8.1～8.7
	承德市	丰宁满族自治县	473	7.7	0.4	5.50	7.0～8.4
		兴隆县	400	7.2	0.5	7.50	6.4～8.1
		双桥区	81	7.1	0.5	6.50	6.5～8.2
		双滦区	237	7.0	0.5	6.50	6.4～7.8
		围场满族蒙古族自治县	497	6.9	0.5	7.20	6.3～7.9
		宽城满族自治县	510	7.0	0.4	6.00	6.5～7.7
		平泉市	841	7.0	0.5	6.80	6.5～8.0
		承德县	580	7.4	0.7	9.20	6.1～8.2
		滦平县	1 120	7.2	0.3	4.10	6.7～7.6
		隆化县	639	7.5	0.5	6.40	6.7～8.1
		高新区	57	7.0	0.9	12.60	5.6～8.1
		鹰手营子矿区	105	7.2	0.4	5.10	6.7～7.9
		御道口牧场管理区	28	7.2	0.8	11.40	5.7～8.1
	沧州市	东光县	400	8.1	0.2	3.10	7.8～8.5
		任丘市	443	8.1	0.3	4.20	7.5～8.6
		南皮县	467	8.0	0.4	4.50	7.5～8.7
		吴桥县	1 041	8.3	0.2	2.80	7.9～8.7
		孟村回族自治县	430	8.0	0.2	2.70	7.7～8.3
		沧县	480	7.9	0.4	4.80	7.4～8.6
		河间市	448	8.5	0.2	2.90	8.1～8.9
		泊头市	950	8.3	0.2	2.60	8.0～8.6
		海兴县	300	8.4	0.3	3.90	7.9～8.7

省份 （垦区）	属地	下辖区域 （单位）	样本数 （个）	平均值	标准差	变异系数 （%）	5%～95%范围
河北省	沧州市	献县	938	8.1	0.3	4.10	7.5～8.6
		盐山县	462	8.2	0.2	2.90	7.8～8.5
		肃宁县	910	8.2	0.3	4.00	7.6～8.7
		青县	392	8.2	0.3	3.50	7.6～8.6
		黄骅市	756	8.1	0.2	2.30	7.8～8.4
		南大港产业园区	100	8.2	0.1	1.00	8.1～8.3
		中捷产业园区	100	8.2	0.1	1.40	8.0～8.3
	廊坊市	三河市	480	7.6	0.4	5.90	6.9～8.3
		固安县	491	8.4	0.3	3.20	8.0～8.8
		大厂回族自治县	482	8.0	0.4	4.40	7.5～8.6
		大城县	840	8.1	0.4	4.90	7.3～8.6
		安次区	545	8.4	0.3	3.00	8.0～8.8
		广阳区	440	8.3	0.3	3.00	8.0～8.7
		文安县	483	8.4	0.2	3.00	8.0～8.8
		永清县	1 359	8.4	0.3	3.60	8.0～9.1
		霸州市	440	8.6	0.3	3.80	8.1～9.2
		香河县	480	7.9	0.4	4.90	7.2～8.5
	衡水市	冀州区	480	8.2	0.3	4.00	7.6～8.6
		安平县	480	8.2	0.1	1.70	8.0～8.4
		故城县	481	8.2	0.4	5.20	7.6～8.9
		景县	692	7.9	0.4	5.30	7.2～8.5
		枣强县	808	8.4	0.2	2.00	8.2～8.7
		桃城区	814	8.3	0.3	3.50	7.8～8.7
		武强县	500	8.3	0.2	2.40	8.0～8.6
		武邑县	414	7.9	0.3	3.80	7.5～8.4
		深州市	503	8.2	0.2	2.50	7.9～8.6
		阜城县	180	8.3	0.2	2.30	8.0～8.7
		饶阳县	647	7.9	0.3	3.80	7.4～8.4
		滨湖新区	55	8.2	0.2	1.90	8.0～8.4
		开发区	45	8.3	0.2	2.10	8.1～8.6

县级土壤 pH

省份 （垦区）	属地	下辖区域 （单位）	样本数 （个）	平均值	标准差	变异系数 （%）	5%～95%范围
山西省	太原市	万柏林区	50	8.5	0.2	2.00	8.1～8.7
		古交市	392	8.5	0.2	2.00	8.2～8.7
		娄烦县	967	8.6	0.2	2.30	8.3～8.9
		小店区	548	8.3	0.2	2.60	8.0～8.7
		尖草坪区	319	8.6	0.2	2.10	8.3～8.9
		晋源区	515	8.2	0.3	3.90	7.7～8.8
		杏花岭区	50	8.5	0.1	1.20	8.3～8.6
		清徐县	694	8.4	0.4	4.30	7.6～8.9
		阳曲县	631	8.1	0.3	3.20	7.6～8.5
	阳泉市	平定县	696	8.4	0.4	4.90	7.6～8.9
		盂县	646	8.2	0.2	2.20	8.0～8.5
	长治市	壶关县	57	7.9	0.3	3.50	7.4～8.2
		平顺县	22	8.1	0.3	3.10	7.6～8.4
		武乡县	1 260	8.1	0.2	2.10	7.9～8.4
		沁县	2 463	8.1	0.1	1.40	7.9～8.3
		沁源县	157	8.2	0.2	2.80	7.8～8.5
		潞城区	105	8.3	0.2	2.20	7.9～8.5
		襄垣县	36	8.2	0.2	2.30	7.9～8.4
		郊区	54	8.2	0.1	1.40	8.1～8.4
		长子县	367	8.2	0.2	3.00	7.9～8.5
		黎城县	601	7.8	0.2	2.00	7.5～8.0
		屯留区	324	8.0	0.1	1.80	7.8～8.2
	晋城市	沁水县	144	8.2	0.2	2.60	7.9～8.5
		泽州县	514	7.7	0.4	5.50	6.9～8.3
		阳城县	195	8.0	0.4	5.30	7.0～8.5
		陵川县	215	7.8	0.5	5.90	6.7～8.3
		高平市	694	7.7	0.4	5.20	7.1～8.3
	朔州市	右玉县	173	8.4	0.1	1.20	8.2～8.5
		山阴县	218	8.6	0.2	2.70	8.2～8.9
		平鲁区	279	8.4	0.1	1.20	8.2～8.5
		应县	229	8.3	0.2	2.80	8.0～8.6
		怀仁县	1 464	8.3	0.3	3.90	7.6～8.6
		朔城区	254	8.5	0.2	2.00	8.1～8.7
	晋中市	左权县	333	7.9	0.2	2.90	7.7～8.4

省份（垦区）	属地	下辖区域（单位）	样本数（个）	平均值	标准差	变异系数（%）	5%～95%范围
山西省	晋中市	平遥县	237	8.2	0.2	2.60	7.9～8.5
		昔阳县	207	8.3	0.2	2.60	7.8～8.6
		榆社县	212	8.3	0.2	2.90	7.9～8.6
		灵石县	124	8.2	0.2	2.00	8.0～8.4
		祁县	204	8.4	0.2	2.70	8.1～8.7
	运城市	万荣县	743	8.2	0.3	3.50	7.7～8.7
		临猗县	2 258	8.5	0.2	2.00	8.2～8.8
		垣曲县	475	8.2	0.2	2.00	7.9～8.4
		夏县	501	8.3	0.3	3.50	7.9～8.8
		平陆县	1 008	8.1	0.2	2.40	7.8～8.4
		新绛县	531	8.2	0.2	2.70	7.8～8.5
		永济市	851	8.4	0.3	3.20	7.9～8.8
		河津市	362	8.6	0.2	2.10	8.3～8.8
		盐湖区	797	8.3	0.3	3.30	7.9～8.7
		稷山县	1 012	8.2	0.2	2.90	7.9～8.5
		绛县	521	8.2	0.2	2.00	7.9～8.4
		芮城县	691	8.2	0.2	2.90	7.9～8.5
		闻喜县	109	8.3	0.2	2.10	8.0～8.6
	忻州市	五寨县	375	8.3	0.1	1.80	8.0～8.4
		代县	629	8.1	0.2	2.20	7.8～8.4
		保德县	41	8.4	0.1	1.20	8.3～8.5
		偏关县	1 469	8.2	0.2	2.20	7.9～8.5
		原平市	1 026	8.2	0.2	2.20	8.0～8.5
		宁武县	366	8.0	0.2	3.00	7.7～8.5
		定襄县	785	8.3	0.3	3.30	7.8～8.7
		忻府区	2 138	8.1	0.1	1.80	7.9～8.3
		神池县	718	8.3	0.2	2.40	7.9～8.6
		繁峙县	500	8.3	0.3	3.40	7.8～8.6
		静乐县	85	8.1	0.3	3.60	7.6～8.6
	临汾市	侯马市	544	8.2	0.1	1.00	8.1～8.4
		古县	129	8.2	0.2	2.10	8.0～8.4
		吉县	92	8.4	0.2	2.70	8.0～8.6
		尧都区	77	8.4	0.2	1.90	8.1～8.6

省份 （垦区）	属地	下辖区域 （单位）	样本数 （个）	平均值	标准差	变异系数 （%）	5%～95%范围
山西省	临汾市	曲沃县	182	8.3	0.1	1.70	8.1～8.5
		洪洞县	261	8.1	0.2	2.00	7.7～8.3
		浮山县	77	8.3	0.1	1.60	8.1～8.5
		翼城县	177	8.3	0.1	1.70	8.1～8.5
		蒲县	1 585	8.1	0.2	2.60	7.7～8.4
		隰县	32	8.2	0.1	1.20	8.0～8.3
	吕梁市	临县	421	8.4	0.3	3.40	8.0～8.9
		交口县	120	8.2	0.1	1.80	8.0～8.4
		兴县	634	8.6	0.2	2.20	8.3～8.9
		孝义市	571	8.1	0.1	1.60	7.9～8.3
		文水县	168	8.4	0.2	2.00	8.0～8.6
		柳林县	174	8.5	0.2	2.20	8.2～8.8
		汾阳市	1 496	8.5	0.3	3.00	8.0～8.9

县级土壤 pH

省份（垦区）	属地	下辖区域（单位）	样本数（个）	平均值	标准差	变异系数（%）	5%～95%范围
内蒙古自治区	呼和浩特市	和林格尔县	844	8.6	0.3	3.30	8.1～9.0
		土默特左旗	646	8.3	0.4	4.30	7.8～9.0
		托克托县	507	8.5	0.3	3.80	8.1～9.2
		武川县	648	8.4	0.6	6.70	7.3～9.1
		清水河县	444	8.3	0.3	4.00	7.9～8.9
		赛罕区	383	8.0	0.2	2.70	7.6～8.3
	包头市	东河区	139	8.1	0.3	4.10	7.7～8.7
		九原区	155	8.3	0.4	4.70	7.8～8.9
		固阳县	1 670	8.3	0.4	4.30	7.6～8.7
		土默特右旗	2 221	8.2	0.3	3.90	7.8～8.7
		昆都仑区	74	8.1	0.3	3.30	7.8～8.5
		石拐区	138	8.1	0.2	2.40	7.9～8.4
		达尔罕茂明安联合旗	973	8.4	0.2	3.00	8.0～8.8
		青山区	42	8.1	0.2	2.70	7.9～8.5
		高新区	139	8.1	0.2	3.00	7.8～8.4
	赤峰市	元宝山区	212	8.5	0.2	2.70	8.2～8.8
		克什克腾旗	1 169	7.8	0.6	7.60	6.6～8.6
		喀喇沁旗	952	7.9	1.0	12.10	5.3～8.7
		宁城县	1 146	7.7	0.9	11.20	5.7～8.6
		巴林右旗	864	8.4	0.4	4.90	7.6～8.9
		巴林左旗	741	8.1	0.5	5.90	7.1～8.7
		市辖区	102	8.6	0.2	2.00	8.4～8.9
		敖汉旗	2 589	8.2	0.5	5.50	7.3～8.8
		松山区	1 532	8.3	0.4	4.50	7.8～8.8
		林西县	552	8.2	0.4	4.50	7.7～8.8
		红山区	133	8.5	0.2	2.80	8.2～8.8
		翁牛特旗	1 769	8.4	0.4	4.80	7.8～8.9
		阿鲁科尔沁旗	1 316	8.4	0.4	4.20	7.9～8.9
	通辽市	奈曼旗	1 666	8.2	0.5	5.90	7.2～8.6
		库伦旗	1 187	7.9	0.5	6.50	6.9～8.5
		开鲁县	1 317	8.3	0.2	2.90	8.0～8.7
		扎鲁特旗	685	8.1	0.5	5.60	7.3～8.7
		科尔沁区	1 246	8.3	0.2	3.00	7.8～8.6
		科尔沁左翼中旗	2 232	8.1	0.4	4.90	7.5～8.7

省份 （垦区）	属地	下辖区域 （单位）	样本数 （个）	平均值	标准差	变异系数 （%）	5%～95%范围
内蒙古 自治区	通辽市	科尔沁左翼后旗	1 662	7.6	1.1	14.90	5.1～8.7
	鄂尔多斯市	东胜区	55	8.3	0.2	2.40	8.0～8.5
		乌审旗	242	8.4	0.2	2.80	8.0～8.8
		伊金霍洛旗	163	8.2	0.3	3.80	7.8～8.7
		准格尔旗	434	8.4	0.2	2.50	8.1～8.7
		杭锦旗	423	8.5	0.3	3.90	8.0～8.9
		达拉特旗	668	8.6	0.3	3.70	8.1～9.1
		鄂托克前旗	341	8.4	0.3	3.10	8.0～8.8
		鄂托克旗	162	8.7	0.3	3.50	8.2～9.2
	呼伦贝尔市	扎兰屯市	2 039	5.9	0.4	7.10	5.3～6.7
		新巴尔虎右旗	40	7.1	1.1	15.90	5.7～8.9
		新巴尔虎左旗	365	6.4	0.6	8.60	5.8～7.8
		根河市	40	6.5	0.8	11.80	5.4～7.7
		海拉尔区	190	6.8	0.5	6.80	6.1～7.5
		满洲里市	40	7.3	0.7	10.20	6.3～8.9
		牙克石市	1 453	6.7	0.4	6.30	6.0～7.4
		莫力达瓦达斡尔族自治旗	3 906	6.0	0.5	7.70	5.2～6.7
		鄂伦春自治旗	2 149	6.0	0.4	7.00	5.4～6.6
		鄂温克族自治旗	80	6.2	0.4	5.80	5.7～6.8
		阿荣旗	2 466	6.0	0.5	8.40	5.1～6.8
		陈巴尔虎旗	500	6.6	0.5	6.90	6.0～7.4
		额尔古纳市	1 461	6.8	0.4	5.20	6.2～7.4
	巴彦淖尔市	临河区	1 662	8.5	0.4	4.50	7.9～9.1
		乌拉特中旗	567	8.7	0.3	3.90	8.2～9.2
		乌拉特前旗	1 529	8.6	0.3	3.30	8.2～9.0
		乌拉特后旗	605	8.6	0.4	4.30	8.0～9.1
		五原县	1 365	8.4	0.4	4.70	7.7～9.0
		杭锦后旗	1 231	8.5	0.3	3.60	8.1～9.1
		磴口县	367	8.6	0.3	2.90	8.2～9.0
	乌兰察布市	丰镇市	887	8.2	0.2	2.50	7.9～8.5
		兴和县	763	8.3	0.2	2.60	8.0～8.7
		凉城县	771	8.2	0.3	3.60	7.8～8.5
		化德县	881	8.4	0.3	3.70	7.8～8.9

省份 （垦区）	属地	下辖区域 （单位）	样本数 （个）	平均值	标准差	变异系数 （%）	5%～95%范围
内蒙古 自治区	乌兰察布市	卓资县	348	8.1	0.2	2.00	7.9～8.4
		商都县	1 479	8.3	0.3	4.00	7.8～8.9
		四子王旗	1 232	8.3	0.5	5.50	7.4～8.8
		察哈尔右翼中旗	585	8.2	0.3	3.90	7.7～8.7
		察哈尔右翼前旗	459	8.0	0.4	4.80	7.4～8.5
		察哈尔右翼后旗	742	8.3	0.2	2.30	8.0～8.6
		集宁区	71	8.2	0.2	2.70	7.8～8.5
	兴安盟	乌兰浩特市	410	7.2	0.7	10.20	5.9～8.3
		兴安盟农牧场管理局	489	7.3	0.8	11.20	5.8～8.3
		扎赉特旗	2 802	6.9	0.8	12.10	5.7～8.4
		盟辖区	244	7.4	0.4	5.10	6.8～8.0
		科尔沁右翼中旗	2 524	7.7	0.7	9.20	6.4～8.7
		科尔沁右翼前旗	2 446	6.5	0.6	9.70	5.6～7.7
		突泉县	1 618	7.7	0.7	8.90	6.4～8.5
		阿尔山市	122	6.2	0.4	7.20	5.7～6.9
	锡林郭勒盟	东乌珠穆沁旗	94	8.1	0.4	5.00	7.4～8.6
		乌拉盖管理区	205	7.2	0.5	6.80	6.4～7.9
		多伦县	962	7.3	0.6	8.10	6.3～8.2
		太仆寺旗	897	7.8	0.4	5.30	7.1～8.4
		正蓝旗	152	7.8	0.5	6.60	7.2～8.4
		正镶白旗	102	7.8	0.5	6.20	7.2～8.6
		苏尼特右旗	34	8.4	0.4	4.30	7.9～8.9
		西乌珠穆沁旗	48	7.9	0.5	6.20	7.1～8.4
		锡林浩特市	123	7.6	0.6	7.60	6.8～8.5
		镶黄旗	13	8.3	0.3	4.10	7.8～8.8
	阿拉善盟	阿拉善右旗	24	7.7	0.5	6.90	6.8～8.5
		阿拉善左旗	810	8.1	0.4	5.40	7.2～8.7
		额济纳旗	48	7.6	0.5	7.00	6.8～8.5

县级土壤 pH

省份 （垦区）	属地	下辖区域 （单位）	样本数 （个）	平均值	标准差	变异系数 （%）	5%～95%范围
辽宁省	沈阳市	浑南区	296	5.8	0.5	8.60	5.0～6.6
		于洪区	91	6.3	0.9	13.90	5.1～8.0
		康平县	321	6.8	0.9	13.40	5.3～8.0
		新民市	510	6.8	0.8	12.40	5.2～7.9
		苏家屯区	711	5.7	0.8	13.40	4.6～7.2
		辽中区	1 629	5.7	0.9	15.60	4.5～7.7
	大连市	庄河市	1 279	6.2	0.6	9.40	5.3～7.3
		旅顺口区	112	6.4	0.8	13.00	5.1～7.6
		普兰店区	723	5.5	0.8	13.80	4.3～7.0
		瓦房店市	1 435	6.0	0.9	15.20	4.7～7.7
		金普新区	1 005	6.0	0.6	9.30	5.2～7.0
	鞍山市	台安县	286	6.4	0.9	13.40	5.0～7.6
		岫岩满族自治县	491	6.0	0.6	10.40	4.9～7.0
		海城市	687	6.1	0.3	5.40	5.6～6.6
	抚顺市	抚顺县	814	5.5	0.7	13.50	4.5～6.9
		新宾满族自治县	1 087	5.3	0.6	11.10	4.5～6.3
		清原满族自治县	429	5.5	0.6	10.90	4.6～6.8
		顺城区	86	6.1	0.9	15.50	4.8～7.6
		东洲区	77	6.0	0.9	15.30	4.8～7.4
	本溪市	本溪满族自治县	717	6.0	0.9	14.20	4.8～7.6
		桓仁满族自治县	1 603	5.7	0.6	11.20	4.5～6.5
		市辖区	140	6.3	1.4	21.80	4.7～8.2
	丹东市	东港市	1 845	5.8	0.4	7.10	5.2～6.5
		凤城市	579	5.3	0.7	13.80	4.4～6.8
		宽甸满族自治县	905	5.3	0.6	11.00	4.5～6.4
	锦州市	义县	1 791	5.9	0.7	11.70	4.9～7.2
		凌海市	967	6.6	0.9	13.00	5.0～7.9
		北镇市	681	6.1	1.0	17.10	4.6～7.8
		太和区	62	5.5	0.5	9.20	4.6～6.4
		松山新区	63	5.8	0.7	11.70	4.8～6.9
		黑山县	279	6.6	1.0	15.60	5.1～8.0
		滨海新区	61	5.8	0.7	12.50	4.9～7.1
	营口市	大石桥市	1 053	6.6	0.9	13.50	5.2～7.9
		鲅鱼圈区	604	5.6	0.6	11.30	4.6～6.6

省份 （垦区）	属地	下辖区域 （单位）	样本数 （个）	平均值	标准差	变异系数 （%）	5%～95%范围
辽宁省	阜新市	彰武县	200	6.7	0.5	7.20	5.9～7.3
		阜新蒙古族自治县	2 408	6.2	0.8	12.70	5.0～7.6
		海州区	20	6.4	1.1	17.70	5.0～8.1
		新邱区	20	6.4	1.1	16.90	5.0～7.8
		清河门区	101	6.8	0.2	2.50	6.6～7.0
	辽阳市	太子河区	293	5.7	0.3	5.30	5.2～6.1
		灯塔市	1 163	5.7	0.9	15.20	4.3～7.3
		辽阳县	2 312	5.8	0.6	10.20	5.2～7.0
	盘锦市	大洼区	760	7.3	0.5	6.70	6.5～8.0
		盘山县	900	7.2	0.6	8.60	6.0～8.0
		双台子区	150	7.7	0.3	3.40	7.1～8.0
		兴隆台区	150	7.8	0.3	3.60	7.2～8.0
	铁岭市	开原市	1 601	5.9	0.7	11.40	4.7～7.1
		昌图县	1 140	5.8	0.9	15.90	4.6～7.7
		西丰县	987	5.3	0.7	12.60	4.4～6.6
		调兵山市	376	6.3	0.6	8.70	5.1～6.9
		铁岭县	1 320	6.0	0.8	12.50	4.9～7.4
		清河区	67	5.4	0.5	9.20	4.8～6.2
	朝阳市	凌源市	1 209	7.1	0.8	11.80	5.4～8.0
		北票市	1 346	6.9	0.7	10.10	5.6～7.9
		双塔区	297	7.1	0.4	5.30	6.5～7.6
		喀喇沁左翼蒙古族自治县	665	7.4	0.7	9.50	6.0～8.1
		建平县	1 477	7.8	0.4	5.30	7.0～8.3
		朝阳县	1 210	6.9	0.7	10.40	5.7～8.0
	葫芦岛市	兴城市	964	5.5	0.6	11.70	4.7～6.9
		建昌县	744	6.4	0.7	11.00	5.1～7.5
		绥中县	1 534	5.6	0.6	11.00	4.6～6.6

县级土壤 pH

省份 (垦区)	属地	下辖区域 （单位）	样本数 （个）	平均值	标准差	变异系数 （％）	5％～95％范围
吉林省	长春市	农安县	3 184	7.6	0.5	6.60	6.7～8.3
		双阳区	1 873	6.2	0.6	9.10	5.2～6.9
		德惠市	10 457	6.4	0.7	10.30	5.1～7.3
		榆树市	2 740	5.7	0.5	9.60	5.1～6.8
		长春市	700	5.7	0.7	12.80	4.8～7.2
		九台区	3 549	5.7	0.4	5.90	5.1～6.3
	吉林市	桦甸市	2 920	5.2	0.5	9.40	4.5～6.0
		永吉县	1 203	5.7	0.5	9.30	5.0～6.6
		磐石市	3 909	5.5	0.6	10.20	4.7～6.5
		舒兰市	1 880	5.4	0.5	9.90	4.6～6.3
		蛟河市	2 558	5.2	0.5	9.00	4.6～6.1
	四平市	伊通满族自治县	4 295	6.0	0.3	4.50	5.6～6.5
		公主岭市	1 731	6.6	0.6	9.60	5.5～7.5
		双辽市	3 048	7.3	0.3	3.50	7.0～7.8
		梨树县	4 960	7.0	1.0	15.10	5.0～8.4
	辽源市	东丰县	2 234	5.2	0.5	9.80	4.4～6.0
		东辽县	9 406	5.7	0.4	6.70	5.2～6.4
		辽源市	785	5.5	0.6	11.70	4.7～7.0
	通化市	柳河县	1 018	5.8	0.5	8.50	4.9～6.5
		梅河口市（省直管）	2 395	4.8	0.4	8.30	4.1～5.5
		辉南县	3 518	5.5	0.4	7.80	4.9～6.2
		通化县	2 966	5.3	0.5	9.50	4.5～6.2
		集安市	745	5.4	0.7	12.20	4.4～6.5
	白山市	临江市	1 452	5.5	0.2	4.00	5.2～5.9
		抚松县	1 032	5.4	0.6	11.90	4.7～7.0
		江源区	358	5.8	0.4	7.70	4.9～6.3
		长白朝鲜族自治县	700	6.0	0.5	8.90	5.1～6.8
		浑江区	388	6.1	1.1	18.20	4.5～7.8
	松原市	乾安县	1 591	7.5	0.5	6.00	6.7～8.0
		前郭尔罗斯蒙古族自治县	1 479	7.5	0.8	10.50	6.1～8.5
		宁江区	2 641	7.0	0.2	3.20	6.6～7.3
		扶余市	701	6.6	0.5	6.90	6.0～7.5
		松原市	942	7.0	0.3	4.90	6.5～7.6
		长岭县	501	7.8	0.9	11.00	5.6～8.5

省份 （垦区）	属地	下辖区域 （单位）	样本数 （个）	平均值	标准差	变异系数 （%）	5%～95%范围
吉林省	白城市	洮北区	3 325	7.6	0.5	7.20	6.6～8.4
		洮南市	10 427	8.2	0.4	5.10	7.4～8.7
		白城市	2 570	8.0	0.3	4.40	7.4～8.6
	延边朝鲜族 自治州	图们市	717	5.1	0.6	12.00	4.3～6.2
		延吉市	688	5.3	0.4	8.20	4.7～6.0
		敦化市	5 839	5.8	0.3	6.00	5.2～6.3
		珲春市	824	5.3	0.4	7.10	4.7～5.9

县级土壤pH

省份 （垦区）	属地	下辖区域 （单位）	样本数 （个）	平均值	标准差	变异系数 （%）	5%～95%范围
黑龙江省	哈尔滨市	依兰县	11 456	5.7	0.3	5.80	5.2～6.2
		双城区	4 027	6.6	0.8	12.80	5.5～8.1
		呼兰区	4 936	5.9	0.6	10.90	5.2～7.5
		宾县	13 646	5.8	0.4	6.70	5.3～6.6
		尚志市	7 830	5.8	0.5	8.20	5.1～6.5
		巴彦县	3 006	5.9	0.5	8.40	5.4～7.1
		延寿县	7 275	5.5	0.3	6.20	5.1～6.2
		方正县	6 756	6.6	0.4	6.30	5.9～6.9
		木兰县	1 900	5.6	0.4	6.80	5.1～6.3
		通河县	4 013	6.3	0.4	6.70	5.5～6.8
		道外区	195	6.2	0.7	11.90	5.3～7.5
		阿城区	5 513	5.9	0.5	9.00	5.2～7.0
		道里区	141	6.5	0.8	12.30	5.4～8.0
		南岗区	391	6.3	0.7	10.50	5.2～7.4
		平房区	10	7.1	0.4	5.80	6.5～7.6
		市辖区	800	6.7	0.8	11.70	5.6～8.0
		松北区	728	6.7	0.5	7.50	5.6～7.4
		香坊区	98	6.8	0.8	11.10	5.4～7.9
	齐齐哈尔市	依安县	8 286	7.0	0.8	11.10	5.8～8.1
		克东县	1 546	6.3	0.3	4.90	5.9～6.9
		克山县	2 007	6.2	0.4	6.90	5.6～7.0
		富裕县	6 147	7.4	0.7	9.30	5.9～8.1
		拜泉县	3 101	6.7	0.5	8.10	6.0～7.8
		梅里斯达斡尔族区	7 112	7.4	0.4	5.90	6.6～8.0
		泰来县	12 032	7.3	0.6	8.50	6.0～8.0
		甘南县	1 802	6.7	0.8	11.90	5.6～8.3
		讷河市	11 021	6.2	0.6	9.90	5.5～7.7
		龙江县	20 606	6.5	0.9	13.50	5.3～8.1
		昂昂溪区	768	6.6	0.6	9.10	5.5～7.5
		富拉尔基区	758	7.3	0.3	4.50	6.7～7.8
		建华区	743	6.0	0.4	6.40	5.4～6.7
		龙沙区	598	6.2	0.7	11.50	5.4～7.7
		碾子山区	758	5.8	0.4	6.60	5.3～6.6
		铁锋区	759	7.5	0.4	6.00	6.6～8.1

省份 （垦区）	属地	下辖区域 （单位）	样本数 （个）	平均值	标准差	变异系数 （％）	5％～95％范围
黑龙江省	鸡西市	密山市	13 242	5.8	0.5	8.00	5.1～6.6
		虎林市	4 503	5.6	0.3	5.10	5.2～6.1
		鸡东县	5 675	5.9	0.4	6.50	5.3～6.5
		城子河区	256	6.3	0.5	8.20	5.6～7.3
		滴道区	989	6.2	0.5	7.70	5.4～7.0
		恒山区	454	6.2	0.5	8.80	5.3～7.1
		鸡冠区	589	6.2	0.6	9.40	5.4～7.3
		梨树区	189	6.3	0.5	7.60	5.7～7.3
		麻山区	315	6.2	0.5	8.70	5.4～7.2
	鹤岗市	东山区	1 660	5.9	0.5	9.10	5.2～6.9
		绥滨县	5 901	5.7	0.4	7.20	5.2～6.5
		萝北县	10 199	5.9	0.5	8.40	5.2～6.7
		兴安区	82	5.9	0.6	9.10	5.2～6.9
	双鸭山市	宝清县	3 606	6.2	0.6	9.40	5.4～7.4
		集贤县	8 305	6.2	0.5	8.70	5.5～7.3
		饶河县	4 201	6.1	0.4	6.00	5.4～6.7
		宝山区	209	5.8	0.4	6.10	5.3～6.5
		尖山区	429	6.0	0.5	7.80	5.3～6.9
		岭东区	342	5.8	0.4	7.60	5.2～6.6
		四方台区	627	5.9	0.5	8.30	5.3～6.8
	大庆市	大同区	3 554	7.8	0.6	8.10	6.3～8.5
		杜尔伯特蒙古族自治县	6 940	6.8	0.9	13.20	5.5～8.1
		林甸县	3 099	8.1	0.1	1.00	7.9～8.1
		肇州县	1 800	7.7	0.6	7.40	6.4～8.1
		肇源县	10 754	7.2	0.7	10.00	5.8～8.1
		红岗区	448	7.8	0.3	4.30	7.2～8.2
		龙凤区	198	8.0	0.3	3.90	7.4～8.3
		让胡路区	1 077	7.8	0.3	4.10	7.3～8.3
		萨尔图区	72	7.9	0.4	4.50	7.3～8.4
	伊春市	嘉荫县	4 454	5.4	0.4	7.50	5.0～6.1
		铁力市	2 712	5.7	0.4	6.60	5.2～6.3
		大箐山县	168	5.9	0.5	7.80	5.2～6.7
		伊美区	309	6.1	0.3	5.00	5.6～6.5

省份（垦区）	属地	下辖区域（单位）	样本数（个）	平均值	标准差	变异系数（%）	5%~95%范围
黑龙江省	伊春市	南岔县	1 010	6.1	0.6	10.00	5.1~7.1
		汤旺县	271	5.8	0.5	8.70	5.1~6.6
		乌翠区	139	5.6	0.7	12.40	5.0~6.8
		丰林县	405	5.9	0.6	9.90	5.1~6.9
		金林区	148	5.7	0.6	11.50	5.0~6.8
		友好区	312	5.9	0.4	7.50	5.2~6.7
	佳木斯市	同江市	6 250	5.5	0.4	7.40	5.0~6.3
		富锦市	24 408	6.3	0.7	11.00	5.4~7.9
		抚远市	4 871	5.3	0.4	8.20	5.0~6.2
		桦南县	11 300	6.0	0.4	6.60	5.4~6.7
		汤原县	7 518	5.4	0.3	6.10	5.0~6.0
		郊区	6 596	5.7	0.4	7.40	5.2~6.5
	七台河市	勃利县	5 300	6.0	0.4	7.10	5.4~6.8
		茄子河区	1 400	6.1	0.6	9.20	5.3~7.1
		新兴区	1 005	5.8	0.4	6.70	5.2~6.5
	牡丹江市	东宁市	4 657	5.8	0.4	7.40	5.2~6.6
		宁安市	5 303	6.2	0.5	7.90	5.4~7.0
		林口县	6 611	5.8	0.5	8.00	5.1~6.6
		海林市	4 944	5.6	0.4	6.90	5.1~6.3
		穆棱市	529	5.9	0.5	8.20	5.2~6.7
		爱民区	30	5.2	0.2	3.50	5.0~5.5
		东安区	113	6.0	0.5	8.20	5.3~6.7
		绥芬河市	602	5.2	0.2	3.10	5.0~5.5
		西安区	607	6.5	0.8	12.80	5.3~8.0
		阳明区	2 034	5.7	0.6	9.90	5.0~6.8
	黑河市	五大连池市	4 641	6.0	0.3	5.40	5.4~6.5
		北安市	8 074	5.9	0.2	4.10	5.6~6.2
		嫩江市	7 348	5.8	0.3	4.80	5.3~6.2
		孙吴县	3 119	5.5	0.3	5.70	5.0~6.0
		爱辉区	12 529	5.6	0.3	5.30	5.1~6.0
		逊克县	7 621	5.6	0.4	7.60	5.0~6.2
	绥化市	兰西县	11 789	7.0	0.8	12.10	5.6~8.1
		北林区	9 160	6.0	0.6	9.70	5.2~7.1

（续）

省份 （垦区）	属地	下辖区域 （单位）	样本数 （个）	平均值	标准差	变异系数 （%）	5%～95%范围
黑龙江省	绥化市	安达市	5 415	8.0	0.2	2.70	7.6～8.1
		庆安县	6 558	5.8	0.4	7.10	5.2～6.5
		明水县	5 997	6.9	0.5	7.10	6.1～7.8
		望奎县	4 924	6.2	0.7	10.70	5.3～7.6
		海伦市	13 701	6.5	0.5	8.40	5.8～7.3
		绥棱县	4 366	6.3	0.3	5.50	5.7～6.9
		肇东市	17 992	7.7	0.4	5.30	6.9～8.1
		青冈县	4 815	7.0	0.9	12.20	5.7～8.4
	大兴安岭地区	加格达奇区	1 937	5.7	0.4	6.70	5.1～6.3
		呼玛县	5 378	5.8	0.3	5.50	5.3～6.3
		漠河市	30	6.0	0.2	3.30	5.7～6.3
		松岭区	663	5.8	0.4	6.00	5.2～6.3
		塔河县	531	5.8	0.4	5.60	5.2～6.4
北大荒农垦集团有限公司	宝泉岭分公司	二九〇分公司	3 311	5.7	0.3	5.60	5.0～6.1
		共青农场	3 128	5.7	0.4	6.20	5.2～6.3
		军川农场	4 586	5.7	0.3	5.70	5.1～6.2
		名山农场	2 723	6.0	0.2	3.10	5.6～6.3
		宝泉岭农场	4 228	5.7	0.3	5.80	5.2～6.2
		延军农场	2 935	5.5	0.5	8.50	4.9～6.4
		新华农场	3 959	6.2	0.4	6.50	5.6～6.8
		普阳农场	4 089	5.6	0.3	6.00	5.1～6.2
		梧桐河农场	2 379	5.5	0.4	6.30	5.0～6.1
		江滨分公司	3 243	5.9	0.4	6.90	5.3～6.6
		绥滨农场	3 806	5.8	0.3	5.90	5.2～6.4
		汤原农场	63	5.8	0.3	4.50	5.5～6.1
		依兰农场	40	5.7	0.2	3.90	5.4～6.0
	北安分公司	二龙山农场	3 462	5.8	0.6	9.60	5.0～6.8
		建设农场	3 475	5.7	0.3	5.10	5.3～6.2
		引龙河农场	3 607	5.9	0.2	4.00	5.4～6.2
		格球山农场	2 926	5.8	0.3	4.80	5.3～6.2
		红星农场	3 593	5.8	0.4	6.50	5.2～6.5
		红色边疆农场	4 720	5.7	0.4	6.50	5.1～6.2
		襄河农场	4 184	5.5	0.3	5.10	5.1～5.9

省份 （垦区）	属地	下辖区域 （单位）	样本数 （个）	平均值	标准差	变异系数 （％）	5％～95％范围
北大荒农垦集团有限公司	北安分公司	赵光农场	3 589	5.7	0.2	3.40	5.4～6.1
		逊克农场	3 997	5.2	0.2	4.80	4.7～5.5
		锦河农场	960	5.5	0.4	6.70	4.9～6.1
		长水河农场	3 035	5.5	0.4	7.50	4.7～6.1
		龙镇农场	4 340	5.7	0.5	8.10	5.0～6.5
		龙门农场	543	5.4	0.3	4.90	5.1～5.8
		尾山农场	2 533	5.8	0.3	4.90	5.3～6.2
	哈尔滨有限公司	红旗农场	2 149	6.8	1.1	15.90	5.4～8.6
	红兴隆分公司	二九一农场	4 929	7.3	0.9	12.20	5.7～8.3
		五九七农场	3 766	7.2	0.4	5.70	6.5～7.8
		八五三农场	7 878	5.7	0.4	6.30	5.1～6.3
		八五二农场	4 235	6.0	0.4	6.70	5.4～6.6
		北兴农场	3 897	5.8	0.1	2.40	5.6～6.0
		友谊农场	11 555	7.1	0.7	10.00	6.0～8.2
		双鸭山农场	1 835	6.2	0.4	6.40	5.5～6.8
		宝山农场	788	6.7	0.6	8.30	5.9～7.8
		曙光农场	1 452	5.9	0.3	5.70	5.3～6.4
		江川农场	2 570	5.7	0.4	7.70	5.1～6.6
		红旗岭农场	2 503	5.7	0.3	5.60	5.2～6.1
		饶河农场	3 878	5.6	0.3	5.50	5.1～6.1
	建三江分公司	七星农场	6 211	6.3	0.6	9.50	5.6～7.7
		二道河农场	2 785	5.6	0.2	3.30	5.3～5.9
		八五九农场	5 457	5.7	0.4	7.20	5.0～6.4
		创业农场	3 792	6.1	0.4	6.00	5.6～6.8
		前哨农场	4 171	5.4	0.4	7.00	4.6～5.9
		前进农场	4 331	5.9	0.4	6.20	5.3～6.5
		前锋农场	6 546	5.8	0.4	6.20	5.2～6.4
		勤得利农场	6 720	5.4	0.3	5.50	4.9～5.8
		大兴农场	6 198	6.4	0.3	5.10	5.8～6.9
		洪河农场	3 645	5.8	0.3	4.70	5.4～6.3
		浓江农场	4 680	5.7	0.3	4.50	5.3～6.1
		红卫农场	3 311	5.9	0.3	4.80	5.3～6.2

省份 （垦区）	属地	下辖区域 （单位）	样本数 （个）	平均值	标准差	变异系数 （%）	5%～95%范围
北大荒农垦集团有限公司	建三江分公司	胜利农场	4 492	5.9	0.3	5.70	5.4～6.5
		青龙山农场	3 646	5.8	0.3	4.80	5.4～6.2
		鸭绿河农场	3 567	5.6	0.2	4.30	5.2～6.0
	九三分公司	七星泡农场	4 613	5.9	0.4	6.50	5.3～6.6
		大西江农场	1 588	6.3	0.4	6.40	5.6～6.9
		嫩北农场	3 722	6.0	0.2	4.00	5.7～6.4
		嫩江农场	5 757	6.0	0.2	3.90	5.6～6.3
		尖山农场	3 149	6.0	0.3	5.60	5.4～6.5
		山河农场	3 111	6.0	0.3	4.20	5.6～6.3
		建边农场	4 206	5.8	0.3	5.70	5.2～6.3
		红五月农场	3 249	6.1	0.3	4.50	5.6～6.5
		荣军农场	3 519	6.1	0.3	5.10	5.6～6.6
		鹤山农场	4 791	6.1	0.2	2.60	5.8～6.3
		哈拉海农场	259	8.0	0.9	11.70	6.5～9.4
	牡丹江分公司	云山农场	5 164	5.4	0.3	5.80	4.9～6.0
		八五〇农场	4 296	5.3	0.3	5.50	4.9～5.8
		八五一一农场	2 825	5.8	0.4	6.60	5.3～6.5
		八五七农场	5 294	5.8	0.3	4.80	5.4～6.3
		八五五农场	4 634	5.7	0.3	4.70	5.3～6.2
		八五八农场	3 608	5.6	0.2	4.30	5.2～6.0
		八五六分公司	4 916	5.6	0.4	6.70	5.0～6.3
		八五四农场	7 051	5.5	0.3	5.60	5.1～6.0
		兴凯湖分公司	4 744	6.1	0.4	6.30	5.5～6.8
		宁安农场	1 169	6.1	0.5	7.40	5.5～6.8
		庆丰分公司	3 165	5.7	0.2	4.00	5.3～6.0
		海林农场	821	5.9	0.4	6.40	5.3～6.5
		八五一〇农场	1 068	6.2	0.5	7.80	5.5～7.2
	齐齐哈尔分公司	克山农场	4 379	6.2	0.3	4.40	5.8～6.7
		查哈阳农场	5 508	7.1	0.7	10.50	5.9～8.3
	绥化分公司	嘉荫农场	2 845	5.6	0.2	3.20	5.4～6.0
		海伦农场	1 070	5.8	0.3	4.80	5.3～6.2
		红光农场	974	5.6	0.3	5.60	5.1～6.1
		绥棱农场	1 082	5.7	0.3	4.70	5.3～6.1

县级土壤 pH

省份 (垦区)	属地	下辖区域 (单位)	样本数 (个)	平均值	标准差	变异系数 (%)	5%～95%范围
上海市	市辖区	闵行区	25	7.0	0.6	8.91	5.7～7.8
		宝山区	10	7.0	0.5	6.98	6.5～7.8
		嘉定区	324	6.9	0.7	10.22	5.5～7.9
		浦东新区	22	6.6	0.8	11.71	5.7～7.4
		金山区	381	6.5	0.6	9.90	5.5～7.6
		松江区	378	6.5	0.7	10.26	5.5～7.5
		青浦区	162	6.3	0.7	10.83	5.2～7.5
		奉贤区	126	7.4	0.6	8.74	6.3～8.3
		崇明区	1 839	7.9	0.4	4.72	7.3～8.4

县级土壤 pH

省份（垦区）	属地	下辖区域（单位）	样本数（个）	平均值	标准差	变异系数（%）	5%～95%范围
江苏省	南京市	浦口区	504	6.4	0.8	12.15	5.1～7.6
		江宁区	1 343	6.2	0.7	11.80	5.0～7.4
		六合区	790	6.5	0.6	9.86	5.5～7.5
		溧水区	679	5.8	0.7	11.34	4.9～7.0
		高淳区	1 439	6.2	0.8	13.46	4.9～7.7
	无锡市	锡山区	80	6.4	0.8	12.48	5.0～7.7
		惠山区	74	6.3	0.9	14.18	5.0～7.7
		江阴市	1 514	6.4	0.7	11.43	5.4～7.9
		宜兴市	862	5.9	0.7	12.42	4.8～7.3
	徐州市	贾汪区	380	6.6	0.8	12.10	5.3～7.9
		铜山区	1 288	7.7	0.6	7.24	6.7～8.3
		丰县	848	8.0	0.2	2.97	7.5～8.3
		沛县	1 040	8.1	0.3	3.73	7.7～8.6
		睢宁县	1 051	8.1	0.4	5.00	7.4～8.5
		新沂市	934	6.0	1.0	16.48	4.6～7.8
		邳州市	1 280	7.1	1.1	16.14	5.0～8.4
	常州市	新北区	309	6.8	1.0	14.73	5.0～8.1
		武进区	1 039	6.1	0.7	11.75	5.0～7.3
		金坛区	999	6.4	0.6	9.77	5.2～7.3
		溧阳市	767	5.8	0.6	11.03	4.9～6.9
	苏州市	相城区	80	6.9	0.9	12.51	5.3～8.2
		吴江区	630	6.1	0.7	11.19	5.1～7.4
		常熟市	1 054	6.2	0.9	13.83	4.9～7.7
		张家港市	485	7.4	0.7	10.01	5.9～8.3
		昆山市	663	6.5	0.9	13.79	5.3～8.1
		太仓市	785	7.2	0.7	9.55	6.0～8.2
	南通市	通州区	1 397	7.8	0.6	7.21	6.7～8.4
		海门区	410	8.1	0.2	3.08	7.7～8.5
		如东县	477	7.9	0.6	7.32	6.7～8.8
		启东市	1 085	8.4	0.2	1.90	8.1～8.6
		如皋市	1 329	7.7	0.5	5.89	6.9～8.4
		海安市	1 298	7.3	0.5	6.94	6.5～8.1
	连云港市	连云区	106	8.5	0.1	1.20	8.3～8.6
		海州区	652	7.6	0.7	9.23	6.1～8.3

省份 （垦区）	属地	下辖区域 （单位）	样本数 （个）	平均值	标准差	变异系数 （%）	5%～95%范围
江苏省	连云港市	赣榆区	988	5.9	0.8	12.78	4.7～7.2
		东海县	996	6.1	0.8	13.08	4.8～7.5
		灌云县	1 007	8.1	0.5	6.50	7.2～8.6
		灌南县	540	8.0	0.2	2.32	7.7～8.3
	淮安市	淮安区	792	7.6	0.6	7.82	6.4～8.2
		淮阴区	660	7.8	0.5	6.23	6.9～8.5
		洪泽区	1 426	6.2	0.7	11.64	5.0～7.1
		涟水县	1 385	8.0	0.3	3.24	7.6～8.5
		盱眙县	1 107	6.2	1.0	15.66	4.8～8.0
		金湖县	703	6.2	0.9	14.25	5.1～7.8
	盐城市	亭湖区	729	7.5	0.7	9.74	6.2～8.4
		盐都区	913	6.4	0.7	10.34	5.4～7.6
		大丰区	1 710	8.0	0.7	8.75	6.4～8.8
		响水县	879	8.0	0.2	2.24	7.7～8.2
		滨海县	1 139	8.0	0.2	2.45	7.7～8.3
		阜宁县	1 371	7.9	0.2	3.00	7.5～8.2
		射阳县	1 254	8.0	0.2	2.60	7.7～8.4
		建湖县	668	6.6	0.6	9.61	5.6～7.8
		东台市	1 280	7.7	0.6	7.89	6.5～8.4
	扬州市	邗江区	588	6.3	0.7	11.84	5.2～7.8
		江都区	1 124	6.5	0.8	12.12	5.3～7.9
		宝应县	1 306	7.7	0.7	8.82	6.1～8.2
		仪征市	1 263	6.0	0.7	11.16	5.1～7.4
		高邮市	670	6.4	0.8	12.68	5.3～7.9
	镇江市	京口区	64	7.3	0.6	7.64	6.2～7.9
		丹徒区	552	6.4	0.9	14.27	5.1～7.9
		丹阳市	1 117	6.2	0.7	11.39	5.3～7.7
		扬中市	788	7.9	0.3	3.40	7.4～8.3
		句容市	803	6.3	0.8	12.00	5.1～7.6
	泰州市	海陵区	363	6.7	0.8	12.17	5.4～8.1
		高港区	295	7.1	0.8	10.94	5.7～8.2
		姜堰区	617	6.9	0.7	9.73	5.8～8.0
		兴化市	1 544	6.6	0.7	10.68	5.6～8.0

省份 （垦区）	属地	下辖区域 （单位）	样本数 （个）	平均值	标准差	变异系数 （%）	5%～95%范围
江苏省	泰州市	靖江市	738	7.5	0.4	5.42	6.8～8.1
		泰兴市	711	7.6	0.6	7.64	6.4～8.3
	宿迁市	宿城区	600	8.1	0.3	3.73	7.6～8.5
		宿豫区	1 341	7.0	0.8	12.07	5.9～8.2
		沭阳县	1 171	7.4	0.8	11.13	6.0～8.4
		泗阳县	876	7.5	0.6	8.54	6.2～8.2
		泗洪县	1 048	7.0	0.9	13.29	5.0～8.3

（续）

县级土壤 pH

省份 （垦区）	属地	下辖区域 （单位）	样本数 （个）	平均值	标准差	变异系数 （%）	5%～95%范围
浙江省	杭州市	上城区	323	7.5	0.4	5.92	6.9～8.1
		西湖区	31	7.0	0.9	12.22	5.4～8.0
		萧山区	535	7.0	1.1	16.04	4.9～8.1
		余杭区	566	5.8	0.8	14.50	4.7～7.5
		富阳区	2 127	6.0	1.0	17.50	4.5～7.9
		临安区	444	5.5	1.0	18.62	3.9～7.4
		桐庐县	744	5.7	0.9	16.58	4.5～7.7
		淳安县	1 016	5.6	0.8	14.68	4.6～7.3
		建德市	846	5.8	0.9	15.99	4.6～7.7
	宁波市	海曙区	278	5.4	0.6	11.46	4.5～6.6
		江北区	270	5.5	0.6	10.25	4.8～6.5
		北仑区	524	5.6	1.2	21.23	4.2～7.9
		镇海区	150	6.0	0.8	13.56	4.7～7.5
		鄞州区	1 212	5.6	0.7	11.85	4.6～6.8
		奉化区	914	5.3	0.5	9.40	4.5～6.2
		象山县	143	5.8	1.1	19.15	4.6～8.0
		宁海县	834	5.7	1.0	18.22	4.3～7.9
		余姚市	513	5.9	0.9	15.18	4.7～7.9
		慈溪市	905	7.0	1.1	15.64	4.9～8.1
	温州市	鹿城区	173	5.1	0.5	9.21	4.5～6.0
		龙湾区	140	6.2	1.3	20.75	4.2～8.0
		瓯海区	217	5.4	0.8	14.56	4.3～7.2
		永嘉县	157	5.1	0.5	9.08	4.5～5.9
		平阳县	428	5.5	0.6	10.64	4.7～6.7
		苍南县	851	5.4	0.6	11.69	4.6～6.6
		文成县	722	4.9	0.5	10.23	4.2～5.7
		泰顺县	678	5.1	0.4	8.02	4.3～5.7
		瑞安市	429	5.7	0.9	16.02	4.5～7.6
		乐清市	446	5.7	0.7	12.63	4.8～7.1
	嘉兴市	南湖区	1 427	6.2	0.6	9.43	5.3～7.1
		秀洲区	612	6.2	0.5	8.14	5.4～7.0
		嘉善县	882	6.2	0.7	10.68	5.1～7.2
		海盐县	1 552	6.1	0.7	11.56	4.9～7.3
		海宁市	731	6.6	0.6	9.06	5.6～7.7

省份 （垦区）	属地	下辖区域 （单位）	样本数 （个）	平均值	标准差	变异系数 （%）	5%～95%范围
浙江省	嘉兴市	平湖市	1 159	6.2	0.6	10.05	5.2～7.2
		桐乡市	476	6.5	0.7	10.80	5.3～7.6
	湖州市	吴兴区	2 163	6.1	0.7	10.79	5.0～7.2
		南浔区	665	6.6	0.6	9.58	5.5～7.6
		德清县	1 000	6.4	0.9	13.51	5.0～7.9
		长兴县	1 775	5.7	0.7	11.89	4.7～6.9
		安吉县	1 883	5.5	0.6	11.74	4.5～6.6
	绍兴市	越城区	318	6.1	0.8	12.55	4.9～7.4
		柯桥区	462	5.7	1.2	20.38	4.1～8.0
		上虞区	1 158	5.6	0.7	13.33	4.9～7.5
		新昌县	427	5.2	0.6	12.59	4.1～6.4
		诸暨市	4 267	5.7	0.5	9.27	5.0～6.6
		嵊州市	32	5.3	0.3	5.12	5.0～5.8
	金华市	婺城区	1 308	5.3	0.8	14.25	4.2～6.8
		金东区	2 340	5.9	1.0	16.67	4.5～7.6
		武义县	1 953	5.1	0.6	11.59	4.0～6.0
		浦江县	802	5.3	0.8	14.47	4.3～6.9
		磐安县	1 266	5.0	0.6	12.09	4.1～6.1
		兰溪市	3 499	5.7	0.8	14.30	4.6～7.4
		义乌市	1 149	5.4	0.7	13.42	4.4～6.9
		东阳市	1 355	5.4	0.6	10.82	4.6～6.5
		永康市	1 300	5.2	0.5	8.65	4.5～6.0
	衢州市	柯城区	560	5.4	0.8	14.33	4.2～6.7
		衢江区	186	5.5	0.7	13.14	4.6～6.9
		常山县	182	6.1	0.6	10.30	5.1～7.3
		开化县	349	5.7	0.7	11.46	4.8～7.0
		龙游县	3 058	5.4	0.8	14.58	4.4～7.1
		江山市	799	5.4	0.7	13.56	4.4～6.9
	舟山市	定海区	163	6.0	0.8	13.69	4.8～7.8
		普陀区	146	6.6	1.1	16.83	4.4～7.9
		岱山县	156	6.4	1.0	16.42	4.6～7.9
	台州市	椒江区	414	6.2	1.1	17.58	4.5～8.0
		黄岩区	397	5.5	0.7	12.31	4.6～6.5

省份 （垦区）	属地	下辖区域 （单位）	样本数 （个）	平均值	标准差	变异系数 （％）	5％～95％范围
浙江省	台州市	路桥区	280	6.3	1.1	16.73	4.8～8.0
		三门县	12	6.6	0.6	9.28	5.9～7.6
		天台县	1 048	5.3	0.7	13.26	4.5～6.9
		仙居县	1 331	5.0	0.5	9.80	4.2～5.7
		温岭市	1 288	6.1	1.1	18.14	4.5～8.0
		临海市	672	5.8	0.9	14.59	4.7～7.5
		玉环市	109	6.3	1.3	20.18	4.4～8.0
	丽水市	莲都区	762	5.2	0.6	11.17	4.3～6.4
		青田县	1 037	5.2	0.4	8.06	4.6～5.9
		缙云县	757	5.1	0.7	14.26	4.1～6.4
		遂昌县	1 250	5.7	0.4	7.05	5.1～6.5
		松阳县	581	5.0	0.7	13.64	3.9～6.1
		云和县	87	5.4	0.6	11.01	4.7～6.7
		庆元县	966	5.2	0.6	11.28	4.3～6.2
		景宁畲族自治县	554	5.1	0.6	12.07	4.2～6.2
		龙泉市	927	5.2	0.4	8.21	4.6～5.9

县级土壤 pH

省份 (垦区)	属地	下辖区域 (单位)	样本数 (个)	平均值	标准差	变异系数 (%)	5%～95%范围
安徽省	合肥市	包河区	572	5.9	0.9	14.67	4.7～7.8
		长丰县	1 202	6.5	0.4	6.86	5.6～7.0
		肥东县	931	5.7	0.7	12.77	4.5～6.9
		肥西县	1 177	5.7	0.6	9.64	4.9～6.7
		庐江县	822	5.3	0.6	11.35	4.5～6.4
		巢湖市	844	6.4	0.7	11.52	5.2～7.8
	芜湖市	湾沚区	1 127	5.6	0.7	12.73	4.7～7.1
		繁昌区	383	6.3	0.8	12.59	5.2～8.0
		南陵县	416	5.7	0.6	10.55	5.1～7.0
		无为市	816	6.2	0.9	15.16	4.9～7.9
	蚌埠市	淮上区	364	7.3	0.5	7.45	6.2～8.0
		怀远县	2 558	6.7	1.1	15.98	5.0～8.4
		五河县	2 132	6.8	0.8	12.46	5.4～8.2
		固镇县	1 531	6.4	0.8	11.87	5.4～7.9
	淮南市	潘集区	614	6.1	0.7	11.46	5.2～7.5
		凤台县	1 355	6.6	0.6	8.85	5.6～7.6
		寿县	2 027	5.7	0.6	10.21	5.0～6.9
	马鞍山市	当涂县	280	6.7	0.8	11.60	5.3～8.0
		含山县	849	6.2	0.5	7.44	5.5～7.0
		和县	1 498	6.4	0.6	9.12	5.6～7.5
	淮北市	濉溪县	1 694	7.2	0.8	10.86	5.7～8.3
	铜陵市	义安区	611	6.6	0.9	13.00	5.4～8.1
		枞阳县	1 336	5.4	0.7	12.25	4.7～6.8
	安庆市	怀宁县	787	5.6	0.6	10.02	4.8～6.7
		太湖县	1 509	5.1	0.3	6.60	4.6～5.7
		宿松县	1 308	6.0	1.2	19.81	4.8～8.2
		望江县	533	6.6	0.5	7.02	6.0～7.4
		岳西县	1 145	5.3	0.5	9.62	4.5～6.2
		桐城市	394	5.2	0.6	11.05	4.3～6.1
		潜山市	1 491	5.3	0.4	7.42	4.8～5.9
	黄山市	屯溪区	42	5.8	0.8	14.10	4.6～7.1
		黄山区	429	5.1	0.4	8.78	4.3～6.0
		徽州区	40	5.4	0.7	12.07	4.7～6.5
		歙县	1 671	5.4	0.8	15.24	4.5～7.3

省份 （垦区）	属地	下辖区域 （单位）	样本数 （个）	平均值	标准差	变异系数 （%）	5%～95%范围
安徽省	黄山市	休宁县	1 065	4.9	0.8	15.70	3.8～6.5
		黟县	512	5.8	0.8	13.75	4.8～7.5
		祁门县	1 454	4.7	0.6	13.15	3.6～5.6
	滁州市	南谯区	297	6.2	0.7	11.74	5.2～7.5
		来安县	476	6.0	0.6	9.39	5.1～7.0
		全椒县	805	6.4	0.7	11.46	5.3～7.7
		定远县	1 558	5.7	0.9	15.00	4.5～7.4
		凤阳县	1 550	6.3	0.9	14.91	5.1～8.3
		天长市	2 147	5.8	0.5	8.82	5.0～6.6
		明光市	1 886	5.9	1.1	17.84	4.6～8.2
	阜阳市	颍州区	408	6.2	0.5	8.14	5.6～7.1
		颍东区	168	7.1	1.0	13.90	5.5～8.3
		颍泉区	669	7.5	0.9	12.39	5.5～8.6
		临泉县	295	5.7	0.9	15.95	4.6～7.5
		太和县	1 767	7.7	0.6	8.11	6.3～8.3
		阜南县	531	5.5	0.5	9.14	4.8～6.4
		颍上县	254	6.5	0.8	12.93	4.9～7.7
		界首市	1 885	6.9	1.4	20.36	4.7～8.3
	宿州市	埇桥区	2 822	7.1	1.2	17.28	4.6～8.2
		砀山县	1 706	7.8	0.1	1.60	7.7～8.0
		萧县	1 296	8.2	0.4	5.09	7.6～8.7
		灵璧县	2 240	7.3	0.9	12.50	5.4～8.4
		泗县	1 612	7.0	1.1	16.30	5.1～8.3
	六安市	金安区	1 208	5.3	0.4	8.28	4.6～6.0
		裕安区	1 024	5.4	0.6	11.61	4.4～6.5
		叶集区	601	5.7	0.3	6.17	5.4～6.3
		霍邱县	3 817	6.0	0.4	6.67	5.3～6.8
		舒城县	1 368	5.5	0.4	6.90	5.1～6.5
		金寨县	295	5.1	0.5	10.37	4.3～5.9
		霍山县	1 192	5.6	0.6	10.45	4.9～6.6
	亳州市	谯城区	870	8.2	0.2	2.93	7.9～8.4
		涡阳县	1 570	7.1	0.7	10.39	5.5～8.1
		蒙城县	1 217	6.2	0.8	13.46	5.1～8.1

省份 （垦区）	属地	下辖区域 （单位）	样本数 （个）	平均值	标准差	变异系数 （%）	5%～95%范围
安徽省	亳州市	利辛县	1 058	5.9	0.8	12.92	4.7～7.4
	池州市	贵池区	1 028	5.6	0.9	16.33	4.4～7.5
		东至县	1 332	5.9	1.1	18.17	4.6～7.9
		石台县	50	6.1	0.6	10.21	5.0～7.1
		青阳县	426	5.7	0.7	12.08	4.8～7.0
	宣城市	宣州区	3 088	5.7	0.6	10.70	4.7～6.7
		郎溪县	657	5.2	0.4	7.73	4.6～5.9
		泾县	778	5.6	0.5	8.26	5.0～6.5
		绩溪县	502	6.1	1.0	16.13	4.7～7.9
		旌德县	294	5.3	0.4	7.58	4.7～6.0
		宁国市	427	5.2	0.6	10.99	4.5～6.1
		广德市	184	5.2	0.7	12.82	4.6～6.5

县级土壤 pH

省份 （垦区）	属地	下辖区域 （单位）	样本数 （个）	平均值	标准差	变异系数 （%）	5%～95%范围
福建省	福州市	马尾区	43	4.9	0.6	13.11	4.0～6.3
		晋安区	229	4.9	0.5	10.30	4.2～5.8
		长乐区	446	5.6	0.6	10.83	4.6～6.7
		闽侯县	496	5.4	0.6	10.32	4.6～6.5
		连江县	582	5.2	0.6	11.88	4.5～6.6
		罗源县	491	5.1	0.5	9.18	4.5～6.0
		闽清县	941	5.4	0.4	7.64	4.8～6.0
		永泰县	199	5.1	0.6	12.48	4.1～6.2
		平潭县	31	6.2	0.6	10.12	5.1～7.0
		福清市	576	5.9	0.7	11.23	4.8～7.0
	莆田市	城厢区	572	5.9	0.7	11.61	4.9～7.0
		涵江区	139	5.6	0.6	11.30	4.7～6.7
		荔城区	657	5.7	0.7	11.79	4.8～7.0
		秀屿区	621	6.2	0.6	9.68	5.1～7.1
		仙游县	1 435	5.2	0.5	10.16	4.4～6.1
	三明市	三元区	786	5.0	0.6	11.67	4.2～6.2
		沙县区	445	5.1	0.5	9.11	4.5～5.9
		明溪县	354	5.1	0.4	8.05	4.6～5.9
		清流县	400	5.0	0.3	6.51	4.6～5.6
		宁化县	772	4.9	0.3	7.16	4.4～5.4
		大田县	198	5.2	0.5	9.81	4.5～6.2
		尤溪县	547	5.1	0.5	9.31	4.4～6.0
		将乐县	393	5.2	0.3	6.26	4.6～5.7
		泰宁县	659	5.1	0.3	5.29	4.7～5.6
		建宁县	352	4.9	0.2	4.55	4.6～5.3
		永安市	36	5.1	0.4	8.43	4.6～6.0
	泉州市	鲤城区	68	6.0	0.5	9.10	5.1～6.9
		丰泽区	56	6.1	0.8	12.41	4.5～7.0
		洛江区	101	5.5	0.4	7.81	4.7～6.1
		泉港区	192	5.9	0.7	11.50	4.8～7.0
		惠安县	685	5.8	0.6	10.24	4.8～6.7
		安溪县	548	4.5	0.6	14.06	3.7～5.8
		永春县	429	4.6	0.7	16.06	3.4～5.8
		德化县	484	5.4	0.5	8.66	4.7～6.2

省份 （垦区）	属地	下辖区域 （单位）	样本数 （个）	平均值	标准差	变异系数 （%）	5%～95%范围
福建省	泉州市	石狮市	127	6.1	0.7	11.17	4.9～7.1
		晋江市	111	6.0	0.8	13.05	4.7～7.0
		南安市	1 068	5.2	0.8	16.06	3.9～6.7
	漳州市	芗城区	138	5.2	0.7	13.72	4.2～6.5
		龙文区	57	5.9	0.7	11.47	4.8～6.7
		龙海区	347	5.5	0.7	13.58	4.4～6.9
		长泰区	377	5.5	0.8	15.05	4.2～6.8
		云霄县	819	5.6	0.7	12.31	4.3～6.7
		漳浦县	424	5.7	0.7	11.81	4.5～6.7
		诏安县	412	5.7	0.7	13.03	4.5～6.9
		东山县	176	5.9	0.7	11.61	4.8～6.9
		南靖县	367	5.3	0.7	13.26	4.3～6.6
		平和县	112	4.8	0.7	14.70	4.0～6.2
		华安县	490	4.8	0.7	14.96	3.7～6.1
	南平市	延平区	740	5.2	0.5	9.50	4.5～6.0
		建阳区	428	5.0	0.4	8.68	4.4～5.8
		顺昌县	602	4.8	0.4	8.71	4.3～5.7
		浦城县	1 233	5.1	0.4	7.61	4.4～5.7
		光泽县	275	5.2	0.3	6.01	4.7～5.7
		松溪县	520	5.1	0.4	7.15	4.6～5.7
		政和县	300	5.0	0.5	9.32	4.5～5.8
		邵武市	424	4.9	0.3	6.14	4.5～5.4
		武夷山市	546	4.8	0.4	7.70	4.3～5.4
		建瓯市	651	4.9	0.4	9.09	4.2～5.7
	龙岩市	新罗区	497	5.4	0.6	10.66	4.5～6.4
		永定区	1 408	5.3	0.4	8.29	4.7～6.1
		长汀县	375	4.8	0.3	6.12	4.5～5.3
		上杭县	577	5.2	0.4	6.99	4.7～5.8
		武平县	1 129	5.4	0.4	7.83	4.8～6.2
		连城县	492	4.9	0.5	10.05	4.2～5.8
		漳平市	834	5.3	0.6	12.16	4.3～6.3
	宁德市	蕉城区	779	5.3	0.6	11.85	4.5～6.6
		霞浦县	358	5.2	0.7	12.83	4.3～6.5

省份 （垦区）	属地	下辖区域 （单位）	样本数 （个）	平均值	标准差	变异系数 （%）	5%～95%范围
福建省	宁德市	古田县	489	4.9	0.6	11.94	4.2～6.0
		屏南县	362	5.2	0.4	7.61	4.8～6.1
		寿宁县	490	4.9	0.4	8.58	4.2～5.5
		周宁县	602	5.0	0.6	11.65	4.2～6.2
		柘荣县	430	5.0	0.4	7.35	4.4～5.6
		福安市	797	5.4	0.5	8.64	4.6～6.1
		福鼎市	266	5.1	0.4	8.05	4.6～5.9

县级土壤 pH

省份 （垦区）	属地	下辖区域 （单位）	样本数 （个）	平均值	标准差	变异系数 （%）	5%～95%范围
江西省	南昌市	青山湖区	240	5.4	0.3	5.58	4.9～5.8
		新建区	1 618	5.1	0.4	6.93	4.6～5.7
		南昌县	1 550	5.3	0.5	8.74	4.7～6.1
		安义县	807	5.2	0.4	7.11	4.5～5.7
		进贤县	780	5.4	0.4	7.99	4.8～6.2
	景德镇市	昌江区	30	5.3	0.5	8.63	4.4～6.0
		浮梁县	1 088	5.0	0.4	8.93	4.4～5.9
		乐平市	46	5.9	0.6	10.93	4.8～6.7
	萍乡市	湘东区	341	5.7	0.4	6.12	5.2～6.4
		莲花县	363	5.6	0.5	8.25	4.8～6.2
		上栗县	1 088	5.8	0.6	9.83	4.9～6.8
		芦溪县	1 225	5.5	0.5	8.53	4.8～6.3
	九江市	濂溪区	23	5.8	0.5	7.91	5.0～6.6
		柴桑区	156	5.8	0.7	11.16	4.7～6.8
		武宁县	643	5.1	0.4	8.57	4.5～5.9
		修水县	448	5.5	0.5	8.93	4.7～6.5
		永修县	50	5.3	0.5	10.00	4.6～6.3
		德安县	420	5.0	0.6	11.06	4.3～6.1
		都昌县	531	5.2	0.4	7.54	4.6～5.9
		湖口县	1 143	5.6	0.6	10.05	4.7～6.6
		彭泽县	546	5.4	0.6	10.31	4.6～6.5
		瑞昌市	630	6.1	0.6	9.73	5.1～6.9
		共青城市	25	5.0	0.3	5.25	4.6～5.5
		庐山市	17	5.0	0.5	10.49	4.2～5.8
	新余市	渝水区	593	5.5	0.5	9.83	4.8～6.5
		分宜县	1 189	5.4	0.7	13.12	4.3～6.6
	鹰潭市	余江区	1 529	5.1	0.2	4.68	4.7～5.4
		贵溪市	300	4.9	0.1	2.85	4.6～5.0
	赣州市	赣县区	322	5.1	0.5	9.85	4.2～5.9
		信丰县	50	5.2	0.1	1.76	5.1～5.3
		大余县	366	5.2	0.4	7.08	4.7～5.7
		崇义县	135	5.1	0.3	5.68	4.7～5.6
		定南县	760	5.2	0.4	7.25	4.6～5.8
		全南县	321	5.3	0.2	4.42	5.0～5.7

省份（垦区）	属地	下辖区域（单位）	样本数（个）	平均值	标准差	变异系数（%）	5%～95%范围
江西省	赣州市	宁都县	312	5.2	0.3	5.38	4.9～5.7
		于都县	609	5.3	0.6	10.86	4.6～6.5
		兴国县	295	5.5	0.5	9.53	4.6～6.5
		会昌县	532	5.2	0.2	4.38	4.8～5.6
		寻乌县	714	5.3	0.4	7.92	4.7～6.1
		瑞金市	330	5.1	0.3	5.24	4.6～5.5
		龙南市	737	5.2	0.3	6.19	4.7～5.7
	吉安市	吉州区	1 116	5.3	0.4	7.16	4.8～6.0
		青原区	406	5.2	0.3	5.34	4.8～5.7
		吉安县	1 301	5.5	0.5	8.86	4.8～6.4
		吉水县	392	5.2	0.3	6.06	4.8～5.7
		峡江县	876	5.2	0.5	8.92	4.7～6.1
		新干县	321	5.3	0.3	6.30	4.9～5.9
		永丰县	923	5.2	0.3	5.22	4.8～5.6
		泰和县	369	5.0	0.3	6.52	4.6～5.7
		遂川县	469	4.9	0.4	7.63	4.4～5.5
		万安县	761	5.1	0.5	10.31	4.4～6.1
		安福县	910	5.2	0.5	9.09	4.6～6.0
		永新县	518	5.5	0.5	8.48	4.8～6.4
		井冈山市	513	5.2	0.3	6.40	4.7～5.7
	宜春市	袁州区	1 526	5.4	0.7	12.85	4.2～6.6
		奉新县	376	5.3	0.3	5.62	4.8～5.7
		万载县	125	5.5	0.5	9.49	4.7～6.4
		上高县	670	5.6	0.6	10.41	4.8～6.7
		宜丰县	371	5.2	0.4	8.47	4.5～5.8
		靖安县	632	5.1	0.2	4.83	4.6～5.3
		铜鼓县	318	5.2	0.3	4.84	4.9～5.6
		丰城市	1 537	5.1	0.4	7.23	4.6～5.7
		樟树市	604	5.5	0.4	8.01	4.8～6.2
		高安市	1 209	4.9	0.5	11.21	4.1～6.0
	抚州市	临川区	1 176	5.3	0.3	5.62	4.8～5.8
		东乡区	506	5.0	0.4	7.38	4.4～5.6
		南丰县	688	5.0	0.4	7.53	4.4～5.6

省份 （垦区）	属地	下辖区域 （单位）	样本数 （个）	平均值	标准差	变异系数 （%）	5%～95%范围
江西省	抚州市	崇仁县	740	5.1	0.3	6.54	4.6～5.7
		乐安县	304	4.8	0.2	4.74	4.4～5.2
		宜黄县	352	4.9	0.3	5.97	4.5～5.3
		资溪县	1 059	4.9	0.3	5.24	4.6～5.4
		广昌县	340	5.1	0.3	6.77	4.6～5.7
	上饶市	信州区	30	5.4	0.5	9.66	4.7～6.3
		广丰区	844	5.1	0.5	9.84	4.4～6.1
		广信区	469	5.1	0.6	11.32	4.2～6.1
		玉山县	1 189	5.3	0.5	9.60	4.6～6.3
		铅山县	512	5.2	0.4	7.22	4.6～5.8
		横峰县	260	5.4	0.3	6.15	4.8～6.0
		弋阳县	1 084	4.9	0.4	7.28	4.3～5.5
		余干县	1 205	5.2	0.5	9.85	4.5～6.4
		鄱阳县	28	5.0	0.2	4.05	4.8～5.3
		万年县	1 222	5.3	0.5	9.61	4.5～6.2
		婺源县	641	5.0	0.4	8.54	4.4～5.6
		德兴市	707	4.9	0.6	12.88	3.7～6.0

县级土壤 pH

省份 （垦区）	属地	下辖区域 （单位）	样本数 （个）	平均值	标准差	变异系数 （%）	5%～95%范围
山东省	济南市	商河县	1 375	8.0	0.3	3.90	7.4～8.4
		平阴县	1 474	7.4	0.6	7.70	6.4～8.1
		济阳区	947	8.0	0.4	4.80	7.4～8.6
		章丘区	1 032	7.9	0.4	5.30	7.1～8.3
		长清区	638	7.9	0.5	6.40	7.0～8.5
		历城区	120	8.1	0.3	3.70	7.7～8.4
	青岛市	崂山区	61	5.2	0.5	10.20	4.5～6.1
		平度市	1 761	6.7	1.0	14.30	4.9～8.1
		胶南市	361	5.6	0.7	12.70	4.7～6.9
		胶州市	1 351	6.1	1.0	16.80	4.6～7.9
		莱西市	1 081	6.0	0.7	11.30	5.0～7.2
		黄岛区	545	5.9	0.7	12.40	4.7～6.9
		即墨区	1 128	5.9	0.8	13.50	4.8～7.4
	淄博市	临淄区	1 044	7.8	0.4	5.10	7.0～8.3
		博山区	350	7.3	0.7	9.70	5.7～8.1
		周村区	481	7.3	0.6	8.00	6.2～8.0
		张店区	200	7.8	0.4	4.60	7.1～8.1
		桓台县	1 935	7.9	0.3	3.20	7.5～8.3
		沂源县	673	6.7	0.9	13.90	5.1～8.0
		淄川区	1 076	7.6	0.6	7.50	6.3～8.1
		高青县	578	8.0	0.2	2.50	7.7～8.3
	枣庄市	台儿庄区	150	6.0	0.8	13.20	5.1～7.5
		山亭区	80	6.3	0.7	11.50	5.3～7.5
		市中区	34	6.2	0.7	11.00	5.2～7.0
		滕州市	200	6.7	0.6	9.10	6.0～7.6
		薛城区	73	6.3	0.9	13.70	5.3～7.8
		峄城区	78	5.7	0.8	13.60	4.9～7.2
	东营市	东营区	70	8.4	0.3	3.60	7.9～9.0
		垦利区	240	8.1	0.2	2.50	7.8～8.4
		广饶县	150	8.1	0.3	3.30	7.6～8.5
		河口区	20	8.1	0.3	3.60	7.7～8.5
		利津县	796	8.0	0.3	3.30	7.6～8.5
	烟台市	招远市	1 391	5.5	0.7	12.40	4.6～6.8
		海阳市	1 057	5.8	0.8	14.30	4.8～7.5

省份 （垦区）	属地	下辖区域 （单位）	样本数 （个）	平均值	标准差	变异系数 （%）	5%～95%范围
山东省	烟台市	牟平区	704	5.5	0.5	8.90	4.7～6.3
		莱山区	15	7.0	0.8	11.10	5.9～8.1
		莱州市	835	6.3	0.8	13.10	5.1～7.7
		福山区	439	6.2	0.8	12.60	5.0～7.7
		龙口市	590	6.1	0.8	12.40	5.0～7.5
		蓬莱区	589	6.1	0.8	12.30	4.9～7.4
		栖霞市	595	5.9	0.7	12.20	4.8～7.1
	潍坊市	临朐县	800	6.9	0.9	12.70	5.2～8.0
		安丘市	1 165	6.6	0.8	11.30	5.3～7.8
		寒亭区	350	7.7	0.5	7.00	6.5～8.2
		寿光市	771	7.5	0.5	7.00	6.5～8.2
		昌乐县	339	6.6	0.9	13.30	5.2～7.9
		潍城区	120	7.6	0.4	4.70	7.0～8.1
		青州市	100	7.5	0.5	7.20	6.6～8.2
		高密市	200	7.5	0.9	12.10	5.8～8.5
		昌邑市	1 200	7.3	0.6	8.60	6.1～8.2
		坊子区	597	6.9	0.8	10.90	5.7～8.0
		诸城市	1 090	6.2	0.9	15.30	5.0～8.0
	济宁市	嘉祥县	1 055	8.0	0.2	2.60	7.7～8.3
		微山县	560	7.2	0.6	8.40	6.0～8.1
		曲阜市	739	6.5	0.7	10.80	5.3～7.8
		汶上县	908	6.9	0.7	10.50	5.6～8.0
		泗水县	495	6.6	0.8	12.70	5.2～7.9
		邹城市	636	6.3	0.8	12.10	5.2～7.7
		金乡县	649	8.1	0.3	3.70	7.5～8.4
		梁山县	995	7.9	0.2	3.00	7.5～8.3
		任城区	500	7.7	0.6	7.30	6.7～8.5
		兖州区	296	6.9	0.5	7.50	6.1～7.9
		鱼台县	420	7.9	0.5	6.70	7.0～8.5
	泰安市	东平县	864	7.5	0.8	11.10	6.0～8.5
		宁阳县	784	6.4	0.7	11.10	5.2～7.5
		岱岳区	760	6.6	0.8	11.80	5.1～7.8
		新泰市	956	6.7	0.7	10.70	5.4～7.9

省份 （垦区）	属地	下辖区域 （单位）	样本数 （个）	平均值	标准差	变异系数 （%）	5%~95%范围
山东省	泰安市	泰山区	419	6.6	0.6	9.10	5.7~7.7
		肥城市	1 351	6.4	0.8	12.00	5.1~7.6
	威海市	乳山市	1 310	5.5	0.8	13.70	4.6~7.0
		文登区	764	5.6	0.6	10.40	4.9~6.9
		荣成市	719	5.6	0.7	12.20	4.7~7.0
		环翠区	30	5.9	0.6	10.00	5.0~6.6
	日照市	东港区	930	5.5	0.7	11.90	4.7~6.9
		岚山区	179	5.2	0.5	9.90	4.7~5.9
	莱芜市	莱城区	1 149	6.7	0.6	9.60	5.6~7.8
		钢城区	469	6.8	0.5	8.30	5.9~7.7
		高新区	57	6.7	0.5	8.00	5.9~7.5
	临沂市	临沭县	1 146	5.7	0.6	10.80	5.0~6.9
		沂南县	777	5.9	0.7	12.10	5.0~7.2
		沂水县	1 525	5.9	0.6	10.70	5.0~7.0
		河东区	621	6.2	0.6	10.50	5.1~7.2
		兰陵县	1 626	6.3	0.6	9.90	5.3~7.4
		莒南县	1 165	5.6	0.5	9.30	5.0~6.7
		蒙阴县	616	6.7	0.7	10.20	5.4~7.7
		费县	299	6.4	0.4	6.50	5.6~6.9
		郯城县	1 044	6.0	0.7	12.20	4.8~7.3
		兰山区	756	6.1	0.7	11.60	5.0~7.3
		罗庄区	487	6.1	0.6	9.80	5.2~7.4
		平邑县	1 488	6.2	0.7	11.60	5.1~7.5
	德州市	临邑县	961	7.9	0.3	4.10	7.5~8.6
		乐陵市	1 406	8.0	0.3	4.10	7.5~8.5
		夏津县	1 011	8.0	0.3	4.10	7.4~8.5
		宁津县	1 131	8.1	0.3	3.80	7.5~8.4
		庆云县	730	8.1	0.3	3.60	7.6~8.6
		禹城市	1 447	8.0	0.3	3.60	7.5~8.5
		齐河县	1 295	8.0	0.3	3.40	7.6~8.4
		德城区	584	7.9	0.3	3.70	7.4~8.4
		陵城区	1 201	8.1	0.2	2.60	7.7~8.5
		平原县	1 356	8.0	0.2	2.80	7.6~8.3

省份 （垦区）	属地	下辖区域 （单位）	样本数 （个）	平均值	标准差	变异系数 （%）	5%～95%范围
山东省	德州市	武城县	1 160	8.0	0.2	3.10	7.6～8.4
	聊城市	东昌府区	1 388	8.2	0.2	2.50	7.8～8.4
		东阿县	1 097	8.2	0.2	2.60	7.8～8.4
		临清市	1 286	8.0	0.2	2.60	7.8～8.3
		茌平区	691	8.1	0.2	2.90	7.6～8.4
		莘县	1 344	8.1	0.3	3.30	7.6～8.5
		阳谷县	1 930	7.8	0.3	4.10	7.3～8.3
		高唐县	1 708	8.1	0.3	3.80	7.6～8.7
		冠县	1 335	8.1	0.2	2.00	7.8～8.3
	滨州市	博兴县	936	8.1	0.3	3.30	7.6～8.5
		无棣县	860	8.4	0.3	3.10	8.0～8.8
		沾化区	658	8.2	0.3	3.20	7.7～8.6
		邹平市	481	7.7	0.3	4.30	7.1～8.2
		阳信县	513	8.0	0.2	3.00	7.7～8.4
		滨城区	769	7.9	0.3	4.00	7.5～8.4
	菏泽市	单县	1 406	7.9	0.2	3.00	7.6～8.3
		定陶区	368	8.0	0.2	2.80	7.6～8.3
		巨野县	1 148	8.0	0.3	3.70	7.5～8.5
		成武县	1 215	7.8	0.2	3.10	7.4～8.2
		曹县	1 507	8.0	0.2	2.60	7.6～8.3
		牡丹区	1 594	7.8	0.3	4.00	7.3～8.2
		郓城县	1 148	7.9	0.3	3.90	7.3～8.3
		鄄城县	1 274	7.9	0.2	3.00	7.5～8.3
		东明县	1 354	8.0	0.2	2.50	7.7～8.4

县级土壤 pH

省份 （垦区）	属地	下辖区域 （单位）	样本数 （个）	平均值	标准差	变异系数 （％）	5％～95％范围
河南省	郑州市	上街区	38	8.1	0.2	2.00	7.8～8.3
		中原区	79	8.1	0.1	1.50	7.9～8.3
		中牟县	670	7.9	0.6	7.40	6.5～8.5
		二七区	23	8.0	0.1	1.20	7.9～8.1
		惠济区	128	8.1	0.2	2.70	7.7～8.4
		新密市	316	7.8	0.2	2.10	7.6～8.2
		新郑市	267	7.7	0.4	5.80	6.9～8.2
		登封市	129	7.2	0.9	13.00	5.3～8.1
		管城回族区	58	8.2	0.2	2.40	7.8～8.4
		荥阳市	559	7.9	0.2	2.50	7.4～8.1
		金水区	25	8.2	0.1	1.60	8.0～8.4
		巩义市	127	7.7	0.2	2.60	7.4～8.0
	开封市	兰考县	812	8.3	0.2	2.40	8.0～8.7
		尉氏县	447	8.1	0.3	3.60	7.5～8.5
		祥符区	476	8.4	0.2	3.00	8.1～8.7
		杞县	389	7.9	0.3	3.90	7.4～8.3
		禹王台区	63	8.0	0.2	2.50	7.8～8.4
		通许县	325	8.1	0.3	3.70	7.6～8.5
		金明区	93	8.1	0.2	2.70	7.8～8.5
		鼓楼区	55	8.2	0.2	1.80	8.0～8.4
		龙亭区	101	8.0	0.2	2.90	7.5～8.4
		顺河回族区	11	7.8	0.2	2.20	7.6～8.0
	洛阳市	伊川县	158	7.6	0.8	10.00	6.0～8.3
		偃师区	722	8.3	0.2	2.20	8.0～8.5
		孟津区	440	7.8	0.3	4.50	7.2～8.3
		嵩县	10	7.1	0.1	1.50	7.0～7.3
		新安县	483	7.8	0.4	4.60	7.2～8.2
		合并区	127	8.0	0.4	5.00	7.3～8.5
	平顶山市	卫东区	68	6.7	0.5	8.10	5.8～7.7
		叶县	534	5.1	0.6	12.20	4.4～6.4
		宝丰县	929	7.1	0.7	9.70	5.7～7.9
		新华区	103	7.0	0.4	6.30	6.2～7.6
		汝州市	925	7.1	0.8	10.60	5.6～8.0
		湛河区	163	6.3	0.7	10.80	4.9～7.0

省份（垦区）	属地	下辖区域（单位）	样本数（个）	平均值	标准差	变异系数（%）	5%～95%范围
河南省	平顶山市	舞钢市	97	5.0	0.5	9.40	4.5～5.8
		郏县	856	7.2	0.4	5.70	6.4～7.9
	安阳市	内黄县	859	8.0	0.2	2.80	7.7～8.3
		北关区	17	8.0	0.1	1.00	7.9～8.1
		安阳县	119	7.9	0.2	2.10	7.7～8.1
		林州市	447	7.3	0.6	8.40	6.4～8.2
		殷都区	38	8.0	0.1	1.60	7.8～8.2
		汤阴县	525	7.6	0.4	5.40	6.9～8.2
		滑县	1 142	8.3	0.2	1.90	8.1～8.6
		龙安区	40	7.9	0.1	1.90	7.6～8.1
	鹤壁市	山城区	15	8.2	0.1	1.70	8.0～8.4
		浚县	1 010	8.1	0.3	3.40	7.7～8.6
		淇县	523	7.9	0.3	3.60	7.4～8.3
		淇滨区	26	8.2	0.2	2.80	7.8～8.5
		鹤山区	23	8.2	0.4	5.20	7.5～8.7
	新乡市	卫辉市	317	8.1	0.2	2.90	7.7～8.4
		原阳县	232	8.0	0.3	3.30	7.6～8.4
		封丘县	459	8.3	0.2	2.60	7.9～8.5
		延津县	574	8.1	0.3	3.10	7.6～8.5
		新乡县	434	8.2	0.2	2.00	8.0～8.5
		获嘉县	669	8.2	0.2	2.70	7.8～8.5
		辉县市	661	8.1	0.3	3.80	7.5～8.4
		长垣市	609	8.3	0.2	2.20	8.0～8.6
		牧野区	10	7.7	0.2	2.50	7.4～8.0
		平原示范区	17	7.9	0.2	2.80	7.5～8.2
	焦作市	修武县	457	8.2	0.2	2.50	7.8～8.5
		博爱县	117	8.0	0.4	5.40	7.2～8.5
		孟州市	905	8.2	0.2	3.00	7.8～8.5
		山阳区	25	8.0	0.4	4.70	7.5～8.6
		武陟县	388	8.3	0.2	2.70	7.9～8.6
		沁阳市	936	8.2	0.2	2.80	7.8～8.5
		温县	678	8.0	0.3	3.40	7.6～8.4
		马村区	21	8.1	0.3	3.90	7.7～8.5

省份 （垦区）	属地	下辖区域 （单位）	样本数 （个）	平均值	标准差	变异系数 （%）	5%～95%范围
河南省	焦作市	高新区	91	8.1	0.4	4.50	7.5～8.6
	濮阳市	南乐县	781	8.4	0.2	2.60	8.0～8.6
		台前县	300	8.3	0.2	2.60	8.1～8.7
		清丰县	745	8.3	0.1	1.70	8.1～8.5
		濮阳县	1 413	8.2	0.1	1.40	8.0～8.3
		范县	304	8.3	0.1	1.70	8.1～8.6
		合并区	603	8.3	0.2	2.10	8.0～8.6
	许昌市	禹州市	296	8.1	0.5	6.40	7.3～8.8
		襄城县	844	7.4	0.7	9.00	6.2～8.3
		建安区	672	7.7	0.5	6.80	7.0～8.4
		鄢陵县	586	8.0	0.3	4.00	7.6～8.6
		长葛市	780	8.1	0.2	2.60	7.8～8.4
		魏都区	26	7.8	0.3	3.60	7.3～8.1
		东城区	263	7.7	0.4	4.70	7.1～8.2
		经济开发区	216	7.7	0.3	4.50	7.2～8.2
		示范区	74	7.6	0.3	4.00	7.1～8.1
	漯河市	临颍县	251	7.9	0.3	4.10	7.4～8.4
		召陵区	140	6.3	0.9	14.10	4.9～7.5
		舞阳县	473	5.9	0.7	11.30	4.7～6.9
		郾城区	345	7.4	0.5	7.00	6.6～8.0
		合并区	51	6.7	0.5	7.70	5.8～7.3
	三门峡市	卢氏县	255	7.3	0.7	10.00	5.7～8.1
		渑池县	914	7.8	0.4	4.60	7.2～8.2
		湖滨区	278	7.8	0.2	3.00	7.4～8.2
		灵宝市	606	8.0	0.1	1.60	7.8～8.1
		陕县	495	7.9	0.3	4.60	7.1～8.2
		义马市	157	7.9	0.3	3.70	7.5～8.4
	南阳市	内乡县	415	6.2	0.7	11.10	5.1～7.5
		南召县	310	6.6	0.3	4.80	6.2～7.2
		卧龙区	408	6.2	0.2	2.80	5.9～6.4
		宛城区	487	6.3	0.7	11.10	5.3～7.5
		新野县	512	6.1	0.5	8.80	5.2～6.9
		方城县	503	6.1	0.5	8.80	5.3～7.0

省份 （垦区）	属地	下辖区域 （单位）	样本数 （个）	平均值	标准差	变异系数 （％）	5％～95％范围
河南省	南阳市	桐柏县	457	6.6	0.3	5.00	6.0～7.1
		淅川县	385	7.0	0.6	8.70	5.9～7.7
		西峡县	33	7.2	0.7	9.90	6.0～8.1
		邓州市	637	6.4	0.8	11.80	5.1～7.4
		镇平县	630	6.9	0.7	10.40	5.7～8.2
	商丘市	夏邑县	785	7.8	0.1	1.40	7.6～7.9
		宁陵县	333	8.1	0.1	1.80	7.9～8.4
		柘城县	869	8.1	0.2	2.70	7.7～8.4
		梁园区	200	7.9	0.3	4.10	7.2～8.3
		民权县	694	8.0	0.3	3.90	7.5～8.5
		永城市	1 385	7.9	0.2	2.70	7.6～8.2
		睢阳区	552	8.0	0.1	1.30	7.8～8.2
		虞城县	571	7.9	0.2	2.60	7.5～8.2
		睢县	559	7.9	0.3	4.00	7.3～8.3
		合并区	148	9.7	0.2	2.50	7.6～8.3
	信阳市	光山县	329	5.8	0.5	8.10	5.1～6.6
		平桥区	546	5.8	0.6	9.90	4.8～6.8
		息县	853	7.0	0.3	3.60	6.6～7.4
		新县	422	5.3	0.4	7.30	4.8～5.9
		浉河区	115	6.2	0.5	8.40	5.4～7.0
		淮滨县	490	6.0	0.5	7.80	5.3～6.8
		潢川县	481	5.9	0.5	8.90	5.1～6.6
		罗山县	883	5.8	0.5	8.10	5.3～6.7
		合并区	379	6.0	0.6	9.80	5.0～6.8
	周口市	商水县	306	7.1	0.1	2.00	6.8～7.1
		太康县	200	8.2	0.2	2.50	7.8～8.5
		扶沟县	769	8.1	0.2	2.50	7.8～8.4
		淮阳区	757	8.0	0.2	2.60	7.7～8.3
		西华县	435	7.9	0.5	6.40	7.3～8.5
		郸城县	198	7.8	0.6	8.30	6.3～8.3
		项城市	225	6.8	0.3	4.60	6.3～7.3
		鹿邑县	264	7.9	0.2	2.50	7.6～8.3
		合并区	1 699	8.3	0.2	2.10	8.1～8.6

省份 （垦区）	属地	下辖区域 （单位）	样本数 （个）	平均值	标准差	变异系数 （%）	5%～95%范围
河南省	驻马店市	上蔡县	660	6.1	0.5	8.30	5.2～6.9
		平舆县	502	5.7	0.4	6.50	5.2～6.4
		新蔡县	183	5.1	0.4	7.00	4.6～5.6
		正阳县	475	4.9	0.4	7.70	4.4～5.6
		汝南县	197	4.9	0.5	10.60	4.3～5.9
		泌阳县	1 063	5.8	0.6	10.40	4.8～6.8
		确山县	322	6.0	0.3	4.50	5.7～6.6
		西平县	311	5.4	0.4	7.60	4.9～6.2
		遂平县	309	4.8	0.5	10.10	4.2～5.6
		合并区	679	5.2	0.5	10.30	4.5～6.3
	济源市	济源示范区（省辖市）	689	8.0	0.3	3.50	7.6～8.3

县级土壤 pH

省份 （垦区）	属地	下辖区域 （单位）	样本数 （个）	平均值	标准差	变异系数 （%）	5%～95%范围
湖北省	武汉市	东西湖区	792	5.7	0.5	8.76	4.9～6.5
		汉南区	70	7.7	1.0	13.38	5.7～8.7
		蔡甸区	173	6.1	0.8	13.61	4.8～7.6
		江夏区	982	6.3	1.1	16.83	4.6～8.1
		黄陂区	841	5.5	0.5	9.63	4.7～6.5
		新洲区	311	5.8	0.7	12.62	4.9～7.0
	黄石市	阳新县	1 210	6.2	1.1	18.00	4.3～7.8
	十堰市	郧阳区	1 041	7.4	0.8	10.62	6.0～8.6
		郧西县	543	6.8	0.8	12.52	5.3～8.0
		竹山县	994	6.3	0.5	7.17	5.5～6.8
		竹溪县	450	6.2	0.8	13.39	5.0～7.9
		房县	2 310	6.7	1.2	17.52	5.1～8.5
		丹江口市	397	6.6	0.9	14.42	5.1～8.1
	宜昌市	远安县	287	6.7	0.9	13.03	5.2～7.9
		兴山县	167	6.6	0.8	12.67	5.3～7.9
		秭归县	1 097	6.2	1.1	18.17	4.5～7.9
		长阳土家族自治县	316	5.9	0.6	9.75	4.9～6.8
		宜都市	1 460	6.1	1.0	16.56	4.6～8.0
		当阳市	1 019	6.7	0.9	13.92	5.3～8.2
		枝江市	340	6.7	1.1	15.88	5.2～8.2
	襄阳市	襄城区	102	7.1	0.8	11.40	5.5～8.2
		樊城区	100	6.3	0.5	7.79	5.5～7.0
		襄州区	900	5.7	0.9	15.27	4.5～7.2
		南漳县	958	6.6	0.6	8.30	5.7～7.5
		谷城县	976	6.9	0.7	10.37	5.7～7.9
		保康县	365	6.8	0.7	10.48	5.4～7.8
		老河口市	206	6.3	0.6	10.21	5.3～7.4
		枣阳市	435	5.8	0.6	10.67	4.9～6.8
		宜城市	756	6.7	0.6	8.84	5.7～7.5
	鄂州市	华容区	427	5.8	1.1	19.27	4.3～8.0
	荆门市	掇刀区	12	6.6	0.1	1.65	6.4～6.6
		沙洋县	1 481	6.4	0.6	9.99	5.6～7.9
		钟祥市	1 746	6.6	0.8	12.44	5.3～8.0
		京山市	615	6.4	0.7	11.69	5.2～7.5

省份（垦区）	属地	下辖区域（单位）	样本数（个）	平均值	标准差	变异系数（％）	5％～95％范围
湖北省	孝感市	孝南区	490	6.1	0.8	12.92	5.1～7.8
		孝昌县	1 186	6.5	0.5	7.58	5.6～7.1
		大悟县	526	5.8	0.5	9.01	5.1～6.5
		云梦县	2 129	5.6	0.5	9.55	4.7～6.5
		应城市	275	6.3	0.7	11.13	5.2～7.5
		安陆市	1 717	6.5	0.6	9.86	5.6～7.9
		汉川市	1 267	7.3	0.6	8.56	6.3～8.2
	荆州市	沙市区	1 875	7.2	0.8	11.66	5.6～8.1
		荆州区	5 274	6.7	0.5	7.58	6.1～7.5
		公安县	1 097	7.8	0.8	10.15	6.0～8.4
		江陵县	363	7.6	0.3	4.05	6.9～7.9
		石首市	1 701	7.4	1.1	15.22	5.2～8.5
		洪湖市	767	7.9	0.6	7.51	6.6～8.5
		松滋市	1 662	6.4	1.2	18.21	4.8～8.3
		监利市	1 010	7.6	0.4	5.79	6.8～8.2
	黄冈市	麻城市	1 521	5.3	0.5	8.73	4.5～6.1
	咸宁市	咸安区	949	5.8	0.6	10.16	4.9～6.8
		嘉鱼县	214	6.8	0.8	11.64	5.4～8.2
		通城县	290	5.5	0.3	6.03	5.1～6.2
		崇阳县	376	5.9	0.4	7.55	5.2～6.7
		通山县	1 098	6.0	0.7	12.16	5.1～7.4
		赤壁市	27	6.5	0.6	9.81	5.4～7.3
	随州市	曾都区	643	6.1	0.6	9.83	4.9～6.8
		随县	598	6.3	0.7	11.15	5.1～7.6
		广水市	867	6.2	0.5	8.53	5.3～7.1
	恩施土家族苗族自治州	巴东县	491	6.5	0.7	11.00	5.3～7.6
		宣恩县	595	5.4	0.8	14.74	4.3～6.9
		咸丰县	672	5.2	1.0	18.62	4.0～7.1
		来凤县	315	5.3	0.8	15.64	4.3～7.1
	省直管行政单位	仙桃市	1 863	7.5	0.6	8.07	6.3～8.4
		潜江市	3 692	7.6	0.5	6.75	6.6～8.1
		天门市	1 964	7.4	0.6	8.72	6.2～8.2
		神农架林区	284	7.1	0.7	10.43	5.7～8.2

县级土壤 pH

省份 (垦区)	属地	下辖区域 (单位)	样本数 (个)	平均值	标准差	变异系数 (%)	5%～95%范围
湖南省	长沙市	望城区	250	6.2	0.9	14.75	4.7～7.4
		长沙县	255	5.7	0.5	9.04	5.0～6.6
		宁乡市	710	5.7	0.6	9.95	4.9～6.7
	株洲市	茶陵县	399	5.6	0.8	13.59	4.5～7.2
		醴陵市	1 286	5.4	0.6	11.45	4.7～6.8
	湘潭市	湘乡市	764	5.5	0.6	11.07	4.8～6.8
		韶山市	272	5.4	0.5	8.98	4.8～6.2
	衡阳市	衡阳县	978	6.2	1.0	15.32	5.0～8.0
		衡山县	728	5.3	0.7	12.61	4.6～6.7
		衡东县	546	5.5	0.9	16.60	4.6～7.6
		祁东县	715	6.5	0.9	14.49	4.9～8.0
		耒阳市	1 117	5.9	1.2	20.70	4.2～8.1
	邵阳市	新邵县	995	6.4	0.9	14.86	4.9～7.9
		邵阳县	426	6.3	0.7	10.57	5.2～7.7
		隆回县	1 355	6.0	1.0	16.25	4.6～7.8
		洞口县	742	6.0	0.8	12.54	5.0～7.5
		绥宁县	458	5.4	0.6	11.46	4.8～6.7
		新宁县	98	6.4	1.0	15.56	5.1～7.7
		城步苗族自治县	506	5.7	0.6	11.01	4.9～6.8
		武冈市	1 123	6.3	1.0	15.24	4.9～7.8
		邵东市	942	6.1	0.7	11.13	5.2～7.6
	岳阳市	云溪区	262	6.0	1.0	17.13	4.5～7.8
		岳阳县	669	5.5	0.6	10.95	4.8～6.7
		华容县	1 003	7.5	0.9	11.56	5.5～8.3
		湘阴县	869	5.2	0.7	13.26	4.2～6.3
		平江县	928	5.4	0.4	7.36	4.8～5.9
		屈原管理区	450	5.4	0.5	8.45	4.8～6.2
		汨罗市	1 063	5.4	0.4	6.75	4.9～6.0
		临湘市	670	5.6	0.7	12.40	4.9～7.3
	常德市	鼎城区	38	5.9	1.3	21.78	4.3～8.3
		安乡县	707	6.9	0.9	13.28	5.4～8.4
		汉寿县	1 493	6.3	0.9	15.09	4.9～7.8
		澧县	970	6.0	0.8	12.92	4.9～7.6
		临澧县	764	5.9	0.7	11.62	5.0～7.1

省份（垦区）	属地	下辖区域（单位）	样本数（个）	平均值	标准差	变异系数（%）	5%～95%范围
湖南省	常德市	桃源县	2 559	5.6	1.0	18.16	4.4～8.0
		石门县	724	5.9	1.0	16.96	4.6～7.9
		津市市	132	6.4	1.1	16.54	4.8～8.6
	张家界市	永定区	632	6.4	1.0	14.90	5.1～7.8
		慈利县	1 179	6.3	1.1	18.01	4.8～8.1
		桑植县	718	6.1	1.0	15.97	4.8～7.9
	益阳市	资阳区	1 798	5.7	0.8	13.60	4.6～7.0
		赫山区	781	5.5	0.7	12.08	4.8～6.9
		南县	198	7.7	0.2	2.87	7.4～8.1
		桃江县	870	5.5	0.6	10.76	4.9～6.7
		安化县	918	5.5	0.9	16.52	4.4～7.6
		沅江市	364	7.3	0.8	11.00	5.4～8.1
	郴州市	北湖区	303	5.8	0.9	16.18	4.6～7.6
		桂阳县	868	7.1	0.9	12.67	5.4～8.1
		永兴县	758	5.9	1.0	16.59	4.5～7.8
		临武县	444	6.7	1.0	15.23	5.0～8.1
		汝城县	973	6.1	1.0	16.78	4.7～7.9
		安仁县	16	5.9	0.6	9.89	5.4～7.0
		资兴市	173	5.5	0.9	15.67	4.5～7.7
	永州市	零陵区	769	6.1	1.0	16.39	4.8～7.9
		冷水滩区	832	6.6	1.0	15.78	5.0～8.5
		东安县	1 213	6.2	1.2	18.70	4.7～8.1
		道县	183	6.0	1.2	19.74	4.5～8.1
		江永县	708	6.3	1.1	18.04	4.7～8.2
		宁远县	611	6.4	1.2	19.53	4.6～8.1
		蓝山县	14	5.9	0.8	14.13	5.0～7.1
		新田县	474	7.1	1.1	16.03	5.0～8.3
		祁阳市	967	6.2	0.8	12.78	5.1～7.7
	怀化市	沅陵县	994	5.9	0.7	12.69	5.0～7.5
		辰溪县	729	5.9	0.9	15.85	4.8～7.9
		溆浦县	1 059	5.4	0.8	14.98	4.5～7.4
		会同县	522	5.3	0.6	11.26	4.7～6.4
		麻阳苗族自治县	272	6.0	0.9	14.69	4.9～7.6

省份 （垦区）	属地	下辖区域 （单位）	样本数 （个）	平均值	标准差	变异系数 （%）	5%～95%范围
湖南省	怀化市	靖州苗族侗族自治县	150	6.0	0.9	15.63	4.9～8.0
		通道侗族自治县	400	5.2	0.5	9.08	4.6～6.0
		洪江市	1 011	5.2	0.7	13.56	4.4～6.8
	娄底市	娄星区	335	6.2	1.0	15.40	4.9～7.9
		双峰县	929	6.0	0.7	12.08	5.0～7.4
		新化县	490	6.1	0.7	11.85	5.1～7.7
		冷水江市	452	6.4	1.0	16.00	5.0～8.1
		涟源市	436	6.3	0.9	14.76	5.1～7.8
	湘西土家族 苗族自治州	吉首市	635	6.3	1.0	16.58	4.8～8.2
		泸溪县	642	6.0	0.9	15.69	4.8～7.9
		凤凰县	792	6.0	0.9	14.97	4.8～7.8
		花垣县	229	6.5	1.0	16.02	4.8～8.1
		保靖县	168	5.8	1.1	18.84	4.4～8.1
		永顺县	947	6.2	1.1	18.37	4.7～8.1
		龙山县	966	6.2	1.3	20.81	4.5～8.3

县级土壤 pH

省份 （垦区）	属地	下辖区域 （单位）	样本数 （个）	平均值	标准差	变异系数 （%）	5%～95%范围
广东省	广州市	白云区	797	5.7	0.7	12.71	4.5～6.8
		黄埔区	68	5.0	0.8	14.98	3.9～6.5
		番禺区	321	5.6	0.6	11.28	4.6～6.6
		花都区	397	5.6	0.4	7.03	5.2～6.3
		南沙区	421	5.2	0.9	18.02	3.9～6.8
		增城区	356	5.2	0.6	10.79	4.3～6.2
	韶关市	武江区	48	5.6	0.6	11.29	4.4～6.4
		浈江区	56	5.6	0.6	11.45	4.6～6.6
		曲江区	163	5.3	0.5	9.97	4.4～6.1
		始兴县	445	5.4	0.5	8.46	4.8～6.3
		仁化县	301	5.4	0.5	9.95	4.6～6.3
		翁源县	478	5.3	0.4	7.26	4.7～5.8
		乳源瑶族自治县	690	5.7	0.7	11.68	4.7～6.9
		新丰县	450	5.2	0.4	8.23	4.6～5.9
		乐昌市	174	6.0	0.7	11.09	5.0～7.0
		南雄市	281	5.5	0.6	10.45	4.8～6.8
	深圳市	坪山区	10	6.0	0.6	9.88	5.2～6.7
	珠海市	斗门区	121	6.0	0.6	10.11	5.0～6.9
		金湾区	99	5.8	0.7	12.91	4.7～6.9
	汕头市	龙湖区	12	6.0	0.4	6.83	5.5～6.5
		金平区	11	4.4	0.6	12.94	3.8～5.2
		潮阳区	83	5.8	0.5	9.36	5.0～6.6
		潮南区	101	5.7	0.6	10.66	4.8～6.8
		澄海区	12	5.9	0.7	12.49	4.7～6.8
	佛山市	南海区	97	5.8	0.7	12.45	4.6～6.9
		三水区	48	5.9	0.7	11.39	5.0～7.2
		高明区	714	5.1	0.7	13.27	4.2～6.4
	江门市	蓬江区	166	5.7	0.5	8.79	4.9～6.5
		江海区	171	5.3	0.5	9.25	4.6～6.0
		新会区	434	4.9	0.7	13.78	4.0～6.2
		台山市	943	5.0	0.6	11.94	4.1～6.1
		开平市	1 056	5.2	0.4	7.36	4.7～5.8
		鹤山市	449	4.7	0.5	11.31	4.0～5.6
		恩平市	175	5.0	0.4	7.72	4.4～5.6

省份（垦区）	属地	下辖区域（单位）	样本数（个）	平均值	标准差	变异系数（%）	5%～95%范围
广东省	湛江市	坡头区	30	5.2	0.5	9.65	4.3～5.9
		麻章区	131	5.6	0.6	10.52	4.8～6.8
		遂溪县	597	5.4	0.7	12.41	4.4～6.6
		徐闻县	267	5.2	0.9	16.86	4.0～6.7
		廉江市	389	5.2	0.6	11.85	4.2～6.4
		雷州市	893	5.1	0.6	12.34	4.2～6.3
		吴川市	234	5.2	0.6	11.51	4.3～6.2
	茂名市	电白区	644	5.3	0.5	9.01	4.6～6.2
		高州市	1 181	5.3	0.5	9.45	4.5～6.1
		化州市	1 453	5.3	0.5	9.65	4.5～6.2
		信宜市	1 065	5.3	0.4	7.56	4.7～6.0
	肇庆市	鼎湖区	30	5.7	0.4	7.68	5.0～6.3
		高要区	534	5.1	0.4	8.40	4.6～5.9
		广宁县	73	5.1	0.5	9.06	4.6～6.1
		怀集县	646	5.8	0.4	7.68	5.1～6.6
		封开县	239	5.2	0.5	9.71	4.5～6.1
		德庆县	844	5.0	0.5	10.10	4.2～5.9
		四会市	101	5.7	0.5	8.64	5.1～6.6
	惠州市	惠城区	278	5.3	0.6	11.82	4.4～6.6
		惠阳区	939	5.6	0.5	9.64	4.7～6.5
		博罗县	733	5.4	0.6	11.35	4.4～6.4
		惠东县	921	5.3	0.5	8.87	4.5～6.1
		龙门县	475	5.8	0.7	11.16	5.0～7.0
	梅州市	梅江区	10	6.0	0.5	8.68	5.3～6.8
		梅县区	154	5.6	0.6	10.30	4.9～6.6
		大埔县	150	5.2	0.4	6.99	4.7～5.9
		丰顺县	489	5.7	0.5	9.11	4.9～6.7
		五华县	643	5.7	0.6	10.27	4.9～6.7
		平远县	1 048	5.3	0.4	8.41	4.7～6.2
		蕉岭县	351	5.5	0.6	11.60	4.6～6.8
		兴宁市	528	5.9	0.7	12.13	4.9～7.1
	汕尾市	城区	16	5.4	0.4	8.12	4.9～6.1
		海丰县	299	5.4	0.6	11.46	4.5～6.3

省份（垦区）	属地	下辖区域（单位）	样本数（个）	平均值	标准差	变异系数（%）	5%～95%范围
广东省	汕尾市	陆丰市	268	5.5	0.5	8.77	4.7～6.3
	河源市	源城区	10	5.6	0.4	6.75	5.1～6.1
		紫金县	72	5.4	0.5	9.07	4.8～6.5
		龙川县	628	5.3	0.4	8.10	4.7～6.1
		连平县	433	5.4	0.5	8.78	4.8～6.3
		和平县	67	5.3	0.4	8.00	4.8～5.9
		东源县	374	5.2	0.3	6.41	4.8～5.9
	阳江市	江城区	293	5.1	0.5	10.02	4.4～6.0
		阳东区	890	5.3	0.5	8.57	4.7～6.2
		阳西县	280	5.3	0.4	7.55	4.8～6.1
		阳春市	396	5.6	0.6	10.31	4.8～6.8
	清远市	清城区	196	5.7	0.6	10.87	4.9～6.8
		清新区	152	5.8	0.7	12.43	4.9～7.1
		佛冈县	104	5.3	0.5	9.34	4.7～6.2
		阳山县	284	6.3	0.7	10.94	4.9～7.2
		连山壮族瑶族自治县	322	5.4	0.4	7.20	4.9～6.0
		连南瑶族自治县	170	5.3	0.5	9.11	4.6～6.2
		英德市	415	5.7	0.8	13.47	4.7～7.1
		连州市	480	5.6	0.8	15.07	4.3～7.2
	东莞市	市辖区	369	5.5	1.0	17.84	4.1～7.0
	中山市	市辖区	221	6.0	0.8	12.61	4.7～7.2
	潮州市	湘桥区	22	5.1	0.6	11.82	4.3～6.0
		潮安区	112	5.7	0.7	12.31	4.7～6.9
		饶平县	161	5.6	0.6	10.89	4.6～6.6
	揭阳市	榕城区	28	5.9	0.6	9.40	5.0～6.9
		揭东区	347	5.9	0.5	8.73	5.1～6.7
		揭西县	35	5.8	0.5	8.89	5.1～6.7
		惠来县	647	5.3	0.6	12.24	4.2～6.4
		普宁市	106	6.0	0.6	10.31	4.8～6.8
	云浮市	云城区	87	5.4	0.5	9.90	4.3～6.2
		云安区	126	5.9	0.8	13.92	4.5～7.1
		新兴县	469	5.6	0.5	9.29	4.9～6.6
		郁南县	501	5.4	0.4	7.17	4.9～6.0
		罗定市	774	5.6	0.7	13.30	4.6～7.0

县级土壤 pH

省份 （垦区）	属地	下辖区域 （单位）	样本数 （个）	平均值	标准差	变异系数 （%）	5%～95%范围
广西壮族 自治区	南宁市	兴宁区	136	5.2	0.6	12.29	4.3～6.5
		青秀区	152	5.3	0.7	13.44	3.9～6.5
		江南区	67	5.2	1.1	21.12	3.8～7.3
		西乡塘区	317	5.6	0.8	14.06	4.4～6.9
		良庆区	56	4.9	0.7	13.61	4.1～6.2
		邕宁区	67	5.6	0.8	13.64	4.7～6.9
		武鸣区	175	5.7	0.9	15.39	4.5～7.3
		隆安县	94	5.8	1.0	17.68	4.5～7.7
		马山县	193	5.3	0.8	14.57	4.4～7.1
		上林县	150	5.8	1.0	17.49	4.6～7.9
		宾阳县	140	5.5	0.7	13.56	4.4～6.9
		横州市	321	5.7	0.9	15.82	4.4～7.5
	柳州市	柳南区	205	6.7	1.1	16.23	4.8～8.2
		柳北区	296	5.9	0.9	14.66	4.6～7.7
		柳江区	260	6.5	1.1	17.42	4.6～8.0
		柳城县	999	6.2	1.2	19.09	4.5～8.0
		鹿寨县	176	5.7	0.9	15.99	4.5～7.4
		融安县	98	5.7	1.0	16.77	4.4～7.7
		融水苗族自治县	287	5.3	0.7	13.69	4.6～7.1
		三江侗族自治县	496	4.9	0.5	11.13	4.2～5.9
	桂林市	雁山区	17	7.4	1.2	15.59	5.4～8.5
		临桂区	156	6.0	1.1	18.44	4.7～7.8
		阳朔县	46	6.9	1.1	16.65	5.1～8.1
		灵川县	84	6.7	1.3	19.56	4.8～8.5
		全州县	212	6.4	1.0	15.65	5.1～8.1
		兴安县	80	5.9	0.8	13.33	5.2～8.2
		永福县	80	5.4	0.8	15.64	4.5～7.2
		灌阳县	60	6.2	1.2	18.72	4.9～8.3
		龙胜各族自治县	27	5.1	0.3	6.85	4.7～5.6
		资源县	76	5.2	0.4	8.54	4.5～6.0
		平乐县	62	6.6	1.1	16.24	4.9～8.1
		恭城瑶族自治县	18	5.5	0.6	11.49	4.6～6.5
		荔浦市	115	5.9	0.9	15.45	4.8～7.9
	梧州市	龙圩区	60	4.8	0.4	8.47	4.3～5.5

省份 （垦区）	属地	下辖区域 （单位）	样本数 （个）	平均值	标准差	变异系数 （%）	5%～95%范围
广西壮族 自治区	梧州市	苍梧县	31	5.2	0.4	7.31	4.8～5.9
		藤县	138	4.9	0.4	8.78	4.2～5.6
		蒙山县	19	5.4	0.8	14.19	4.4～6.9
		岑溪市	113	5.2	0.6	11.52	4.4～6.4
	北海市	海城区	16	5.7	1.0	17.34	4.9～7.3
		银海区	31	4.8	0.4	7.64	4.2～5.4
		铁山港区	28	5.4	0.7	12.29	4.8～6.7
		合浦县	252	5.1	0.6	11.09	4.3～6.1
	防城港市	防城区	76	5.6	0.6	10.85	4.9～6.4
		上思县	87	5.2	0.6	12.53	4.3～6.3
	钦州市	钦南区	70	4.9	0.4	7.55	4.4～5.4
		钦北区	70	4.9	0.3	6.95	4.5～5.6
		灵山县	120	5.1	0.5	10.18	4.4～6.0
		浦北县	117	5.5	0.6	11.52	4.7～6.5
	贵港市	港北区	56	5.6	1.0	17.34	4.2～7.4
		港南区	380	5.5	0.7	13.54	4.6～7.0
		覃塘区	91	6.1	0.9	15.24	4.6～7.6
		平南县	462	5.5	0.7	13.05	4.7～6.9
		桂平市	333	5.6	1.1	18.82	4.1～7.9
	玉林市	玉州区	37	5.6	0.7	12.96	4.7～7.0
		福绵区	30	5.2	0.4	8.40	4.7～5.9
		容县	90	5.2	0.6	10.67	4.4～6.1
		陆川县	50	5.3	0.5	8.79	4.7～6.1
		博白县	107	5.4	0.7	12.37	4.6～6.7
		兴业县	51	5.3	0.6	10.64	4.5～6.2
		北流市	124	5.6	0.7	12.51	4.7～7.0
	百色市	右江区	137	5.7	0.6	11.20	4.8～6.7
		田阳区	55	6.8	1.0	15.04	5.0～8.1
		田东县	97	6.2	1.0	16.96	4.5～7.9
		德保县	60	6.6	0.9	13.71	5.2～8.1
		那坡县	41	6.0	0.8	13.47	5.1～7.5
		凌云县	25	5.9	0.5	8.29	5.2～6.6
		乐业县	76	6.1	0.8	12.40	5.1～7.5

省份 （垦区）	属地	下辖区域 （单位）	样本数 （个）	平均值	标准差	变异系数 （%）	5%～95%范围
广西壮族 自治区	百色市	田林县	31	6.8	0.5	7.55	6.0～7.7
		西林县	74	6.0	0.6	10.63	5.2～7.1
		隆林各族自治县	76	6.3	1.1	16.76	4.7～7.7
		靖西市	100	6.7	0.9	13.72	5.3～8.2
		平果市	69	6.9	1.0	14.18	5.5～8.1
	贺州市	八步区	177	5.3	0.5	8.86	4.8～6.1
		平桂区	82	5.7	0.9	15.37	4.8～7.6
		昭平县	690	5.4	1.0	17.83	4.5～8.1
		钟山县	112	5.9	0.8	13.42	4.9～7.8
		富川瑶族自治县	760	7.1	1.0	13.74	5.2～8.1
	河池市	金城江区	70	5.6	1.0	17.02	4.4～7.6
		宜州区	760	6.2	1.2	19.35	4.4～8.2
		南丹县	84	5.9	0.8	12.82	4.8～7.5
		天峨县	38	5.5	0.7	12.83	4.7～6.8
		凤山县	61	5.9	0.8	13.45	4.6～7.5
		东兰县	67	6.0	0.7	12.00	5.1～7.5
		罗城仫佬族自治县	385	6.3	1.2	18.62	4.7～8.2
		环江毛南族自治县	584	6.0	1.1	17.44	4.6～7.9
		巴马瑶族自治县	144	5.9	0.7	12.01	4.8～7.0
		都安瑶族自治县	148	6.7	1.0	14.83	5.1～8.1
		大化瑶族自治县	44	6.0	0.9	15.81	4.6～8.0
	来宾市	兴宾区	857	5.7	1.2	20.73	4.2～7.9
		忻城县	180	5.9	1.1	17.88	4.6～7.9
		象州县	214	5.7	1.1	20.01	4.3～7.9
		武宣县	450	5.6	1.1	19.48	4.1～7.6
		金秀瑶族自治县	40	5.8	0.9	16.36	4.5～7.6
		合山市	57	5.4	1.0	18.29	4.2～7.4
	崇左市	江州区	237	5.2	1.2	21.98	3.9～7.7
		扶绥县	199	5.7	1.3	23.58	3.8～8.0
		宁明县	125	5.2	0.9	16.59	4.4～7.2
		龙州县	97	6.4	1.3	20.97	4.4～8.2
		天等县	70	6.0	1.1	17.79	4.4～7.9
		凭祥市	15	5.9	1.3	22.62	4.3～7.7

县级土壤 pH

省份 (垦区)	属地	下辖区域 (单位)	样本数 (个)	平均值	标准差	变异系数 (%)	5%~95%范围
海南省	海口市	秀英区	2 032	5.9	0.8	13.69	4.6~7.1
		龙华区	1 974	5.4	0.6	11.00	4.5~6.3
		琼山区	176	5.6	0.7	13.06	4.5~6.7
		美兰区	806	5.0	0.6	11.83	4.3~6.2
	三亚市	海棠区	129	5.6	0.6	11.36	4.5~6.5
		吉阳区	86	5.8	0.7	11.43	4.8~6.8
		天涯区	285	5.7	0.7	11.91	4.5~6.7
		崖州区	201	5.6	0.6	10.61	4.5~6.5
	儋州市	市辖区	495	5.3	0.7	13.96	4.1~6.5
	省直管 行政单位	五指山市	196	4.8	0.6	11.68	4.0~5.7
		琼海市	787	5.4	0.7	12.38	4.5~6.7
		文昌市	948	5.6	0.7	12.20	4.6~6.7
		万宁市	661	5.0	0.7	13.52	3.7~5.9
		东方市	100	5.3	0.5	10.05	4.4~6.0
		定安县	708	5.3	0.5	9.71	4.6~6.2
		屯昌县	652	5.1	0.6	11.80	4.2~6.1
		澄迈县	568	4.9	0.6	12.88	4.0~5.9
		临高县	817	5.2	0.8	15.07	4.0~6.5
		白沙黎族自治县	550	5.3	0.7	13.59	4.1~6.5
		昌江黎族自治县	357	5.5	0.7	12.06	4.6~6.7
		乐东黎族自治县	359	5.8	0.7	12.18	4.8~7.1
		陵水黎族自治县	323	5.3	0.8	14.34	4.0~6.3
		保亭黎族苗族自治县	509	4.8	0.6	13.15	3.8~5.9
		琼中黎族苗族自治县	159	4.4	0.8	18.10	3.0~5.4

县级土壤 pH

省份 （垦区）	属地	下辖区域 （单位）	样本数 （个）	平均值	标准差	变异系数 （%）	5%～95%范围
重庆市	市辖区	万州区	862	6.1	1.1	18.01	4.7～8.2
		涪陵区	2 262	5.6	1.2	22.03	4.3～8.1
		大渡口区	178	7.6	1.4	18.07	4.8～8.6
		江北区	147	6.0	0.9	15.28	4.6～8.3
		沙坪坝区	416	6.4	1.2	19.19	4.7～8.2
		九龙坡区	254	5.7	1.2	20.37	4.2～7.9
		南岸区	178	6.4	1.3	20.44	4.6～8.6
		北碚区	923	6.5	1.2	17.97	4.7～8.3
		綦江区	769	6.0	1.2	19.45	4.7～8.3
		万盛区	372	5.9	1.2	19.55	4.5～8.0
		大足区	666	7.2	1.2	17.27	4.9～8.5
		渝北区	975	6.2	1.1	17.65	4.7～8.3
		巴南区	594	5.7	1.1	19.97	4.4～8.0
		黔江区	418	6.0	1.1	17.38	4.7～8.1
		长寿区	1 438	5.9	1.2	19.76	4.3～8.1
		江津区	774	5.8	1.1	19.85	4.5～8.0
		合川区	639	6.4	1.2	18.91	4.8～8.3
		永川区	355	5.6	0.9	15.56	4.6～7.4
		南川区	402	6.0	1.1	18.16	4.5～7.9
		璧山区	841	6.1	1.0	17.29	4.6～8.1
		铜梁区	1 390	7.0	1.3	18.66	4.7～8.4
		潼南区	1 572	7.5	1.0	13.50	5.4～8.6
		荣昌区	1 095	6.2	1.2	19.02	4.5～8.1
		开州区	1 284	6.4	1.2	18.26	4.8～8.3
		梁平区	1 775	6.2	1.2	18.63	4.9～8.4
		武隆区	619	6.3	1.1	17.32	4.7～8.1
	县	城口县	421	6.2	1.0	16.14	4.8～7.9
		丰都县	861	6.4	1.4	21.39	4.6～8.5
		垫江县	1 493	6.5	1.3	20.72	4.8～8.5
		忠县	1 798	6.7	1.3	19.81	4.6～8.4
		云阳县	781	6.7	1.2	17.24	4.9～8.3
		奉节县	1 215	6.9	1.3	18.52	4.9～8.6
		巫山县	554	7.4	1.0	13.05	5.5～8.5
		巫溪县	415	6.8	1.2	17.29	4.9～8.3

省份 （垦区）	属地	下辖区域 （单位）	样本数 （个）	平均值	标准差	变异系数 （%）	5%～95%范围
重庆市	县	石柱土家族自治县	500	5.7	1.0	17.57	4.6～7.7
		秀山土家族苗族自治县	1 145	6.1	1.3	21.54	4.5～8.1
		酉阳土家族苗族自治县	835	6.0	1.0	16.74	4.6～7.8
		彭水苗族土家族自治县	540	6.2	1.1	18.19	4.7～8.2

县级土壤 pH

省份 （垦区）	属地	下辖区域 （单位）	样本数 （个）	平均值	标准差	变异系数 （%）	5%～95%范围
四川省	成都市	龙泉驿区	396	6.1	1.0	15.88	5.1～8.3
		青白江区	454	6.6	0.8	12.72	5.1～8.0
		新都区	463	6.1	0.5	8.48	5.3～7.0
		温江区	372	6.4	0.6	10.09	5.5～7.5
		双流区	214	6.4	1.1	17.74	4.6～8.1
		郫都区	120	6.0	1.0	15.91	4.7～7.9
		新津区	94	7.1	0.9	12.64	5.3～8.3
		金堂县	749	7.8	0.8	10.06	6.1～8.7
		大邑县	436	6.7	0.6	9.51	5.7～7.8
		蒲江县	726	4.9	0.9	19.04	4.0～6.8
		都江堰市	40	6.2	0.7	10.84	5.1～7.2
		彭州市	971	6.1	0.8	13.48	4.7～7.6
		邛崃市	630	6.5	1.2	17.77	4.6～8.2
		崇州市	792	6.5	0.7	10.30	5.4～7.6
		简阳市	541	7.8	0.5	6.69	6.9～8.4
	自贡市	自流井区	120	7.4	1.1	14.35	5.2～8.6
		贡井区	478	6.0	1.2	19.15	4.3～7.8
		大安区	484	6.9	1.0	14.56	5.3～8.4
		沿滩区	908	7.0	1.1	15.42	5.0～8.4
		荣县	1 087	6.6	1.5	22.38	4.5～8.5
		富顺县	110	6.8	1.1	16.54	5.2～8.5
	攀枝花市	仁和区	30	6.6	1.1	16.25	4.9～8.1
		米易县	927	6.3	0.8	12.25	5.0～7.6
		盐边县	352	6.0	1.0	16.10	4.8～7.9
	泸州市	江阳区	251	5.9	1.2	19.66	4.6～8.2
		纳溪区	666	6.3	1.2	19.95	4.6～8.4
		龙马潭区	462	5.6	0.9	15.22	4.5～7.3
		泸县	1 095	6.1	1.2	19.90	4.7～8.4
		合江县	849	5.6	1.1	18.82	4.5～8.0
		叙永县	1 401	6.3	1.1	17.73	4.6～8.0
		古蔺县	1 384	6.6	1.2	18.54	4.7～8.2
	德阳市	旌阳区	525	7.3	0.7	9.59	6.0～8.1
		罗江区	394	6.7	0.6	8.57	5.8～7.8
		中江县	1 010	7.7	0.8	10.14	5.9～8.6

省份（垦区）	属地	下辖区域（单位）	样本数（个）	平均值	标准差	变异系数（%）	5%～95%范围
四川省	德阳市	广汉市	896	6.5	0.8	12.08	5.4～8.0
		什邡市	399	5.6	0.6	11.22	4.8～6.7
		绵竹市	509	6.0	0.7	12.42	4.8～7.3
	绵阳市	涪城区	367	7.6	0.9	11.29	5.5～8.3
		游仙区	350	7.2	0.7	9.61	5.8～8.0
		安州区	364	6.6	0.5	7.36	6.0～7.3
		三台县	659	7.4	0.6	7.57	6.6～8.2
		盐亭县	192	8.0	0.4	4.68	7.5～8.4
		梓潼县	477	7.7	1.0	13.11	5.4～8.7
		北川羌族自治县	104	6.2	1.2	18.86	4.6～8.1
		平武县	283	6.1	0.7	11.90	5.0～7.3
		江油市	511	6.5	0.9	13.82	5.2～8.0
	广元市	利州区	366	6.9	1.0	13.91	5.0～8.0
		昭化区	59	7.2	1.0	14.15	5.4～8.2
		朝天区	384	7.1	0.8	11.66	5.7～8.3
		旺苍县	573	6.4	0.8	12.54	5.2～7.9
		青川县	49	6.0	0.9	15.78	4.7～7.9
		剑阁县	229	7.3	1.0	13.38	5.4～8.3
		苍溪县	762	7.3	0.9	11.84	5.5～8.3
	遂宁市	船山区	505	8.2	0.7	8.25	7.0～8.7
		安居区	746	8.0	0.4	5.33	7.3～8.5
		蓬溪县	851	7.8	0.7	8.87	6.3～8.5
		大英县	530	7.9	0.7	8.81	6.7～8.6
		射洪市	1 237	8.0	0.3	3.50	7.5～8.3
	内江市	市中区	471	7.2	1.1	15.41	5.1～8.5
		东兴区	390	7.8	0.9	11.66	5.6～8.8
		威远县	776	6.6	1.3	19.16	4.6～8.2
		资中县	1 513	6.9	1.3	19.32	4.7～8.6
		隆昌市	664	6.1	1.2	19.04	4.6～8.1
	乐山市	市中区	450	6.8	1.0	14.39	5.0～8.1
		沙湾区	54	6.5	1.2	19.02	5.0～8.3
		五通桥区	399	6.3	1.2	19.83	4.5～8.0
		金口河区	53	7.1	1.1	15.57	5.2～8.2

省份 （垦区）	属地	下辖区域 （单位）	样本数 （个）	平均值	标准差	变异系数 （%）	5%～95%范围
四川省	乐山市	犍为县	864	6.2	1.3	21.14	4.6～8.2
		井研县	570	7.1	1.0	14.34	4.8～8.2
		夹江县	99	6.0	1.0	16.79	4.7～8.0
		沐川县	158	5.7	1.0	16.92	4.5～7.6
		峨边彝族自治县	384	6.6	1.1	16.51	4.8～8.1
		马边彝族自治县	125	6.1	1.1	18.57	4.5～8.0
		峨眉山市	73	7.1	0.8	11.53	5.5～7.9
	南充市	顺庆区	443	7.9	0.9	10.98	5.8～8.6
		高坪区	1 224	6.7	0.7	10.47	5.6～8.1
		嘉陵区	177	7.4	0.4	5.65	6.8～8.1
		南部县	844	7.9	0.6	7.82	6.6～8.4
		营山县	535	7.8	0.9	11.57	5.7～8.7
		蓬安县	723	7.6	1.0	12.82	5.4～8.5
		仪陇县	523	7.3	1.1	15.08	5.1～8.4
		西充县	371	8.0	0.4	5.20	7.3～8.5
		阆中市	1 627	7.5	1.0	12.94	5.5～8.6
	眉山市	东坡区	1 187	6.1	1.0	16.19	4.5～8.0
		彭山区	177	6.5	0.9	13.49	5.2～8.1
		仁寿县	374	7.6	1.0	13.16	5.3～8.5
		洪雅县	436	6.1	0.8	12.37	4.9～7.6
		丹棱县	386	6.3	1.0	16.12	4.5～7.8
		青神县	72	6.5	1.3	20.13	4.5～8.1
	宜宾市	翠屏区	472	5.8	1.3	23.35	4.3～8.2
		叙州区	1 043	6.4	1.3	20.35	4.6～8.4
		南溪区	354	6.5	1.1	17.60	4.8～8.3
		江安县	431	5.8	1.3	21.61	4.4～8.0
		长宁县	354	5.8	1.2	20.10	4.3～8.0
		高县	400	6.7	1.0	15.42	4.7～8.1
		珙县	313	5.7	1.1	19.91	4.2～7.8
		筠连县	711	6.1	1.1	17.52	4.6～8.1
		兴文县	438	5.6	1.0	18.31	4.3～7.5
		屏山县	114	6.6	1.1	16.59	4.7～7.9
	广安市	广安区	783	6.4	1.1	16.74	4.9～8.2

省份 （垦区）	属地	下辖区域 （单位）	样本数 （个）	平均值	标准差	变异系数 （%）	5%～95%范围
四川省	广安市	前锋区	441	6.5	1.0	15.56	5.1～8.1
		岳池县	966	6.4	0.9	14.79	4.9～7.9
		武胜县	398	6.2	1.2	19.09	4.6～8.2
		邻水县	1 353	6.0	1.1	17.64	4.7～8.1
		华蓥市	115	6.2	1.0	15.51	5.0～7.8
	达州市	通川区	131	6.3	1.1	17.21	4.9～8.2
		达川区	1 010	6.2	1.0	16.67	4.8～8.0
		宣汉县	2 406	5.7	0.9	16.37	4.5～7.6
		开江县	548	6.4	1.0	16.40	5.0～8.2
		大竹县	1 229	6.0	1.0	17.31	4.7～8.1
		渠县	1 262	6.8	1.1	15.92	5.0～8.2
		万源市	646	5.9	1.0	16.55	4.7～7.9
	雅安市	雨城区	492	5.5	1.1	20.10	4.3～7.9
		名山区	460	5.4	0.8	14.92	4.2～6.8
		荥经县	60	6.1	1.0	15.80	4.7～7.9
		汉源县	1 013	7.1	0.6	8.30	5.9～7.8
		石棉县	100	5.9	1.2	20.96	4.4～8.0
		天全县	92	6.5	1.3	19.64	4.6～8.2
		芦山县	129	6.8	1.1	16.41	5.1～8.3
		宝兴县	77	6.8	1.3	18.50	4.7～8.1
	巴中市	巴州区	1 188	7.1	1.1	15.02	5.1～8.3
		恩阳区	810	7.0	1.2	16.90	5.1～8.4
		通江县	657	6.2	0.9	15.08	4.9～8.0
		南江县	974	6.1	1.0	16.22	4.8～8.1
		平昌县	1 251	6.7	1.1	16.80	4.9～8.4
	资阳市	雁江区	743	8.0	0.6	7.58	6.5～8.5
		安岳县	731	7.6	0.6	7.86	6.5～8.4
		乐至县	550	7.9	0.3	3.86	7.5～8.2
	阿坝藏族 羌族自治州	马尔康市	113	7.9	1.0	12.55	5.7～8.8
		汶川县	236	6.9	1.2	17.01	5.0～8.3
		理县	51	7.9	0.4	5.16	7.2～8.4
		茂县	108	8.0	0.4	4.68	7.3～8.5
		松潘县	164	7.8	0.6	7.77	6.8～8.4

省份 （垦区）	属地	下辖区域 （单位）	样本数 （个）	平均值	标准差	变异系数 （%）	5%～95%范围
四川省	阿坝藏族 羌族自治州	九寨沟县	83	6.8	1.4	20.73	4.7～8.5
		金川县	77	7.8	0.4	5.79	6.9～8.3
		小金县	155	7.7	0.6	7.23	6.8～8.4
		黑水县	145	8.0	0.3	4.30	7.3～8.4
		壤塘县	42	7.3	0.6	8.41	6.4～8.3
		阿坝县	53	7.7	0.7	8.90	6.5～8.4
		若尔盖县	57	7.7	0.6	7.72	6.4～8.4
	甘孜藏族 自治州	康定市	82	6.6	0.9	13.79	5.4～8.1
		泸定县	48	6.8	1.0	15.11	4.7～8.1
		丹巴县	38	7.8	0.4	4.69	7.2～8.3
		九龙县	44	7.3	0.7	9.91	5.9～8.1
		雅江县	48	7.6	0.5	6.31	6.7～8.4
		道孚县	76	7.7	0.9	11.46	6.1～8.7
		炉霍县	59	8.0	0.4	5.11	7.2～8.4
		甘孜县	121	8.0	0.6	8.04	6.6～8.8
		新龙县	31	8.2	0.3	3.34	7.6～8.5
		德格县	53	8.0	0.5	6.01	7.2～8.6
		白玉县	53	7.8	0.6	7.26	6.7～8.3
		石渠县	51	8.3	0.4	4.65	7.7～8.9
		色达县	15	7.9	0.4	4.43	7.3～8.3
		理塘县	68	7.1	0.9	12.81	5.9～8.3
		巴塘县	51	8.0	0.4	4.84	7.3～8.5
		乡城县	31	7.6	0.4	5.61	7.0～8.1
		稻城县	51	7.1	0.6	9.03	6.4～8.5
		得荣县	401	7.9	0.5	5.72	7.1～8.5
	凉山彝族 自治州	西昌市	839	5.9	1.0	16.72	4.7～7.8
		会理市	833	6.5	1.1	16.99	4.8～8.2
		木里藏族自治县	106	7.0	0.7	9.99	5.8～7.9
		盐源县	1 087	6.5	0.8	11.81	5.2～7.9
		德昌县	346	5.6	0.6	11.01	4.6～6.7
		会东县	525	6.9	1.0	15.29	5.0～8.2
		宁南县	445	6.6	0.8	12.31	5.4～8.1
		普格县	297	6.3	1.0	16.12	4.8～8.1

省份 （垦区）	属地	下辖区域 （单位）	样本数 （个）	平均值	标准差	变异系数 （%）	5%～95%范围
四川省	凉山彝族 自治州	布拖县	588	6.7	0.9	13.70	5.1～8.0
		金阳县	146	7.2	1.0	14.47	5.2～8.3
		昭觉县	380	6.0	0.9	15.77	4.9～7.9
		喜德县	190	5.7	0.7	11.76	4.8～7.1
		冕宁县	508	5.8	0.9	15.93	4.6～7.8
		越西县	771	6.0	0.8	13.94	4.9～7.5
		甘洛县	26	6.9	1.3	19.07	4.7～8.3
		美姑县	672	6.8	0.9	13.23	5.4～8.3
		雷波县	712	6.8	1.0	15.45	5.0～8.3

县级土壤 pH

省份 （垦区）	属地	下辖区域 （单位）	样本数 （个）	平均值	标准差	变异系数 （%）	5%～95%范围
贵州省	贵阳市	花溪区	212	6.3	0.9	14.46	4.8～7.7
		乌当区	109	5.8	1.0	17.26	4.5～7.6
		白云区	44	5.8	1.0	17.19	4.4～7.6
		观山湖区	56	6.0	0.9	14.32	4.7～7.3
		开阳县	937	6.3	0.9	14.76	4.8～7.9
		息烽县	873	6.4	1.2	18.67	4.7～8.2
		修文县	826	6.2	1.2	18.99	4.5～8.1
		清镇市	625	6.5	1.1	16.33	4.6～8.1
	六盘水市	钟山区	76	6.1	1.1	17.82	4.6～7.8
		六枝特区	407	6.4	1.1	17.35	4.7～8.0
		水城区	628	6.0	1.0	17.15	4.5～7.8
		盘州市	189	5.9	0.8	13.04	4.8～7.2
	遵义市	红花岗区	74	5.9	1.1	18.14	4.3～7.8
		汇川区	69	5.5	1.0	17.92	4.1～7.2
		播州区	11	6.1	1.0	15.92	5.1～7.4
		桐梓县	153	6.6	0.9	13.58	5.0～7.9
		绥阳县	867	5.8	0.8	13.20	4.7～7.3
		正安县	111	5.9	1.1	17.78	4.4～8.0
		道真仡佬族苗族自治县	79	6.1	1.2	19.04	4.6～8.1
		务川仡佬族苗族自治县	27	5.9	1.0	17.56	4.7～7.7
		凤冈县	87	6.0	1.1	18.36	4.6～7.9
		湄潭县	86	6.0	1.0	16.07	4.5～7.4
		习水县	702	6.3	1.1	18.13	4.5～8.1
		仁怀市	83	6.6	0.8	12.82	5.1～7.8
	安顺市	西秀区	328	5.9	0.8	13.59	4.6～7.3
		平坝区	133	5.9	0.8	13.33	4.8～7.4
		普定县	124	6.4	1.0	16.20	4.8～7.9
		镇宁布依族苗族自治县	242	6.1	1.1	17.42	4.5～7.9
		关岭布依族苗族自治县	106	6.7	0.8	12.05	5.2～7.7
		紫云苗族布依族自治县	152	5.7	0.8	13.92	4.7～7.2
	毕节市	七星关区	123	6.1	1.2	19.05	4.4～8.0
		大方县	185	6.2	0.8	12.44	4.7～7.1
		金沙县	557	5.9	1.0	17.59	4.5～7.8
		纳雍县	143	5.7	0.8	13.69	4.6～7.0

省份 （垦区）	属地	下辖区域 （单位）	样本数 （个）	平均值	标准差	变异系数 （%）	5%～95%范围
贵州省	毕节市	赫章县	147	6.1	0.9	14.48	4.8～7.4
		黔西市	151	6.4	0.8	13.19	5.0～7.6
	铜仁市	碧江区	514	6.3	1.0	16.46	4.6～7.9
		万山区	61	5.9	1.1	17.82	4.6～7.8
		玉屏侗族自治县	67	7.1	1.1	15.88	4.9～8.2
		石阡县	599	5.9	1.1	19.18	4.5～8.0
		思南县	714	6.2	1.0	16.98	4.7～7.9
		印江土家族苗族自治县	339	6.0	0.8	14.04	4.7～7.3
		德江县	1 369	5.9	0.7	11.75	4.9～7.3
		沿河土家族自治县	26	5.5	0.9	16.49	4.5～7.1
		松桃苗族自治县	1 169	5.7	0.8	13.36	4.5～7.0
	黔西南布依族 苗族自治州	兴义市	850	6.5	0.8	12.95	5.1～7.9
		兴仁市	427	6.8	0.9	13.52	5.2～8.1
		普安县	1 009	6.3	0.9	14.40	4.9～7.8
		晴隆县	55	6.2	1.3	20.96	4.4～8.0
		贞丰县	79	6.5	0.8	12.26	5.0～7.6
		望谟县	926	6.2	1.0	16.51	4.6～7.9
		册亨县	356	6.4	1.0	16.00	5.0～8.1
		安龙县	80	6.5	0.8	11.92	5.0～7.4
	黔东南苗族 侗族自治州	凯里市	842	6.3	1.0	15.73	4.9～8.0
		黄平县	308	6.0	0.5	8.25	5.3～6.9
		施秉县	902	6.5	1.3	19.66	4.7～8.2
		三穗县	559	5.2	0.5	10.39	4.4～6.1
		镇远县	355	6.2	0.9	15.37	4.9～7.8
		岑巩县	776	6.1	0.9	14.22	4.7～7.7
		天柱县	404	5.1	0.5	9.25	4.4～6.0
		锦屏县	671	5.1	0.6	11.29	4.3～6.1
		剑河县	353	5.4	0.7	13.42	4.5～6.7
		台江县	698	5.6	0.9	16.31	4.7～7.8
		黎平县	389	5.0	0.2	4.55	4.7～5.3
		榕江县	510	4.8	0.4	8.71	4.1～5.5
		从江县	941	4.8	0.4	8.03	4.2～5.4
		麻江县	301	6.1	0.7	11.30	5.1～7.5

省份 （垦区）	属地	下辖区域 （单位）	样本数 （个）	平均值	标准差	变异系数 （％）	5％～95％范围
贵州省	黔东南苗族 侗族自治州	丹寨县	46	5.7	0.9	15.06	4.7～7.6
	黔南布依族 苗族自治州	都匀市	747	5.5	0.8	14.04	4.4～7.0
		福泉市	362	6.4	1.1	17.37	4.7～8.0
		荔波县	303	5.7	0.8	13.63	4.6～7.3
		贵定县	307	6.2	0.6	10.37	5.1～7.2
		瓮安县	198	6.0	1.1	17.60	4.4～7.7
		独山县	236	5.9	1.0	16.86	4.7～7.9
		平塘县	76	6.2	0.9	14.69	5.0～7.7
		罗甸县	627	6.4	0.8	13.33	5.1～7.8
		长顺县	421	6.0	1.0	15.85	4.7～7.7
		龙里县	50	5.7	0.7	12.99	4.5～6.7
		三都水族自治县	52	6.0	0.8	13.33	4.9～7.2

县级土壤 pH

省份 （垦区）	属地	下辖区域 （单位）	样本数 （个）	平均值	标准差	变异系数 （%）	5%～95%范围
云南省	昆明市	盘龙区	21	5.9	0.8	14.09	4.7～7.1
		官渡区	17	6.0	0.9	14.40	5.0～7.6
		西山区	222	6.8	1.0	14.31	5.2～8.1
		东川区	281	6.7	1.2	17.18	4.9～8.2
		呈贡区	12	6.6	1.0	15.60	5.1～8.0
		晋宁区	425	6.2	1.2	18.89	4.1～7.8
		富民县	182	6.9	0.9	12.50	5.5～8.0
		宜良县	66	6.5	1.1	16.46	4.8～8.0
		石林彝族自治县	1 356	6.4	1.2	19.43	4.6～8.1
		嵩明县	1 355	7.1	0.9	12.79	5.2～8.1
		禄劝彝族苗族自治县	342	5.7	0.8	13.64	4.7～7.2
		寻甸回族彝族自治县	146	5.8	1.0	17.73	4.5～7.7
		安宁市	170	6.1	1.1	18.21	4.5～7.9
	曲靖市	麒麟区	386	6.8	1.0	15.47	5.0～8.2
		沾益区	290	6.5	1.0	15.86	5.0～8.1
		马龙区	298	5.6	0.9	15.23	4.5～7.4
		陆良县	917	6.4	1.0	16.27	4.6～7.9
		师宗县	632	6.9	1.1	15.67	4.9～8.2
		罗平县	415	6.5	1.0	15.26	4.9～7.9
		富源县	432	6.3	1.0	15.96	4.8～8.0
		会泽县	733	6.3	1.0	15.39	4.9～7.9
		宣威市	638	6.3	0.9	14.50	4.9～7.8
	玉溪市	红塔区	214	6.4	0.9	14.68	4.8～7.8
		江川区	272	7.0	1.1	15.24	4.9～8.2
		通海县	782	7.5	0.8	10.92	5.3～8.1
		华宁县	396	6.7	1.1	16.26	4.8～8.1
		易门县	276	7.0	1.2	16.53	4.7～8.3
		峨山彝族自治县	937	6.6	1.4	20.68	4.5～8.3
		新平彝族傣族自治县	353	5.7	1.0	16.80	4.6～7.6
		元江哈尼族彝族傣族自治县	732	6.0	1.1	18.89	4.5～8.1
		澄江市	293	6.7	0.9	13.61	5.2～7.9
	保山市	隆阳区	1 364	7.1	0.9	12.93	5.3～8.2
		施甸县	272	6.5	1.1	17.19	4.6～8.0
		龙陵县	376	5.7	1.0	16.97	4.4～7.8

省份 （垦区）	属地	下辖区域 （单位）	样本数 （个）	平均值	标准差	变异系数 （％）	5％～95％范围
云南省	保山市	昌宁县	326	5.8	1.2	20.98	4.3～8.1
		腾冲市	554	5.1	0.4	8.34	4.6～5.8
	昭通市	昭阳区	925	5.9	1.1	17.84	4.4～7.8
		鲁甸县	972	5.8	1.0	17.61	4.6～7.7
		巧家县	588	6.4	1.3	20.58	4.6～8.3
		盐津县	275	5.7	0.9	16.68	4.6～7.5
		大关县	260	6.7	1.0	15.70	4.9～8.0
		永善县	394	6.2	1.0	16.58	4.8～8.0
		绥江县	319	5.4	0.8	15.48	4.1～6.8
		镇雄县	836	6.3	1.1	18.01	4.6～8.0
		彝良县	555	6.5	1.0	15.04	4.9～8.2
		威信县	623	6.4	1.2	17.96	4.6～8.1
		水富市	185	5.3	0.5	9.43	4.6～6.1
	丽江市	古城区	177	6.5	0.8	12.53	5.4～8.0
		玉龙纳西族自治县	407	6.7	0.8	11.54	5.3～7.9
		永胜县	773	6.9	0.9	12.38	5.4～8.2
		华坪县	455	6.3	0.8	12.04	5.1～7.7
		宁蒗彝族自治县	473	6.6	0.9	12.84	5.4～8.1
	普洱市	思茅区	463	5.5	1.0	17.59	4.2～7.6
		宁洱哈尼族彝族自治县	785	5.7	0.8	13.60	4.6～7.2
		墨江哈尼族自治县	761	5.4	0.8	14.05	4.4～6.9
		景东彝族自治县	623	5.3	0.6	11.59	4.4～6.4
		景谷傣族彝族自治县	641	5.5	0.8	14.05	4.5～7.0
		镇沅彝族哈尼族 拉祜族自治县	468	5.9	1.0	16.81	4.6～7.8
		江城哈尼族彝族自治县	576	5.2	0.6	11.94	4.4～6.4
		孟连傣族拉祜族佤族自治县	454	5.1	0.7	13.77	4.1～6.4
		澜沧拉祜族自治县	1 236	5.1	0.6	11.66	4.3～6.1
		西盟佤族自治县	420	5.0	0.6	12.25	4.2～6.0
	临沧市	临翔区	445	5.1	0.5	10.03	4.4～6.0
		凤庆县	1 425	5.5	0.8	14.21	4.4～7.1
		云县	813	5.1	0.5	10.11	4.3～6.1
		永德县	420	5.8	1.0	17.16	4.6～7.7

省份 （垦区）	属地	下辖区域 （单位）	样本数 （个）	平均值	标准差	变异系数 （%）	5%～95%范围
云南省	临沧市	镇康县	707	6.0	0.9	14.96	4.7～7.6
		双江拉祜族佤族 布朗族傣族自治县	408	4.9	0.4	8.98	4.2～5.7
		耿马傣族佤族自治县	659	5.5	1.0	18.56	4.4～7.7
		沧源佤族自治县	265	5.7	0.7	12.46	4.8～7.0
	楚雄彝族 自治州	楚雄市	671	6.4	1.0	15.03	5.0～8.1
		禄丰市	1 025	6.1	0.7	12.15	5.0～7.4
		双柏县	187	6.1	0.6	9.26	5.2～7.3
		牟定县	245	6.2	0.9	14.86	4.7～7.8
		南华县	264	5.8	0.8	13.62	4.7～7.3
		姚安县	29	6.9	0.7	9.77	5.6～7.8
		大姚县	424	6.3	0.8	12.75	5.1～7.6
		永仁县	231	5.9	0.7	12.57	4.8～7.2
		元谋县	567	7.4	0.9	11.59	5.6～8.3
		武定县	643	6.2	0.7	11.62	5.0～7.7
	红河哈尼族 彝族自治州	个旧市	201	6.4	1.0	16.14	4.9～8.1
		开远市	517	6.2	1.3	20.92	4.4～8.3
		蒙自市	361	6.4	1.0	15.05	5.0～8.0
		弥勒市	1 341	6.8	0.9	13.01	5.2～8.0
		屏边苗族自治县	307	6.2	1.2	18.69	4.6～8.0
		建水县	615	6.1	1.3	20.42	4.2～8.0
		石屏县	268	5.9	1.2	20.78	4.3～8.0
		泸西县	378	7.2	0.9	13.14	5.3～8.2
		元阳县	319	5.6	0.9	16.93	4.6～7.7
		红河县	573	5.9	0.9	16.01	4.6～7.7
		金平苗族瑶族傣族自治县	431	5.6	0.8	14.33	4.5～7.2
		绿春县	46	5.3	0.6	11.77	4.5～6.4
		河口瑶族自治县	323	6.0	1.0	17.56	4.3～7.6
	文山壮族 苗族自治州	文山市	590	6.1	1.0	16.35	4.7～7.8
		砚山县	849	6.8	1.1	15.83	4.9～8.2
		西畴县	271	6.7	1.0	14.16	5.0～8.0
		麻栗坡县	278	6.0	1.0	16.80	4.6～7.7
		马关县	136	6.3	1.1	17.72	4.7～8.0

省份（垦区）	属地	下辖区域（单位）	样本数（个）	平均值	标准差	变异系数（%）	5%～95%范围
云南省	文山壮族苗族自治州	丘北县	677	6.5	0.8	12.51	5.1～7.8
		广南县	502	6.9	1.0	14.03	5.2～8.2
		富宁县	874	6.2	1.0	15.46	4.7～7.8
	西双版纳傣族自治州	景洪市	300	5.2	0.6	12.40	4.4～6.3
		勐海县	600	5.3	0.6	10.49	4.6～6.4
		勐腊县	57	5.7	0.9	15.81	4.6～7.4
	大理白族自治州	大理市	534	6.1	1.1	18.45	4.1～7.7
		漾濞彝族自治县	170	5.8	1.0	16.86	4.6～7.7
		祥云县	263	6.2	0.5	8.48	5.4～7.0
		宾川县	72	6.5	1.4	22.01	4.1～8.4
		弥渡县	256	6.5	0.8	12.41	5.2～7.7
		南涧彝族自治县	258	6.2	1.0	15.59	4.8～7.9
		巍山彝族回族自治县	407	6.9	0.9	13.42	5.3～8.1
		永平县	234	5.7	0.7	13.06	4.5～6.9
		云龙县	208	6.1	0.9	14.30	4.7～7.5
		洱源县	605	7.2	0.9	12.83	5.5～8.2
		剑川县	230	6.6	0.8	12.65	5.3～7.9
		鹤庆县	247	6.6	0.8	12.02	5.3～7.8
	德宏傣族景颇族自治州	瑞丽市	31	5.5	0.8	15.07	4.6～7.0
		芒市	293	6.1	1.1	18.26	4.5～7.9
		梁河县	39	4.9	0.7	14.10	4.1～6.0
		盈江县	422	5.2	0.5	9.25	4.4～5.9
		陇川县	59	5.1	0.9	17.39	3.9～6.9
	怒江傈僳族自治州	泸水市	635	5.8	1.1	19.27	4.2～7.8
		福贡县	18	5.5	0.6	10.30	4.8～6.6
		贡山独龙族怒族自治县	11	5.6	0.8	14.46	4.3～6.6
		兰坪白族普米族自治县	120	6.5	0.7	11.24	5.4～7.8
	迪庆藏族自治州	香格里拉市	341	7.5	0.9	12.54	5.4～8.4
		德钦县	132	7.4	1.0	12.76	5.5～8.5
		维西傈僳族自治县	395	6.1	0.8	12.41	5.0～7.5

县级土壤 pH

省份（垦区）	属地	下辖区域（单位）	样本数（个）	平均值	标准差	变异系数（%）	5%～95%范围
西藏自治区	拉萨市	堆龙德庆区	233	7.4	0.4	5.62	6.7～8.1
		达孜区	249	7.5	0.5	6.87	6.6～8.3
		林周县	1 267	7.8	0.5	6.70	7.0～8.4
		尼木县	368	7.8	0.5	6.92	7.0～8.6
		曲水县	807	7.5	0.5	6.79	6.8～8.6
		墨竹工卡县	836	7.5	0.5	6.60	6.6～8.4
	日喀则市	江孜县	1 021	8.2	0.3	3.82	7.5～8.5
		白朗县	837	8.3	0.3	3.76	7.7～8.7
	昌都市	卡若区	423	8.2	0.5	5.70	7.3～8.9
		江达县	531	7.9	0.4	5.48	6.9～8.4
		贡觉县	912	8.0	0.5	6.31	6.8～8.5
		丁青县	25	8.0	0.3	4.28	7.4～8.4
		察雅县	798	8.2	0.4	5.05	7.4～8.8
		八宿县	330	7.6	0.6	7.98	6.4～8.7
		左贡县	27	7.6	0.7	9.14	6.7～8.5
		芒康县	26	8.2	0.5	5.77	7.1～8.6
		洛隆县	697	7.7	0.6	7.58	6.6～8.5
		边坝县	426	7.3	0.6	8.02	6.4～8.2
	山南市	乃东区	13	7.6	0.5	6.03	6.9～8.1
		扎囊县	15	7.3	0.4	6.00	6.8～7.8
		贡嘎县	11	7.4	0.4	5.01	6.9～7.9
		桑日县	15	7.3	0.5	6.69	6.8～8.3
		琼结县	16	7.3	0.4	5.33	6.7～7.7
		隆子县	12	7.7	0.7	9.38	6.7～8.5

县级土壤 pH

省份 (垦区)	属地	下辖区域 (单位)	样本数 (个)	平均值	标准差	变异系数 (%)	5%~95%范围
陕西省	西安市	周至县	436	7.6	0.8	10.20	6.1~8.4
		鄠邑区	246	7.9	0.7	8.90	6.4~8.6
		蓝田县	416	7.3	0.5	6.70	6.5~8.1
		长安区	141	7.5	0.8	10.80	5.9~8.3
		阎良区	153	8.6	0.3	3.00	8.2~9.0
		高陵区	105	8.5	0.3	3.10	8.1~8.9
		灞桥区	30	8.1	0.2	3.00	7.6~8.5
	铜川市	印台区	110	8.2	0.4	4.30	7.5~8.6
		宜君县	219	8.2	0.4	4.90	7.6~8.7
		耀州区	233	8.3	0.2	2.90	8.0~8.6
		王益区	28	8.3	0.1	1.40	8.2~8.5
	宝鸡市	凤县	30	7.8	0.7	9.00	6.3~8.5
		凤翔区	80	8.0	0.3	3.20	7.7~8.4
		千阳县	641	8.0	0.3	3.90	7.4~8.4
		太白县	34	6.9	0.1	0.70	6.8~6.9
		岐山县	202	7.9	0.3	4.00	7.2~8.1
		扶风县	233	8.0	0.3	4.30	7.6~8.6
		渭滨区	77	8.2	0.3	4.20	7.6~8.6
		眉县	49	8.2	0.4	5.30	7.5~8.6
		金台区	249	8.0	0.1	1.70	7.9~8.3
		陇县	100	8.3	0.4	4.20	7.7~8.7
		麟游县	383	8.3	0.2	2.90	8.0~8.5
	咸阳市	三原县	220	8.6	0.2	2.50	8.3~8.9
		乾县	290	8.4	0.2	1.90	8.1~8.6
		兴平市	220	8.4	0.2	2.10	8.1~8.6
		旬邑县	2 054	8.3	0.2	3.00	7.9~8.6
		武功县	738	8.0	0.2	2.70	7.8~8.4
		永寿县	340	8.2	0.2	2.10	8.0~8.5
		泾阳县	281	8.5	0.2	2.40	8.1~8.7
		淳化县	324	8.3	0.2	2.10	8.1~8.6
		礼泉县	855	8.1	0.3	3.90	7.6~8.6
		秦都区	631	8.3	0.2	2.10	7.9~8.5
		长武县	169	8.4	0.2	2.30	8.0~8.6
		彬州市	550	8.1	0.3	3.70	7.6~8.6

省份 （垦区）	属地	下辖区域 （单位）	样本数 （个）	平均值	标准差	变异系数 （％）	5％～95％范围
陕西省	咸阳市	杨凌区	21	7.9	0.2	2.60	7.6～8.1
	渭南市	临渭区	593	8.2	0.4	4.40	7.7～8.7
		华阴市	100	8.5	0.3	3.40	8.1～8.9
		合阳县	418	8.3	0.2	2.60	8.0～8.6
		大荔县	893	8.4	0.3	3.90	8.0～9.0
		富平县	471	8.2	0.3	3.10	7.9～8.7
		潼关县	202	8.3	0.3	3.10	7.8～8.7
		澄城县	1 100	8.3	0.2	2.00	8.1～8.5
		白水县	1 117	8.1	0.2	2.60	7.8～8.4
		蒲城县	913	8.3	0.2	2.80	7.9～8.7
		韩城市	351	8.3	0.2	2.20	8.0～8.6
		华州区	304	8.2	0.3	3.10	7.7～8.5
	延安市	吴起县	326	8.5	0.3	3.80	8.1～8.9
		子长市	161	8.6	0.2	2.50	8.3～8.9
		安塞区	177	8.6	0.2	2.00	8.3～8.9
		宜川县	132	8.2	0.2	2.60	7.9～8.6
		宝塔区	360	8.5	0.3	3.10	8.2～8.8
		富县	176	8.2	0.2	1.90	8.0～8.5
		延川县	201	8.5	0.4	4.30	7.9～9.0
		延长县	303	8.4	0.3	3.30	8.0～8.9
		志丹县	85	8.1	0.1	0.90	8.0～8.3
		洛川县	1 265	7.8	0.2	2.80	7.4～8.0
		黄陵县	496	8.2	0.1	1.80	8.0～8.3
		黄龙县	109	8.1	0.4	4.60	7.6～8.6
	汉中市	佛坪县	34	6.5	0.7	11.30	5.3～7.7
		勉县	494	6.7	0.7	10.70	5.6～7.8
		南郑区	374	6.1	0.5	8.60	5.5～7.2
		城固县	768	6.1	0.3	5.40	5.6～6.6
		宁强县	228	6.7	0.7	11.20	5.5～8.0
		汉台区	105	6.4	0.7	10.70	5.6～7.8
		洋县	358	6.9	0.7	9.40	5.8～7.9
		留坝县	54	6.8	0.9	13.50	5.6～8.0
		略阳县	269	7.1	0.8	11.80	5.7～8.3

省份 （垦区）	属地	下辖区域 （单位）	样本数 （个）	平均值	标准差	变异系数 （%）	5%～95%范围
陕西省	汉中市	西乡县	451	6.5	0.8	12.00	5.5～8.0
		镇巴县	296	6.8	0.8	12.10	5.6～8.1
	榆林市	榆阳区	187	8.3	0.4	5.10	7.5～8.9
		神木市	115	8.1	0.2	2.50	7.8～8.4
		靖边县	179	8.3	0.2	2.20	7.9～8.5
		清涧县	85	8.4	0.2	2.50	8.0～8.7
	安康市	岚皋县	30	6.8	0.9	12.50	5.4～8.1
		平利县	54	6.7	1.0	14.30	5.4～7.9
		旬阳市	645	7.3	0.7	8.90	6.1～8.3
		汉滨区	402	7.1	0.9	12.60	5.7～8.4
		汉阴县	70	6.0	0.7	11.60	5.2～7.8
		白河县	54	7.2	0.7	9.80	6.1～8.0
		石泉县	34	6.6	0.9	13.50	5.6～8.0
		宁陕县	33	6.2	0.7	11.80	5.2～7.6
		镇坪县	34	7.0	0.8	11.90	5.7～8.1
		紫阳县	76	6.6	0.9	12.90	5.2～8.1
	商洛市	丹凤县	145	6.7	0.7	10.80	5.5～7.9
		商南县	125	7.2	0.6	8.80	6.2～8.2
		商州区	280	7.0	0.7	10.70	5.8～8.2
		山阳县	350	7.4	0.6	8.40	6.2～8.4
		柞水县	84	7.2	0.7	10.20	5.9～8.2
		洛南县	374	7.0	0.8	11.60	5.7～8.3
		镇安县	208	7.6	0.6	7.50	6.6～8.3

县级土壤 pH

省份（垦区）	属地	下辖区域（单位）	样本数（个）	平均值	标准差	变异系数（%）	5%～95%范围
甘肃省	兰州市	市辖区	910	8.0	0.1	1.70	7.8～8.3
		榆中县	639	8.4	0.3	3.20	8.0～8.8
		永登县	720	8.3	0.2	2.10	8.1～8.6
		皋兰县	840	8.3	0.2	2.40	8.1～8.7
		红古区	29	8.1	0.2	2.00	8.0～8.4
		七里河区	32	8.1	0.1	1.70	8.0～8.3
		西固区	30	8.1	0.2	2.50	8.0～8.5
	嘉峪关市	市辖区	230	8.1	0.2	2.70	7.7～8.5
	金昌市	永昌县	1 120	8.4	0.2	1.90	8.1～8.6
		金川区	467	8.3	0.3	3.30	7.8～8.7
	白银市	会宁县	1 564	8.4	0.1	1.50	8.2～8.6
		平川区	255	8.6	0.2	2.40	8.4～9.0
		景泰县	262	8.4	0.2	2.40	8.1～8.7
		靖远县	844	8.5	0.2	2.90	8.1～8.9
		白银区	56	8.1	0.2	2.10	7.9～8.3
	天水市	张家川回族自治县	2 608	8.4	0.2	2.90	8.0～8.7
		武山县	1 005	8.3	0.3	3.60	7.7～8.7
		清水县	854	8.1	0.2	2.90	7.7～8.4
		甘谷县	764	8.1	0.3	3.50	7.5～8.6
		秦安县	977	8.3	0.2	2.30	8.0～8.6
		秦州区	161	8.4	0.2	2.10	8.1～8.6
		麦积区	776	8.3	0.2	2.60	8.0～8.7
	武威市	凉州区	1 284	8.4	0.2	2.90	7.9～8.7
		古浪县	611	8.5	0.2	2.70	8.2～8.9
		天祝藏族自治县	91	8.2	0.2	2.70	7.9～8.5
		民勤县	640	8.5	0.2	2.80	8.1～8.9
	张掖市	临泽县	887	8.3	0.2	1.80	8.1～8.6
		山丹县	298	8.5	0.2	2.70	8.1～8.8
		肃南县	745	8.3	0.2	2.40	8.0～8.7
		民乐县	1 204	8.3	0.3	3.20	7.9～8.8
		甘州区	1 079	8.6	0.2	2.80	8.2～8.9
		高台县	1 548	8.2	0.4	4.80	7.5～8.8
	平凉市	华亭市	280	8.0	0.4	4.70	7.3～8.5
		崆峒区	1 007	8.2	0.2	2.80	7.9～8.6

省份 （垦区）	属地	下辖区域 （单位）	样本数 （个）	平均值	标准差	变异系数 （%）	5%～95%范围
甘肃省	平凉市	崇信县	33	8.3	0.1	1.50	8.2～8.5
		庄浪县	1 976	8.5	0.3	3.30	7.9～8.7
		泾川县	555	8.3	0.1	1.50	8.1～8.4
		灵台县	85	8.2	0.1	1.70	8.0～8.4
		静宁县	621	8.3	0.2	2.60	7.9～8.6
	酒泉市	瓜州县	472	8.4	0.3	3.30	8.0～8.9
		市辖区	207	7.8	0.2	2.70	7.5～8.1
		敦煌市	967	8.0	0.4	4.80	7.4～8.7
		玉门市	108	8.5	0.2	2.50	8.1～8.8
		肃州区	675	8.5	0.2	2.00	8.3～8.8
		金塔县	833	8.5	0.3	3.00	8.1～8.9
	庆阳市	华池县	820	8.4	0.2	2.40	8.1～8.7
		合水县	458	8.2	0.2	2.90	7.7～8.4
		宁县	416	8.4	0.1	1.50	8.2～8.5
		庆城县	937	8.2	0.2	2.90	7.8～8.6
		正宁县	323	8.2	0.3	3.50	7.7～8.6
		环县	1 310	8.4	0.2	2.80	8.1～8.8
		西峰区	560	8.3	0.2	2.60	7.9～8.6
		镇原县	1 418	8.1	0.4	5.10	7.3～8.6
	定西市	临洮县	994	8.3	0.2	2.50	8.0～8.6
		安定区	1 566	8.5	0.2	2.80	8.2～8.8
		岷县	920	8.0	0.3	4.10	7.5～8.6
		渭源县	803	8.2	0.3	3.20	7.8～8.6
		漳县	392	8.3	0.3	3.20	7.8～8.6
		通渭县	1 439	8.4	0.2	2.10	8.1～8.6
		陇西县	1 100	8.4	0.4	4.70	7.7～9.0
	陇南市	康县	66	8.1	0.4	4.60	7.5～8.6
		徽县	663	7.9	0.3	4.30	7.4～8.4
		成县	610	7.6	0.3	3.60	7.3～8.2
		文县	353	8.0	0.3	3.40	7.5～8.5
		武都区	737	8.0	0.5	5.90	7.3～8.7
		礼县	1 233	8.3	0.3	3.10	7.9～8.7
		西和县	404	8.2	0.2	2.80	7.8～8.6

省份 （垦区）	属地	下辖区域 （单位）	样本数 （个）	平均值	标准差	变异系数 （％）	5％～95％范围
甘肃省	陇南市	宕昌县	125	8.3	0.2	2.60	7.9～8.6
		两当县	60	8.2	0.2	1.90	8.0～8.5
	临夏回族 自治州	临夏县	647	8.3	0.3	3.10	7.8～8.6
		和政县	256	8.1	0.3	3.60	7.6～8.6
		广河县	155	8.3	0.3	3.20	7.8～8.6
		康乐县	290	8.2	0.3	3.50	7.7～8.6
		永靖县	620	8.4	0.2	2.90	8.1～8.8
		积石山保安族东乡族 撒拉族自治县	577	8.2	0.3	3.20	7.7～8.6
		东乡县	332	8.4	0.3	3.10	7.9～8.7
		临夏市	43	8.2	0.2	2.90	7.8～8.6
	甘南藏族 自治州	临潭县	192	8.3	0.2	2.70	7.9～8.6
		卓尼县	128	8.4	0.2	2.10	8.1～8.7
		合作市	232	8.2	0.2	2.40	7.9～8.5
		舟曲县	136	8.3	0.3	3.80	7.9～8.7
		迭部县	76	8.1	0.3	3.90	7.6～8.6
		碌曲县	36	8.1	0.2	2.30	7.8～8.4
		夏河县	120	8.3	0.3	4.00	7.8～8.8
	农场	山丹马场	447	8.3	0.1	1.70	8.1～8.5

县级土壤 pH

省份 （垦区）	属地	下辖区域 （单位）	样本数 （个）	平均值	标准差	变异系数 （%）	5%～95%范围
青海省	西宁市	大通回族土族自治县	1 187	7.8	0.4	4.60	7.4～8.4
		湟中区	1 152	8.1	0.2	2.30	7.8～8.4
		湟源县	500	8.1	0.2	2.60	7.7～8.4
		城北区	340	8.0	0.2	2.50	7.6～8.3
	海东市	乐都区	843	8.2	0.2	2.00	7.9～8.5
		互助土族自治县	1 054	8.0	0.4	4.60	7.3～8.5
		化隆回族自治县	159	8.1	0.2	2.30	7.8～8.4
		平安区	118	8.4	0.3	3.10	7.9～8.7
		循化撒拉族自治县	546	8.2	0.1	1.70	8.1～8.5
		民和回族土族自治县	1 131	8.2	0.2	2.80	7.8～8.6
	海北藏族 自治州	刚察县	45	8.3	0.2	3.00	7.8～8.7
		海晏县	30	8.2	0.2	1.90	8.0～8.4
		祁连县	16	8.2	0.3	3.70	7.7～8.6
		门源回族自治县	578	8.0	0.2	2.60	7.7～8.3
	黄南藏族 自治州	同仁市	210	8.3	0.1	1.80	8.0～8.5
		尖扎县	40	8.4	0.2	2.70	8.0～8.7
	海南藏族 自治州	共和县	176	8.3	0.2	2.90	7.8～8.6
		同德县	659	8.2	0.2	1.80	8.0～8.5
		贵德县	408	8.2	0.2	2.80	7.9～8.6
		贵南县	457	8.2	0.2	2.50	7.9～8.6
	海西蒙古族 藏族自治州	乌兰县	209	8.2	0.3	3.20	7.8～8.6
		德令哈市	222	8.3	0.3	3.30	7.8～8.7
		格尔木市	267	8.4	0.3	3.00	8.0～8.8
		都兰县	360	8.1	0.3	3.40	7.7～8.7

县级土壤 pH

省份 （垦区）	属地	下辖区域 （单位）	样本数 （个）	平均值	标准差	变异系数 （%）	5%～95%范围
宁夏回族 自治区	银川市	兴庆区	481	8.3	0.3	3.30	7.9～8.8
		永宁县	209	8.5	0.2	2.60	8.1～8.8
		灵武市	406	8.1	0.3	3.10	7.7～8.5
		西夏区	75	8.1	0.4	4.30	7.6～8.7
		金凤区	66	8.4	0.3	4.00	7.8～8.9
	石嘴山市	平罗县	364	8.4	0.3	3.50	7.9～8.9
		惠农区	38	8.2	0.2	2.50	8.0～8.5
	吴忠市	利通区	439	8.2	0.3	3.40	7.7～8.6
		同心县	647	8.6	0.2	2.70	8.1～8.9
		盐池县	539	8.7	0.2	2.70	8.2～9.0
		青铜峡市	1 381	8.3	0.2	2.70	8.0～8.7
		红寺堡区	472	8.5	0.3	3.30	8.0～8.8
	固原市	原州区	1 168	8.4	0.4	4.60	7.7～9.0
		彭阳县	475	8.3	0.2	3.00	7.9～8.8
		隆德县	516	8.3	0.3	3.10	7.8～8.7
	中卫市	中宁县	565	8.5	0.3	3.50	8.0～8.9
		沙坡头区	475	8.3	0.3	3.20	7.9～8.8
		海原县	596	8.5	0.3	3.40	8.1～9.0

县级土壤 pH

省份 （垦区）	属地	下辖区域 （单位）	样本数 （个）	平均值	标准差	变异系数 （%）	5%～95%范围
新疆维 吾尔 自治区	乌鲁木齐市	乌鲁木齐县	90	7.2	0.2	3.00	6.8～7.5
		达坂城区	118	7.3	0.2	3.00	6.8～7.5
		高新区	76	7.5	0.3	3.70	7.2～8.1
		米东区	694	7.8	0.4	5.60	7.0～8.4
		天山区	21	7.3	0.2	3.30	7.0～7.7
	克拉玛依市	克拉玛依区	39	8.3	0.3	3.30	8.0～8.9
	吐鲁番市	高昌区	433	8.4	0.3	3.90	7.8～8.9
		鄯善县	77	8.1	0.3	4.00	7.6～8.6
		托克逊县	419	8.2	0.3	3.70	7.7～8.7
	哈密市	巴里坤哈萨克自治县	1 984	8.0	0.2	2.10	7.7～8.3
		伊吾县	306	8.3	0.3	3.30	7.9～8.8
		伊州区	706	8.1	0.3	3.70	7.7～8.6
	昌吉回族 自治州	吉木萨尔县	620	8.1	0.2	2.90	7.7～8.5
		呼图壁县	488	8.3	0.3	3.50	7.7～8.7
		奇台县	1 429	8.2	0.3	3.40	7.6～8.6
		昌吉市	1 371	8.0	0.4	4.60	7.3～8.5
		木垒哈萨克自治县	862	8.0	0.3	3.90	7.4～8.5
		玛纳斯县	620	8.2	0.2	2.80	7.9～8.6
		阜康市	541	8.2	0.3	3.90	7.7～8.7
	博尔塔拉 蒙古自治州	博乐市	397	8.0	0.3	3.40	7.6～8.5
		温泉县	959	8.0	0.3	3.90	7.4～8.5
		精河县	292	7.8	0.2	3.20	7.4～8.2
	巴音郭楞 蒙古自治州	且末县	128	8.4	0.3	3.10	7.9～8.7
		博湖县	151	8.4	0.3	3.40	7.9～8.8
		和硕县	171	8.1	0.3	4.20	7.6～8.7
		和静县	896	8.2	0.2	3.00	7.8～8.5
		尉犁县	1 314	8.2	0.3	3.10	7.8～8.7
		库尔勒市	705	8.2	0.3	4.00	7.7～8.8
		焉耆回族自治县	609	8.4	0.2	2.90	8.0～8.8
		若羌县	191	8.2	0.2	2.10	7.9～8.4
		轮台县	589	8.0	0.2	3.10	7.6～8.4
	阿克苏地区	阿克苏市	179	8.1	0.3	3.20	7.6～8.4
		阿瓦提县	166	8.1	0.3	3.30	7.7～8.5
		拜城县	144	8.3	0.2	1.90	8.0～8.6